Mathematik 9

Erweiterungskurs

Autoren:

Jochen Herling
Karl-Heinz Kuhlmann
Uwe Scheele
Wilhelm Wilke

westermann

Zum Schülerband erscheint:
Arbeitsheft 9E, Bestell-Nr. 123581
Arbeitsheft Individuelles Fördern und Fordern 9, Bestell-Nr. 123582
Förderheft 9, Bestell-Nr. 123580

westermann GRUPPE

Druck A⁹ / Jahr 2022
Alle Drucke der Serie A sind im Unterricht parallel verwendbar.

Redaktion: Gerhard Strümpler
Typografie, Layout und Umschlaggestaltung:
piou kunst + grafik, Jennifer Kirchhof; Tatendrang-Design, Anne-Luise Groß
Satz: media service schmidt, Hildesheim
Druck und Bindung: Westermann Druck GmbH, Georg-Westermann-Allee 66, 38104 Braunschweig

ISBN 978-3-14-**123567**-8

Zur Konzeption des neuen Unterrichtswerks Mathematik

Das neue Buch **Mathematik** lädt ein zum Entdecken, Lernen, Üben und Handeln.

Jedes Kapitel ist in fünf Abschnitte eingeteilt:

1. Das Kapitel beginnt mit einer **Lernumgebung** als Einstieg. Nach der offen gestalteten Doppelseite, die sich als Denkanstoß zum projektorientierten Arbeiten eignet, können die Schülerinnen und Schüler realitätsnahe Anwendungssituationen erkunden.

Zu jedem Kapitel wird ein kurzer **Eingangstest** angeboten. Hier können die Schülerinnen und Schüler überprüfen, ob sie über die vorausgesetzten Kompetenzen verfügen. Bei Bedarf werden sie in der Tabelle zur Selbsteinschätzung auf entsprechende Hilfen und Aufgaben verwiesen. Die Lösungen sind am Ende des Buches angegeben.

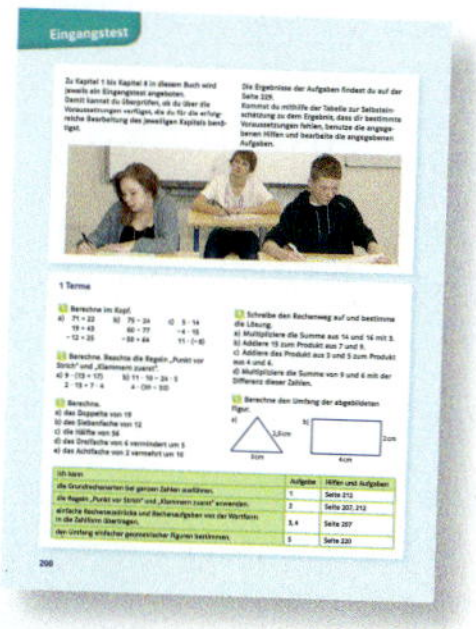

2. Anschließend werden die **grundlegenden Inhalte** erarbeitet und so anhand von strukturierten Übungsaufgaben die Grundvorstellungen bei den Schülerinnen und Schülern gefestigt.

Besonderer Wert wird auf eine klare **Aufgabendifferenzierung** gelegt.
1 **Grüne** Kennzeichnung: Inhalte und Übungen, die sich auf grundlegende Kompetenzen für den E-Kurs beziehen
2 **Blaue** Kennzeichnung: Übungen auf gehobenem Niveau und Inhalte, die sich auf zusätzliche Kompetenzen beziehen
3 **Rote** Kennzeichnung: Übungen auf höherem Niveau und Inhalte, die sich auf zusätzliche Kompetenzen beziehen

Wichtige **Definitionen** und **Merksätze** stehen auf einem farbigen Fond, **Musteraufgaben** auf Karopapier, **Beispiele** sind hellgrün unterlegt.

3250 + 50 = 3300

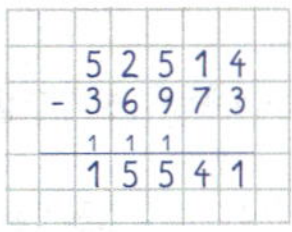

3. Das **Wissen kompakt** enthält wichtige Ergebnisse und nützliche Verfahren des Kapitels, die passend zum Anforderungsniveau gekennzeichnet sind.

4. **Üben und Vertiefen** unterstützt nachhaltiges Lernen. Es werden Lernangebote auf drei Niveaustufen angeboten. Das erworbene Wissen wird auf einfache, anspruchsvolle und problemhaltige Aufgaben angewendet, die bisweilen auch andere Sozialformen und Unterrichtsmethoden verlangen.

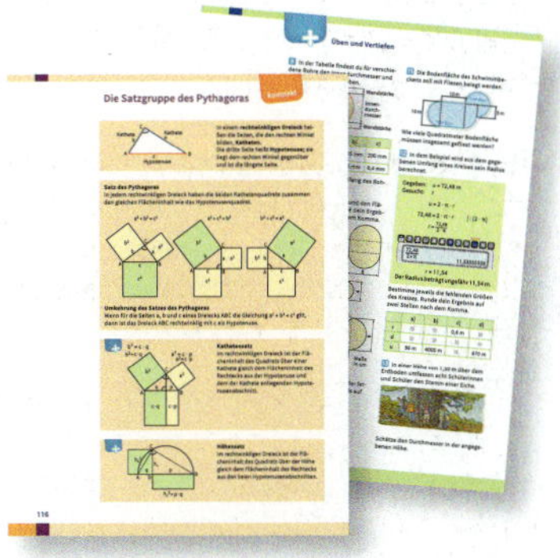

5. Mit den **Ausgangstests können die Schülerinnen und Schüler** überprüfen, ob sie die in den Kapiteln vermittelten Kompetenzen erworben haben. In der Tabelle zur Selbsteinschätzung werden weitere Hilfen und Aufgaben angeboten.
Die Lösungen sind zur Selbstkontrolle am Ende des Buches angegeben.

Der Abschnitt **Wiederholung** enthält Grundwissen und Übungsaufgaben der vergangenen Schuljahre. Nach der Wiederholung grundlegender Inhalte werden auch Seiten zum Erwerb prozessbezogener Kompetenzen angeboten.

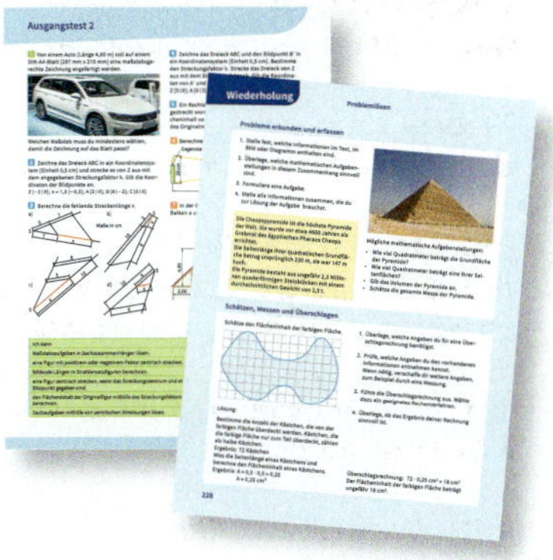

In der **mathematischen Reise** können die Schülerinnen und Schüler Gesetzmäßigkeiten spielerisch entdecken.

Inhalt

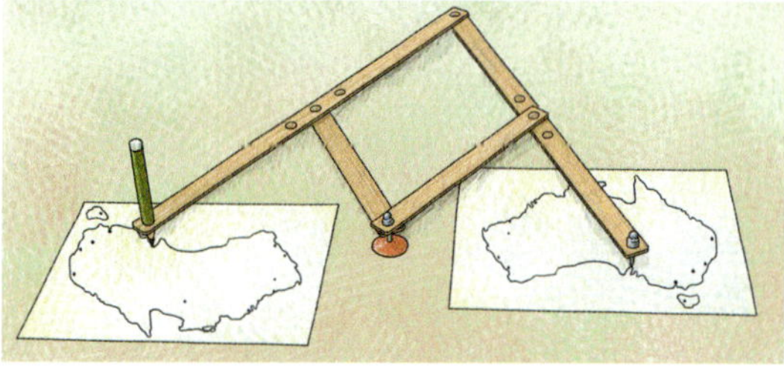

1 Ähnlichkeit

2 Reelle Zahlen

3 Kreis und Kreisteile

4 Lineare Gleichungssysteme

5 Die Satzgruppe des Pythagoras

6 Körper berechnen

7 Große und kleine Zahlen

8 Statistische Erhebungen

9 Sachprobleme

Wiederholung

Mathematische Zeichen und Gesetze

Mengen

$M = \{4, 5, 6, 7\}$	Menge aus den Elementen 4, 5, 6 und 7 in aufzählender Form
$\mathbb{N} = \{0, 1, 2, 3, \ldots\}$	Menge der natürlichen Zahlen
$\mathbb{Z}$	Menge der ganzen Zahlen
$\mathbb{Q}$	Menge der rationalen Zahlen
$\mathbb{R}$	Menge der reellen Zahlen
L	Lösungsmenge für eine Gleichung bzw. Ungleichung
$\{\ \}$	leere Menge

Beziehungen zwischen Zahlen

$a = b$	a gleich b	$\approx$	nahezu gleich
$a \neq b$	a ungleich b	$a > b$	a größer als b
		$a < b$	a kleiner als b

Verknüpfungen von Zahlen

$a + b$	Summe *(lies:* a plus b)	$a \cdot b$	Produkt *(lies:* a mal b)
$a - b$	Differenz *(lies:* a minus b)	$a : b$	Quotient *(lies:* a geteilt durch b)

Rechengesetze

Vertauschungsgesetz (Kommutativgesetz)

$3 + 7 = 7 + 3$ $\qquad$ $3 \cdot 7 = 7 \cdot 3$

Verbindungsgesetz (Assoziativgesetz)

$3 + (7 + 5) = (3 + 7) + 5$ $\qquad$ $3 \cdot (7 \cdot 5) = (3 \cdot 7) \cdot 5$

Verteilungsgesetz (Distributivgesetz)

$6 \cdot (8 + 5) = 6 \cdot 8 + 6 \cdot 5$ $\qquad$ $6 \cdot (8 - 5) = 6 \cdot 8 - 6 \cdot 5$

Geometrie

A, B, C, …	Punkte
$\overline{AB}$	Strecke mit den Endpunkten A und B
AB	Gerade durch die Punkte A und B
$\overline{AB}$ (mit Anfangsstrich)	Strahl
g, h, k, …	Geraden
$g \parallel k$	g ist parallel zu k
$g \perp h$	g ist senkrecht zu h
$P(3\,\vert\,4)$	Punkt im Koordinatensystem mit den Koordinaten 3 (x-Wert) und 4 (y-Wert)
$\alpha, \beta, \gamma, \delta$; $\sphericalangle ASB$; $\sphericalangle (a, b)$	Winkel

1 Ähnlichkeit

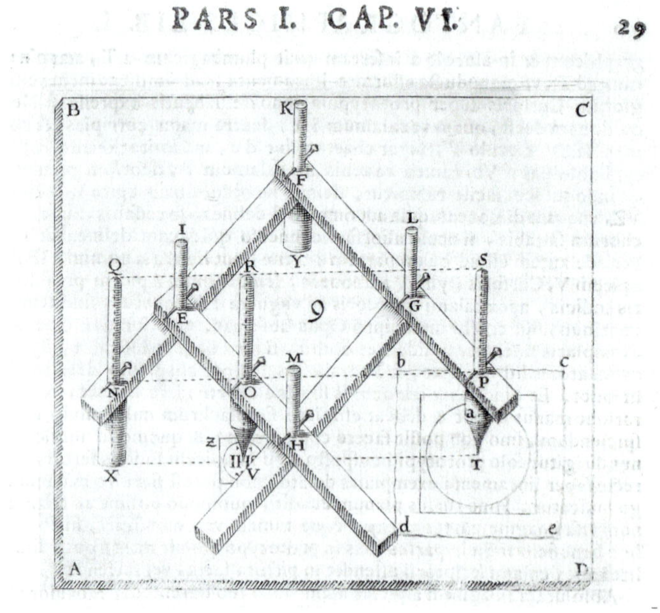

Zeichnung eines Pantographen

*Christoph Scheiner (*1573; †1650) erfand den Pantographen*

Der Pantograph ist ein Instrument zum maßstäblichen Vergrößern und Verkleinern und zum Kopieren von Zeichnungen und Landkarten. Er wurde vor ungefähr 400 Jahren vom Optiker und Astronomen Christoph Scheiner erfunden. Noch bis Mitte des 20. Jahrhunderts wurde er bei technischen Zeichnungen benutzt.

Das Wort Pantograph ist griechischen Ursprungs und bedeutet „Alleszeichner“. Das Zeichengerät wird auch „Storchenschnabel“ genannt.

Beschreibe die Einsatzmöglichkeiten des Pantographen anhand der Abbildungen.
In welchem Bild wird eine Zeichnung kopiert? Wo wird verkleinert? Wo wird vergrößert?

A

B

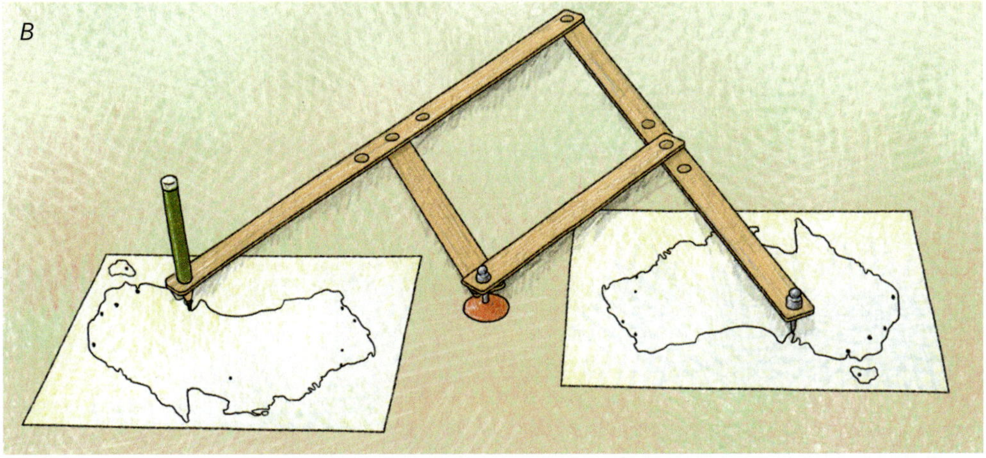

C

Bist du fit für dieses Kapitel?
Eingangstest S. 203

Vergrößern und Verkleinern mit dem Pantographen

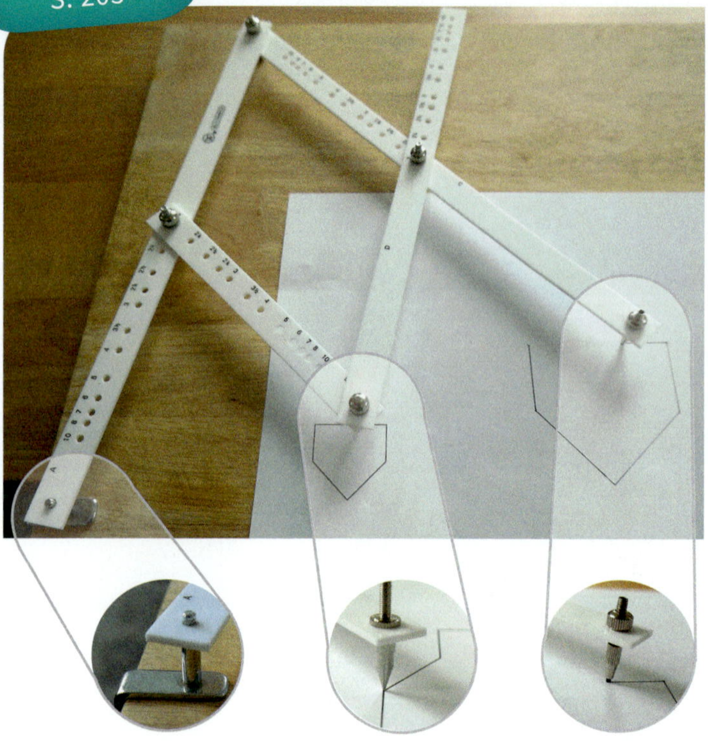

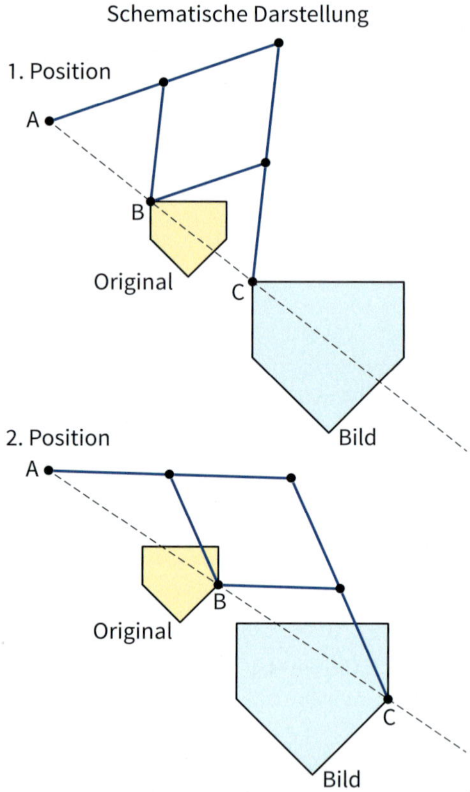

1 a) Beschreibe die Elemente des Zeichengerätes, die sich bei Position A, B und C befinden.
b) Bestimme jeweils die Streckenlängen $\overline{AB}$ und $\overline{AC}$ in den beiden Positionen rechts oben und vergleiche sie miteinander.
c) In welchem Maßstab wird die Vergrößerung (das Bild) angefertigt?

2 a) Wie wird der Pantograph in der unteren Abbildung eingesetzt? Welche Teile sind dazu vertauscht worden?

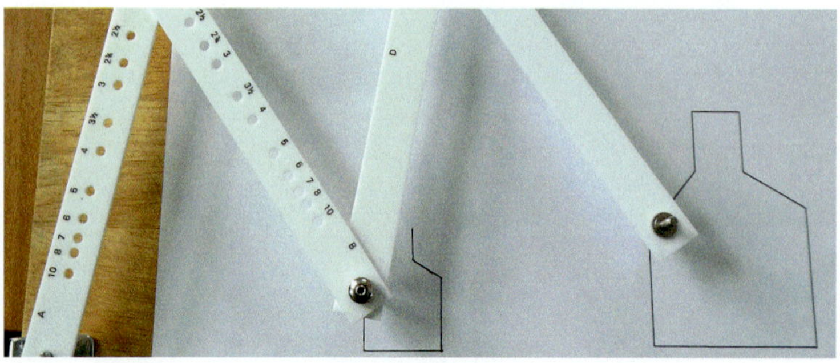

b) Bestimme den Maßstab.

3 Der abgebildete Pantograph ist einstellbar.

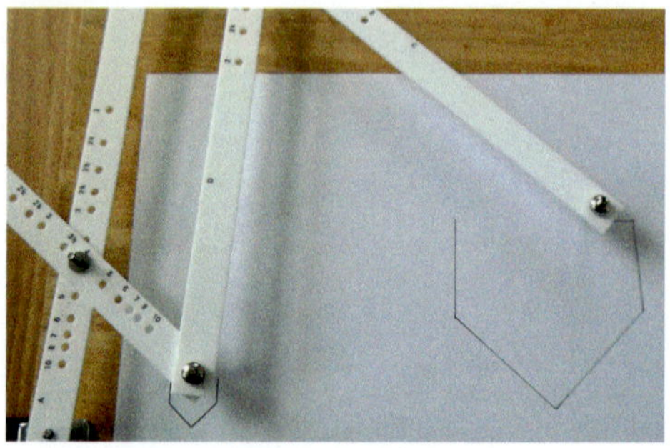

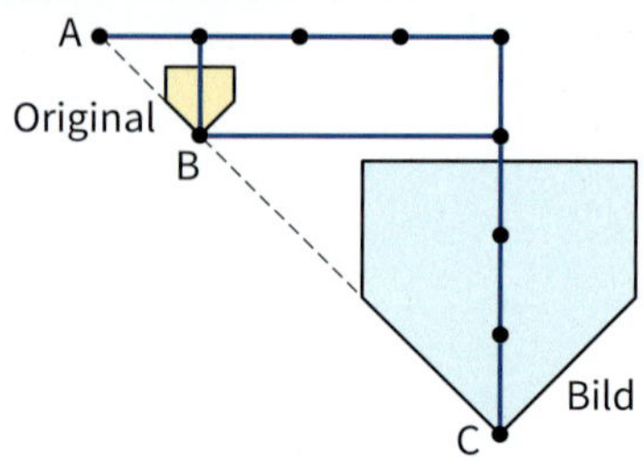

Bestimme auch hier die Streckenlängen $\overline{AB}$ und $\overline{AC}$.
In welchem Maßstab wird hier vergrößert?

Wir bauen einen Pantographen

Für den Bau eines Pantographen
brauchst du die folgenden Materialien:
2 lange Pappstreifen (20 cm x 2 cm)
2 kurze Pappstreifen (11 cm x 2 cm)
3 Musterbeutelklammern
3 Unterleghölzer 2 cm dick
1 Schraube, 1 Pinnadel, 1 Stift

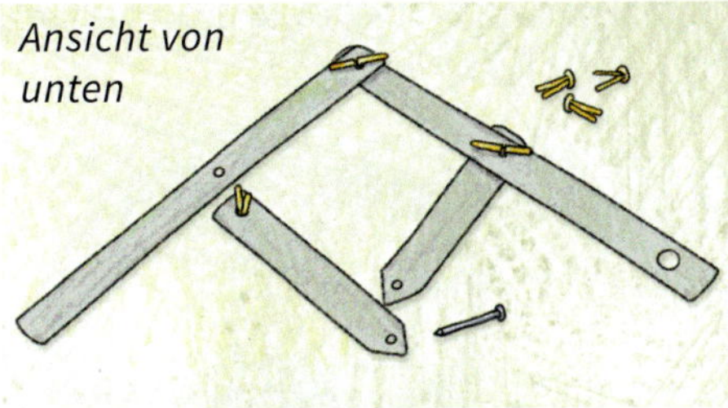

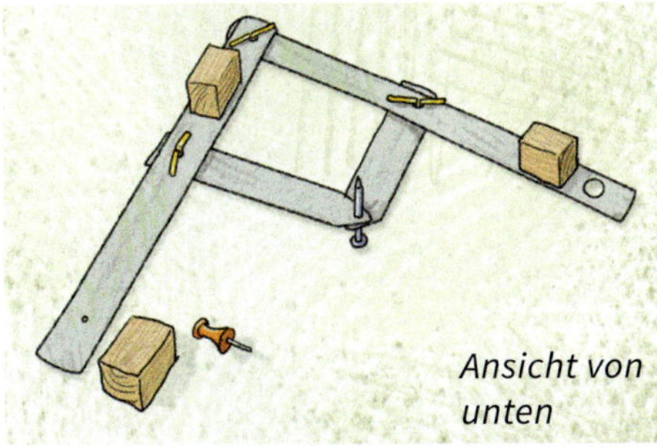

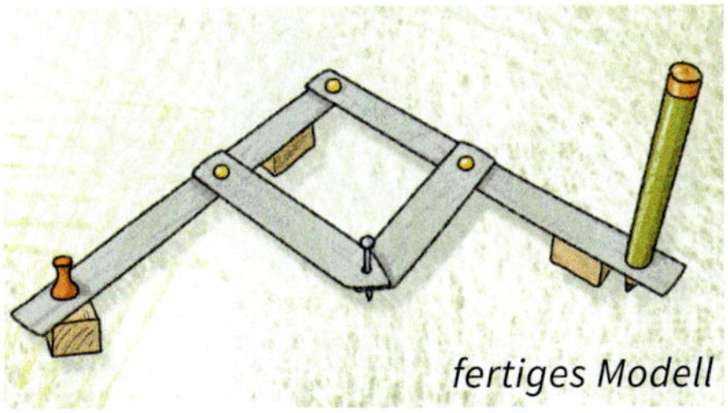

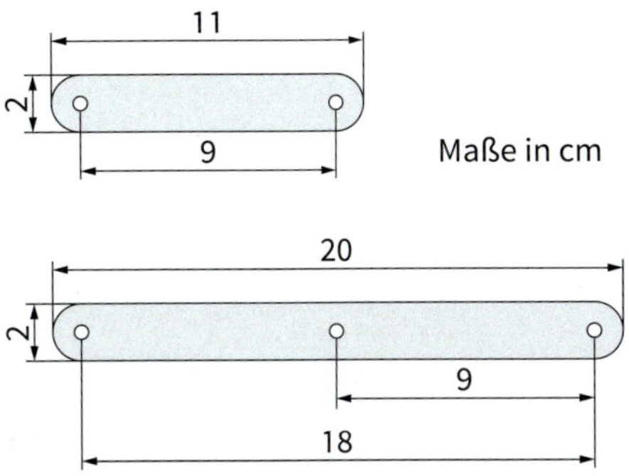

Maße in cm

Schneide die Pappstreifen aus und bohre mit einem spitzen Gegenstand die Löcher wie in der Abbildung angegeben.
Das Loch für den Stift wird nachher angepasst.

1 Stelle mithilfe der oben abgebildeten Bauanleitung einen Pantographen her.

2 Suche geeignete Zeichnungen und vergrößere (verkleinere) sie mit dem Pantographen.

Maßstäbliches Vergrößern und Verkleinern

1 Vergleiche die Längen in Bild und Original. In welchem Maßstab ist verkleinert (vergrößert) worden?

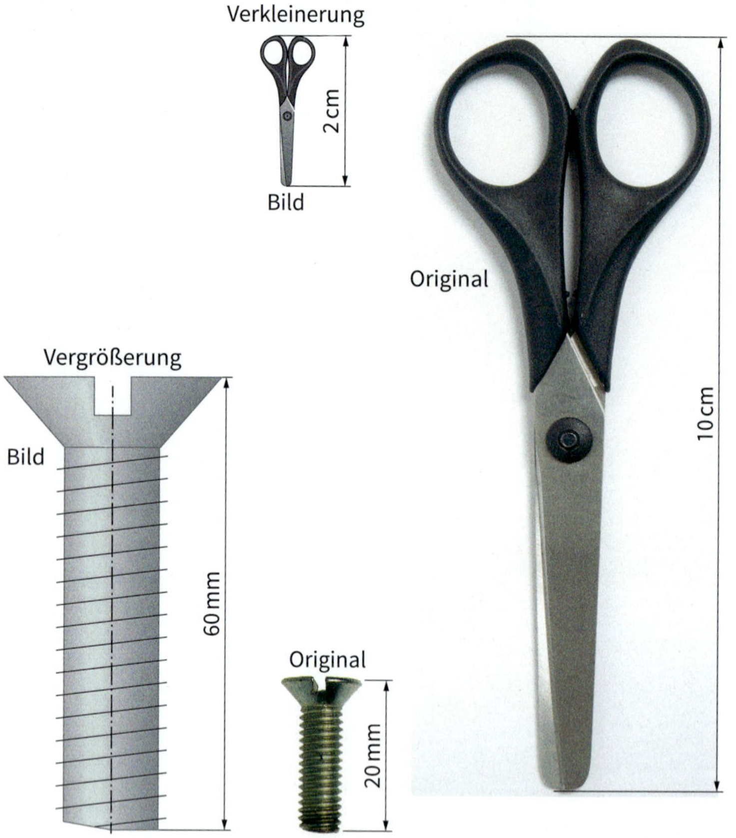

	Länge in cm		
	Bild	**Original**	**Verhältnis** Bild : Original
Schere	■	■	■
Schraube	■	■	■

Der Maßstab gibt das Verhältnis einander entsprechender Streckenlängen in **Bild** und **Original** an. Dabei wird die Zahl für das Bild immer zuerst genannt.

Verkleinerung
Maßstab 1 : 3

1 cm im Bild ≙ 3 cm im Original

Vergrößerung
Maßstab 5 : 1

5 cm im Bild ≙ 1 cm im Original

2 In welchem Maßstab ist die abgebildete Figur vergrößert (verkleinert) worden?

a)

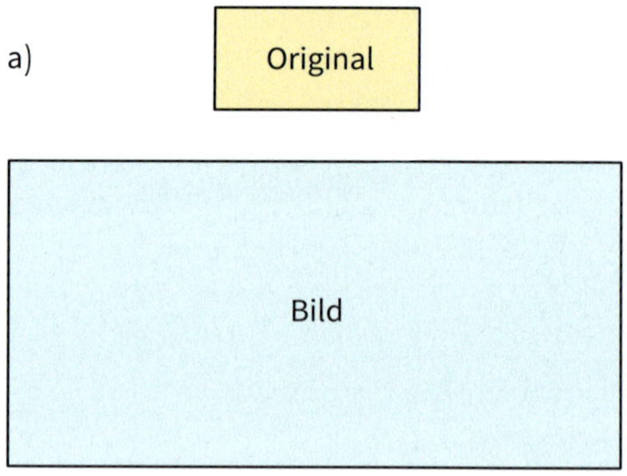

b)

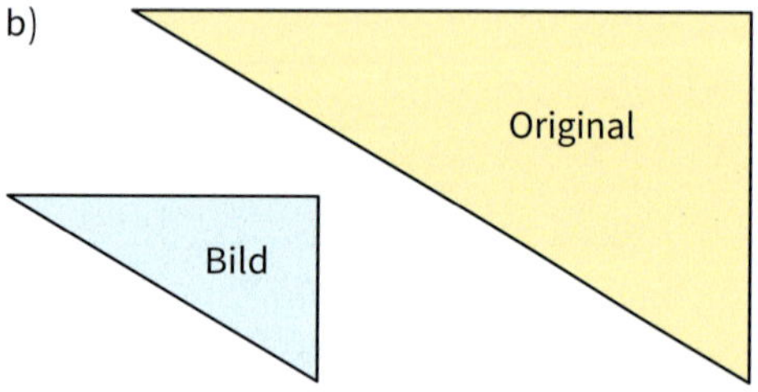

3 Übertrage die Figuren in dein Heft.
a) Vergrößere jede Figur im Maßstab 2 : 1.
b) Verkleinere jede Figur im Maßstab 1 : 3.
c) Was kannst du über die entsprechenden Winkel in Bild und Original aussagen?

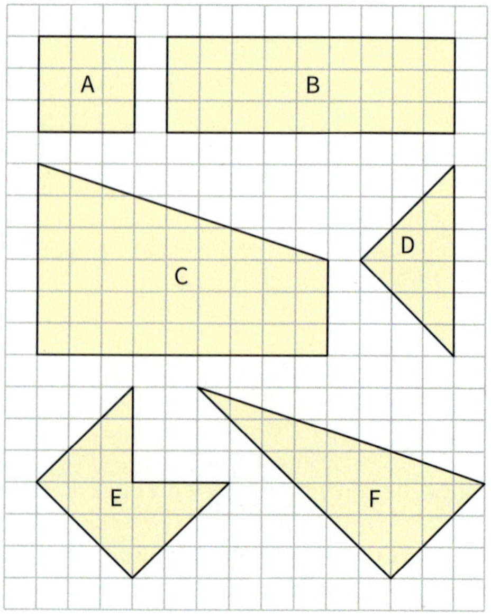

Maßstäbliches Vergrößern und Verkleinern

4 Übertrage die Figur in dein Heft und fertige eine zweite Zeichnung im angegebenen Maßstab an.

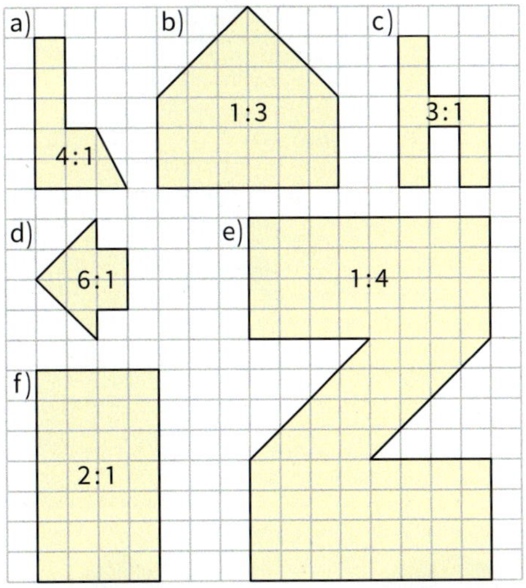

5 Ergänze die Tabelle in deinem Heft.

Verkleinerung

	Maßstab	Bild	Original
a)	1:2	3,5 cm	■
b)	1:6	0,5 cm	■
c)	1:10	6,8 cm	■
d)	■	5 cm	100 cm
e)	1:100	■	3,50 m

Vergrößerung

	Maßstab	Bild	Original
a)	2:1	18 cm	■
b)	4:1	10 cm	■
c)	10:1	72 cm	■
d)	■	6 cm	1,2 cm
e)	100:1	■	6 mm

6 Die Länge der Lok Baureihe 101 ist mit 19 575 mm angegeben.

Wie lang ist ein Modell, das im Maßstab 1 : 87 angefertigt wurde?

7 Zwei Orte haben auf einer Landkarte im Maßstab 1 : 1 000 000 eine Entfernung von 3,5 cm.
Im Beispiel wird gezeigt, wie diese Streckenlänge in die wirkliche Entfernung der beiden Orte umgerechnet wird.

Länge in der Zeichnung	Länge in der Wirklichkeit
1 cm	1 000 000 cm
3,5 cm	3,5 · 1 000 000 cm = 3 500 000 cm = 35 000 m = 35 km

3,5 cm ≙ 35 km

Bestimme jeweils die wirkliche Streckenlänge.

Länge auf der Karte	Maßstab	Länge in Wirklichkeit
9 cm	1:10 000	■
83 mm	1:25 000	■
12,6 cm	1:200 000	■
3,5 m	1:2,5	■
36 mm	1:500	■
2 cm	1:1,5 Mio.	■

8 Die abgebildete Landkarte ist in einem Maßstab von 1 : 600 000 gezeichnet worden. Bestimme die Entfernung zwischen Lage und Verl (Luftlinie).

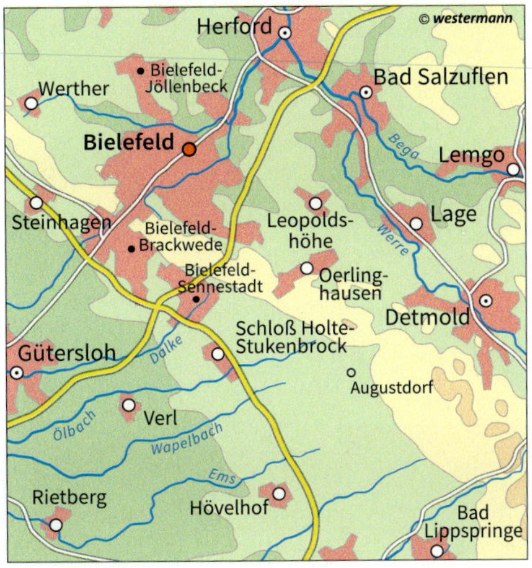

Recherchiere die wirkliche Entfernung im Internet.

Ähnliche Figuren

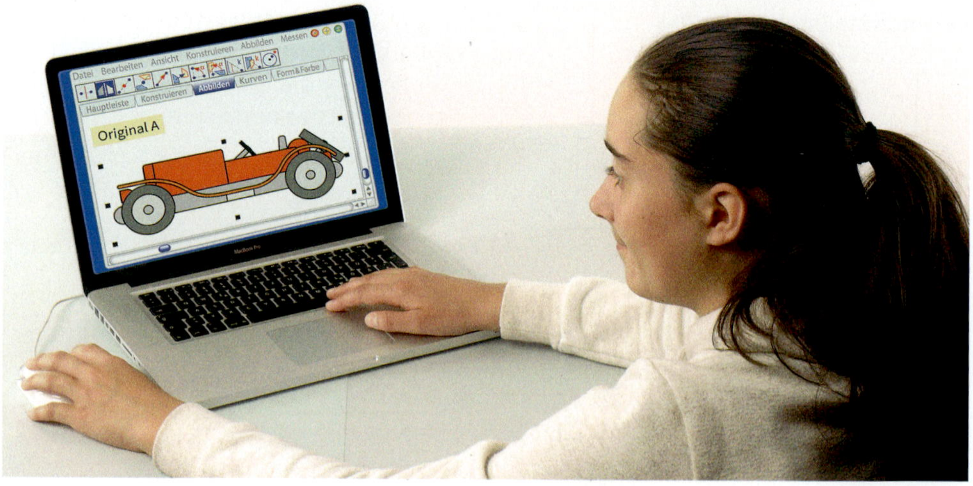

1 a) Hanna möchte mit einem Grafikprogramm die Größe von Bildern verändern.
Beschreibe, wie sie dabei vorgehen kann.
b) Bei welchem Bild handelt es sich um eine maßstäbliche Vergrößerung (Verkleinerung)?

Original B

Bild B1

Bild A1

Bild B2

Bild A2

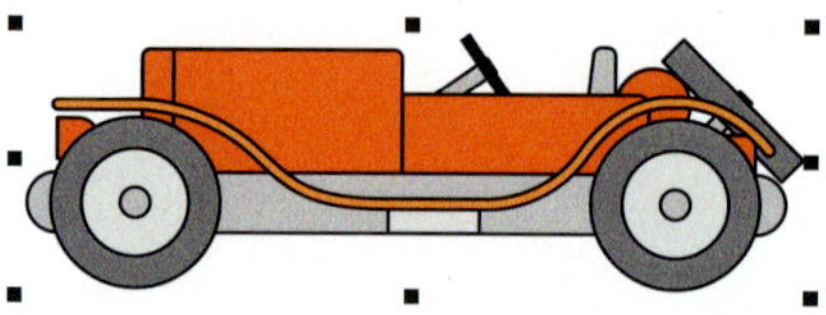

Bild B3

Bild A3

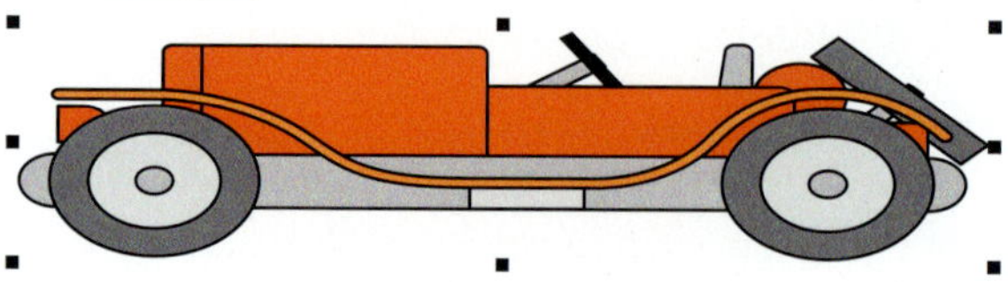

2 Das Dreieck B ist durch maßstäbliches Vergrößern aus dem Dreieck A hervorgegangen.

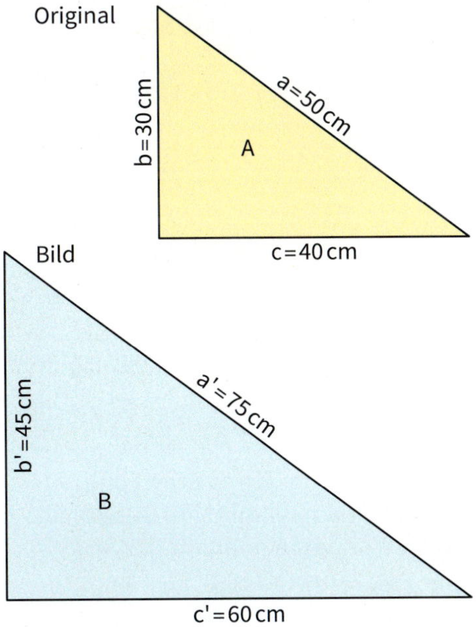

a) Bestimme den Maßstab.
b) Im Beispiel sind die Verhältnisse entsprechender Streckenlängen in Dreieck A und B berechnet worden.

$\frac{b}{c} = \frac{30}{40} = \frac{3}{4}$ $\frac{b'}{c'} = \frac{45}{60} = \frac{3}{4}$

Berechne ebenso die Verhältnisse

$\frac{a}{c}$ und $\frac{a'}{c'}$; $\frac{c}{a}$ und $\frac{c'}{a'}$; $\frac{a}{b}$ und $\frac{a'}{b'}$

Was stellst du fest?
c) Vergleiche in beiden Dreiecken die Winkelgrößen miteinander.

Figuren, die durch maßstäbliches Vergrößern oder Verkleinern entstanden sind, heißen **ähnlich.**
In zueinander ähnlichen Figuren sind entsprechende Winkel gleich groß.
Die Verhältnisse entsprechender Seiten in Original- und Bildfigur sind gleich.

3 Welche der unten abgebildeten Figuren sind den Figuren I, II oder III ähnlich? Begründe deine Antwort mithilfe der Eigenschaften ähnlicher Figuren.

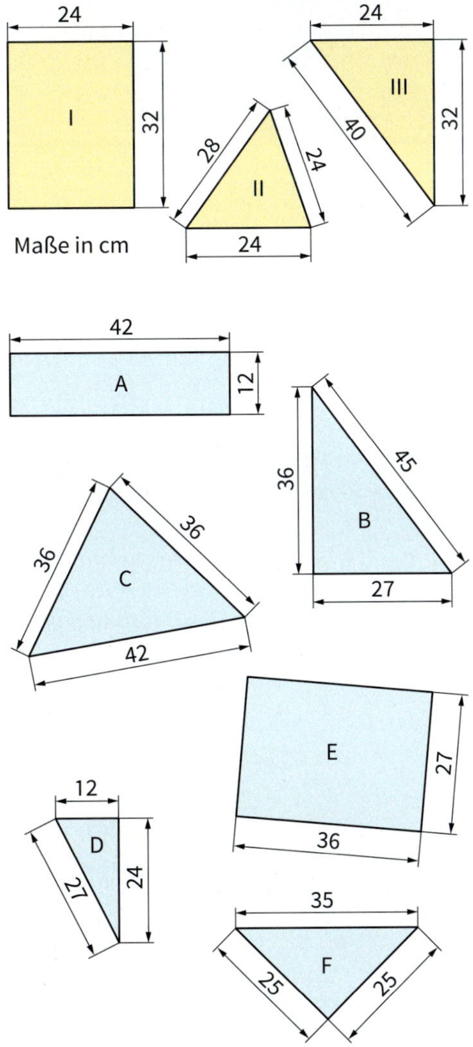

4 Gib mehrere Gründe dafür an, dass die beiden Figuren nicht ähnlich sind.

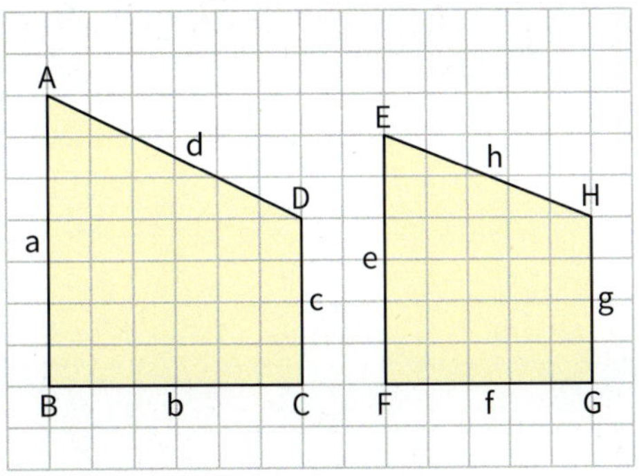

1 Eine Lichtquelle erzeugt ein vergrößertes Bild von der L-Blende.

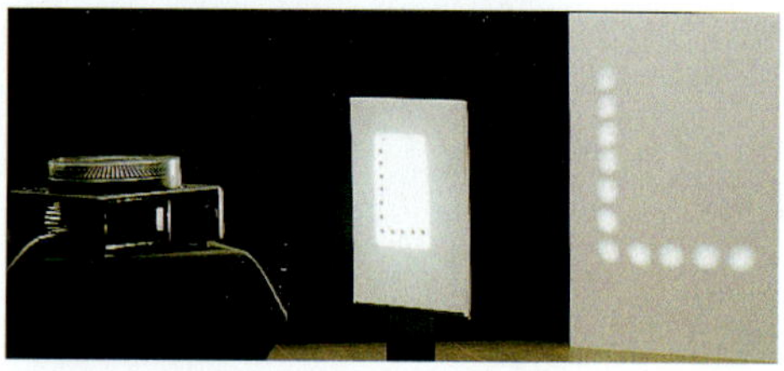

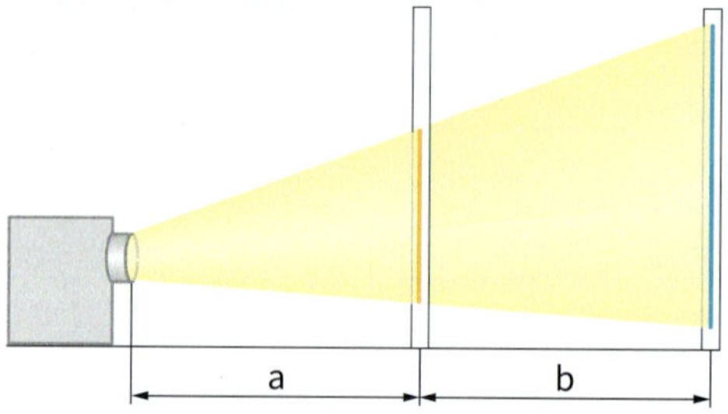

Was geschieht, wenn Abstand b vergrößert (verkleinert) und Abstand a beibehalten wird?

2 Der Buchstabe L ist wie in Aufgabe 1 vergrößert worden. Diese Abbildung heißt **zentrische Streckung.**

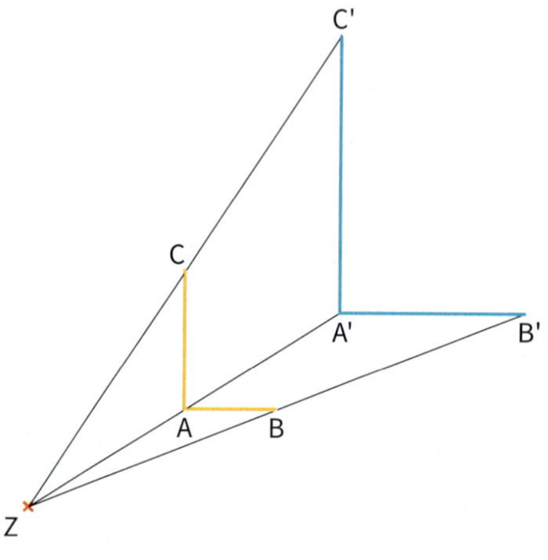

a) Vervollständige die Tabelle in deinem Heft. Was fällt dir auf?

$\overline{ZA} = 2$ cm	$\overline{ZA'} = 4$ cm	$\frac{\overline{ZA'}}{\overline{ZA}} = \frac{4}{2} = 2$
$\overline{ZB}$ = ■	$\overline{ZB'}$ = ■	$\frac{\overline{ZB'}}{\overline{ZB}}$ = ■/■ = ■
$\overline{ZC}$ = ■	$\overline{ZC'}$ = ■	$\frac{\overline{ZC'}}{\overline{ZC}}$ = ■/■ = ■
$\overline{AB}$ = ■	$\overline{A'B'}$ = ■	$\frac{\overline{A'B'}}{\overline{AB}}$ = ■/■ = ■
$\overline{AC}$ = ■	$\overline{A'C'}$ = ■	$\frac{\overline{A'C'}}{\overline{AC}}$ = ■/■ = ■

b) Gib den Vergrößerungsmaßstab an.

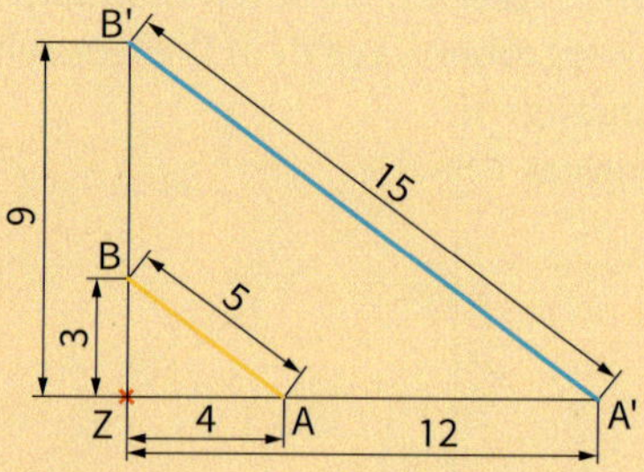

$\frac{\overline{ZA'}}{\overline{ZA}} = \frac{12}{4} = 3$ $\quad \overline{ZA'} = 3 \cdot \overline{ZA}$

$\frac{\overline{ZB'}}{\overline{ZB}} = \frac{9}{3} = 3$ $\quad \overline{ZB'} = 3 \cdot \overline{ZB}$

$\frac{\overline{A'B'}}{\overline{AB}} = \frac{15}{5} = 3$ $\quad \overline{A'B'} = 3 \cdot \overline{AB}$

Streckungsfaktor: $k = 3$

Bei einer zentrischen Streckung liegen Originalpunkt und Bildpunkt auf einer Geraden durch das Streckungszentrum Z. Der Streckungsfaktor wird k genannt.
Bei einer zentrischen Streckung sind Originalfigur und Bildfigur **ähnlich** zueinander.

3 Die Strecke $\overline{A'B'}$ ist durch eine zentrische Streckung aus $\overline{AB}$ hervorgegangen. Bestimme den Streckungsfaktor k. Berechne dann die fehlenden Längen.

a)

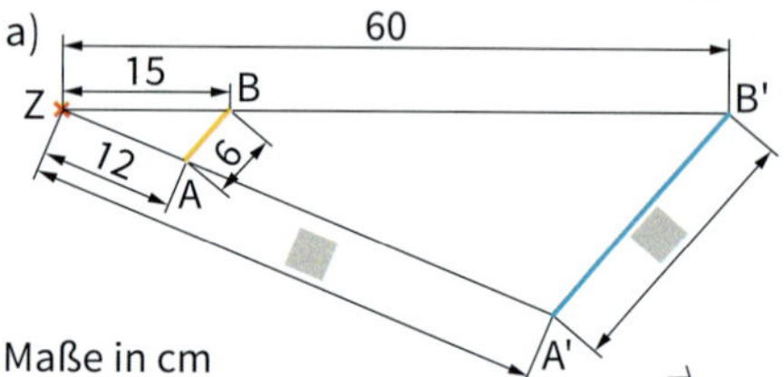

Maße in cm

b)

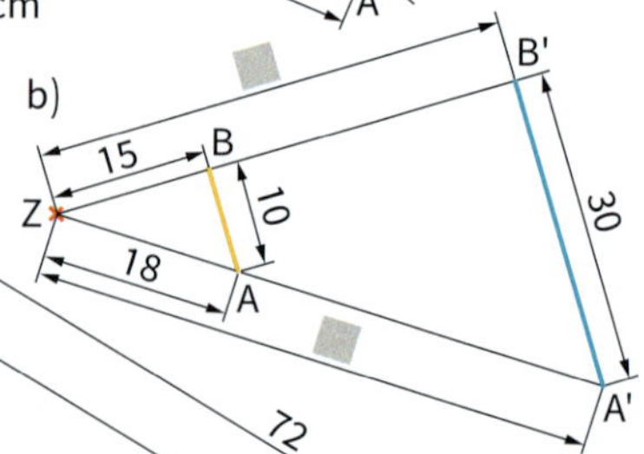

c)

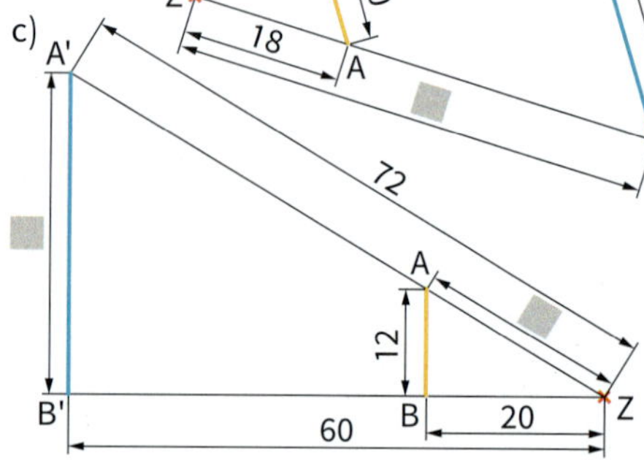

4 Übertrage die Zeichnung in dein Heft und strecke $\overline{AB}$ mit dem Streckungsfaktor k von Z aus.
Bestimme die Streckenlänge $\overline{A'B'}$.

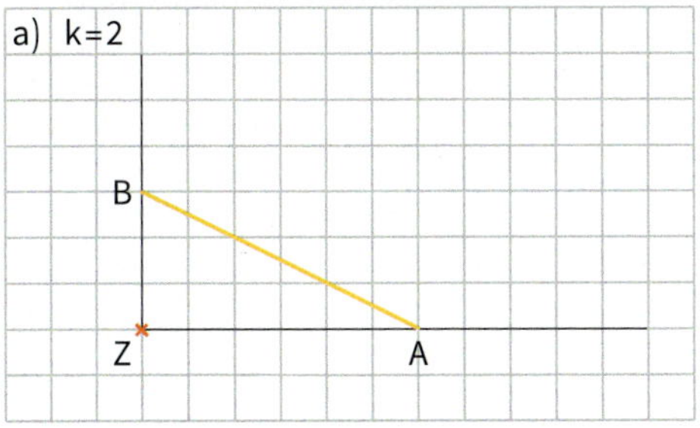

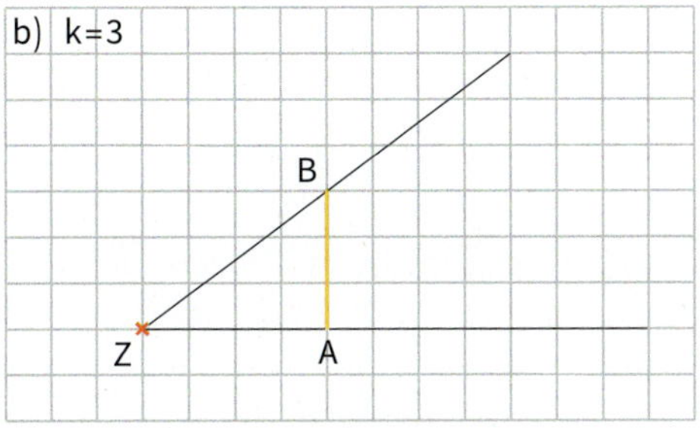

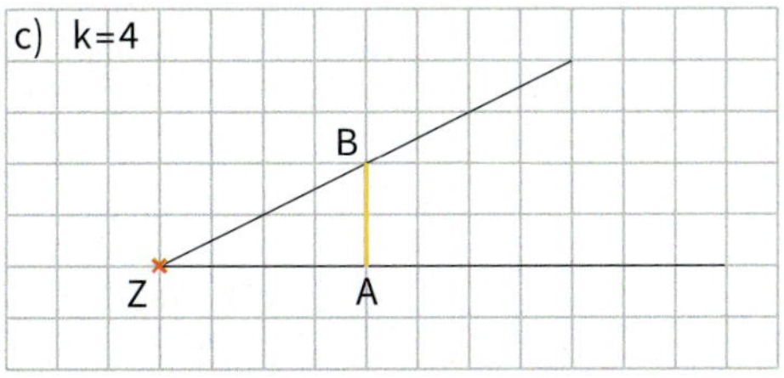

5 In den beiden Abbildungen ist jeweils $\overline{AB}$ durch eine zentrische Streckung auf $\overline{A'B'}$ abgebildet worden.
Bestimme den Streckungsfaktor.

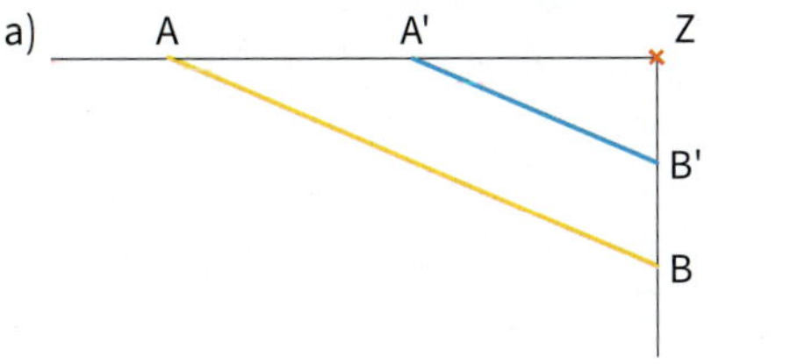

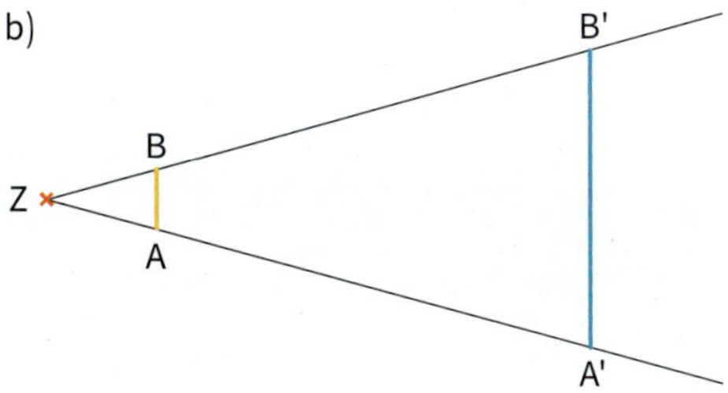

6 Übertrage die Zeichnung in dein Heft und strecke $\overline{AB}$ von Z aus mit dem Streckungsfaktor k.
Bestimme die Streckenlänge $\overline{A'B'}$.

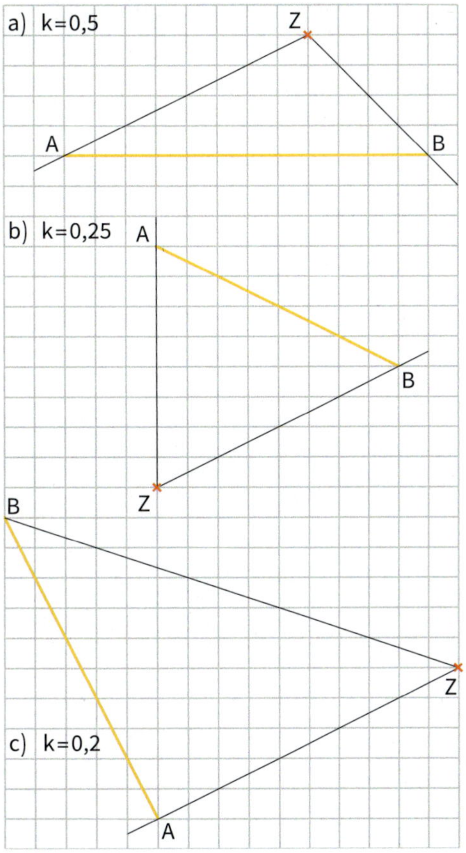

7 Zeichne die Strecke $\overline{AB}$ und den Punkt Z in ein Koordinatensystem (Einheit 1 cm). Strecke $\overline{AB}$ von Z aus mit dem angegebenen Faktor k. Gib die Koordinaten der Bildpunkte A′ und B′ an.

	a)	b)	c)
Z	(0|0)	(5|2)	(2|−1)
A	(4|2)	(4|0)	(1|2)
B	(1|2)	(8|0)	(−1|−2)
k	2	1,5	3

	d)	e)	f)
Z	(0|0)	(0|0)	(2|−1)
A	(10|0)	(−10|0)	(−6|−1)
B	(10|8)	(0|10)	(2|7)
k	0,5	0,2	0,25

Zentrische Streckung ebener Figuren

1 a) Beschreibe anhand der vier Abbildungen, wie das Dreieck ABC von Z aus mit k = 2 gestreckt wird.
b) Vergleiche jeweils die Größe der Winkel von Original- und Bildfigur miteinander. Wie liegen entsprechende Seiten zueinander?

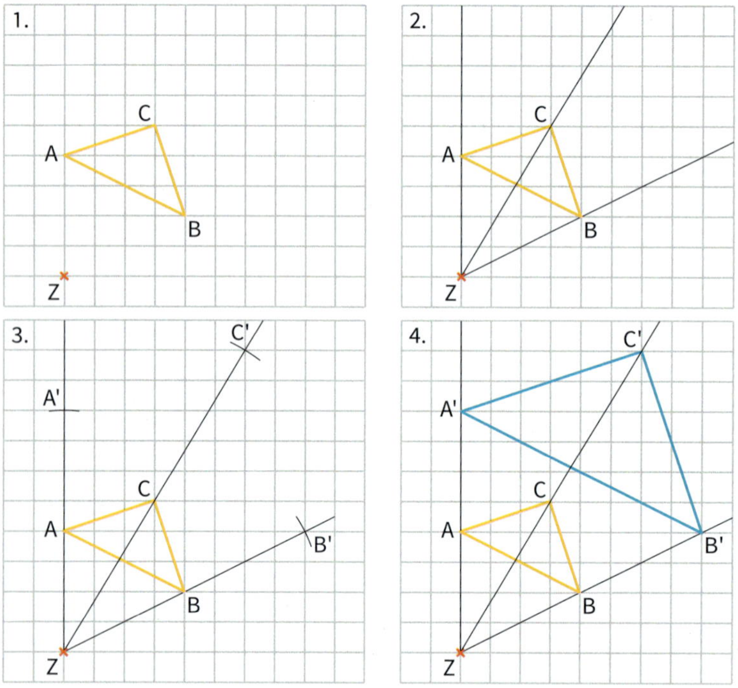

c) Übertrage Abbildung 1 in dein Heft und strecke das Dreieck ABC von Z aus mit dem Streckungsfaktor k = 3 (1,5).

2 Übertrage die Figur in dein Heft und strecke sie anschließend von Z aus mit dem angegebenen Faktor.

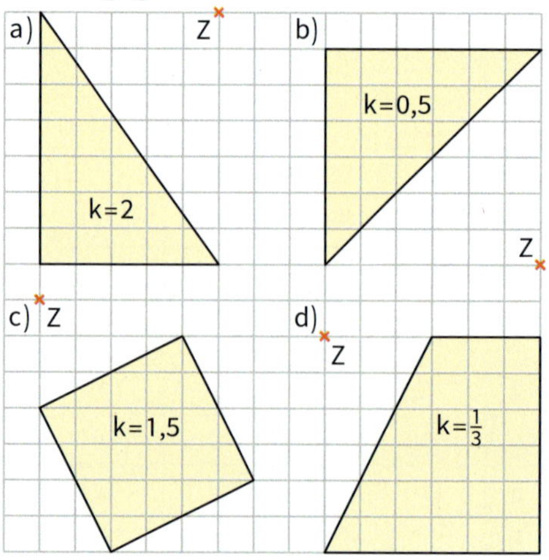

Bei einer zentrischen Streckung sind die entsprechenden Winkel in Original- und Bildfigur gleich groß. Original- und Bildstrecke liegen parallel zueinander.

3 a) Elli streckt das abgebildete Dreieck von Z aus mit k = 1,5. Welche Eigenschaft der zentrischen Streckung benutzt sie dabei?

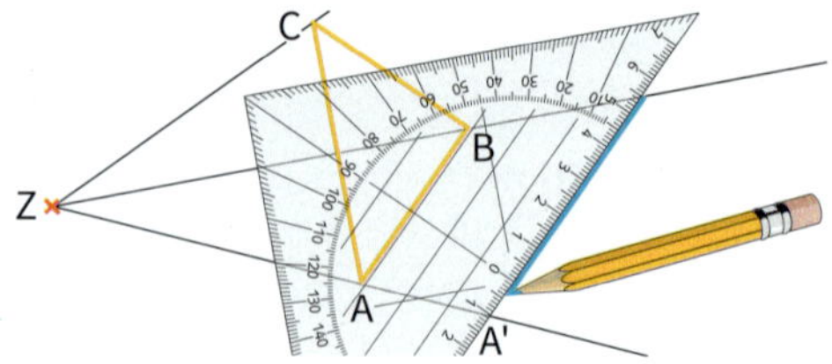

b) Übertrage die Figuren in dein Heft und konstruiere mithilfe dieser Eigenschaft die Bildfigur (k = 1,5).

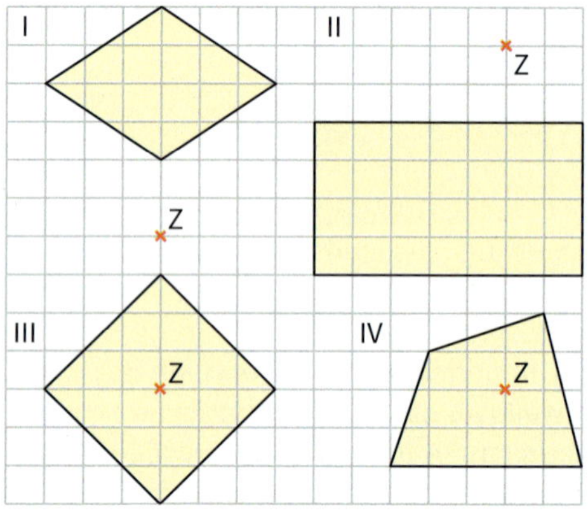

4 Zeichne die Figur mit den gegebenen Eckpunkten in ein Koordinatensystem (Einheit 1 cm) und verkleinere sie durch zentrische Streckung von Z aus mit dem angegebenen Faktor k. Gib die Koordinaten der Bildpunkte an.

	a)	b)	c)	d)
Z	(1 | −1)	(7 | −2)	(1 | 0)	(−2 | 4)
k	0,5	0,5	0,5	0,25
A	(−1 | 2)	(−2 | −6)	(−1 | −2)	(−4 | −2)
B	(3 | 2)	(−2 | 0)	(3 | −1)	(2 | −4)
C	(3 | 4)	(0 | −4)	(3 | 1)	(4 | 2)
D	(−1 | 4)		(−1 | 4)	(−2 | 2)

Flächeninhalt von Originalfigur und Bildfigur

1 In der Abbildung ist das Quadrat ZABC mit der Seitenlänge 2 cm mit dem Faktor k = 3 von Z aus gestreckt worden.

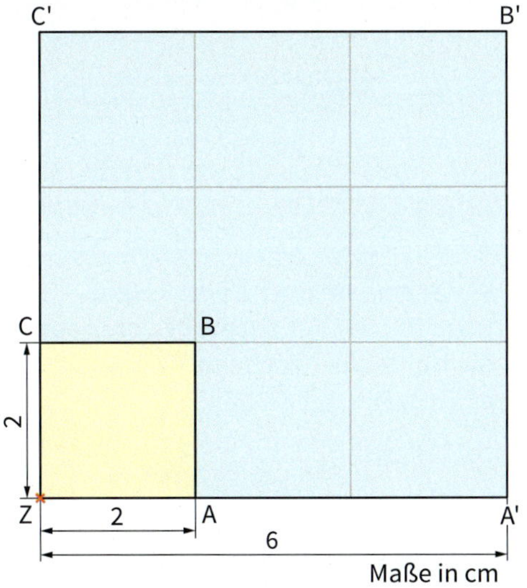

a) Vergleiche den Flächeninhalt der Originalfigur mit dem Flächeninhalt der Bildfigur.
b) Führe eine weitere Streckung des Originalquadrats mit dem Streckungsfaktor k = 4 durch. Vergleiche auch hier die Flächeninhalte von Originalfigur und Bildfigur. Was stellst du fest?

2 a) Zeichne ein 3 cm langes und 2 cm breites Rechteck ABCD und wähle Punkt A als Streckungszentrum. Strecke das Rechteck von Punkt A aus mit dem Faktor k = 3.
b) Bestimme den Flächeninhalt der Bildfigur A′B′C′D′ und vergleiche ihn mit dem Flächeninhalt des ursprünglichen Rechtecks ABCD.
c) Wie verändert sich der Flächeninhalt bei dem Streckungsfaktor 4 (5, 6, 7)?

3 a) Zeichne ein Quadrat ABCD mit 4 cm Seitenlänge und strecke es von Punkt A aus mit $k = \frac{1}{2}$.
b) Vergleiche den Flächeninhalt der Bildfigur mit dem Flächeninhalt der Originalfigur.
c) Wie verändert sich der Flächeninhalt bei einem Streckungsfaktor $k = \frac{1}{4}$ $(\frac{1}{5})$?

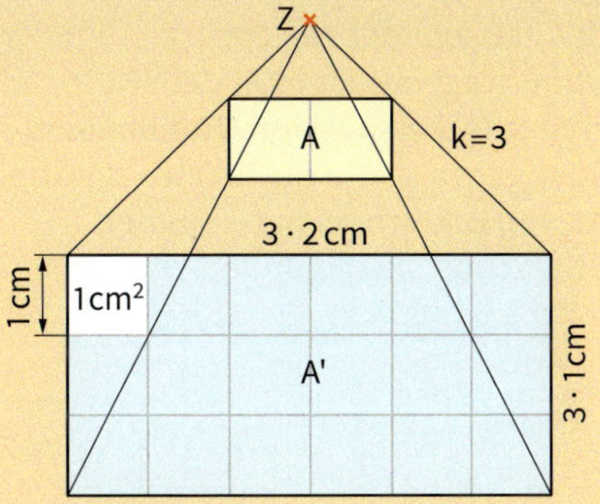

$A = 2\text{ cm} \cdot 1\text{ cm}$
$A = 2\text{ cm}^2$
$A' = \boxed{3} \cdot 2\text{ cm} \cdot \boxed{3} \cdot 1\text{ cm}$
$A' = 3^2 \cdot 2\text{ cm}^2$
$A' = 3^2 \cdot A$
$A' = \boxed{k^2} \cdot A$

Bei einer zentrischen Streckung mit dem Streckungsfaktor **k** ist der Flächeninhalt der Bildfigur **k²**-mal so groß wie der Flächeninhalt der Originalfigur.

4 Ergänze die Tabelle in deinem Heft.

	a)	b)	c)	d)
k	4	3	5	■
k^2	■	■	■	0,25
A	25 cm²	108 cm²	■	■
A′	■	■	300 cm²	1,5 cm²

5 a) Wenn ich mit einem Fotokopiergerät eine Seite im DIN-A5-Format auf DIN-A3 vergrößern möchte, muss ich den Faktor 2 bzw. den Faktor 200 % einstellen. Wie verändern sich die Seitenlängen und der Flächeninhalt der Seite bei der Vergrößerung?
b) Wie verändert sich der Flächeninhalt, wenn ich den Faktor 50 % wähle?

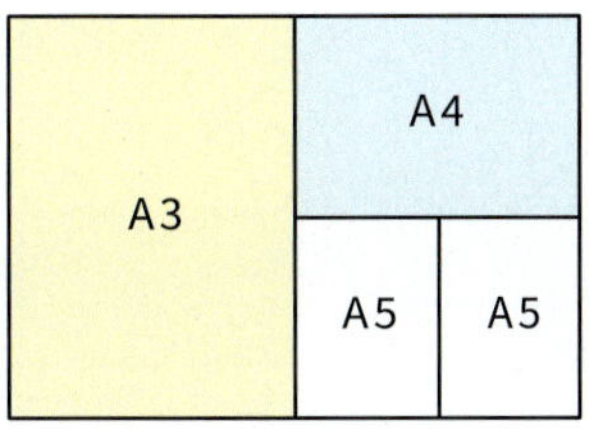

Negativer Streckungsfaktor

1 Das Dreieck ABC ist auf das Dreieck A′B′C′ abgebildet worden.
a) Übertrage die Figur in dein Heft und vergleiche die Lage von Original- und Bildstrecken sowie die Größe von Original- und Bildwinkel miteinander.
b) Berechne die folgenden Verhältnisse:
$\frac{\overline{A'B'}}{\overline{AB}}$ und $\frac{\overline{ZC'}}{\overline{ZC}}$

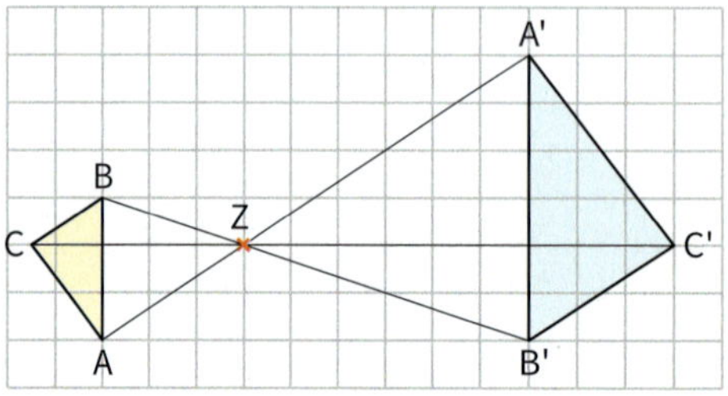

Wenn bei einer zentrischen Streckung das Zentrum Z zwischen Original- und Bildpunkt liegt, wird vereinbart, dass der **Streckungsfaktor k negativ** ist.

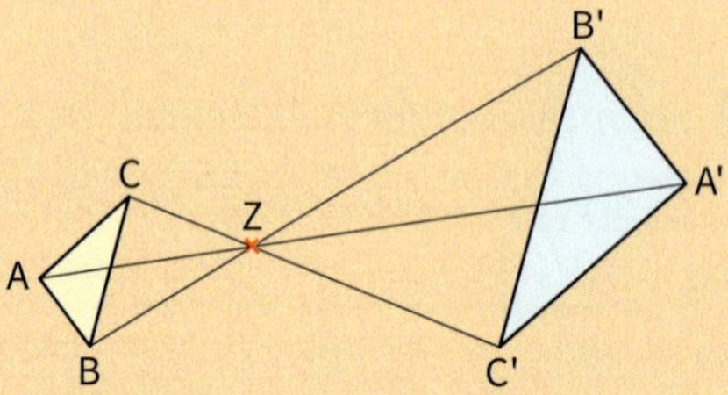

$\frac{\overline{ZA'}}{\overline{ZA}} = \frac{16}{8} = 2$ **k = −2**

$\frac{\overline{ZB'}}{\overline{ZB}} = \frac{14}{7} = 2$ **k = −2**

$\frac{\overline{ZC'}}{\overline{ZC}} = \frac{7}{3{,}5} = 2$ **k = −2**

2 Übertrage die Zeichnung in dein Heft und bestimme den Streckungsfaktor k.

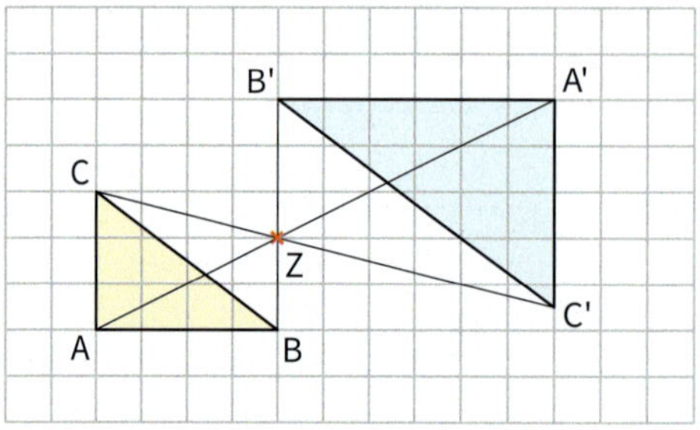

So kannst du das Dreieck ABC durch eine zentrische Streckung mit dem Faktor k = −0,5 abbilden:

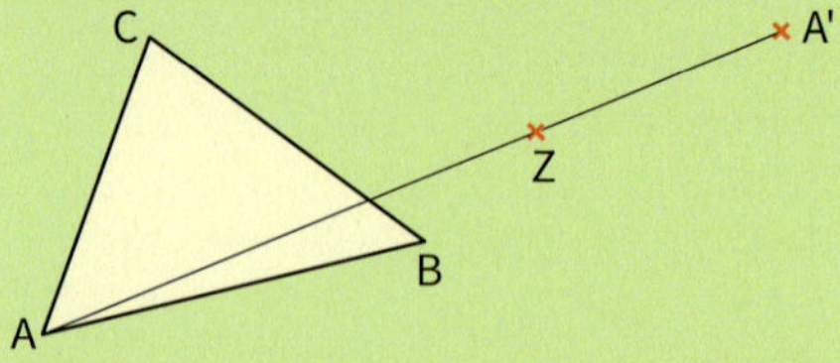

Verlängere $\overline{AZ}$ über Z hinaus und trage auf der Verlängerung von Z aus die Hälfte der Länge von $\overline{AZ}$ ab. Du erhältst A′.

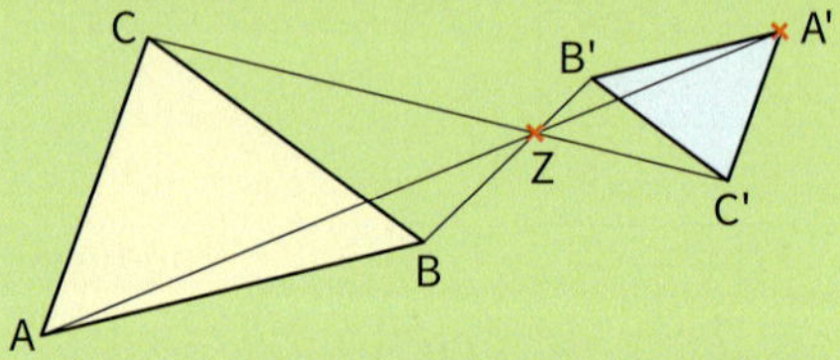

Verlängere $\overline{BZ}$ und $\overline{CZ}$ über Z hinaus. Zeichne zu $\overline{AB}$ und zu $\overline{AC}$ die Parallelen durch A′. Du erhältst B′ und C′. Verbinde B′ mit C′. Du erhältst das Bilddreieck A′B′C′.

3 Zeichne das Dreieck ABC in ein Koordinatensystem (Einheit 0,5 cm) und strecke es von Z aus mit dem Faktor k.

	a)	b)	c)	d)
Z	(0 | 0)	(0 | 5)	(4 | 0)	(4 | −4)
k	−2	−1	−0,5	−1,5
A	(1 | 1)	(4 | 0)	(0 | 2)	(2 | 0)
B	(7 | 1)	(12 | 5)	(10 | 2)	(8 | −4)
C	(1 | 5)	(4 | 9)	(2 | 12)	(8 | 0)

4 Übertrage die Figur in dein Heft und strecke sie von Z aus mit dem angegebenen Streckungsfaktor.

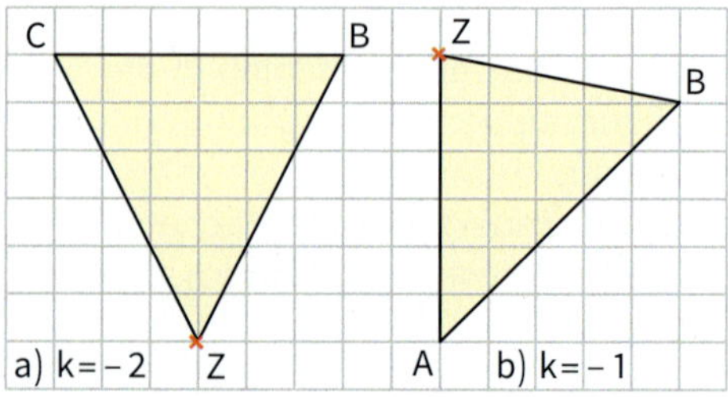

Arbeiten mit dem Computer: Zentrische Streckung

1 a) Strecke ein beliebiges Dreieck von Z aus mit dem Streckungsfaktor k. Der Streckungsfaktor k soll einstellbar sein. Gehe dazu wie folgt vor:

1. Konstruiere mit dem Werkzeug „Vieleck“ ein beliebiges Dreieck und einen Punkt Z außerhalb des Dreiecks. Benenne alle Punkte.

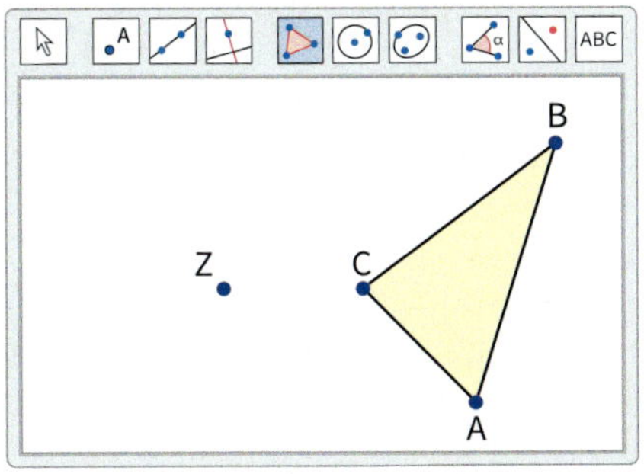

2. Erstelle einen Schieberegler und nenne ihn k.

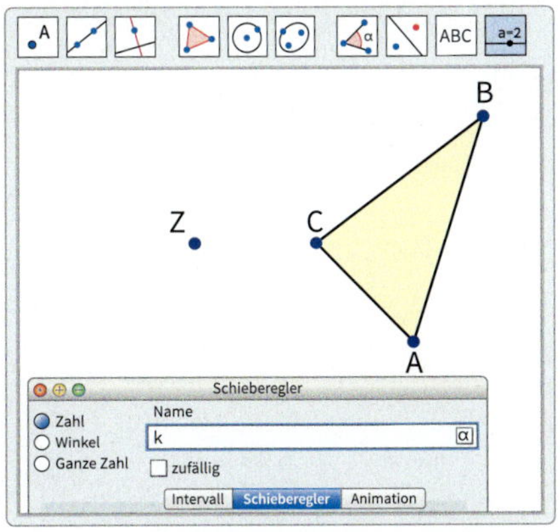

3. Wähle das Werkzeug „Strecke zentrisch von Punkt aus“ und trage bei Faktor den Buchstaben k ein.

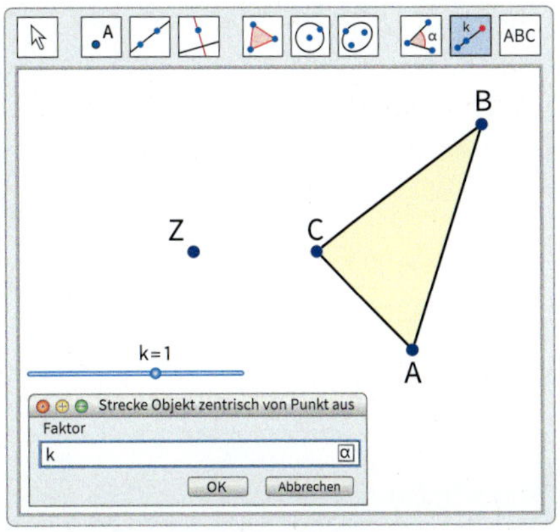

4. Verändere k mithilfe des Schiebereglers. Beobachte dabei das entstandene Bilddreieck und die jeweilige Größe von k.

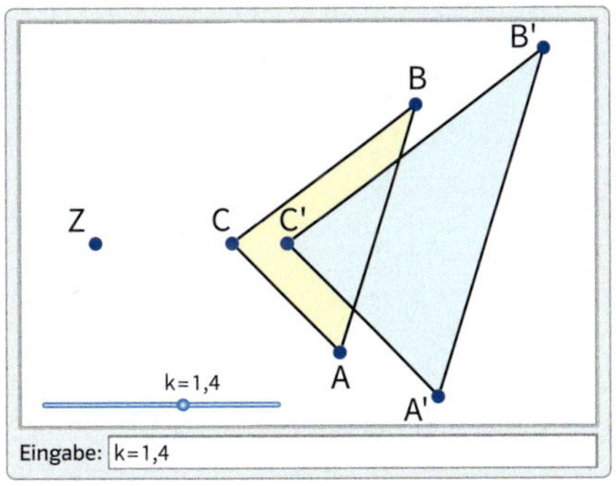

Zur besseren Veranschaulichung des Streckungsprozesses kannst du Geraden durch Z und A, Z und B und Z und C einzeichnen.

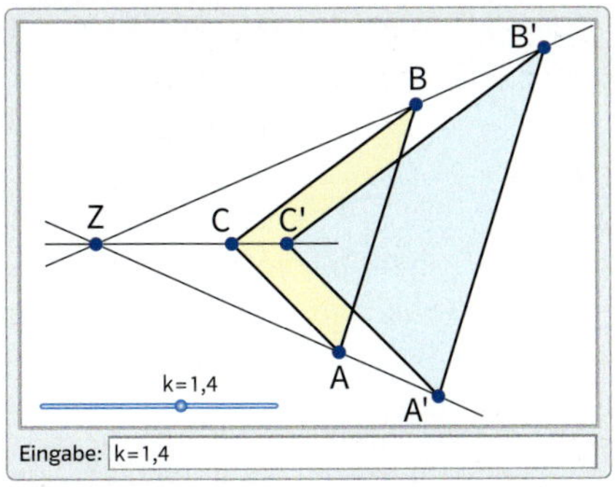

b) Wähle auch negative Werte für k. Was kannst du beobachten?

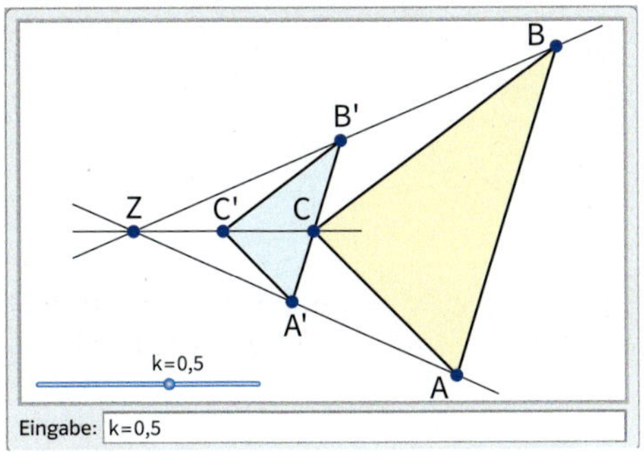

c) In der Eingabezeile kannst du, wie abgebildet, feste Werte für k eingeben. Drücke anschließend die Eingabetaste. Stelle die folgenden Werte für k ein:
– 1; 1; – 0,5; 0; 3.
Beschreibe Größe und Lage des Bilddreiecks.

1 Tim möchte in einer Zimmerecke zwei Regalbretter anbringen. Tim weiß, dass die Schräge 270 cm lang ist.
a) Berechne die fehlenden Maße mithilfe der zentrischen Streckung.
b) Vergleiche die Maße in der Schräge mit den entsprechenden Maßen in der Senkrechten. Was fällt dir auf?

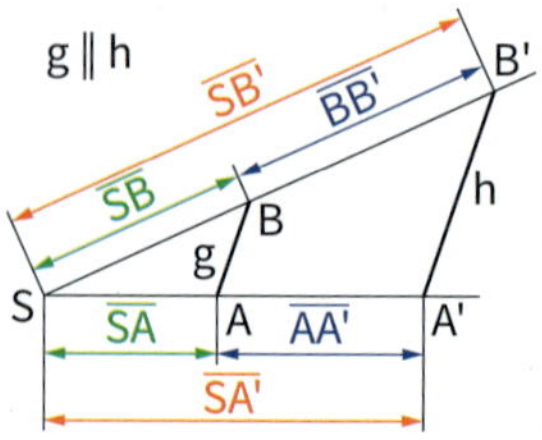

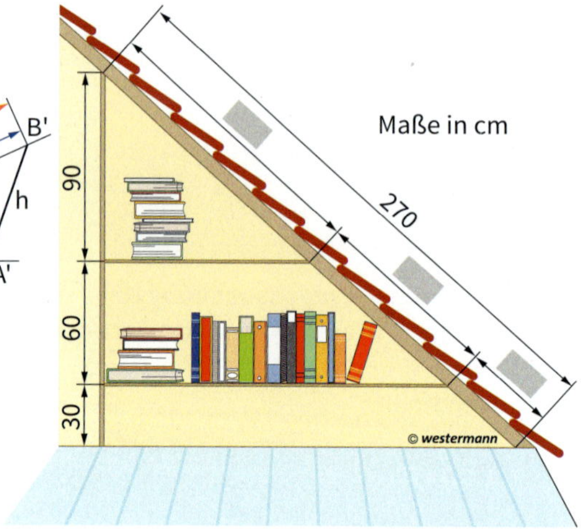

1. Strahlensatz

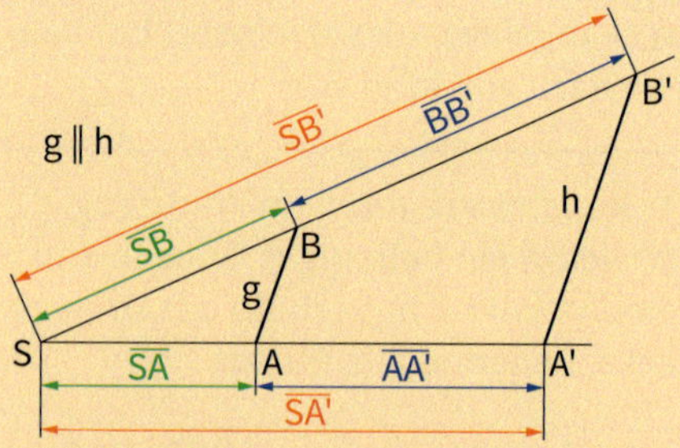

$\frac{\overline{SA}}{\overline{AA'}} = \frac{\overline{SB}}{\overline{BB'}}$ $\frac{\overline{SA'}}{\overline{AA'}} = \frac{\overline{SB'}}{\overline{BB'}}$

Werden zwei Strahlen (Halbgeraden) mit einem gemeinsamen Anfangspunkt von zwei Parallelen geschnitten, so verhalten sich die Längen von zwei Streckenabschnitten auf dem einen Strahl wie die Längen der entsprechenden Streckenabschnitte auf dem anderen Strahl.

2 Die Strecke $\overline{A'B'}$ ist durch zentrische Streckung aus $\overline{AB}$ hervorgegangen. Ersetze die Platzhalter in den Gleichungen. Vergleiche dazu einander entsprechende Streckenabschnitte auf den Strahlen.

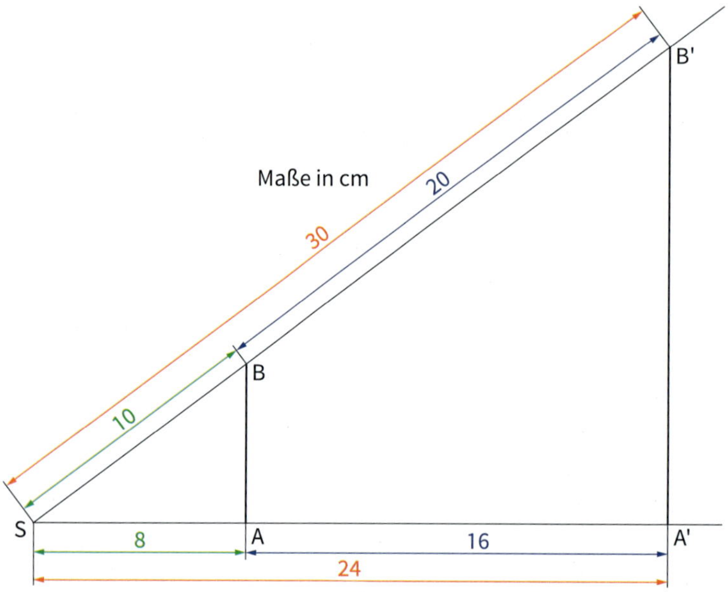

$\frac{24}{8} = \frac{30}{\square}$ $\frac{8}{16} = \frac{\square}{\square}$ $\frac{24}{16} = \frac{\square}{\square}$

3 Bestimme die rot gekennzeichnete Streckenlänge x (a∥b).

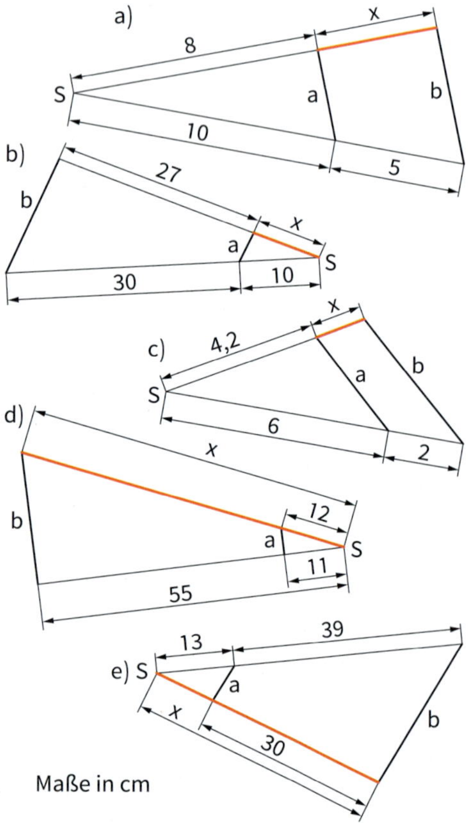

Maße in cm

4 Ein Stab wird durch eine Lichtquelle vergrößert auf einer Leinwand abgebildet.

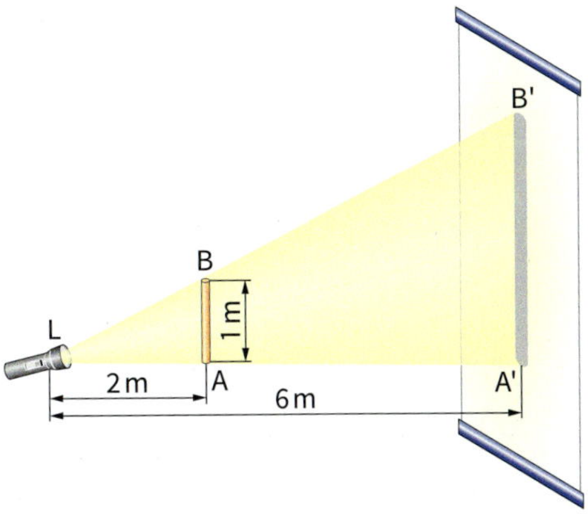

Beschreibe, wie du die Länge des Schattens $\overline{A'B'}$ bestimmen kannst.

5 a) Die Strecke $\overline{A'B'}$ ist durch zentrische Streckung aus $\overline{AB}$ hervorgegangen. Ersetze die Platzhalter in den Gleichungen. Betrachte dazu die Abschnitte auf den Parallelen und die entsprechenden Abschnitte auf einem Strahl.

Maße in cm

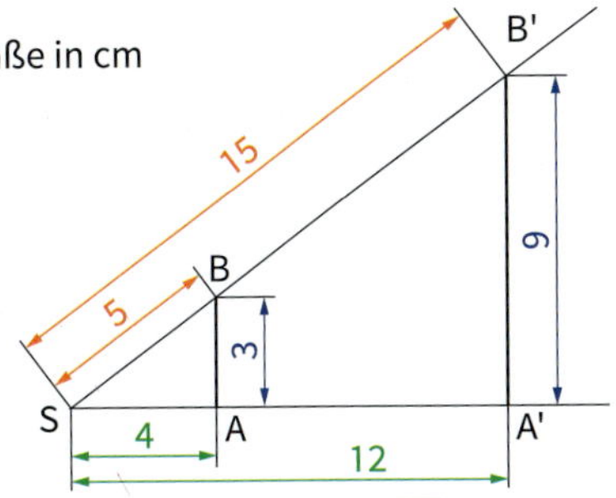

$\frac{9}{3} = \frac{12}{\square}$ $\frac{9}{3} = \frac{\square}{5}$

b) Ergänze die Platzhalter. Worauf musst du achten?

Maße in cm

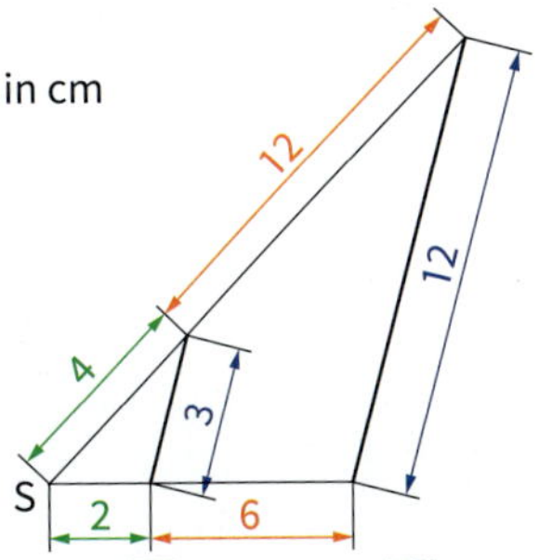

$\frac{12}{3} = \frac{\square}{\square}$ $\frac{12}{3} = \frac{\square}{\square}$

2. Strahlensatz

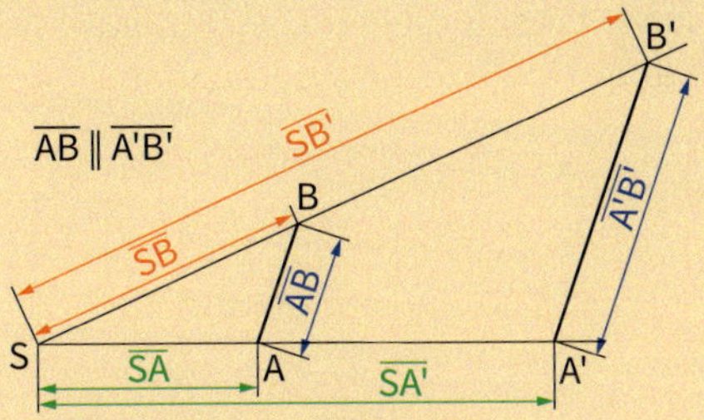

$\frac{\overline{A'B'}}{\overline{AB}} = \frac{\overline{SA'}}{\overline{SA}}$ $\frac{\overline{A'B'}}{\overline{AB}} = \frac{\overline{SB'}}{\overline{SB}}$

Werden zwei Strahlen (Halbgeraden) mit einem gemeinsamen Anfangspunkt von zwei Parallelen geschnitten, so verhalten sich die Längen der Streckenabschnitte auf den Parallelen wie die **vom Anfangspunkt aus** gemessenen Längen der entsprechenden Abschnitte auf jedem der Strahlen.

6 Zwei Parallelen werden von zwei Strahlen geschnitten. Bestimme die rot gekennzeichnete Streckenlänge x.

a)

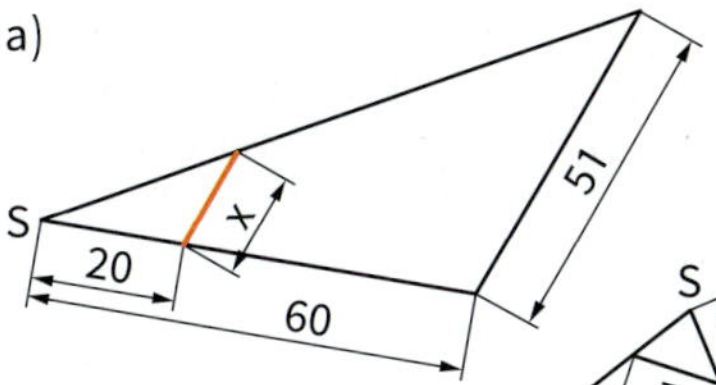

b)

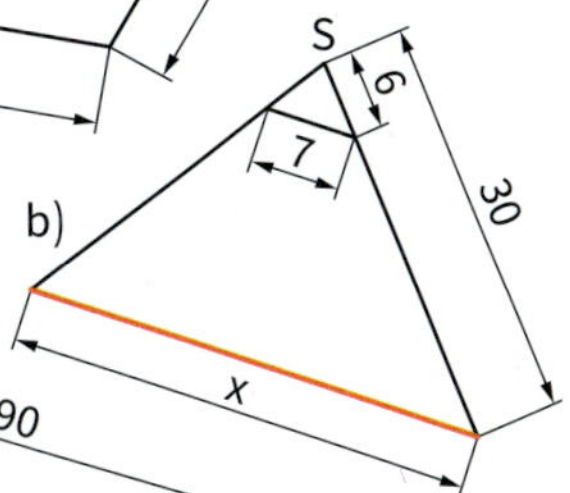

c)

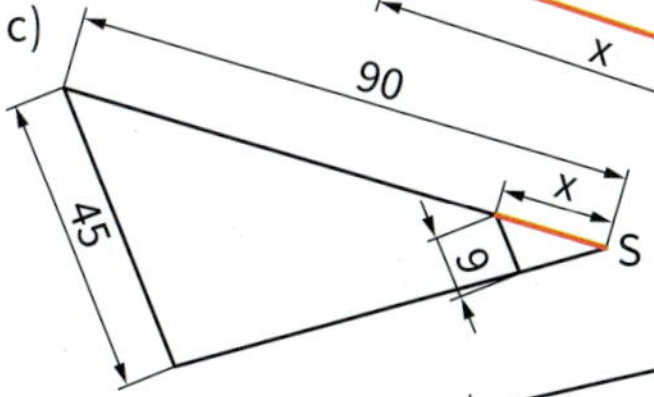

d)

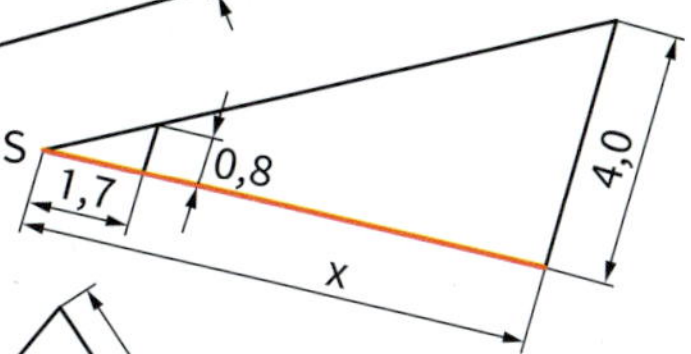

e)

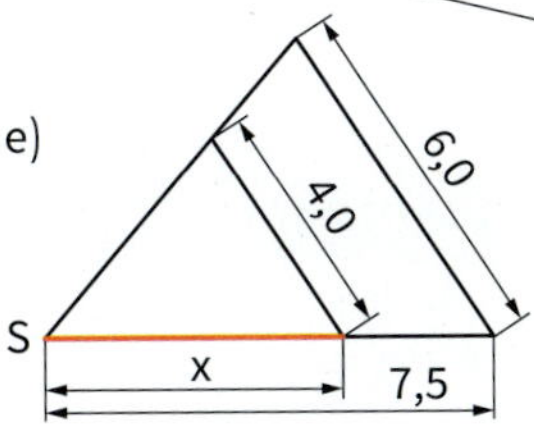

Maße in cm

Im Beispiel wird mithilfe des **1. Strahlensatzes** und einer Gleichung die Länge der Strecke x berechnet.

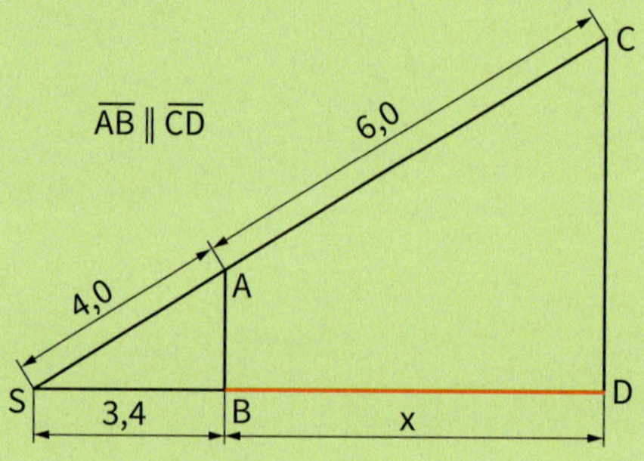

$$\frac{x}{3,4} = \frac{6}{4} \qquad | \cdot 3,4$$

$$x = \frac{6 \cdot 3,4}{4}$$

$$x = \frac{20,4}{4}$$

$$x = 5,1$$

Die Strecke x ist 5,1 cm lang.

Im Beispiel wird mithilfe des **2. Strahlensatzes** und einer Gleichung die Länge der Strecke x berechnet.

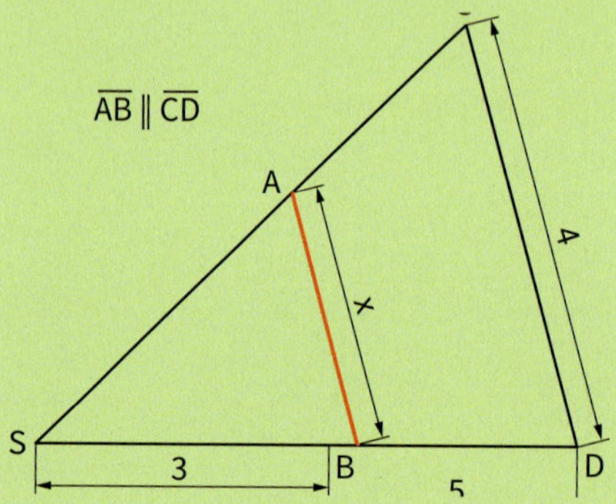

$$\frac{4}{x} = \frac{5}{3} \qquad | \cdot x$$

$$4 = \frac{5 \cdot x}{3} \qquad | \cdot 3$$

$$12 = 5x \qquad | : 5$$

$$x = 2,4$$

Die Strecke x ist 2,4 cm lang.

7 Berechne die rot gekennzeichnete Streckenlänge. Zwei Parallelen werden von zwei Strahlen geschnitten.

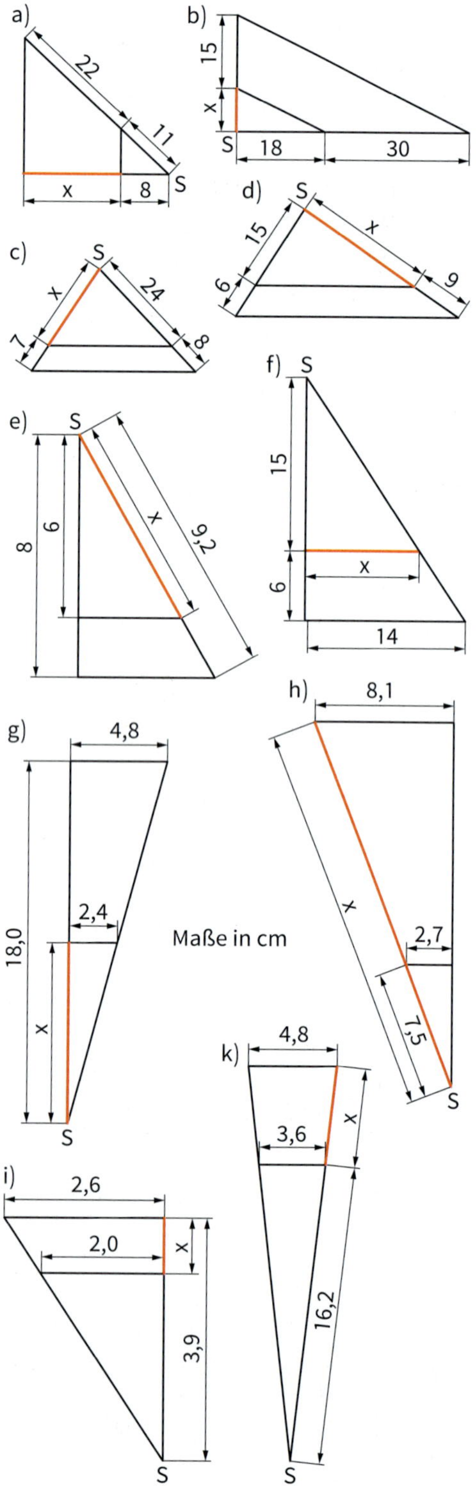

Ähnlichkeit kompakt

Maßstab
Der Maßstab gibt das Verhältnis einander entsprechender Streckenlängen im **Bild** und **Original** an.

Vergrößerung
Maßstab 10 : 1
10 cm im Bild ≙ 1 cm im Original

Verkleinerung
Maßstab 1 : 10
1 cm im Bild ≙ 10 cm im Original

Zentrische Streckung

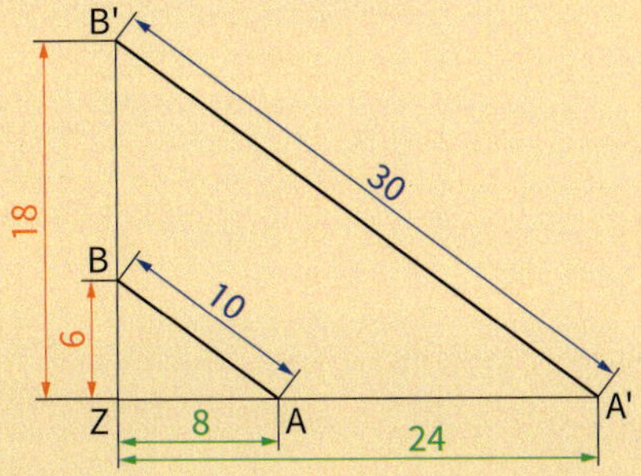

$\frac{\overline{ZA'}}{\overline{ZA}} = \frac{24}{8} = 3$ $\qquad \overline{ZA'} = 3 \cdot \overline{ZA}$

$\frac{\overline{ZB'}}{\overline{ZB}} = \frac{18}{6} = 3$ $\qquad \overline{ZB'} = 3 \cdot \overline{ZB}$

$\frac{\overline{A'B'}}{\overline{AB}} = \frac{30}{10} = 3$ $\qquad \overline{A'B'} = 3 \cdot \overline{AB}$

Der Streckungsfaktor beträgt 3.

Bei einer zentrischen Streckung liegen Original- und Bildpunkt auf einer Geraden durch das Streckungszentrum Z. Der Streckungsfaktor wird k genannt.

Bei einer zentrischen Streckung sind Originalfigur und Bildfigur ähnlich zueinander.

Bei einer zentrischen Streckung sind die entsprechenden Winkel in Original- und Bildfigur gleich groß.
Original- und Bildstrecke liegen parallel zueinander.

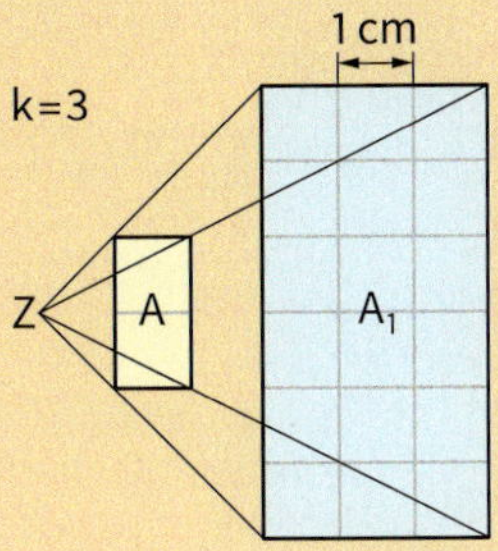

$A = 2\ cm^2$

$A' = 3^2 \cdot 2\ cm^2$
$A' = 18\ cm^2$

Bei einer zentrischen Streckung mit dem Streckungsfaktor k ist der Flächeninhalt der Bildfigur k^2-mal so groß wie der Flächeninhalt der Originalfigur.

$$A' = k^2 \cdot A$$

Negativer Streckungsfaktor

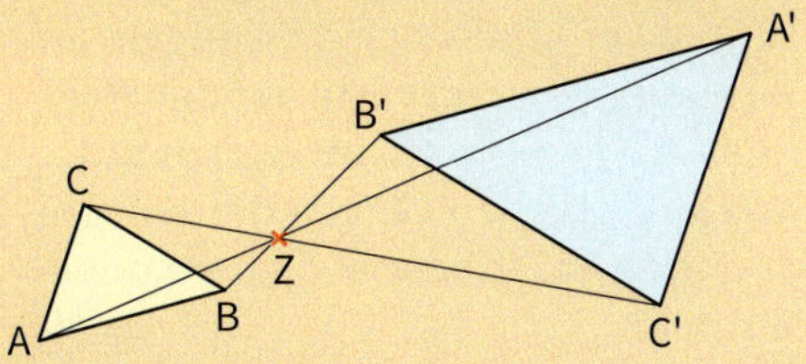

$\frac{\overline{ZA'}}{\overline{ZA}} = \frac{16}{8} = 2\ k = -2$

$\frac{\overline{ZB'}}{\overline{ZB}} = \frac{14}{7} = 2\ k = -2$

$\frac{\overline{ZC'}}{\overline{ZC}} = \frac{7}{3{,}5} = 2\ k = -2$

Wenn bei einer zentrischen Streckung das Zentrum Z zwischen Original- und Bildpunkt liegt, wird vereinbart, dass der **Streckungsfaktor k negativ** ist.

Ähnlichkeit

kompakt

Ähnliche Figuren

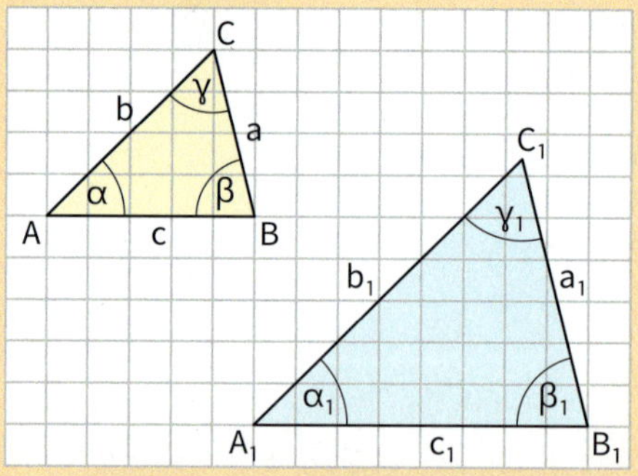

$\alpha = \alpha_1$ $\quad a : b = a_1 : b_1$

$\beta = \beta_1$ $\quad a : c = a_1 : c_1$

$\gamma = \gamma_1$ $\quad b : c = b_1 : c_1$

Figuren, die durch maßstäbliches Vergrößern oder Verkleinern entstanden sind, heißen **ähnlich.**

In zueinander ähnlichen Figuren sind entsprechende Winkel gleich groß. Die Verhältnisse entsprechender Seiten in Original- und Bildfigur sind gleich.

1. Strahlensatz

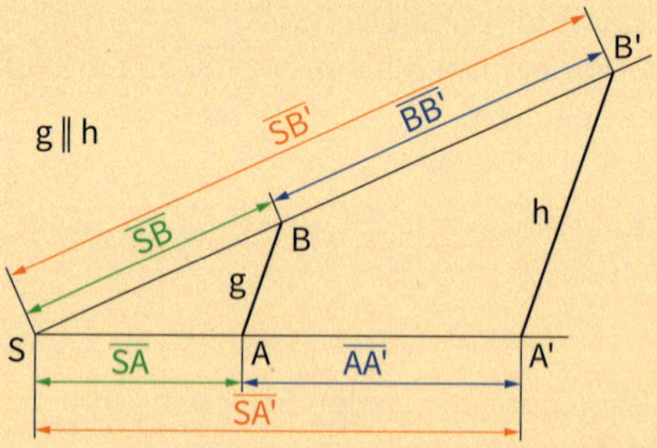

$$\frac{\overline{SA'}}{\overline{SA}} = \frac{\overline{SB'}}{\overline{SB}} \qquad \frac{\overline{SA'}}{\overline{AA'}} = \frac{\overline{SB'}}{\overline{BB'}} \qquad \frac{\overline{SA}}{\overline{AA'}} = \frac{\overline{SB}}{\overline{BB'}}$$

Werden zwei Strahlen (Halbgeraden) mit einem gemeinsamen Anfangspunkt von zwei Parallelen geschnitten, so verhalten sich die Längen von zwei Streckenabschnitten auf dem einen Strahl wie die Längen der entsprechenden Streckenabschnitte auf dem anderen Strahl.

2. Strahlensatz

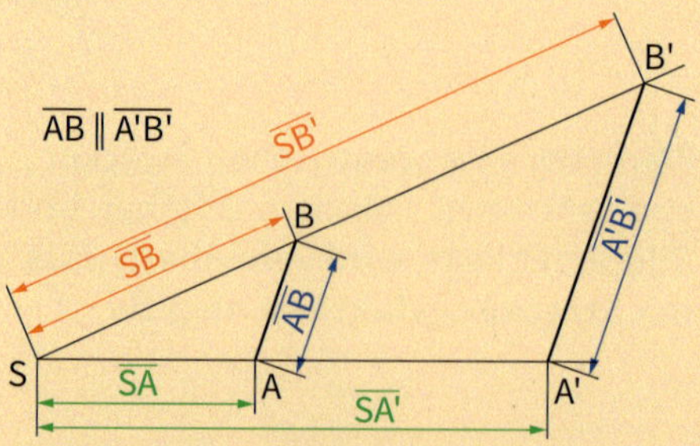

$$\frac{\overline{A'B'}}{\overline{AB}} = \frac{\overline{SA'}}{\overline{SA}} \qquad \frac{\overline{A'B'}}{\overline{AB}} = \frac{\overline{SB'}}{\overline{SB}}$$

Werden zwei Strahlen (Halbgeraden) mit einem gemeinsamen Anfangspunkt von zwei Parallelen geschnitten, so verhalten sich die Längen der Streckenabschnitte auf den Parallelen wie die **vom Anfangspunkt aus** gemessenen Längen der entsprechenden Abschnitte auf jedem der Strahlen.

Üben und Vertiefen

1 Übertrage die Figur in dein Heft und fertige eine zweite Zeichnung im angegebenen Maßstab an.

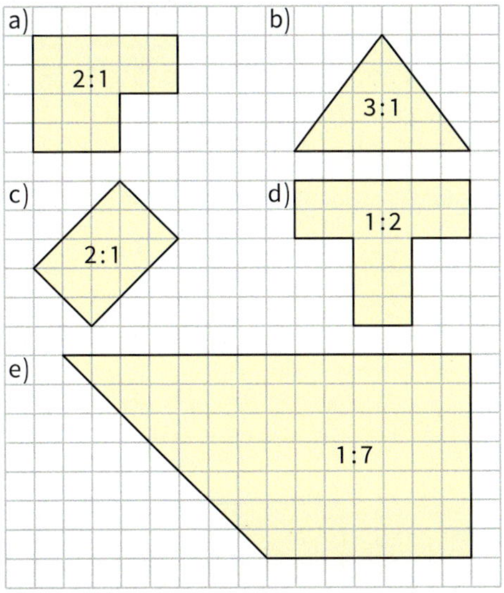

2 Auf einer Landkarte im Maßstab 1 : 1 000 000 beträgt die Entfernung zweier Städte 3 cm. Wie weit sind die Städte wirklich voneinander entfernt?

3 Ein Tischler hat eine Leiste auf 90 cm zugesägt. In seiner Bauzeichnung hat die Leiste eine Länge von 18 cm. In welchem Maßstab ist die Zeichnung angefertigt worden?

4 Ein elektronisches Bauteil ist 4 mm lang. Es ist im Maßstab 6 : 1 gezeichnet worden. Wie lang ist es auf der Zeichnung?

5 Eine Zeichnung einer 4 m langen Maschine soll auf einem DIN-A4-Blatt (21 cm x 29,7 cm) angefertigt werden. Welchen Maßstab sollte man wählen?

6 Strecke $\overline{AB}$ von Z aus mit dem Faktor k.

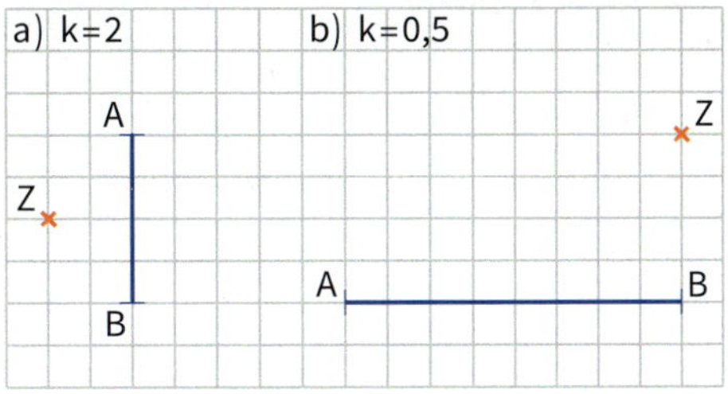

7 Strecke die Figur ABC mit dem Faktor k = 2 von Z aus. Vergleiche zur Kontrolle die Länge von Original- und Bildstrecken.

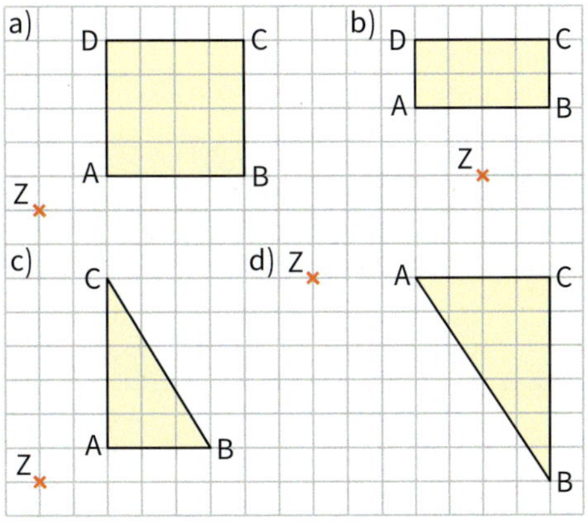

8 Übertrage die Figur in dein Heft und vergrößere sie um den angegebenen Streckungsfaktor k.

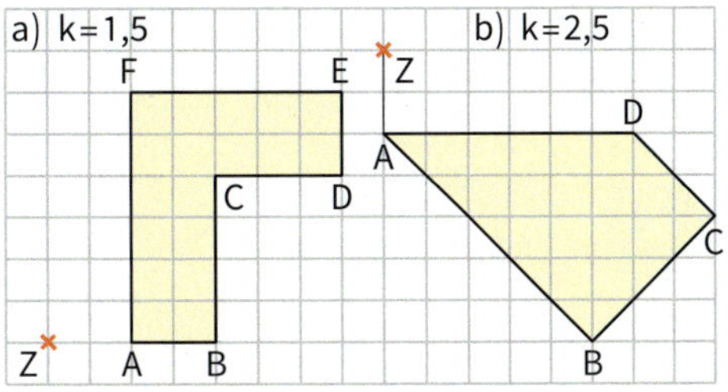

9 Übertrage die Figur in dein Heft und strecke sie von Z aus mit dem angegebenen Streckungsfaktor k.

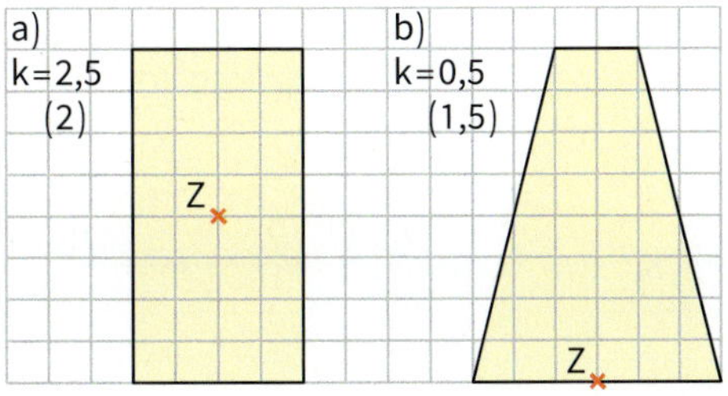

10 Bestimme den Streckungsfaktor k.

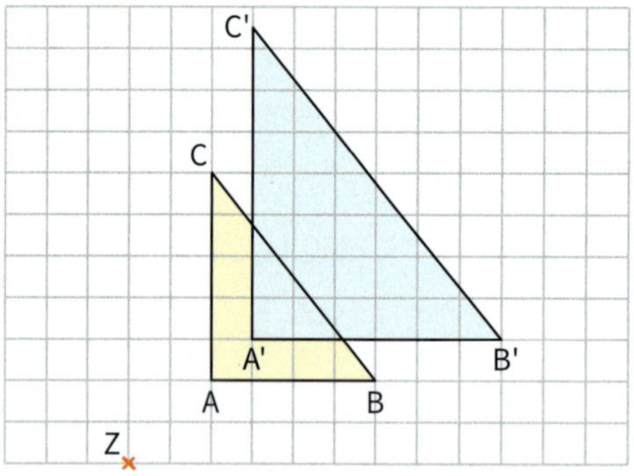

11 Zeichne das Dreieck ABC und das Dreieck A′B′C′ in ein Koordinatensystem (Einheit 1 cm).
Konstruiere das Streckungszentrum Z und bestimme den Streckungsfaktor k.
Gib die Koordinaten von Z an.

	a)	b)	c)
A	(2 | 0)	(−3 | 8)	(2 | −3,5)
B	(4 | 2)	(1 | 5)	(5 | −1,5)
C	(2 | 2)	(1 | 8)	(1 | −1)
A′	(−0,5 | 0)	(0 | 7,5)	(−1 | 0,5)
B′	(3,5 | 4)	(2 | 6)	(−4 | −1,5)
C′	(−0,5 | 4)	(2 | 7,5)	(0 | −2)

12 Übertrage die Figur in dein Heft und strecke sie von Z aus mit dem angegebenen Streckungsfaktor.

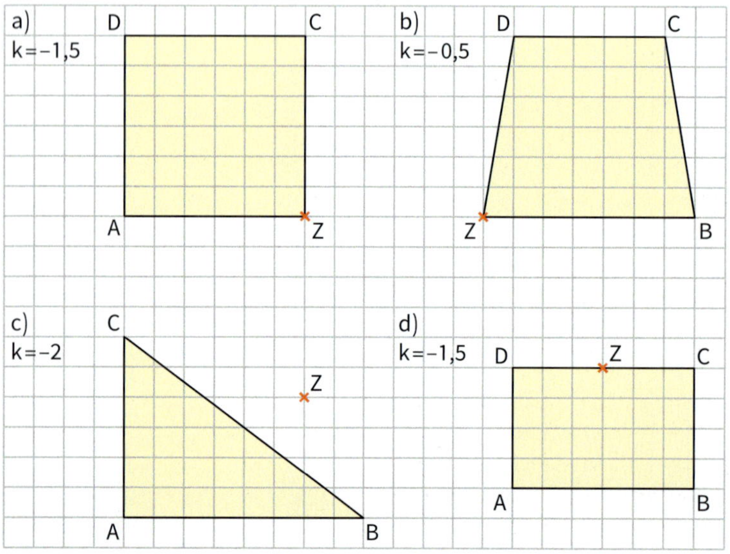

13 Führe eine Streckung durch. Ein Bildpunkt ist angegeben.

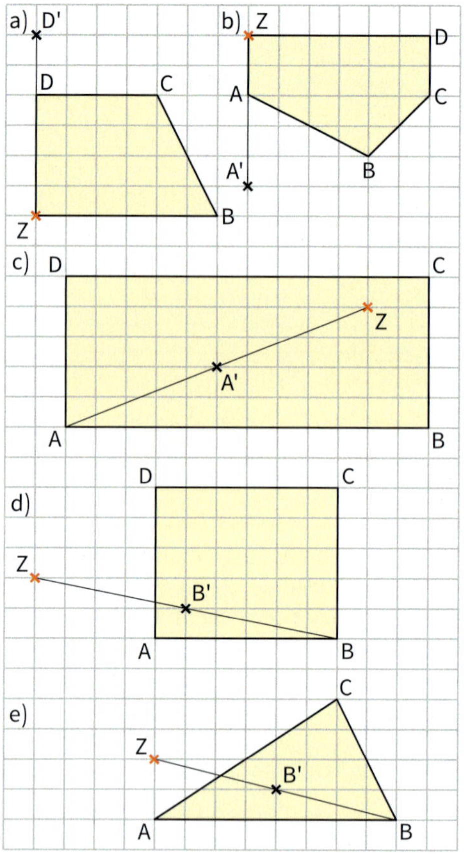

14 Berechne die Streckenlängen x und y in der Strahlensatzfigur.

a)

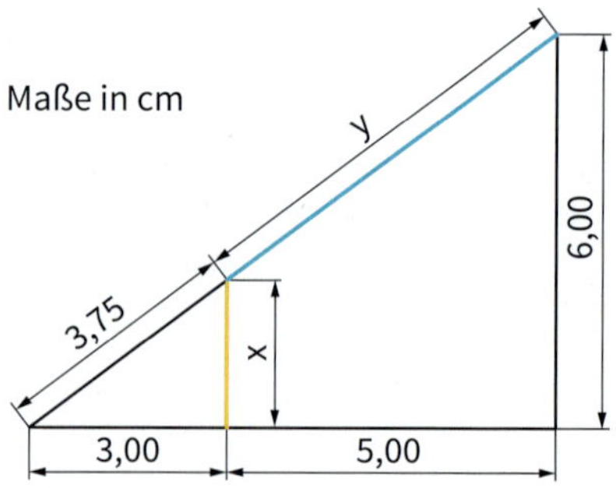

b)

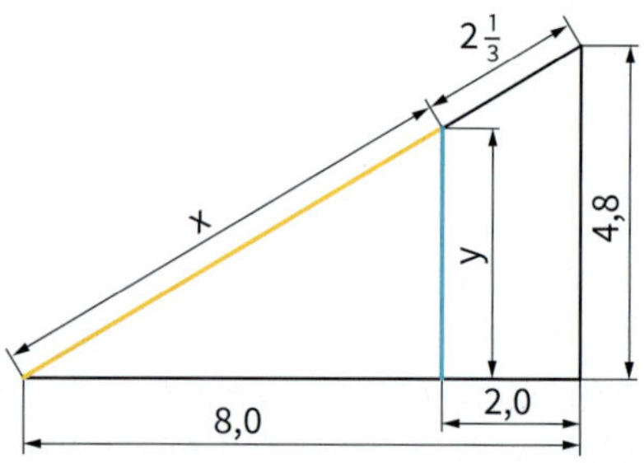

Sachaufgaben

Die folgenden Aufgaben kannst du mithilfe der Eigenschaften der zentrischen Streckung oder mit den Strahlensätzen lösen.
Fertige zunächst eine Planskizze an.

1 Bestimme die Höhe des Baumes.

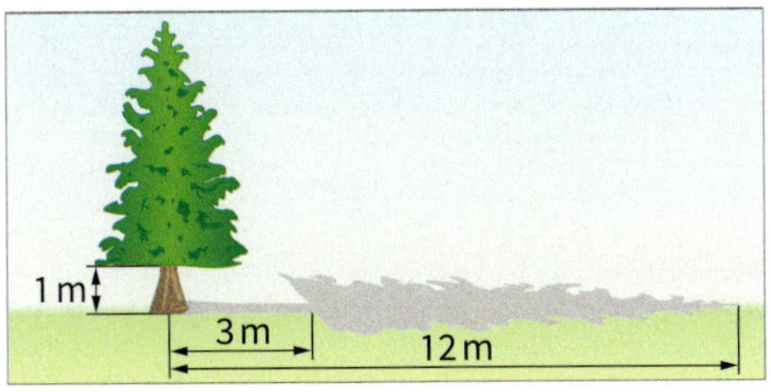

2 In einen Dachstuhl soll eine 0,8 m hohe Stütze eingefügt werden. In welcher Entfernung ZA vom Dachstuhlende Z aus ist die Stütze aufzustellen?

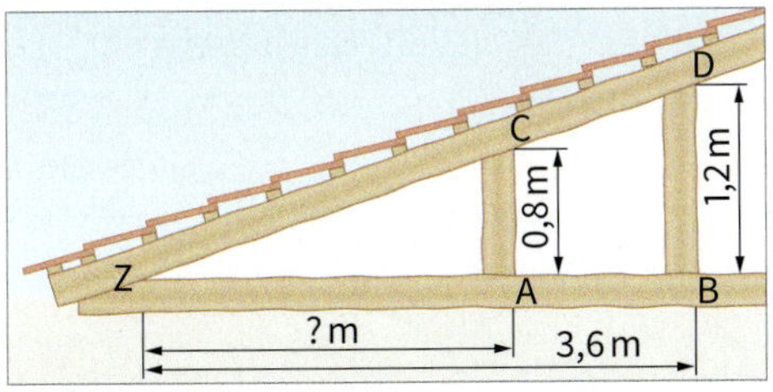

3 Mit einem Försterdreieck kann man die Höhe von Bäumen oder Gebäuden bestimmen.
a) Erkläre die Funktionsweise des Försterdreiecks.
b) Bestimme die Höhe des abgebildeten Baumes.

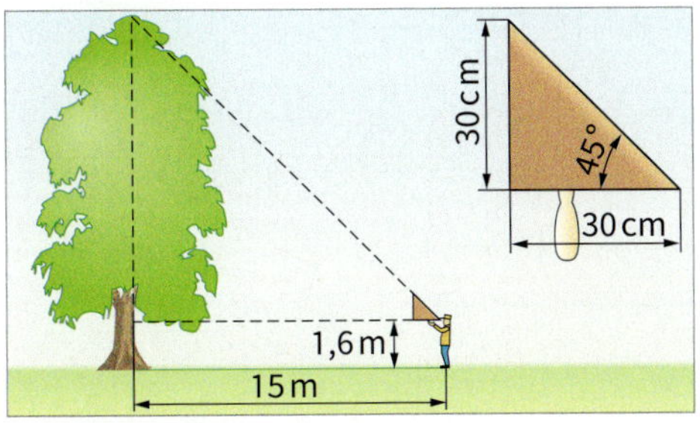

4 Der Schatten eines 1,80 m großen Menschen ist 2,70 m lang.
Wie hoch ist ein Mast, dessen Schatten zur gleichen Zeit 20,40 m misst?

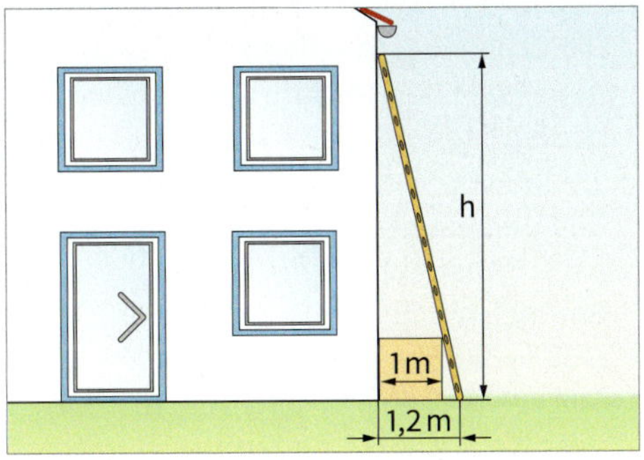

5 Unter der Leiter steht eine würfelförmige Kiste mit einer Kantenlänge von einem Meter. Wie hoch reicht die Leiter?

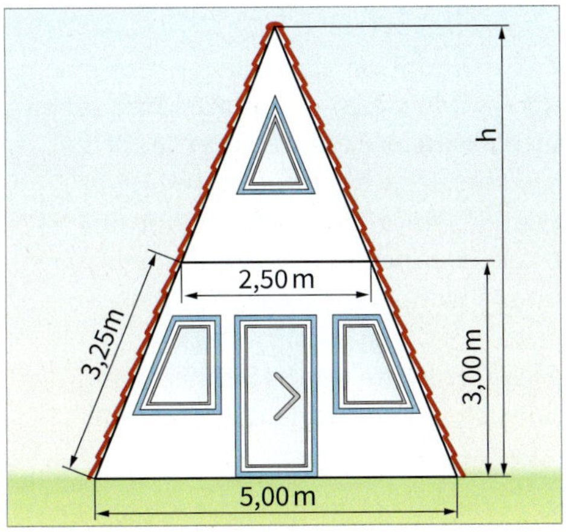

6 Die Giebelwand eines Nurdachhauses wird, wie in der Zeichnung dargestellt, vermessen.
a) Berechne die Höhe h des Giebels.
b) Wie lang ist eine Dachkante?

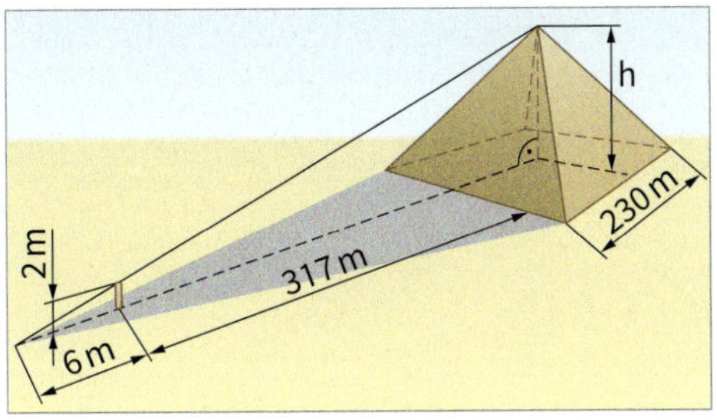

7 Im Altertum wurde, um die Höhe einer Pyramide zu vermessen, ein Stab lotrecht so aufgestellt, dass das Ende seines Schattens mit dem Ende des Schattens der Pyramide zusammenfiel. Berechne mithilfe der angegebenen Werte die Höhe der Cheopspyramide.

Die Zentralperspektive wurde erstmals Ende des 14. Jahrhunderts von bedeutenden Künstlern eingesetzt, um „räumliche Verhältnisse“ im ebenen Bild darzustellen.
Als Erfinder gilt der florentinische Baumeister Filippo Brunelleschi (1377 – 1446).
Albrecht Dürer (1471 – 1528) verwendete die nach ihm benannte „Dürerscheibe“, um perspektivische Bilder zu entwerfen.
Informiere dich auch im Internet.

Malen mit der „Dürerscheibe“

1 Im Bild siehst du drei Darstellungen eines **Hauses in Zentralperspektive.**
a) Was haben die drei Zeichnungen gemeinsam, was unterscheidet sie?
b) Erkläre die Begriffe Vogelperspektive und Froschperspektive.

Die Augenhöhe des Betrachters befindet sich auf der Höhe des Horizontes.

Vogelperspektive

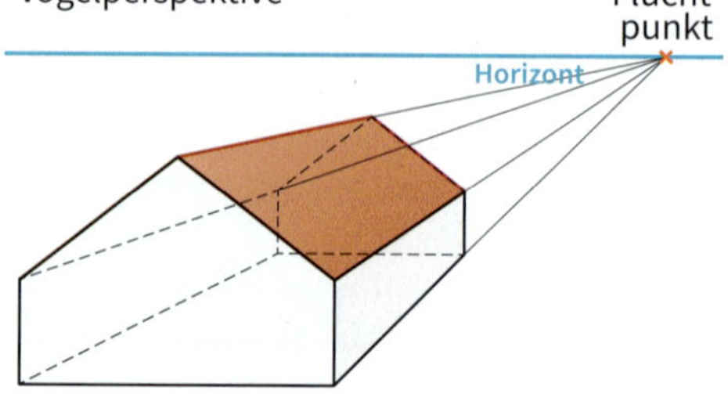

Froschperspektive

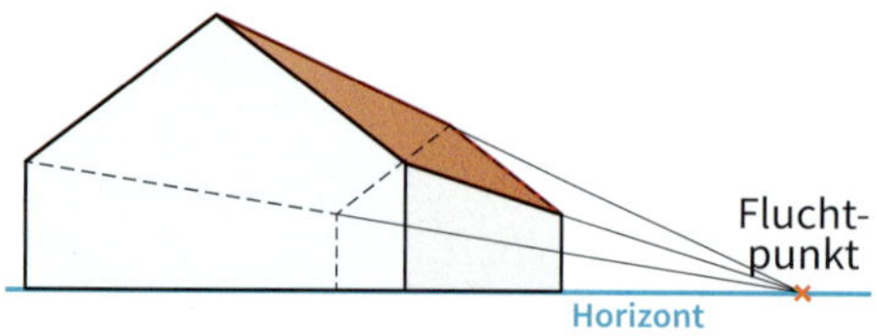

Fluchtpunkt in Augenhöhe

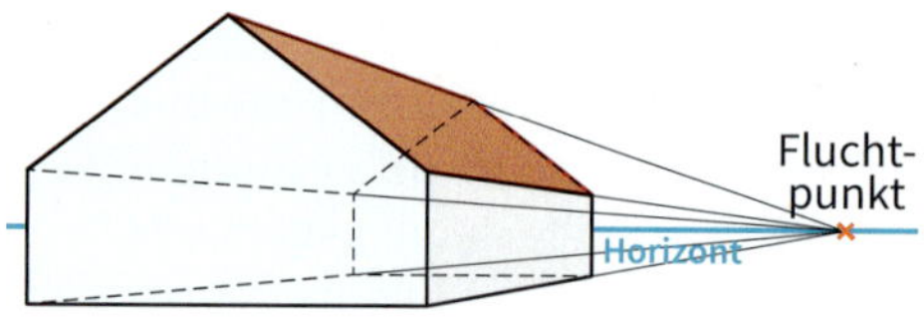

Bei der Zentralperspektive treffen sich die Linien, die in die Bildebene hineinlaufen, in einem **Fluchtpunkt.** Strecken, die vom Betrachter weiter entfernt liegen, werden im Bild verkleinert dargestellt. Es entsteht ein **„Raumeffekt“.**

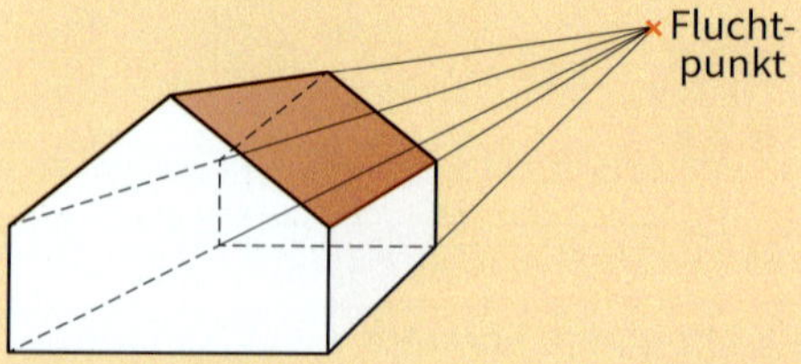

2 Übertrage die Zeichnungen in dein Heft und überprüfe, ob es sich um eine korrekte Darstellung in Zentralperspektive handelt. Konstruiere zur Kontrolle den Fluchtpunkt.

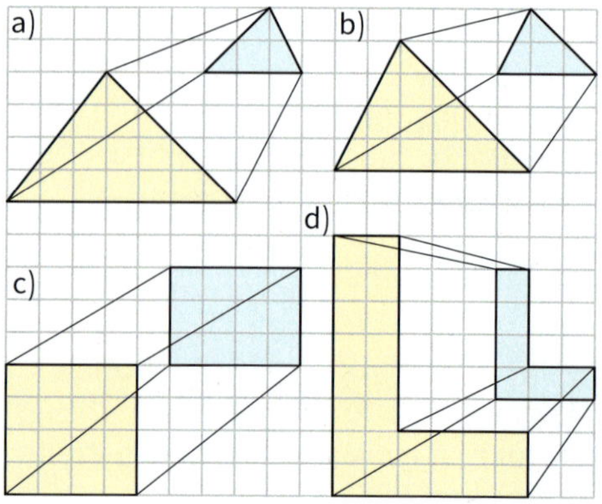

3 Wenn du einen Gegenstand in **Zentralperspektive** darstellen möchtest, kannst du die Eigenschaften der zentrischen **Streckung** anwenden.
Beschreibe die Gemeinsamkeiten und Unterschiede. Benutze die Begriffe:
- Bildfigur, Originalfigur
- Vorderseite, Rückseite
- Fluchtpunkt, Zentrum
- unsichtbar, sichtbar
- parallel
- Vogelperspektive, Froschperspektive, Augenhöhe.

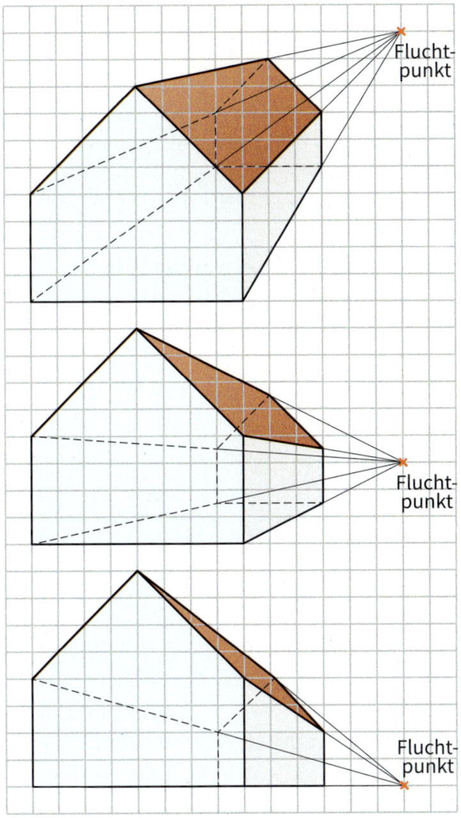

4 Übertrage die Zeichnung in dein Heft und vervollständige die perspektivische Darstellung des Körpers. Zeichne unsichtbare Kanten gestrichelt ein.

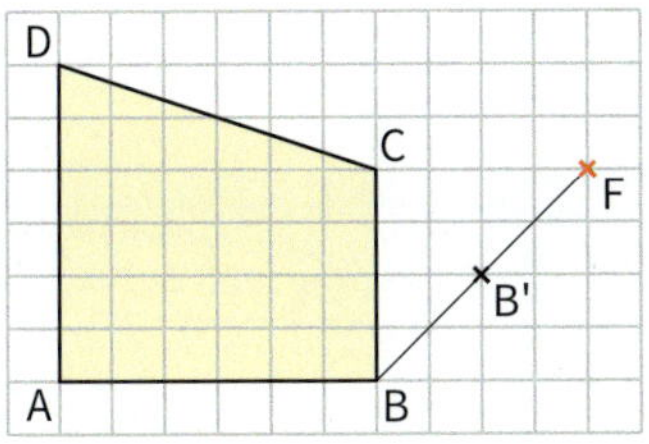

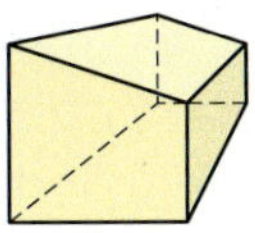

So kannst du einen Körper mithilfe der Eigenschaften der zentrischen Streckung in Zentralperspektive darstellen:

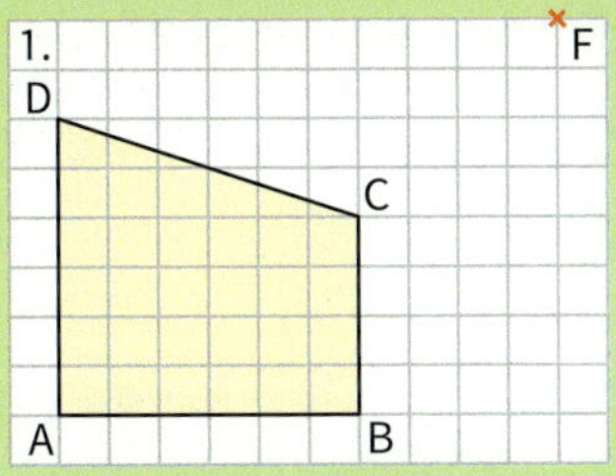

Zeichne die Vorderseite des Körpers und lege, je nach Augenhöhe, den Fluchtpunkt F fest.

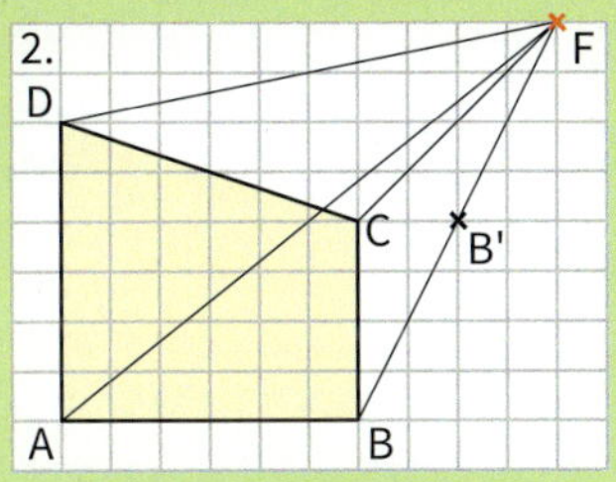

Bestimme, wie weit die Rückseite des Körpers in die Ebene „hineinragen“ soll, indem du einen Punkt B‘ auf der entsprechenden Fluchtlinie festlegst.

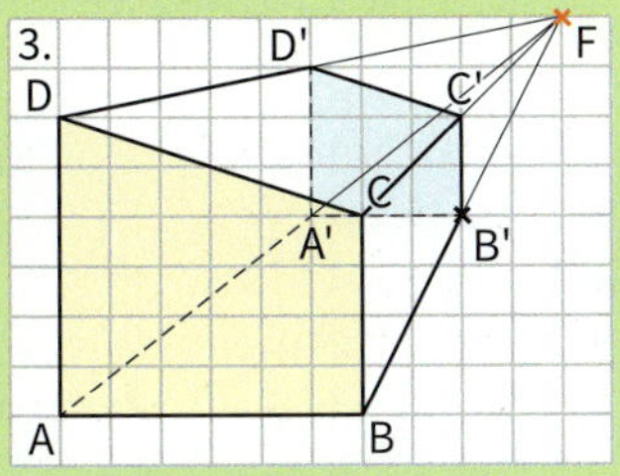

Konstruiere die Bildfigur A′B′C′D′.
Zeichne Parallelen zu den Originalstrecken. Beginne mit Strecke $\overline{B'C'}$.

5 Vervollständige die folgenden Zeichnungen in deinem Heft, sodass ein Körper in Zentralperspektive entsteht. Zeichne unsichtbare Kanten gestrichelt.

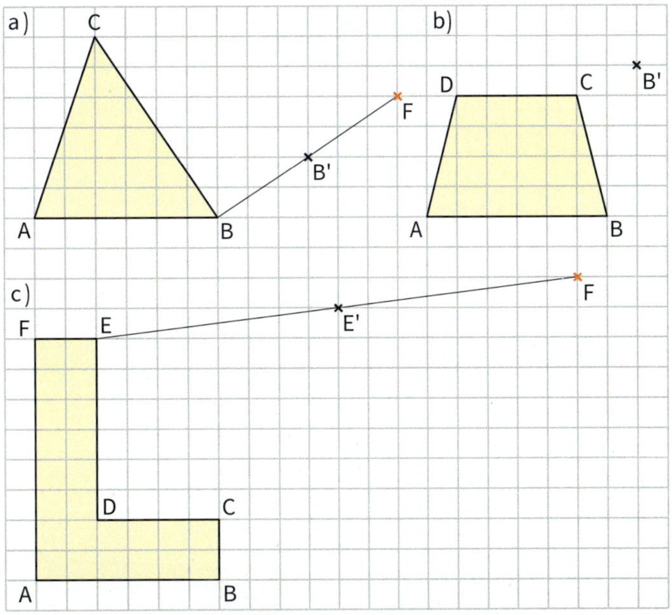

Ausgangstest 1

1 Fertige eine zweite Zeichnung im angegebenen Maßstab an.

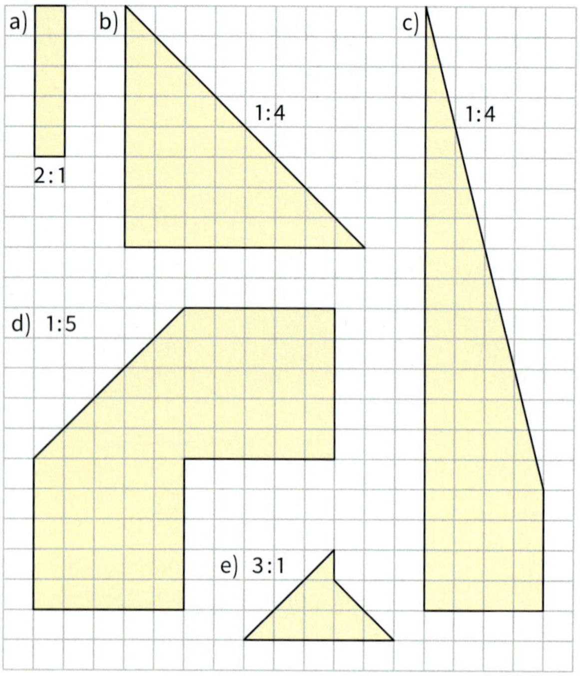

2 Ergänze die Tabelle.

	Maßstab	Bild	Original
a)	2 : 1	■	3 cm
b)	1 : 3	0,5 cm	■
c)	■	34 cm	3,4 cm
d)	1 : 5	■	1 m
e)	1 : 100	23 cm	■

3 Auf einer Landkarte im Maßstab 1 : 250 000 beträgt die Entfernung zweier Orte 7,3 cm. Berechne die wirkliche Entfernung.

4 Strecke die Strecke $\overline{AB}$ von Z aus mit dem Streckungsfaktor k = 2.

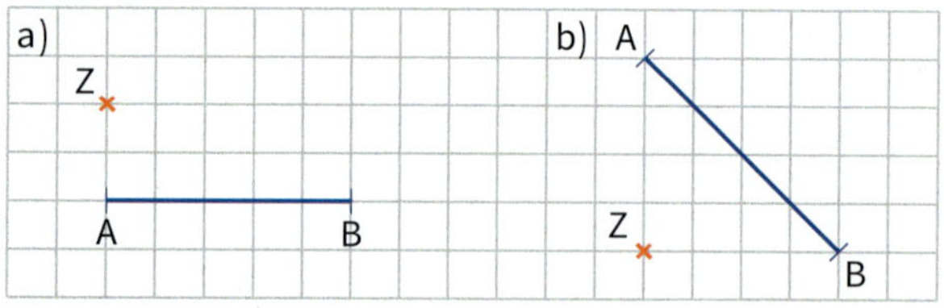

5 Übertrage die Figuren in dein Heft und strecke sie von Z aus mit dem angegebenen Streckungsfaktor k.

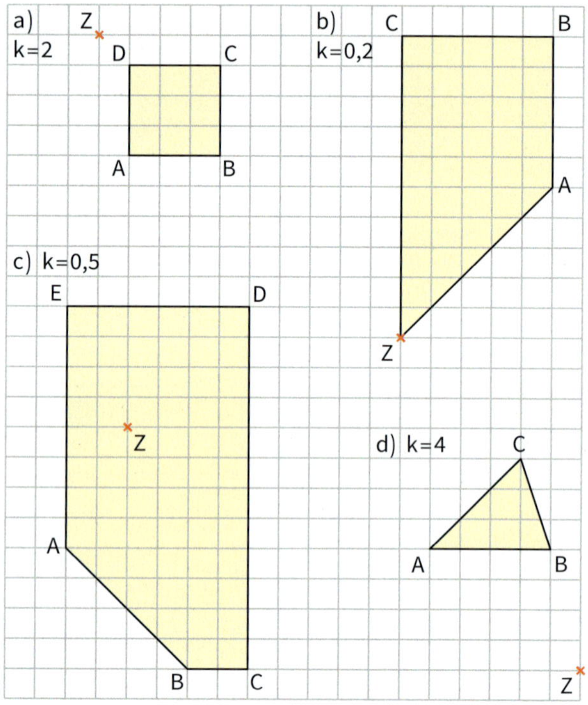

6 Ein Rechteck ist 4 cm lang und 5 cm breit. Es wird mit dem Faktor k = 2,5 gestreckt. Berechne den Flächeninhalt von Original- und Bildfigur.

Ich kann	Aufgabe	Hilfen und Aufgaben
Zeichnungen im angegebenen Maßstab vergrößern und verkleinern.	1	Seite 12, 13
mit Maßstabsangaben rechnen.	2	Seite 13
Maßstabsaufgaben in Sachzusammenhängen lösen.	3	Seite 13
eine Strecke zentrisch strecken.	4	Seite 16
eine Figur zentrisch strecken.	5	Seite 18
den Flächeninhalt einer Bildfigur mithilfe des Streckungsfaktors berechnen.	6	Seite 19

Ausgangstest 2

1 Von einem Auto (Länge 4,60 m) soll auf einem DIN-A4-Blatt (297 mm x 210 mm) eine maßstabsgerechte Zeichnung angefertigt werden.

Welchen Maßstab musst du mindestens wählen, damit die Zeichnung auf das Blatt passt?

2 Zeichne das Dreieck ABC in ein Koordinatensystem (Einheit 0,5 cm) und strecke es von Z aus mit dem angegebenen Streckungsfaktor k. Gib die Koordinaten der Bildpunkte an.
Z (−2 | 0); k = 1,5 (−0,5); A (2 | 0); B (8 | −2); C (6 | 6)

3 Berechne die fehlende Streckenlänge x.

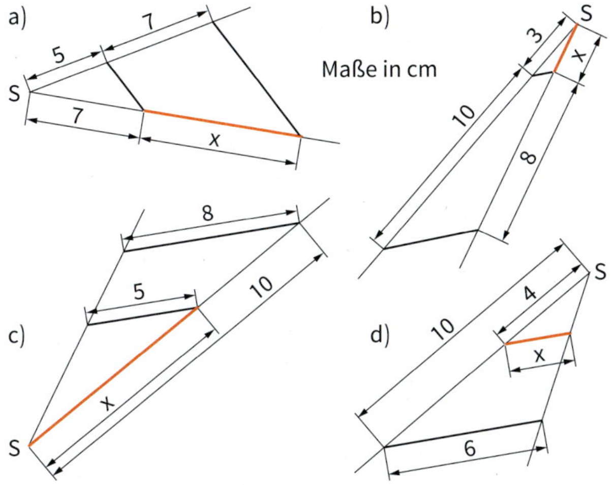

4 Zeichne das Dreieck ABC und den Bildpunkt B′ in ein Koordinatensystem (Einheit 0,5 cm). Bestimme den Streckungsfaktor k. Strecke das Dreieck von Z aus mit dem Streckungsfaktor k. Gib die Koordinaten von A′ und C′ an.
Z (5 | 0); A (0 | 5); B (5 | 10); C (0 | 10); B' (5 | 4)

5 Ein Rechteck ist mit dem Streckungsfaktor k = 3 gestreckt worden. Das Bildrechteck hat einen Flächeninhalt von 108 cm^2. Berechne den Flächeninhalt des Originalrechtecks.

6 Berechne die Bildgröße in der Lochkamera.

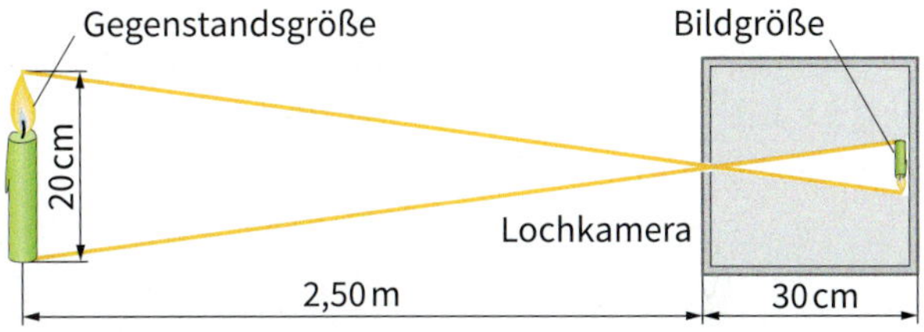

7 In der Giebelwand eines alten Hauses sollen die Balken a und b ersetzt werden. Berechne ihre Länge.

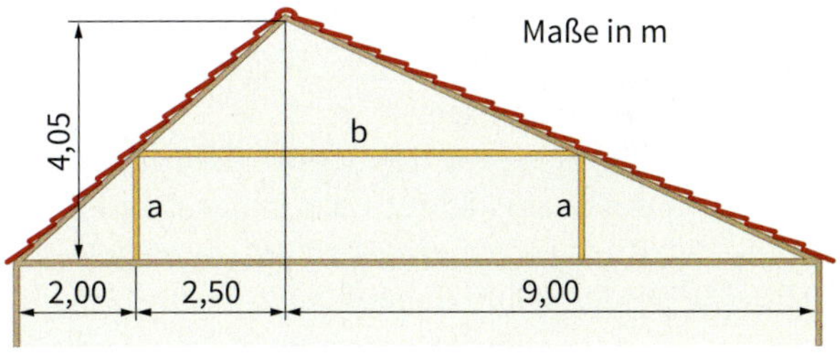

Ich kann	Aufgabe	Hilfen und Aufgaben
Maßstabsaufgaben in Sachzusammenhängen lösen.	1	Seite 13
eine Figur mit positivem oder negativem Faktor zentrisch strecken.	2	Seite 18, 20
fehlende Längen in Strahlensatzfiguren berechnen.	3	Seite 22, 23
eine Figur zentrisch strecken, wenn das Streckungszentrum und ein Bildpunkt gegeben sind.	4	Seite 18
den Flächeninhalt der Originalfigur mithilfe des Streckungsfaktors berechnen.	5	Seite 18, 19
Sachaufgaben mithilfe von zentrischen Streckungen lösen.	6, 7	Seite 29

Fotografie

1 Die Abbildung zeigt eine digitale Spiegelreflexkamera.

Was unterscheidet eine Digitalkamera von einer analogen Kamera?

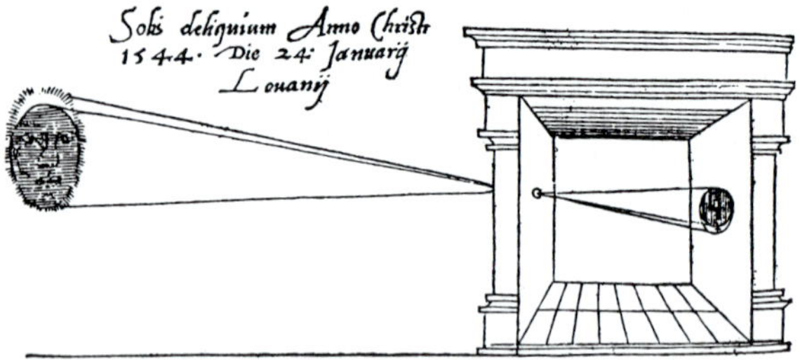

2 Die Entwicklung der fotografischen Apparate lässt sich auf die Camera obscura (lat.: dunkle Kammer) zurückführen.
Auf dem abgebildeten Holzschnitt fällt das Sonnenlicht durch ein kleines Loch in der Wand in eine dunkle Kammer. Was wird auf der gegenüberliegenden Wand abgebildet?

3 In der unteren Zeichnung siehst du den Strahlenverlauf in einer Camera obscura, die heute auch Lochkamera genannt wird. Vergleiche das Bild in der Kamera mit dem Original.

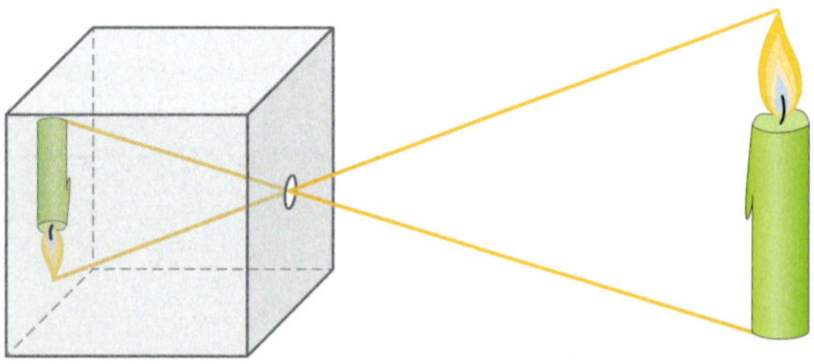

Informiere dich auch im Internet.

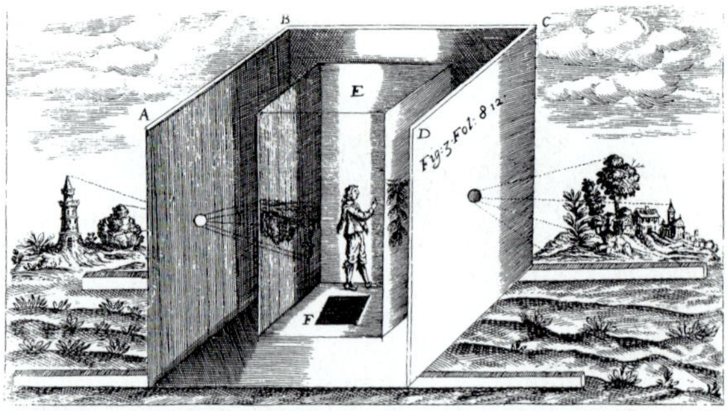

4 Maler des 17. und 18. Jahrhunderts benutzten eine tragbare Camera obscura, um Landschaften naturgetreu nachzeichnen zu können. Beschreibe anhand der Abbildung (Kupferstich 1671) die Bilder, die der Künstler in der Camera obscura auf einer Leinwand erblickt.

5 Bereits 1568 empfahl Daniele Barbaro, eine Sammellinse in die Öffnung einer Camera obscura einzusetzen. Dadurch wurde das Bild heller und schärfer.
Beschreibe das Funktionsprinzip des abgebildeten Apparates.

8 Bei der analogen Fotografie arbeitet man mit Negativen.
Beim Fotografen wird von einem Negativ der Größe 24 mm x 36 mm ein Papierabzug von 12 cm Breite und 18 cm Länge hergestellt.
a) Welchem Maßstab entspricht die Vergrößerung?
b) Vergleiche den Flächeninhalt des Fotos mit dem des Negativs.

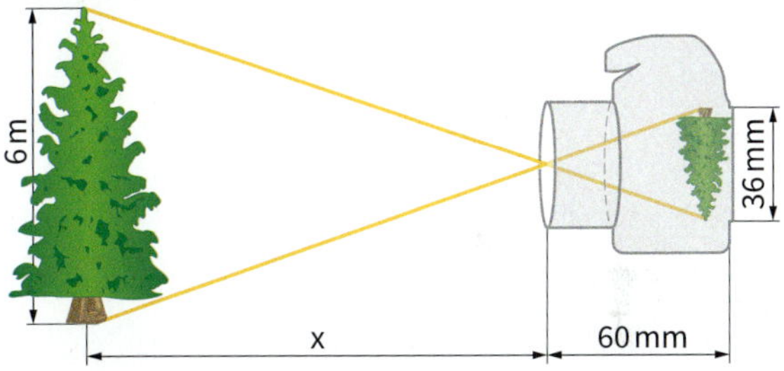

6 Der Bildsensor einer kompakten Digitalkamera hat die Maße 8 mm x 6 mm. Er fängt das Licht ein, das durch die Linse in die Kamera fällt.
Das ausgedruckte Foto ist 16 cm lang und 12 cm breit.
a) Berechne den Maßstab der Vergrößerung.
b) Vergleiche den Flächeninhalt des Bildsensors mit dem Flächeninhalt des Ausdrucks.

7 Eine digitale Spiegelreflexkamera hat einen größeren Bildsensor (22 mm x 15 mm). Ein Foto wird in der Größe 15,4 cm x 10,5 cm entwickelt.
a) Berechne k.
b) Vergleiche den Flächeninhalt des Fotos mit dem Flächeninhalt des Bildsensors.
c) Welchen Vorteil hat eine digitale Spiegelreflexkamera gegenüber einer kompakten Digitalkamera?

9 Max hat den Strahlenverlauf bei der Fotografie in einer Skizze stark vereinfacht dargestellt.
a) Beschreibe das Bild des Baumes, wie es in der Kamera auf dem Negativ abgebildet wird.
b) Wie weit müsste der Baum von der Linse der Kamera entfernt sein, damit sein Bild auf das Negativ passt?

10 Herr Schröder besitzt eine digitale Kompaktkamera (Sensorgröße 8 mm x 6 mm).
Er lässt seine Fotos bei einem Onlinebilderdienst entwickeln.
Dort werden die Bilder auf einem 10 cm breiten Papierstreifen entwickelt.
Wie lang wird jedes Foto?

2 Reelle Zahlen

Um die Beziehung zwischen der Seitenlänge und dem Flächeninhalt eines Quadrats zu beschreiben, reichen die rationalen Zahlen nicht aus. Deshalb erweitern wir den Bereich der Zahlen zur Menge der reellen Zahlen.

16 cm²
Kannst du umgekehrt auch die Seitenlänge des Quadrats bestimmen, wenn der Flächeninhalt gegeben ist?
2,25 cm²
6,25 cm²
25 cm²
12 cm²

Bist du fit für dieses Kapitel?
Eingangstest S. 204

Ebene Figuren und flächengleiche Quadrate

1 Berechne jeweils den Flächeninhalt der angegebenen Figur. Entnimm den Zeichnungen die Maße, die du dazu benötigst. Bestimme dann die Seitenlänge des Quadrats, das den gleichen Flächeninhalt wie die angegebene Figur hat.

Quadratwurzeln

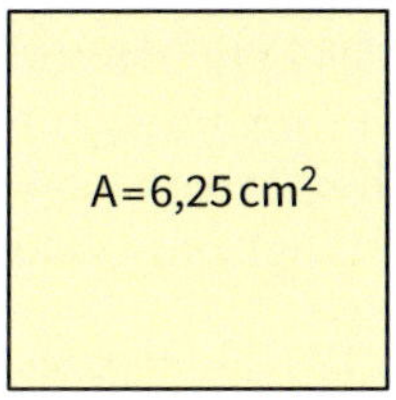

1 Der Flächeninhalt des Quadrats ist angegeben. Bestimme die Länge der Seite. Erläutere deinen Lösungsweg.

2 Bestimme die fehlende Größe des Quadrats.

	Seitenlänge	Flächeninhalt
a)	8 cm	■
b)	■	81 cm²
c)	11 cm	■
d)	■	49 cm²
e)	■	100 cm²
f)	■	144 cm²

Die Quadratwurzel aus 64 ist die positive Zahl, die beim Quadrieren 64 ergibt.

$\sqrt{64} = 8$, denn $8^2 = 8 \cdot 8 = 64$

Lies: Wurzel aus 64 ist gleich 8.

3 Bestimme die Quadratwurzel.

a) $\sqrt{4}$, $\sqrt{9}$, $\sqrt{16}$
b) $\sqrt{81}$, $\sqrt{49}$, $\sqrt{100}$
c) $\sqrt{2{,}25}$, $\sqrt{6{,}25}$, $\sqrt{1{,}44}$

Ein Produkt aus zwei gleichen Faktoren kann als Quadrat geschrieben werden.
Sind die Faktoren natürliche Zahlen, so heißt das Produkt **Quadratzahl.**

4 Bestimme jeweils die Wurzel aus den Quadratzahlen.

a) $\sqrt{121}$, $\sqrt{196}$, $\sqrt{169}$
b) $\sqrt{289}$, $\sqrt{144}$, $\sqrt{324}$
c) $\sqrt{400}$, $\sqrt{900}$, $\sqrt{225}$
d) $\sqrt{1}$, $\sqrt{0}$, $\sqrt{25}$
e) $\sqrt{256}$, $\sqrt{361}$, $\sqrt{625}$
f) $\sqrt{676}$, $\sqrt{841}$, $\sqrt{1\,024}$
g) $\sqrt{484}$, $\sqrt{784}$, $\sqrt{961}$
h) $\sqrt{576}$, $\sqrt{441}$, $\sqrt{729}$
i) $\sqrt{2\,500}$, $\sqrt{3\,600}$, $\sqrt{4\,900}$

5 a) Quadriere 7 (9; 0,5; $\frac{1}{3}$) und ziehe aus dem Ergebnis die Quadratwurzel.
b) Ziehe die Quadratwurzel aus 36 (121; 2,25; $\frac{1}{4}$) und quadriere das Ergebnis.

c) Begründe Stefanies Aussagen.

$\sqrt{a}$ ist die nichtnegative Zahl b, die beim Quadrieren a ergibt.
Die Zahl b heißt **Quadratwurzel** aus a.
Die Zahl a heißt **Radikand.**
Aus negativen Zahlen können wir keine Wurzel ziehen.

$\sqrt{25} = 5$, denn $5^2 = 25$
$\sqrt{81} = 9$, denn $9^2 = 81$
$\sqrt{0} = 0$, denn $0^2 = 0$

x	x^2
1	1
2	4
3	9
4	16
5	25
6	36
7	49
8	64
9	81
10	100
11	121
12	144
13	169
14	196
15	225
16	256
17	289
18	324
19	361
20	400
21	441
22	484
23	529
24	576
25	625
26	676
27	729
28	784
29	841
30	900

Irrationale Zahlen

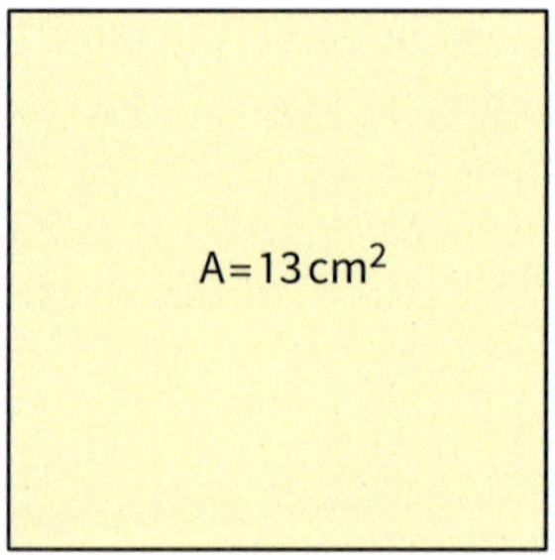

1 a) Warum kannst du die Seitenlänge des Quadrats nicht sofort angeben?
b) Begründe, dass die Maßzahl für die Seitenlänge des Quadrats zwischen 3 und 4 liegt.
c) Miss die Seitenlänge. Quadriere den gemessenen Wert und vergleiche mit dem Flächeninhalt des Quadrats. Was stellst du fest?

2 Der Flächeninhalt eines Quadrats beträgt 7 cm² (11 cm², 19 cm², 29 cm²). Zwischen welchen aufeinanderfolgenden natürlichen Zahlen liegt die Maßzahl für die Seitenlänge des Quadrats?

3 Das Beispiel zeigt, wie du für die Zahl $\sqrt{7}$ die erste Stelle nach dem Komma bestimmen kannst.

x	x^2	
2	4	$\sqrt{7} = 2, \ldots$
3	9	
2,5	6,25	
2,6	6,76	$\sqrt{7} = 2{,}6 \ldots$
2,7	7,29	

Gib wie im Beispiel die erste Nachkommastelle von $\sqrt{6}$ (von $\sqrt{2}$) an.

4 Im Beispiel siehst du, wie für $\sqrt{2}$ die zweite und dritte Nachkommastelle bestimmt werden können. Dieses Verfahren heißt **Intervallschachtelung.** Erkläre die einzelnen Schritte der Intervallschachtelung mithilfe der Zeichnung.

Im Intervall [1,4; 1,5] liegen alle Zahlen, die größer oder gleich 1,4 und kleiner oder gleich 1,5 sind.

$\sqrt{2}$ liegt zwischen 1,4 und 1,5;
denn $1{,}4^2 = 1{,}96 < 2$
und $1{,}5^2 = 2{,}25 > 2$.
Wir sagen: $\sqrt{2}$ liegt im Intervall [1,4; 1,5].

Wir bestimmen $\sqrt{2}$ genauer:
$\sqrt{2}$ liegt zwischen 1,41 und 1,42;
denn $1{,}41^2 = 1{,}9881 < 2$
und $1{,}42^2 = 2{,}0164 > 2$.
$\sqrt{2}$ liegt im Intervall [1,41; 1,42].

Wir bestimmen $\sqrt{2}$ noch genauer:
$\sqrt{2}$ liegt zwischen 1,414 und 1,415;
denn $1{,}414^2 = 1{,}999396 < 2$
und $1{,}415^2 = 2{,}002225 > 2$.
$\sqrt{2}$ liegt im Intervall [1,414; 1,415].

$\sqrt{2} = 1{,}414 \ldots$

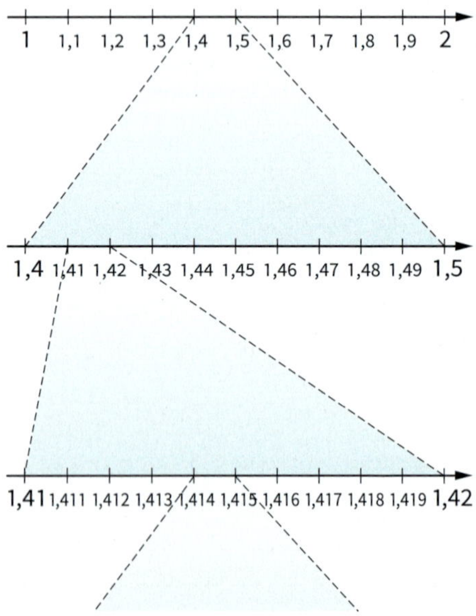

Bei jedem Schritt wird ein kleineres Intervall bestimmt, das in dem größeren Intervall des vorangegangenen Schrittes enthalten ist. Die Länge der Intervalle wird beliebig klein. Wenn wir dieses Verfahren immer weiter fortsetzen, erhalten wir immer genauere Näherungswerte für $\sqrt{2}$.
Es gibt nur eine einzige Zahl, die in allen Intervallen enthalten ist. Im Beispiel ist das die Zahl, deren Quadrat genau 2 ist.

5 In der Zeichnung sind die ersten drei Schritte einer Intervallschachtelung für $\sqrt{7}$ dargestellt.

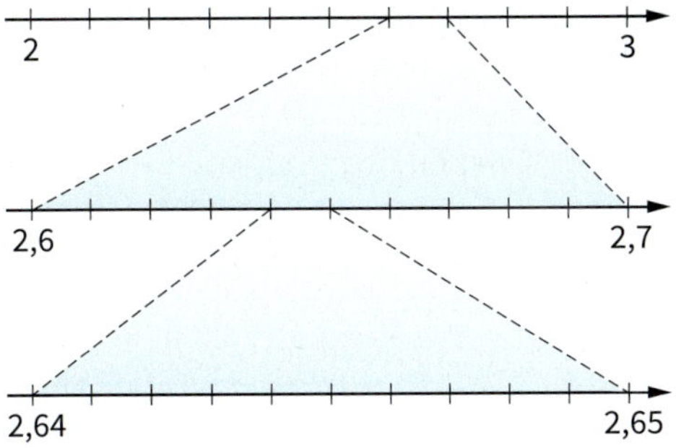

a) Gib die drei dargestellten Intervalle an.
b) Bestimme das vierte Intervall dieser Intervallschachtelung.
c) Begründe, dass $\sqrt{7}$ in jedem dieser Intervalle liegt.

6 Angegeben sind die ersten drei Schritte einer Intervallschachtelung für die Quadratwurzel einer natürlichen Zahl. Bestimme die natürliche Zahl.

a)

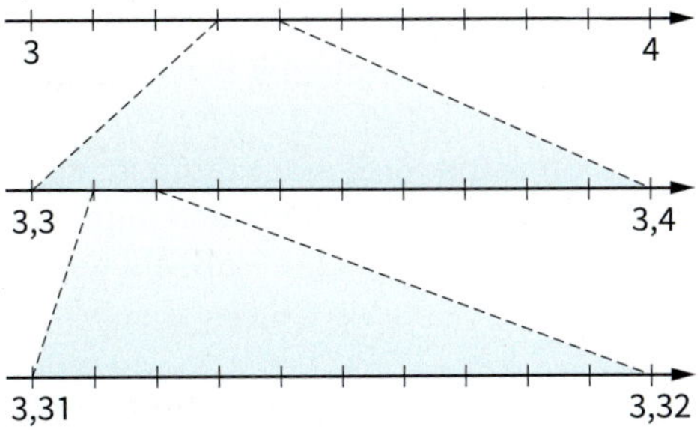

b)

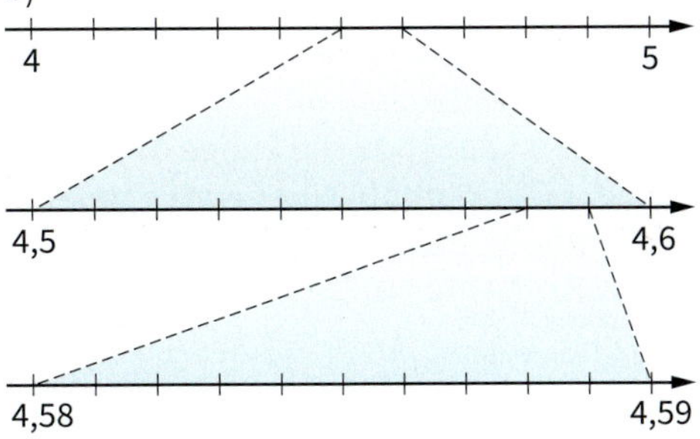

c) [4; 5]
[4,3; 4,4]
[4,35; 4,36]

d) [4; 5]
[4,7; 4,8]
[4,79; 4,8]

e) [10; 11]
[10,7; 10,8]
[10,72; 10,73]

f) [14; 15]
[14,5; 14,6]
[14,52; 14,53]

7 a) Für $\sqrt{3}$ zeigt der Taschenrechner die Zahl 1,732050808 an. Begründe mithilfe der dargestellten Rechnung, dass diese Zahl nicht der genaue Wert für $\sqrt{3}$ ist.

```
1,732050808 · 1,732050808
 1732050808
 12124355656
   5196152424
    3464101616
      8660254040
       13856406464
         13856406464
 3,000000001493452864
```

b) Mia hat zwölf Nachkommastellen von $\sqrt{3}$ bestimmt: 1,732050807569

Begründe, dass auch eine Dezimalzahl mit mehr als zwölf Stellen nach dem Komma nicht der genaue Wert für $\sqrt{3}$ sein kann.

Die meisten Quadratwurzeln sind Zahlen, die nicht als endliche oder periodische Dezimalzahlen geschrieben werden können. Solche Zahlen heißen **irrationale Zahlen.**
Für irrationale Zahlen können Näherungswerte bestimmt werden, deren Genauigkeit schrittweise verbessert werden kann.

$\sqrt{2} = 1{,}414213562\ldots$
$\sqrt{5} = 2{,}236067977\ldots$

Die rationalen und die irrationalen Zahlen bilden zusammen die **reellen Zahlen.** Die Menge aller reellen Zahlen wird mit $\mathbb{R}$ bezeichnet.

1 Lilli hat zwei Quadrate (Seitenlänge 2 cm) längs einer Diagonalen zerschnitten und die vier Dreiecke zu einem größeren Quadrat zusammengesetzt.

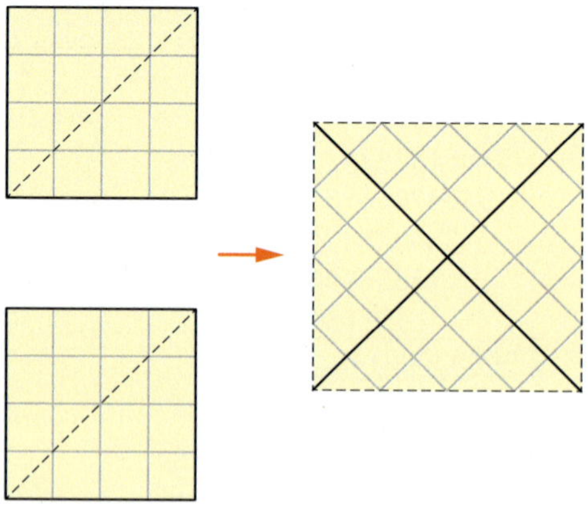

a) Gib den Flächeninhalt des großen Quadrats an. Begründe, dass die Seitenlänge dieses Quadrats $\sqrt{8}$ cm ist.
b) Miss die Seitenlänge des großen Quadrats. Begründe, dass der Messwert nicht der genaue Wert für $\sqrt{8}$ sein kann.

2 a) Übertrage die Quadrate ABCD und EFGH in dein Heft.

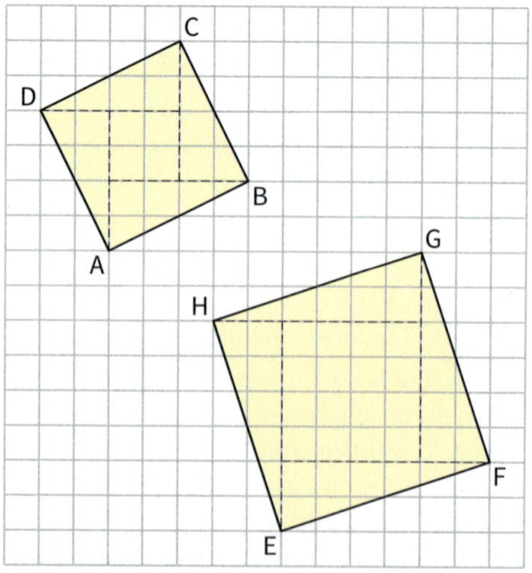

b) Bestimme für jedes Quadrat den Flächeninhalt.
Gib jeweils die Maßzahl der Länge von $\overline{AB}$ und $\overline{EF}$ als Quadratwurzel an.
c) Bestimme mit dem Taschenrechner jeweils einen Näherungswert für die Maßzahl der Länge von $\overline{AB}$ und $\overline{EF}$.
Begründe, dass der Taschenrechner die Maßzahlen nicht genau angibt.

3 Milian hat zunächst das blaue Quadrat mit der Diagonalen $\overline{AC}$ gezeichnet und dann mit Zirkel und Lineal das rote Quadrat ACEF konstruiert.

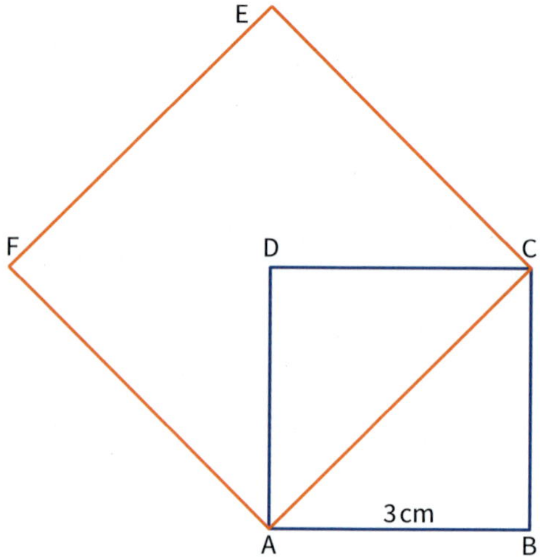

a) Gib den Flächeninhalt des Quadrats ACEF an. Begründe, dass die Seitenlänge des Quadrats ACEF $\sqrt{18}$ cm ist.
b) Der Taschenrechner zeigt für $\sqrt{18}$ die Zahl 4.242640687 an. Warum ist diese Zahl nicht die Maßzahl der Seitenlänge des Quadrats ACEF?
c) Warum kann auch eine Dezimalzahl mit mehr als neun Stellen nach dem Komma nicht die genaue Maßzahl der Seitenlänge des roten Quadrats sein?

4 a) Zeichne in das Quadrat ABCD mit der Seitenlänge 5 cm die Diagonale $\overline{AC}$ ein.
b) Gib die Länge der Strecke $\overline{AC}$ mithilfe einer Quadratwurzel an.
c) Warum kannst du die Länge der Strecke $\overline{AC}$ nicht mithilfe einer endlichen Dezimalzahl angeben?

1 Welche Quadratwurzeln sind rationale Zahlen, welche sind irrationale Zahlen?

$\sqrt{11}$ $\sqrt{81}$ $\sqrt{9}$
$\sqrt{12}$ $\sqrt{48}$ $\sqrt{49}$ $\sqrt{70}$
$\sqrt{0{,}25}$ $\sqrt{0{,}5}$ $\sqrt{2{,}25}$
$\sqrt{1{,}25}$ $\sqrt{6{,}25}$
$\sqrt{10}$ $\sqrt{1}$ $\sqrt{100}$ $\sqrt{0{,}1}$
$\sqrt{0{,}09}$ $\sqrt{0{,}9}$

2 Setze < oder > ein.

a) $\sqrt{32}$ ■ 6
$\sqrt{84}$ ■ 9
$\sqrt{53}$ ■ 7

b) $\sqrt{120}$ ■ 11
$\sqrt{145}$ ■ 12
$\sqrt{170}$ ■ 13

c) $\sqrt{200}$ ■ 14
$\sqrt{250}$ ■ 16
$\sqrt{222}$ ■ 15

d) $\sqrt{905}$ ■ 30
$\sqrt{395}$ ■ 20
$\sqrt{1\,000}$ ■ 31

3 Gib an, welche Zahl am nächsten liegt

a) bei $\sqrt{85}$:	8	9	10	11
b) bei $\sqrt{110}$:	9	10	11	12
c) bei $\sqrt{56}$:	6,5	7	7,5	8
d) bei $\sqrt{133}$:	11	11,5	12	12,5
e) bei $\sqrt{97}$:	9,2	9,4	9,6	9,8
f) bei $\sqrt{50}$:	6,8	7,1	7,4	7,7

Überprüfe dein Ergebnis mit dem Taschenrechner.

4 Gib wie im Beispiel die beiden aufeinander folgenden natürlichen Zahlen an, zwischen denen die Quadratwurzel liegt. Überlege zunächst, zwischen welchen Quadratzahlen der Radikand liegt.

■	<	$\sqrt{78}$	<	■
64	<	78	<	81
8^2	<	78	<	9^2
8	<	$\sqrt{78}$	<	9

a) $\sqrt{89}$
$\sqrt{42}$

b) $\sqrt{31}$
$\sqrt{67}$

c) $\sqrt{150}$
$\sqrt{200}$

5 Ordne jeder reellen Zahl die zugehörige Markierung auf der Zahlengeraden zu.

a) $\sqrt{7}$ 2,72 $\sqrt{6}$ 2,53 $\sqrt{8}$

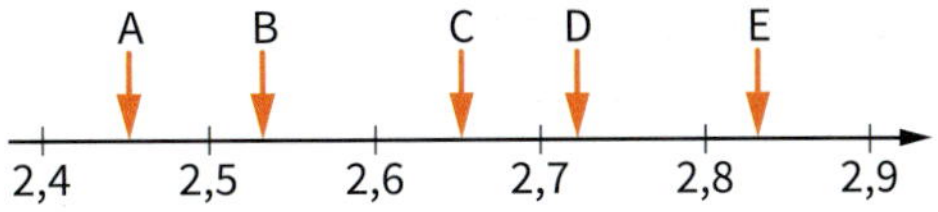

b) 3,55 $\sqrt{14}$ 3,65 $\sqrt{11}$ $\sqrt{12}$

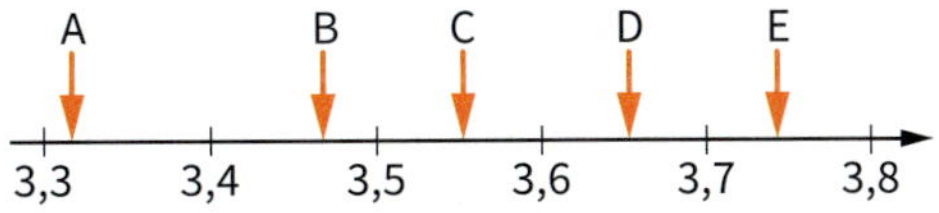

c) $\sqrt{23}$ $\sqrt{20}$ 4,88 $\sqrt{21}$ 4,62

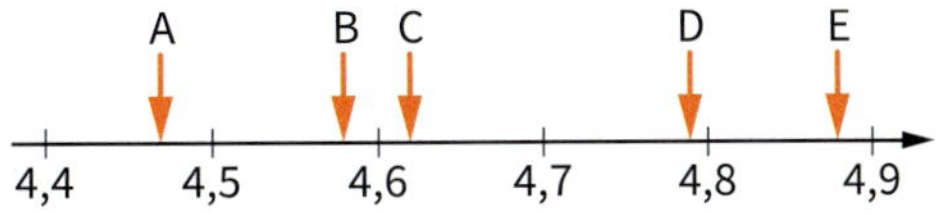

6 a) Gib drei irrationale Quadratwurzeln an, die zwischen 5 und 6 liegen.
b) Bestimme alle irrationalen Quadratwurzeln, die zwischen 3 und 4 liegen.
c) Wie viele irrationale Quadratwurzeln liegen zwischen 6 und 7?

7 a) Gib drei rationale Zahlen an,
- die kleiner als $\sqrt{2}$ sind.
- die zwischen 2 und $\sqrt{5}$ liegen.
- die zwischen $-\sqrt{2}$ und $-\sqrt{3}$ liegen.

b) Gib drei irrationale Zahlen an,
- die kleiner als −6 sind.
- die größer als $\sqrt{2}$ sind.
- die zwischen −10 und −11 liegen.

8 a) Ein Rechteck ist 18 cm lang und 8 cm breit (16 cm lang und 5 cm breit, 2,7 m lang und 1,2 m breit, 2,4 m lang und 1,5 m breit).
Bestimme die Seitenlänge des Quadrats, das den gleichen Flächeninhalt wie das Rechteck hat. Gib dabei an, ob die Maßzahl der Seitenlänge eine rationale oder eine irrationale Zahl ist.
b) Gib die Länge und die Breite eines Rechtecks so an, dass das flächengleiche Quadrat eine Seitenlänge mit irrationaler (rationaler) Maßzahl hat.

9 Die Menge der reellen Zahlen besteht aus den rationalen und den irrationalen Zahlen.

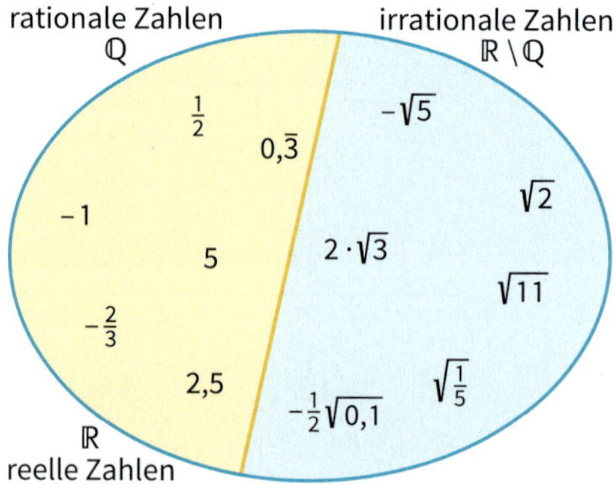

Welche Aussagen sind wahr, welche sind falsch?

10 Überlege, ob die Dezimalzahl eine rationale oder eine irrationale Zahl darstellen kann.

a) 0,272727272727272…
b) 1,4142135623730950488…
c) 0,153846153846153846 1…
d) 1,26829268292682926829…
e) 0,1001000100001000001…
f) 0,2040608010012014016…

11 Welche Zahlen sind rational, welche irrational?

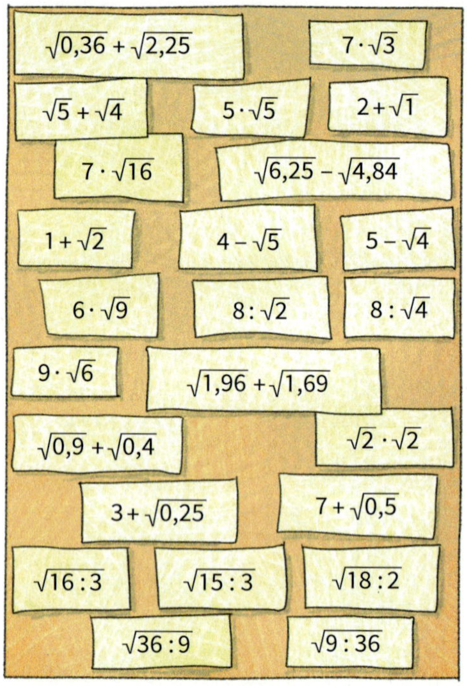

$\sqrt{0,36} + \sqrt{2,25} = 0,6 + 1,5 = 2,1$
$\sqrt{0,36} + \sqrt{2,25}$ ist eine rationale Zahl.

$7 \cdot \sqrt{3} = 7 \cdot 1,73205\ldots = 12,12435\ldots$
$7 \cdot \sqrt{3}$ ist eine irrationale Zahl.

Vervollständige die Tabelle im Heft.

rationale Zahlen	irrationale Zahlen
$\sqrt{0,36} + \sqrt{2,25}$	$7 \cdot \sqrt{3}$

Rechnen mit Quadratwurzeln

1 Berechne und vergleiche die Ergebnisse. Was stellst du fest?

$\sqrt{16}+\sqrt{9}$ und $\sqrt{16+9}$	$\sqrt{169}-\sqrt{25}$ und $\sqrt{169-25}$
$\sqrt{36}+\sqrt{64}$ und $\sqrt{36+64}$	$\sqrt{289}-\sqrt{64}$ und $\sqrt{289-64}$
$\sqrt{16}\cdot\sqrt{9}$ und $\sqrt{16\cdot 9}$	$\sqrt{100}:\sqrt{4}$ und $\sqrt{100:4}$
$\sqrt{81}\cdot\sqrt{4}$ und $\sqrt{81\cdot 4}$	$\sqrt{225}:\sqrt{9}$ und $\sqrt{225:9}$

Für zwei verschiedene positive reelle Zahlen a und b gilt:

$\sqrt{a}+\sqrt{b}\neq\sqrt{a+b}$
$\sqrt{a}-\sqrt{b}\neq\sqrt{a-b}$

Für alle positiven reellen Zahlen a und b gilt:

$\sqrt{a}\cdot\sqrt{b}=\sqrt{a\cdot b}$
$\sqrt{a}:\sqrt{b}=\sqrt{a:b}$

2 Berechne.

a) $\sqrt{25\cdot 49}$
$\sqrt{36\cdot 81}$

b) $\sqrt{16\cdot 225}$
$\sqrt{64\cdot 121}$

c) $\sqrt{169\cdot 196}$
$\sqrt{100\cdot 289}$

d) $\sqrt{324\cdot 144}$
$\sqrt{361\cdot 576}$

3 Welche Fehler hat Fabian gemacht?

① $\sqrt{16}+\sqrt{9}=\sqrt{25}=5$
② $\sqrt{100}-\sqrt{36}=\sqrt{64}=8$
③ $\sqrt{2}+\sqrt{2}=\sqrt{4}=2$
④ $\sqrt{4}+\sqrt{4}=\sqrt{8}=4$
⑤ $\sqrt{25}-\sqrt{25}=\sqrt{0}=0$

4 Berechne jeweils die Quadratwurzel wie in den Beispielen.

$$\sqrt{3\,600}=\sqrt{36\cdot 100}=\sqrt{36}\cdot\sqrt{100}=6\cdot 10=60$$

$$\sqrt{360\,000}=\sqrt{36\cdot 10\,000}=\sqrt{36}\cdot\sqrt{10\,000}=6\cdot 100=600$$

a) $\sqrt{4\,900}$
$\sqrt{8\,100}$

b) $\sqrt{12\,100}$
$\sqrt{14\,400}$

c) $\sqrt{90\,000}$
$\sqrt{40\,000}$

d) $\sqrt{160\,000}$
$\sqrt{640\,000}$

e) $\sqrt{1\,690\,000}$
$\sqrt{6\,250\,000}$

f) $\sqrt{1\,210\,000}$
$\sqrt{2\,250\,000}$

g) $\sqrt{225\,000\,000}$
$\sqrt{2\,500\,000\,000}$

5 Berechne die Produkte, indem du die beiden Wurzeln zu einer Wurzel zusammenfasst.

$\sqrt{2}\cdot\sqrt{50}=\sqrt{2\cdot 50}=\sqrt{100}=10$
$\sqrt{75}\cdot\sqrt{3}=\sqrt{75\cdot 3}=\sqrt{225}=15$

a) $\sqrt{2}\cdot\sqrt{32}$
$\sqrt{2}\cdot\sqrt{72}$

b) $\sqrt{3}\cdot\sqrt{27}$
$\sqrt{48}\cdot\sqrt{3}$

c) $\sqrt{18}\cdot\sqrt{2}$
$\sqrt{6}\cdot\sqrt{54}$

d) $\sqrt{5}\cdot\sqrt{80}$
$\sqrt{6}\cdot\sqrt{150}$

e) $\sqrt{7}\cdot\sqrt{28}$
$\sqrt{72}\cdot\sqrt{8}$

f) $\sqrt{320}\cdot\sqrt{5}$
$\sqrt{11}\cdot\sqrt{44}$

6 Fasse zu einer Wurzel zusammen und berechne.

a) $\sqrt{6}\cdot\sqrt{8}\cdot\sqrt{12}$
$\sqrt{10}\cdot\sqrt{5}\cdot\sqrt{2}$

b) $\sqrt{2{,}5}\cdot\sqrt{5}\cdot\sqrt{2}$
$\sqrt{4{,}5}\cdot\sqrt{6}\cdot\sqrt{3}$

c) $\sqrt{6}\cdot\sqrt{0{,}5}\cdot\sqrt{7{,}5}\cdot\sqrt{2{,}5}$
$\sqrt{2{,}4}\cdot\sqrt{0{,}5}\cdot\sqrt{4{,}8}\cdot\sqrt{0{,}25}$

7 Berechne.

a) $\sqrt{81:9}$
$\sqrt{144:16}$

b) $\sqrt{324:36}$
$\sqrt{441:49}$

8 Ziehe die Quadratwurzel aus den Brüchen.

$\sqrt{\frac{64}{81}} = \frac{\sqrt{64}}{\sqrt{81}} = \frac{8}{9}$

a) $\sqrt{\frac{4}{9}}$ $\sqrt{\frac{16}{25}}$ $\sqrt{\frac{36}{49}}$

b) $\sqrt{\frac{81}{100}}$ $\sqrt{\frac{169}{196}}$ $\sqrt{\frac{121}{225}}$

c) $\sqrt{\frac{144}{289}}$ $\sqrt{\frac{400}{529}}$ $\sqrt{\frac{324}{625}}$

d) $\sqrt{\frac{361}{900}}$ $\sqrt{\frac{289}{900}}$ $\sqrt{\frac{256}{729}}$

9 Berechne die Quadratwurzel.

$\sqrt{0{,}64} = \sqrt{\frac{64}{100}} = \frac{\sqrt{64}}{\sqrt{100}} = \frac{8}{10} = 0{,}8$

2 Stellen nach dem Komma — 1 Stelle nach dem Komma

$\sqrt{0{,}0064} = \sqrt{\frac{64}{10000}} = \frac{8}{100} = 0{,}08$

4 Stellen nach dem Komma — 2 Stellen nach dem Komma

a) $\sqrt{0{,}04}$
$\sqrt{0{,}16}$
$\sqrt{0{,}81}$

b) $\sqrt{1{,}96}$
$\sqrt{2{,}25}$
$\sqrt{3{,}24}$

c) $\sqrt{0{,}0049}$
$\sqrt{0{,}0036}$
$\sqrt{0{,}0121}$

d) $\sqrt{0{,}000004}$
$\sqrt{0{,}000025}$
$\sqrt{0{,}000144}$

e) $\sqrt{0{,}000169}$
$\sqrt{0{,}000625}$
$\sqrt{0{,}00000009}$

10 Berechne die Quotienten, indem du die beiden Wurzeln zu einer Wurzel zusammenfasst.

$\sqrt{80} : \sqrt{5} = \sqrt{80:5} = \sqrt{16} = 4$
$\sqrt{75} : \sqrt{3} = \sqrt{75:3} = \sqrt{25} = 5$

a) $\sqrt{162} : \sqrt{2}$
$\sqrt{98} : \sqrt{2}$

b) $\sqrt{300} : \sqrt{3}$
$\sqrt{192} : \sqrt{3}$

c) $\sqrt{242} : \sqrt{2}$
$\sqrt{108} : \sqrt{3}$

d) $\sqrt{150} : \sqrt{6}$
$\sqrt{405} : \sqrt{5}$

e) $\sqrt{847} : \sqrt{7}$
$\sqrt{275} : \sqrt{11}$

f) $\sqrt{60{,}5} : \sqrt{0{,}5}$
$\sqrt{31{,}5} : \sqrt{3{,}5}$

11 Fasse zusammen.

$5\sqrt{7} + 3\sqrt{7} = 8\sqrt{7}$
$9\sqrt{5} - 6\sqrt{5} = 3\sqrt{5}$
$9\sqrt{6} - 3\sqrt{6} - 2\sqrt{6} = 4\sqrt{6}$
$8\sqrt{3} + 6\sqrt{5} + 2\sqrt{5} - 3\sqrt{3} = 5\sqrt{3} + 8\sqrt{5}$

a) $11\sqrt{2} + 7\sqrt{2}$
$9\sqrt{7} - 2\sqrt{7}$
$8\sqrt{6} + 2\sqrt{6}$

b) $9\sqrt{3} + 2\sqrt{3} + 4\sqrt{3}$
$11\sqrt{5} - 2\sqrt{5} - 6\sqrt{5}$
$17\sqrt{8} - 6\sqrt{8} + 2\sqrt{8}$

c) $6\sqrt{11} + 4\sqrt{11} - 6\sqrt{11} - 9\sqrt{11} + 2\sqrt{11}$
$3\sqrt{13} - 6\sqrt{13} + 11\sqrt{13} - 5\sqrt{13} + \sqrt{13}$
$12\sqrt{17} + 4\sqrt{17} - 3\sqrt{17} + \sqrt{17} - 11\sqrt{17}$

d) $6\sqrt{19} + 11\sqrt{17} - 6\sqrt{19} - 4\sqrt{17} + 2\sqrt{19}$
$3\sqrt{23} + 6\sqrt{10} + 11\sqrt{23} - 5\sqrt{10} + \sqrt{23}$
$12\sqrt{6} + 4\sqrt{6} + 13\sqrt{15} + \sqrt{6} - 11\sqrt{15}$

12 Löse die Klammern auf.

$\sqrt{3}(\sqrt{12} + \sqrt{27})$
$= \sqrt{3} \cdot \sqrt{12} + \sqrt{3} \cdot \sqrt{27}$
$= \sqrt{36} + \sqrt{81}$
$= 6 + 9$
$= 15$

$(\sqrt{98} - \sqrt{50}) : \sqrt{2}$
$= \sqrt{98} : \sqrt{2} - \sqrt{50} : \sqrt{2}$
$= \sqrt{49} - \sqrt{25}$
$= 7 - 5$
$= 2$

a) $\sqrt{5}(\sqrt{5} + \sqrt{20})$
$\sqrt{3}(\sqrt{12} + \sqrt{75})$

b) $\sqrt{6}(\sqrt{54} - \sqrt{24})$
$\sqrt{2}(\sqrt{32} - \sqrt{18})$

c) $(\sqrt{48} + \sqrt{12}) : \sqrt{3}$
$(\sqrt{27} + \sqrt{75}) : \sqrt{3}$

d) $(\sqrt{63} - \sqrt{28}) : \sqrt{7}$
$(\sqrt{96} - \sqrt{24}) : \sqrt{6}$

e) $\sqrt{5}(\sqrt{180} - \sqrt{80})$
$(\sqrt{448} - \sqrt{252}) : \sqrt{7}$

f) $\sqrt{20}(\sqrt{125} + \sqrt{5})$
$(\sqrt{128} - \sqrt{98}) : \sqrt{2}$

Dritte Wurzeln

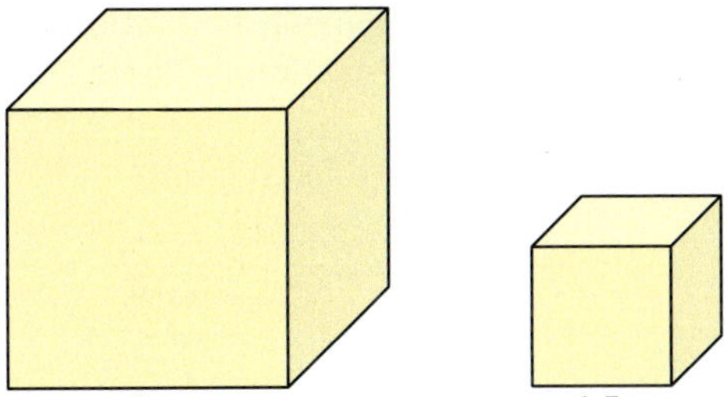

a = 3 cm   a = 1,5 cm

1 Berechne jeweils das Volumen des Würfels. Erläutere, wie du die Maßzahl bestimmt hast.

> Ein Produkt aus drei gleichen Faktoren kann als dritte Potenz geschrieben werden.
> $5 \cdot 5 \cdot 5 = 5^3$ *lies:* 5 hoch 3
>
> Sind die Faktoren natürliche Zahlen, heißt das Produkt **Kubikzahl**.

2 a) Für jeden Würfel ist das Volumen angegeben. Bestimme jeweils die Kantenlänge.

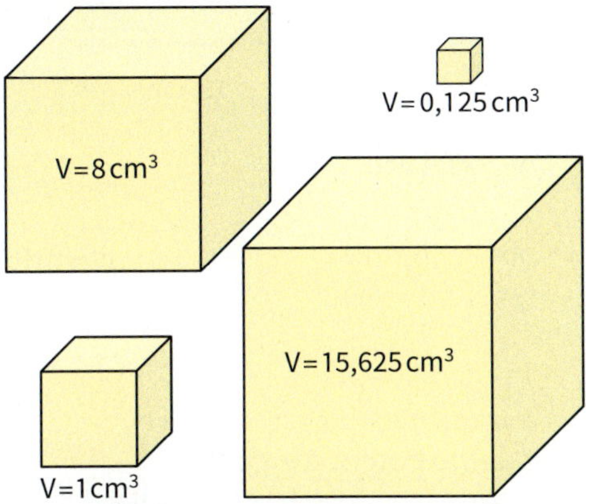

b) Das Volumen eines Würfels beträgt 125 cm³ (1 000 cm³, 8 000 cm³, 64 cm³). Gib die Kantenlänge an.

> Die dritte Wurzel aus 64 ist die positive Zahl, die als dritte Potenz 64 ergibt.
> $\sqrt[3]{64} = 4$, denn $4^3 = 4 \cdot 4 \cdot 4 = 64$
> *Lies:* Dritte Wurzel aus 64 ist gleich 4.

3 Bestimme jeweils die dritte Wurzel aus den Kubikzahlen.

> $\sqrt[3]{8} = 2$, denn $2^3 = 8$
> $\sqrt[3]{27\,000} = 30$, denn $30^3 = 27\,000$

a) $\sqrt[3]{27}$, $\sqrt[3]{125}$, $\sqrt[3]{512}$
b) $\sqrt[3]{216}$, $\sqrt[3]{343}$, $\sqrt[3]{729}$
c) $\sqrt[3]{1\,000}$, $\sqrt[3]{8\,000}$, $\sqrt[3]{0}$
d) $\sqrt[3]{3\,375}$, $\sqrt[3]{1\,728}$, $\sqrt[3]{2\,744}$
e) $\sqrt[3]{1\,331}$, $\sqrt[3]{2\,197}$, $\sqrt[3]{4\,096}$
f) $\sqrt[3]{64\,000}$, $\sqrt[3]{216\,000}$, $\sqrt[3]{1\,000\,000}$

4 Bestimme jeweils die dritte Wurzel aus der Dezimalzahl.

> $\sqrt[3]{3375} = 15$, denn $15^3 = 3375$
> $\sqrt[3]{3{,}375} = 1{,}5$, denn $1{,}5^3 = 3{,}375$
> (3 Stellen nach dem Komma → 1 Stelle nach dem Komma)
>
> $\sqrt[3]{0{,}003375} = 0{,}15$, denn $0{,}15^3 = 0{,}003375$
> (6 Stellen nach dem Komma → 2 Stellen nach dem Komma)

a) $\sqrt[3]{0{,}125}$, $\sqrt[3]{0{,}216}$, $\sqrt[3]{0{,}027}$
b) $\sqrt[3]{0{,}512}$, $\sqrt[3]{0{,}008}$, $\sqrt[3]{0{,}064}$
c) $\sqrt[3]{1{,}331}$, $\sqrt[3]{4{,}096}$, $\sqrt[3]{2{,}744}$
d) $\sqrt{0{,}000064}$, $\sqrt{0{,}000027}$, $\sqrt{0{,}000001}$
e) $\sqrt{0{,}000000729}$, $\sqrt{0{,}000000512}$, $\sqrt{0{,}000000001}$

5 Ziehe aus jedem Bruch die dritte Wurzel.

> $\sqrt[3]{\frac{27}{1000}} = \frac{3}{10}$, denn $\left(\frac{3}{10}\right)^3 = \frac{27}{1000}$

a) $\sqrt[3]{\frac{8}{27}}$, $\sqrt[3]{\frac{1}{512}}$
b) $\sqrt[3]{\frac{125}{216}}$, $\sqrt[3]{\frac{343}{1000}}$
c) $\sqrt[3]{1\frac{61}{64}}$, $\sqrt[3]{5\frac{104}{125}}$

x	x^3
1	1
2	8
3	27
4	64
5	125
6	216
7	343
8	512
9	729
10	1 000
11	1 331
12	1 728
13	2 197
14	2 744
15	3 375

Dritte Wurzeln

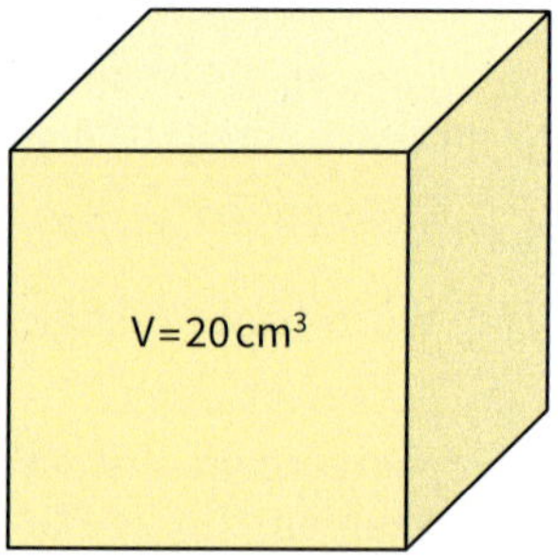

6 a) Warum kannst du die Kantenlänge des Würfels nicht sofort angeben?
b) Begründe, dass die Kantenlänge des Würfels zwischen 2 und 3 liegt.

7 Die meisten dritten Wurzeln sind irrationale Zahlen, für die du mithilfe einer Intervallschachtelung immer genauere Näherungswerte bestimmen kannst. Im Beispiel sind die ersten drei Schritte einer Intervallschachtelung für $\sqrt[3]{4}$ angegeben.

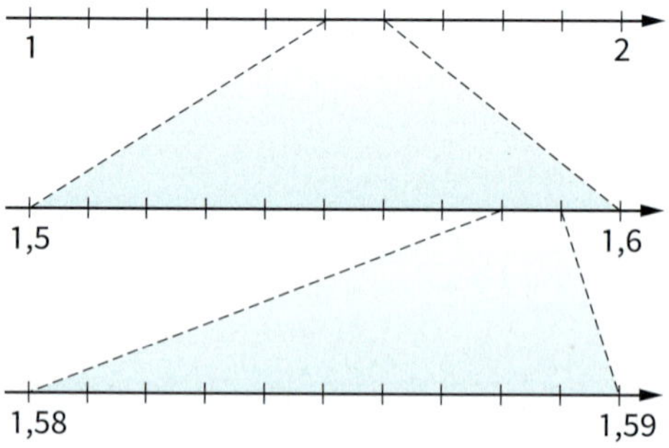

a) Überprüfe, dass $\sqrt[3]{4}$ in jedem der angegebenen Intervalle liegt.
b) Bestimme das vierte Intervall dieser Intervallschachtelung.

8 Angegeben sind jeweils die ersten Schritte einer Intervallschachtelung für die dritte Wurzel einer natürlichen Zahl. Bestimme die natürliche Zahl.

a) [3; 4]
[3,4; 3,5]
[3,41; 3,42]

b) [4; 5]
[4,6; 4,7]
[4,64; 4,65]

c) [8; 9]
[8,2; 8,3]
[8,25; 8,26]
[8,257; 8,258]

d) [11; 12]
[11,5; 11,6]
[11,51; 11,52]
[11,512; 11,513]

9 Welche dritten Wurzeln sind rationale Zahlen, welche sind irrationale Zahlen?

$\sqrt[3]{1\,000}$ $\sqrt[3]{100}$ $\sqrt[3]{81}$ $\sqrt[3]{64}$
$\sqrt[3]{1\,000\,000}$ $\sqrt[3]{0{,}001}$
$\sqrt[3]{270}$ $\sqrt[3]{27\,000}$ $\sqrt[3]{2{,}16}$

10 Gib wie im Beispiel die beiden aufeinander folgenden natürlichen Zahlen an, zwischen denen die dritte Wurzel liegt. Überlege zunächst, zwischen welchen Kubikzahlen der Radikand liegt.

$\square$	<	$\sqrt[3]{200}$	<	$\square$
125	<	200	<	216
5^3	<	200	<	6^3
5	<	$\sqrt[3]{200}$	<	6

a) $\sqrt[3]{50}$
$\sqrt[3]{90}$

b) $\sqrt[3]{600}$
$\sqrt[3]{800}$

11 Bestimme mit dem Taschenrechner Näherungswerte für die dritten Wurzeln. Runde auf zwei Stellen nach dem Komma.

$\sqrt[3]{56} = \square$

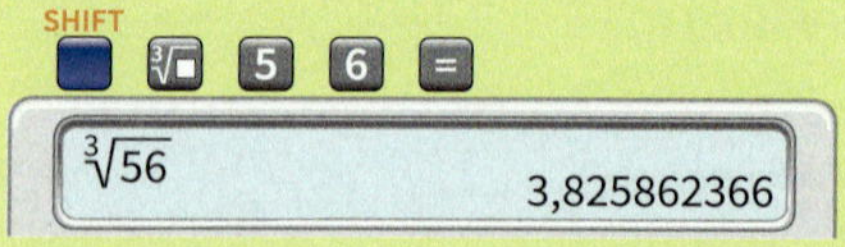

$\sqrt[3]{56} = 3{,}82586\ldots \approx 3{,}83$

a) $\sqrt[3]{88}$
$\sqrt[3]{34}$

b) $\sqrt[3]{71}$
$\sqrt[3]{99}$

c) $\sqrt[3]{450}$
$\sqrt[3]{612}$

d) $\sqrt[3]{578}$
$\sqrt[3]{942}$

$\sqrt[3]{a}$ ist die nichtnegative Zahl b, die als dritte Potenz a ergibt.
Die Zahl b heißt **dritte Wurzel aus a.**
Die Zahl a heißt **Radikand.**

$\sqrt[3]{125} = 5$, denn $5^3 = 125$
$\sqrt[3]{27} = 3$, denn $3^3 = 27$
$\sqrt[3]{0} = 0$, denn $0^3 = 0$

Die meisten dritten Wurzeln sind irrationale Zahlen, für die Näherungswerte bestimmt werden können.

$\sqrt[3]{7} = 1{,}912931\ldots$
$\sqrt[3]{1{,}2} = 1{,}062658\ldots$

Reelle Zahlen

kompakt

$\sqrt{a}$ ist die nichtnegative Zahl b, die beim Quadrieren a ergibt. Die Zahl b heißt Quadratwurzel aus a. Die Zahl a heißt Radikand. Aus negativen Zahlen können wir keine Wurzel ziehen.	$\sqrt{36} = 6$, denn $6^2 = 36$ $\sqrt{121} = 11$, denn $11^2 = 121$ $\sqrt{0} = 0$, denn $0^2 = 0$

$\sqrt[3]{a}$ ist die nichtnegative Zahl b, die als dritte Potenz a ergibt. Die Zahl b heißt dritte Wurzel aus a.	$\sqrt[3]{64} = 4$, denn $4^3 = 64$ $\sqrt[3]{512} = 8$, denn $8^3 = 512$

Die meisten Quadratwurzeln und dritten Wurzeln sind Zahlen, die nicht als endliche oder periodische Dezimalzahlen geschrieben werden können. Solche Zahlen heißen **irrationale Zahlen.**	$\sqrt{2} = 1{,}41421356\,\ldots$ $\sqrt{6} = 2{,}44948974\,\ldots$ $\sqrt[3]{7} = 1{,}91293118\,\ldots$

Die rationalen und die irrationalen Zahlen bilden zusammen die **reellen Zahlen.** Die Menge aller reellen Zahlen wird mit ℝ bezeichnet.

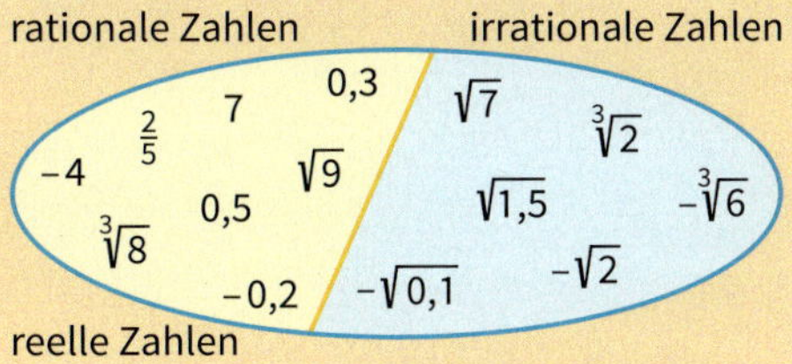

Alle reellen Zahlen können an der Zahlengeraden dargestellt werden.

Mit einer Intervallschachtelung können schrittweise beliebig viele Nachkommastellen einer irrationalen Zahl bestimmt werden.

$\sqrt{3}$ liegt im Intervall $[1{,}7;\ 1{,}8]$,
denn $1{,}7^2 = 2{,}89 < 3$
und $1{,}8^2 = 3{,}24 > 3$.

$\sqrt{3}$ liegt im Intervall $[1{,}73;\ 1{,}74]$,
denn $1{,}73^2 = 2{,}9929 < 3$
und $1{,}74^2 = 3{,}0276 > 3$.

$\sqrt{3}$ liegt im Intervall $[1{,}732;\ 1{,}733]$,
denn $1{,}732^2 = 2{,}999824 < 3$
und $1{,}733^2 = 3{,}003289 > 3$.

$\sqrt{3} = 1{,}732\,\ldots$

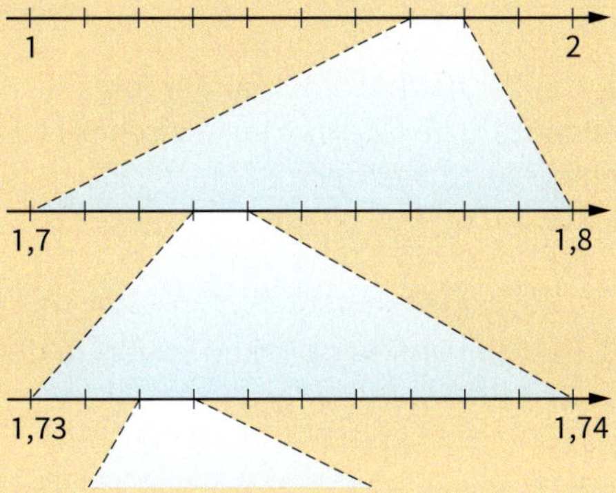

Für alle positiven reellen Zahlen a und b gilt: $\sqrt{a} \cdot \sqrt{b} = \sqrt{a \cdot b}$ $\sqrt{a} : \sqrt{b} = \sqrt{a : b}$	$\sqrt{4} \cdot \sqrt{9} = 2 \cdot 3 = 6$ $\sqrt{4 \cdot 9} = \sqrt{36} = 6$ $\sqrt{100} : \sqrt{4} = 10 : 2 = 5$ $\sqrt{100 : 4} = \sqrt{25} = 5$

Üben und Vertiefen

1 Bestimme die Wurzel im Kopf.

a) $\sqrt{10\,000}$, $\sqrt{14\,400}$, $\sqrt{12\,100}$
b) $\sqrt{22\,500}$, $\sqrt{62\,500}$, $\sqrt{16\,900}$
c) $\sqrt{7{,}29}$, $\sqrt{4{,}84}$, $\sqrt{5{,}76}$

d) $\sqrt{160\,000}$, $\sqrt{490\,000}$, $\sqrt{2\,250\,000}$
e) $\sqrt{0{,}0064}$, $\sqrt{0{,}0049}$, $\sqrt{0{,}0144}$
f) $\sqrt[3]{0{,}064}$, $\sqrt[3]{0{,}729}$, $\sqrt[3]{3{,}375}$

g) $\sqrt{81\,000\,000}$, $\sqrt{900\,000\,000}$, $\sqrt{1\,000\,000\,000\,000}$
h) $\sqrt[3]{27\,000\,000}$, $\sqrt[3]{125\,000\,000}$, $\sqrt[3]{8\,000\,000\,000}$

2 Verwandle die gemischte Zahl in einen Bruch. Bestimme dann die Wurzel.

$$\sqrt{2\tfrac{1}{4}} = \sqrt{\tfrac{9}{4}} = \tfrac{3}{2} = 1\tfrac{1}{2}$$

a) $\sqrt{1\tfrac{9}{16}}$, $\sqrt{2\tfrac{2}{49}}$
b) $\sqrt{3\tfrac{1}{16}}$, $\sqrt{2\tfrac{7}{9}}$
c) $\sqrt{7\tfrac{1}{9}}$, $\sqrt{12\tfrac{1}{4}}$
d) $\sqrt[3]{3\tfrac{3}{8}}$, $\sqrt[3]{1\tfrac{61}{64}}$

3 Berechne.

$$\sqrt{\sqrt{256}} = \sqrt{16} = 4$$

a) $\sqrt{\sqrt{81}}$, $\sqrt{\sqrt{625}}$, $\sqrt{\sqrt{2401}}$
b) $\sqrt{\sqrt{1296}}$, $\sqrt{\sqrt{0{,}0016}}$, $\sqrt{\sqrt{0{,}0001}}$
c) $\sqrt[3]{\sqrt{64}}$, $\sqrt[3]{\sqrt{729}}$, $\sqrt[3]{\sqrt{4096}}$

4 Gib die beiden aufeinander folgenden natürlichen Zahlen an, zwischen denen die Wurzel liegt.

a) $\sqrt{78}$, $\sqrt{67}$
b) $\sqrt{57}$, $\sqrt{92}$
c) $\sqrt{134}$, $\sqrt{153}$
d) $\sqrt[3]{50}$, $\sqrt[3]{70}$

5 Berechne im Kopf. Erkläre, warum du das Ergebnis sofort angeben kannst.

a) $\sqrt{29^2}$, $\sqrt{77^2}$
b) $(\sqrt{31})^2$, $(\sqrt{23})^2$
c) $\sqrt[3]{11^3}$, $(\sqrt[3]{37})^3$

6 a) Gib zwei irrationale Quadratwurzeln an, deren Produkt (Quotient) eine rationale Zahl ist. Es gibt mehrere Möglichkeiten.
b) Gib drei irrationale Quadratwurzeln an, deren Produkt eine rationale Zahl ist.

7 Prüfe, ob die Aussagen wahr oder falsch sind.

① $\sqrt{48} - \sqrt{27} = \sqrt{21}$
② $\sqrt{48} + \sqrt{27} = \sqrt{147}$
③ $\sqrt{50} - \sqrt{18} = \sqrt{8}$
④ $\sqrt{36} + \sqrt{64} = \sqrt{100}$
⑤ $\sqrt{125} - \sqrt{5} = \sqrt{80}$
⑥ $\sqrt{24} + \sqrt{36} = \sqrt{60}$

8 Der Oberflächeninhalt eines Würfels beträgt 150 cm² (240 000 mm²; 13,5 dm²; 7,26 m²; 365,04 cm²; 0,1944 m²). Berechne die Kantenlänge.

9 Ein Würfel hat ein Volumen von 64 cm³ (8 000 cm³; 1 728 cm³; 10 941,048 cm³; 12,167 cm³; 42,875 cm³). Bestimme den Oberflächeninhalt.

10 Welche Kantenlänge hat der Würfel, dessen Volumen genauso groß wie das des Quaders ist?

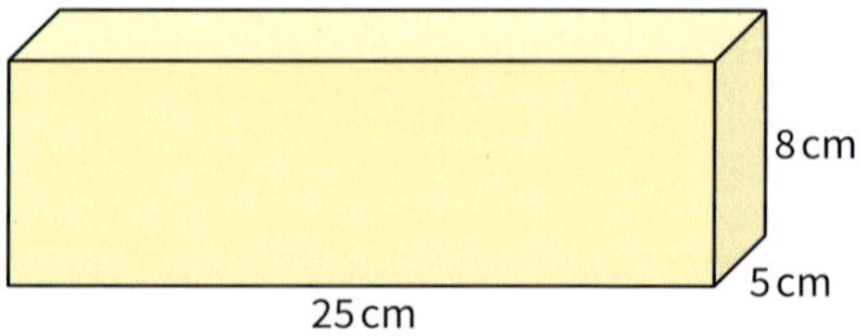

11 Überlege, wie sich die Seitenlänge eines Quadrats verändert , wenn der Flächeninhalt verdoppelt wird. Bestimme dazu die Seitenlängen der einzelnen Quadrate.

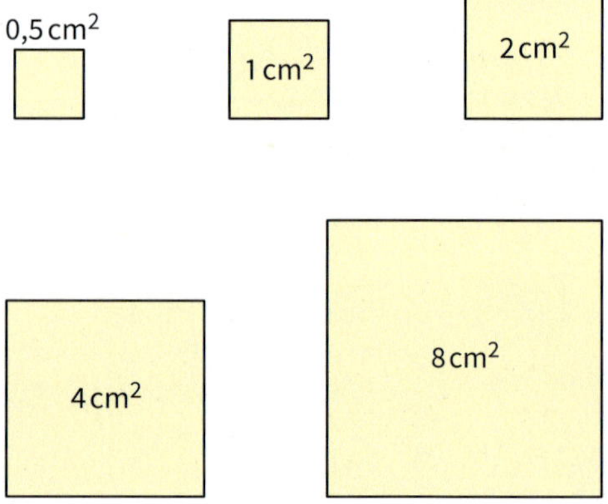

Üben und Vertiefen

12 Fasse gleiche Quadratwurzeln zusammen.

a) $10\sqrt{6} + 5\sqrt{6}$
$\sqrt{10} - 4\sqrt{10}$
$2\sqrt{3} - 9\sqrt{3}$

b) $\sqrt{5} + 11\sqrt{5}$
$7\sqrt{2} - 12\sqrt{2}$
$\sqrt{11} - 10\sqrt{11}$

c) $13\sqrt{7} + 5\sqrt{5} - \sqrt{5} - 6\sqrt{7} + 11\sqrt{5}$
$\sqrt{19} - 4\sqrt{8} + 7\sqrt{19} - 2\sqrt{8} + 6\sqrt{8}$
$2\sqrt{15} + 5\sqrt{15} - 9\sqrt{11} + 2\sqrt{11} - 3\sqrt{15}$

13 Berechne.

a) $\sqrt{11} \cdot \sqrt{44}$
$\sqrt{13} \cdot \sqrt{52}$
$\sqrt{12} \cdot \sqrt{27}$

b) $\sqrt{162} : \sqrt{2}$
$\sqrt{192} : \sqrt{3}$
$\sqrt{150} : \sqrt{6}$

c) $\sqrt{60{,}5} \cdot \sqrt{8}$
$\sqrt{31{,}5} \cdot \sqrt{14}$
$\sqrt{21{,}6} \cdot \sqrt{15}$

d) $\sqrt{1{,}08} : \sqrt{3}$
$\sqrt{4{,}9} : \sqrt{10}$
$\sqrt{2{,}75} : \sqrt{11}$

14 Multipliziere die Klammern aus und berechne.

$$\begin{aligned} & 4\sqrt{2}\,(5\sqrt{18} - 3\sqrt{8}) \\ =\; & 4\sqrt{2} \cdot 5\sqrt{18} - 4\sqrt{2} \cdot 3\sqrt{8} \\ =\; & 20\sqrt{2 \cdot 18} - 12\sqrt{2 \cdot 8} \\ =\; & 20\sqrt{36} - 12\sqrt{16} \\ =\; & 20 \cdot 6 - 12 \cdot 4 \\ =\; & 120 - 48 \\ =\; & 72 \end{aligned}$$

a) $3\sqrt{2}\,(2\sqrt{2} + 5\sqrt{8})$
$4\sqrt{7}\,(5\sqrt{28} - 2\sqrt{63})$
$5\sqrt{10}\,(6\sqrt{90} - 3\sqrt{160})$

b) $2\sqrt{11}\,(5\sqrt{44} + 10\sqrt{11})$
$12\sqrt{3}\,(7\sqrt{27} - 2\sqrt{108})$
$10\sqrt{6}\,(5\sqrt{150} - 3\sqrt{96})$

15 Wende die binomischen Formeln an.

$$\begin{aligned} & (4\sqrt{5} - 3\sqrt{7})^2 \\ =\; & (4\sqrt{5})^2 - 2 \cdot 4 \cdot 3\sqrt{5}\sqrt{7} + (3\sqrt{7})^2 \\ =\; & 16\sqrt{5}^2 - 24\sqrt{5 \cdot 7} + 9\sqrt{7}^2 \\ =\; & 16 \cdot 5 - 24\sqrt{35} + 9 \cdot 7 \\ =\; & 80 - 24\sqrt{35} + 63 \\ =\; & 143 - 24\sqrt{35} \end{aligned}$$

a) $(2\sqrt{5} - \sqrt{3})^2$
$(\sqrt{8} + 5\sqrt{2})^2$
$(4\sqrt{11} - \sqrt{10})^2$

b) $(2\sqrt{6} - 3\sqrt{7})^2$
$(4\sqrt{2} + 7\sqrt{3})^2$
$(\sqrt{5} - 8\sqrt{3})^2$

Lässt sich der Radikand so in ein Produkt zerlegen, dass ein Faktor eine Quadratzahl ist, kannst du die Wurzel teilweise ziehen.

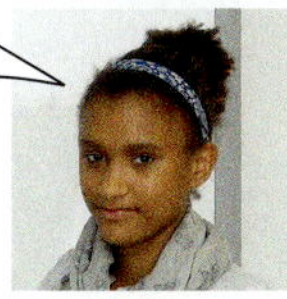

16 Ziehe die Wurzel teilweise.

$$\sqrt{242} = \sqrt{121 \cdot 2} = \sqrt{121} \cdot \sqrt{2} = 11\sqrt{2}$$

a) $\sqrt{50}$
$\sqrt{32}$
$\sqrt{200}$

b) $\sqrt{490}$
$\sqrt{360}$
$\sqrt{640}$

c) $\sqrt{12}$
$\sqrt{48}$
$\sqrt{75}$

17 Ziehe die Wurzel teilweise und fasse dann zusammen.

$$\begin{aligned} & \sqrt{50} + \sqrt{162} \\ =\; & \sqrt{25 \cdot 2} + \sqrt{81 \cdot 2} \\ =\; & 5\sqrt{2} + 9\sqrt{2} \\ =\; & 14\sqrt{2} \end{aligned}$$

a) $\sqrt{32} + \sqrt{72}$
$\sqrt{80} + \sqrt{45}$

b) $\sqrt{48} - \sqrt{27}$
$\sqrt{54} - \sqrt{24}$

c) $\sqrt{28} + \sqrt{700}$
$\sqrt{250} - \sqrt{40}$

d) $\sqrt{200} - \sqrt{8} - \sqrt{98}$
$\sqrt{108} + \sqrt{75} - \sqrt{3}$

18 Multipliziere und ziehe die Wurzel teilweise.

$$\sqrt{3} \cdot \sqrt{15} = \sqrt{3 \cdot 3 \cdot 5} = \sqrt{9 \cdot 5} = 3\sqrt{5}$$

a) $\sqrt{6} \cdot \sqrt{3}$
$\sqrt{2} \cdot \sqrt{6}$
$\sqrt{2} \cdot \sqrt{10}$

b) $\sqrt{2} \cdot \sqrt{14}$
$\sqrt{5} \cdot \sqrt{10}$
$\sqrt{3} \cdot \sqrt{21}$

c) $\sqrt{5} \cdot \sqrt{55}$
$\sqrt{6} \cdot \sqrt{15}$
$\sqrt{3} \cdot \sqrt{33}$

Ein Bruch mit einer Wurzel im Nenner kann so erweitert werden, dass eine natürliche Zahl im Nenner steht.

19 Erweitere so, dass eine natürliche Zahl im Nenner steht.

$$\frac{3}{\sqrt{6}} = \frac{3\sqrt{6}}{\sqrt{6}\sqrt{6}} = \frac{3\sqrt{6}}{6} = \frac{\sqrt{6}}{2}$$

a) $\frac{4}{\sqrt{5}}$
$\frac{6}{\sqrt{3}}$

b) $\frac{5}{\sqrt{15}}$
$\frac{21}{\sqrt{7}}$

c) $\frac{9}{\sqrt{6}}$
$\frac{12}{\sqrt{18}}$

d) $\frac{10}{\sqrt{10}}$
$\frac{15}{\sqrt{20}}$

Heron-Verfahren

Bevor es Taschenrechner gab, war es nicht so leicht, gute Näherungswerte für irrationale Quadratwurzeln zu bestimmen.
Die griechischen Mathematiker benutzten vor 2000 Jahren ein Verfahren, mit dem sie nur durch Anwenden der Addition und Division schnell gute Näherungswerte für Quadratwurzeln berechnen konnten.
Dieses Verfahren ist nach dem Mathematiker und Ingenieur Heron von Alexandrien (um 100 n. Chr.) benannt.

1 Im Beispiel siehst du, wie du mithilfe des Heron-Verfahrens einen Näherungswert für $\sqrt{15}$ berechnen kannst.
Nacheinander werden mehrere Rechtecke bestimmt, die alle den Flächeninhalt 15 cm² haben.
Dabei ist der Unterschied der Seitenlängen beim zweiten Rechteck kleiner als beim ersten, beim dritten noch kleiner als beim zweiten und so weiter, so dass die Gestalt der Rechtecke einem Quadrat immer ähnlicher wird.
Die Seitenlänge des letzten Rechtecks ist dann eine gute Näherung für $\sqrt{15}$.

a) Vergleiche das Ergebnis des Heron-Verfahrens mit dem Wert, den dein Taschenrechner für $\sqrt{15}$ angibt. Beurteile die Genauigkeit des Verfahrens.

b) Verbessere das Ergebnis, indem du den zweiten Schritt zwei Mal wiederholst. Runde die Werte, die dein Taschenrechner anzeigt, nicht.
Vergleiche mit dem Ergebnis, das du mit der Wurzeltaste des Taschenrechners erhältst. Was stellst du fest?

c) Berechne Näherungswerte für $\sqrt{24}$ ($\sqrt{56}$, $\sqrt{20}$, $\sqrt{90}$, $\sqrt{30}$) mithilfe des Heron-Verfahrens.

1. Wähle zwei natürliche Zahlen x_1 und y_1 als Seitenlängen für ein Rechteck mit dem Flächeninhalt A = 15 cm².

$x_1 = 3$

$y_1 = 5$

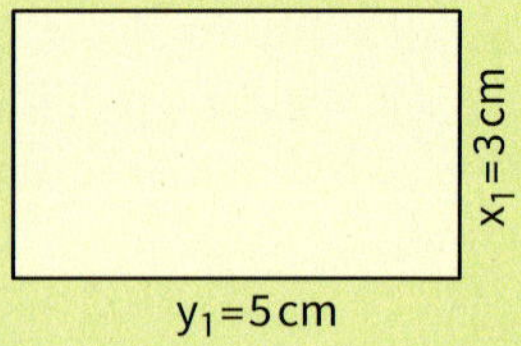

2. Bestimme zwei Zahlen x_2 und y_2 als Seitenlängen für ein zweites Rechteck mit A = 15 cm².
Wähle für x_2 das arithmetische Mittel von x_1 und y_1.
Berechne y_2 mithilfe des Flächeninhalts des Rechtecks.

$x_2 = \frac{3+5}{2} = 4$

$y_2 = \frac{15}{4} = 3{,}75$

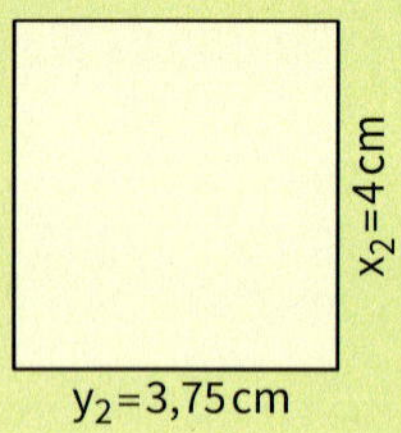

3. Wiederhole den zweiten Schritt.
Wähle für x_3 das arithmetische Mittel von x_2 und y_2.
Berechne y_3 mithilfe des Flächeninhalts des Rechtecks.

$x_3 = \frac{4+3{,}75}{2} = 3{,}875$

$y_3 = \frac{15}{3{,}875} \approx 3{,}871$

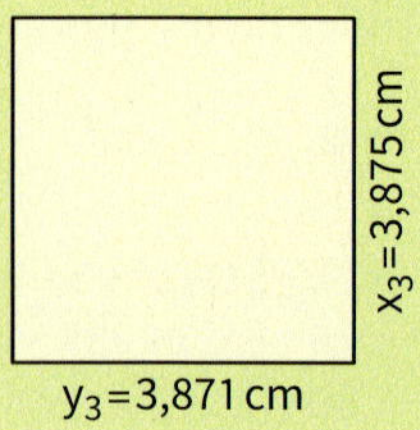

4. Wähle das arithmetische Mittel von x_3 und y_3 als Näherung für $\sqrt{15}$.

$x_4 = \frac{3{,}875 + 3{,}871}{2} = 3{,}8743$

2 Leila und Max haben das Heron-Verfahren mithilfe eines Tabellenkalkulationsprogramms durchgeführt.

	A	B	C	D	E
1	**Quadratwurzelberechnung** (Heron-Verfahren)				
2					
3	Wurzel aus	20			
4	x_1 =	5			
5					
6	Schritt	x	y	Mittelwert	Quadrat des Mittelwertes
7	1	5	4	4,50	20,25
8	2	4,50	4,4444444444	4,4722222222	20,0007716049
9	3	4,4722222222	4,4720496894	4,4721359558	20,0000000074
10	4	4,4721359558	4,4721359542	4,4721359550	20,0000000000

	A	B	C	D	E
1	**Quadratwurzelberechnung** (Heron-Verfahren)				
2					
3	Wurzel aus	20			
4	x_1 =	5			
5					
6	Schritt	x	y	Mittelwert	Quadrat des Mittelwertes
7	1	= B4	= B3 / B7	= (B7 + C7) / 2	= D7 * D7
8	2	= D7	= B3 / B8	= (B8 + C8) / 2	= D8 * D8
9	3	= D8	= B3 / B9	= (B9 + C9) / 2	= D9 * D9
10	4	= D9	= B3 / B10	= (B10 + C10) / 2	= D10 * D10

a) Beschreibe, wie Leila und Max vorgegangen sind.
b) Erstelle in einem Tabellenkalkulationsprogramm ein Rechenblatt zur Berechnung von $\sqrt{19}$ mit dem Heron-Verfahren.
c) Bestimme auf diese Weise Näherungswerte für weitere Quadratwurzeln.

3 Die Berechnung eines Näherungswertes für $\sqrt{a}$ mithilfe des Heron-Verfahrens kann in einer Formel zusammengefasst werden.
Dabei sind x_1 und $y_1 = \frac{a}{x_1}$ die Seitenlängen des ersten Rechtecks.

Berechnung von x_2:

$$x_2 = \frac{x_1 + y_1}{2} = \frac{x_1 + \frac{a}{x_1}}{2} = \left(x_1 + \frac{a}{x_1}\right) : 2$$

Berechnung von x_3, x_4, …

$$x_3 = \left(x_2 + \frac{a}{x_2}\right) : 2$$

$$x_4 = \left(x_3 + \frac{a}{x_3}\right) : 2$$

…

Erkläre die Bestimmung der Formeln für x_2, x_3 und x_4.
Gib die Formel zur Bestimmung von x_5 und x_6 an.

4 So kannst du unter Verwendung der Formel des Heron-Verfahrens mit einem Tabellenkalkulationsprogramm Näherungswerte für $\sqrt{a}$ bestimmen:

1. Gib den Radikanden a und die erste Näherung x_1 direkt ein.
2. Gib die Formel des Heron-Verfahrens in eine Zelle ein.
3. Übertrage die Formel mit der Maus in die Zellen darunter.

Start | Layout | Tabellen | Diagramme | SmartA

C3 | =(C2+$A$2/C2)/2

	A	B	C
1	Radikand	Schritt	Quadratwurzel
2	57	1	8
3		2	7,5625
4		3	7,549845841
5		4	7,549834435
6		5	7,549834435
7			

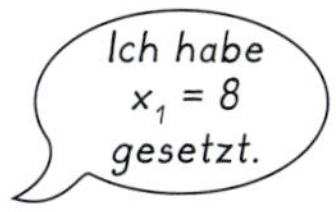

a) Berechne $\sqrt{73}$ ($\sqrt{387}$, $\sqrt{917}$).
b) Berechne Näherungswerte für weitere Quadratwurzeln. Setze dabei $x_1 = 1$.

Rechnen mit Näherungswerten

Beim Rechnen mit irrationalen Zahlen musst du Näherungswerte verwenden.

1 Gib für die Quadratwurzeln jeweils einen Näherungswert an. Runde auf drei Stellen nach dem Komma.

Der Näherungswert für $\sqrt{15}$ ist auf drei Stellen nach dem Komma gerundet.
$\sqrt{15} = 3{,}872983346\ldots$
$\sqrt{15} \approx 3{,}873$

a) $\sqrt{141}$, $\sqrt{137}$, $\sqrt{123}$
b) $\sqrt{283}$, $\sqrt{649}$, $\sqrt{397}$
c) $\sqrt{27{,}72}$, $\sqrt{18{,}94}$, $\sqrt{3{,}751}$

Näherungswert (auf drei Stellen nach dem Komma gerundet):
$\sqrt{23} \approx 4{,}796$

Bereich für den exakten Wert:
$4{,}7955 \leq \sqrt{23} < 4{,}7965$

2 Die Näherungswerte für die Quadratwurzeln sind auf drei Stellen nach dem Komma gerundet. Zwischen welchen Werten liegt jeweils der exakte Wert?

a) $\sqrt{47} \approx 6{,}856$
$\sqrt{78} \approx 8{,}832$

b) $\sqrt{97} \approx 9{,}849$
$\sqrt{53} \approx 7{,}28$

3 Im Beispiel wird der auf eine Stelle nach dem Komma gerundete Näherungswert für $\sqrt{5} + \sqrt{7}$ berechnet.

Erst runden, dann addieren	Erst addieren, dann runden
$\sqrt{5} \approx 2{,}2$	$\sqrt{5} + \sqrt{7}$
$\sqrt{7} \approx 2{,}6$	$\approx 2{,}236.. + 2{,}645..$
$\sqrt{5} + \sqrt{7}$	$= 4{,}881\ldots$
$\approx 2{,}2 + 2{,}6$	$\approx 4{,}9$
$= 4{,}8$	

a) Welches Ergebnis ist genauer?
b) Berechne jeweils den auf eine Stelle nach dem Komma gerundeten Näherungswert auf zwei verschiedene Arten und vergleiche die Ergebnisse.
$\sqrt{60} + \sqrt{51}$ $\qquad$ $\sqrt{85} + \sqrt{57}$

4 Im Beispiel wird der auf eine Stelle nach dem Komma gerundete Näherungswert für $\sqrt{10} \cdot \sqrt{19}$ berechnet.

Erst runden, dann multiplizieren	Erst multiplizieren, dann runden
$\sqrt{10} \approx 3{,}2$	$\sqrt{10} \cdot \sqrt{19}$
$\sqrt{19} \approx 4{,}4$	$\approx 3{,}162\ldots \cdot 4{,}358\ldots$
$\sqrt{10} \cdot \sqrt{19}$	$= 13{,}784\ldots$
$\approx 3{,}2 \cdot 4{,}4$	$\approx 13{,}8$
$\approx 14{,}1$	

a) Was stellst du fest? Welches Ergebnis ist genauer?
b) Berechne jeweils den auf eine Stelle nach dem Komma gerundeten Näherungswert auf zwei verschiedene Arten und vergleiche die Ergebnisse.
$\sqrt{46} \cdot \sqrt{84}$ $\qquad$ $\sqrt{95} \cdot \sqrt{73}$

5 a) Berechne den Wert des Terms
$$\sqrt{5} \cdot \sqrt{6} \cdot \sqrt{7} \cdot \sqrt{14}$$
mit dem Taschenrechner auf zwei verschiedene Arten.
1. Art: Bestimme für $\sqrt{5}$, $\sqrt{6}$, $\sqrt{7}$ und $\sqrt{14}$ auf eine Stelle nach dem Komma gerundete Näherungen. Berechne dann den Wert des Terms mithilfe dieser Näherungen.
2. Art: Berechne den Wert des Terms, ohne zu runden.
b) Bestimme die Differenz der beiden Werte. Um wie viel Prozent übertrifft der größere Wert den kleineren?

Runde erst am Ende der gesamten Rechnung auf zwei Stellen nach dem Komma.

6 Berechne mit dem Taschenrechner.

a) $\sqrt{179} + \sqrt{21} \cdot \sqrt{5} + \sqrt{53} : \sqrt{3}$
$\sqrt{23} \cdot \sqrt{55} + \sqrt{53} \cdot \sqrt{7} - \sqrt{891}$
$\sqrt{251} - \sqrt{62} : \sqrt{29} + \sqrt{39} \cdot \sqrt{11}$

b) $\sqrt{45} : \sqrt{10} - \sqrt{85} \cdot \sqrt{12} - \sqrt{47}$
$\sqrt{106} + \sqrt{123} : \sqrt{34} + \sqrt{19} \cdot \sqrt{61}$
$\sqrt{63} \cdot \sqrt{51} - \sqrt{23} \cdot \sqrt{117} + \sqrt{421}$

Wurzelgleichungen

1 a) Welche Zahl hat Pia sich gedacht?

b) Gib die zu dem Zahlenrätsel passende Gleichung an.

2 a) Setze in den Term $\sqrt{9-x}$ nacheinander für x die Zahlen 0, 1, 2, 3, …9 ein.
b) Warum kannst du für x die Zahl 10 nicht einsetzen? Gib weitere reelle Zahlen an, die du für x nicht einsetzen kannst.

Eine Gleichung, bei der die Variable unter einer Wurzel steht, heißt **Wurzelgleichung.**
Alle reellen Zahlen, die für die Variable eingesetzt werden können, so dass der Radikand positiv oder null ist, bilden die Definitionsmenge der Wurzelgleichung.

Gleichung: $\sqrt{x-3} = 6$

Definitionsmenge: $D = \{x \in \mathbb{R} | x \geq 3\}$
(*lies:* Die Definitionsmenge ist die Menge aller reellen Zahlen, die größer oder gleich 3 sind.)

3 Ordne jeder Wurzelgleichung die passende Definitionsmenge zu.

Ⓐ $\sqrt{x-8} = 1$	① $D = \{x \in \mathbb{R} | x \geq -8\}$
Ⓑ $\sqrt{8-x} = 2$	② $D = \{x \in \mathbb{R} | x \geq 8\}$
Ⓒ $\sqrt{x+8} = 3$	③ $D = \{x \in \mathbb{R} | x \leq 8\}$

4 Bestimme die Definitionsmenge.

$\sqrt{2x+4} = 8$

$2x + 4 \geq 0 \quad |-4$
$2x \geq -4 \quad |:2$
$x \geq -2$
$D = \{x \in \mathbb{R} | x \geq -2\}$

a) $\sqrt{2x+20} = 6$
$\sqrt{4x-16} = 0$

b) $\sqrt{15-3x} = 3$
$\sqrt{8x+24} = 8$

So kannst du die Gleichung $7 + \sqrt{2x-6} = 9$ lösen:

1. Gib die Definitionsmenge an.
$D = \{x \in \mathbb{R} | x \geq 3\}$
2. Forme so um, dass auf einer Seite der Gleichung nur die Wurzel steht.
$7 + \sqrt{2x-6} = 9 \quad |-7$
$\sqrt{2x-6} = 2$
3. Quadriere beide Seiten der Gleichung.
$2x - 6 = 4$
4. Bestimme x.
$2x - 6 = 4 \quad |+6$
$2x = 10 \quad |:2$
$x = 5$
5. Prüfe, ob das Ergebnis in der Definitionsmenge enthalten ist.
$5 \in D$
6. Führe die Probe durch.
$7 + \sqrt{2 \cdot 5 - 6} = 9$
$7 + \sqrt{4} = 9$
$7 + 2 = 9$
$9 = 9$ wahr!
7. Gib die Lösungsmenge an.
$L = \{5\}$

● **5** Löse die Gleichung.
a) $2 + \sqrt{x-4} = 3$
$1 + \sqrt{5-x} = 4$
b) $23 + \sqrt{4x-20} = 31$
$32 = 14 + 2\sqrt{7x-17}$

Lösungen zu Aufgabe 5:
5, 14, 21, −4

6 Im Beispiel wird die Gleichung $\sqrt{5x+20} = -5$ gelöst.

$\sqrt{5x+20} = -5 \qquad D = \{x \in \mathbb{R} | x \geq -4\}$

Umformung:
$\sqrt{5x+20} = -5$
$5x + 20 = 25$
$5x = 5$
$x = 1$
$1 \in D$

Probe:
$\sqrt{5 \cdot 1 + 20} = -5$
$\sqrt{25} = -5$
$5 = -5$
falsch!
$L = \{\ \}$

a) Begründe, dass die Probe bei Gleichungen mit Wurzeln unbedingt nötig ist.
b) Gib jeweils die Lösungsmenge an.
$10 + \sqrt{9-x} = 9 \qquad 5 = 2 - \sqrt{x+5}$

Ausgangstest 1

1 Bestimme die Quadratwurzeln im Kopf.

a) $\sqrt{49}$ $\sqrt{25}$ b) $\sqrt{196}$ $\sqrt{225}$ c) $\sqrt{400}$ $\sqrt{8\,100}$

d) $\sqrt{6\,400}$ $\sqrt{90\,000}$ e) $\sqrt{0{,}25}$ $\sqrt{0{,}0004}$ f) $\sqrt{1{,}69}$ $\sqrt{0{,}0144}$

2 Bestimme die dritten Wurzeln im Kopf.

a) $\sqrt[3]{27}$ $\sqrt[3]{125}$ b) $\sqrt[3]{8\,000}$ $\sqrt[3]{64\,000}$ c) $\sqrt[3]{0{,}008}$ $\sqrt[3]{0{,}001}$

3 Bestimme die Wurzeln im Kopf.

a) $\sqrt{\frac{1}{4}}$ b) $\sqrt{\frac{9}{25}}$ c) $\sqrt{\frac{81}{121}}$ d) $\sqrt{6\frac{1}{4}}$ e) $\sqrt[3]{\frac{1}{216}}$ f) $\sqrt[3]{\frac{8}{27}}$

4

A B

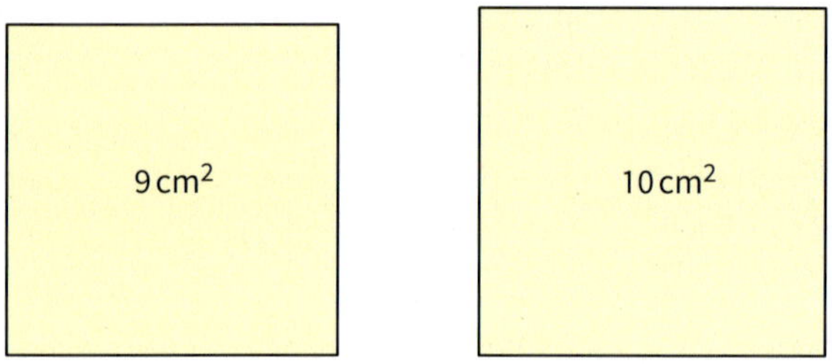

a) Gib die Seitenlänge des Quadrats A an.
b) Warum kannst du die Seitenlänge des Quadrats B nicht sofort angeben?
c) Begründe, dass die Maßzahl für die Seitenlänge des Quadrats B zwischen 3 und 4 liegt.

5 Gib jeweils an, ob die Wurzel eine rationale oder eine irrationale Zahl ist.

a) $\sqrt{9}$ $\sqrt{11}$ b) $\sqrt{100}$ $\sqrt{120}$ c) $\sqrt{2{,}25}$ $\sqrt{3{,}75}$

6 Gib die beiden aufeinander folgenden natürlichen Zahlen an, zwischen denen die Quadratwurzel liegt.

a) $\sqrt{39}$ b) $\sqrt{55}$

7 Fasse zu einer Wurzel zusammen und berechne.

a) $\sqrt{2} \cdot \sqrt{18}$ $\sqrt{3} \cdot \sqrt{27}$ b) $\sqrt{72} : \sqrt{8}$ $\sqrt{147} : \sqrt{3}$ c) $\sqrt{1{,}5} \cdot \sqrt{6}$ $\sqrt{80} \cdot \sqrt{1{,}8}$

8 Fasse zusammen.

a) $7\sqrt{2} + 9\sqrt{7} + 8\sqrt{2} + 5\sqrt{7}$
b) $6\sqrt{5} - 9\sqrt{3} - 5\sqrt{3} + 8\sqrt{5}$

9 Multipliziere die Klammern aus und berechne.

a) $(\sqrt{45} + \sqrt{125}) \cdot \sqrt{5}$ $(\sqrt{112} - \sqrt{28}) : \sqrt{7}$ b) $(\sqrt{200} - \sqrt{98}) \cdot \sqrt{2}$ $(\sqrt{810} + \sqrt{490}) : \sqrt{10}$

10 Ein Rechteck ist 20 cm lang und 45 cm breit. Berechne die Seitenlänge des Quadrats, das den gleichen Flächeninhalt wie das Rechteck hat.

11 Der Oberflächeninhalt eines Würfels beträgt 5 400 cm². Berechne die Kantenlänge.

Ich kann	Aufgabe	Hilfen und Aufgaben
einfache Quadratwurzeln im Kopf bestimmen.	1, 3	Seite 39
einfache dritte Wurzeln im Kopf bestimmen.	2, 3	Seite 47
erkennen, ob eine Quadratwurzel eine rationale oder eine irrationale Zahl ist.	4, 5	Seite 43
bestimmen, zwischen welchen natürlichen Zahlen eine irrationale Zahl liegt.	4, 6	Seite 40, 48
mit Quadratwurzeln rechnen.	7, 8, 9	Seite 45, 46
einfache geometrische Berechnungen durchführen, bei denen Quadratwurzeln auftreten.	10, 11	Seite 43, 50

Ausgangstest 2

1 Bestimme die Wurzeln im Kopf.

a) $\sqrt{289}$ b) $\sqrt{0{,}49}$ c) $\sqrt{0{,}0064}$ d) $\sqrt[3]{512}$

$\sqrt{729}$ $\sqrt{6{,}25}$ $\sqrt{0{,}000121}$ $\sqrt[3]{27\,000}$

2 In der Zeichnung sind die ersten drei Schritte einer Intervallschachtelung für $\sqrt{5}$ dargestellt.

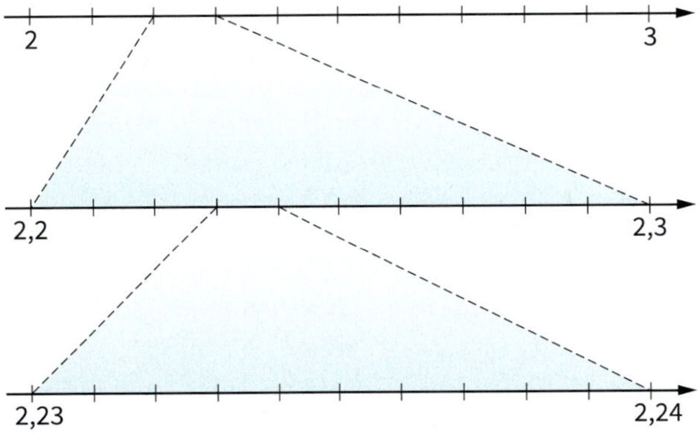

a) Gib das vierte Intervall dieser Intervallschachtelung an.

b) Begründe, dass $\sqrt{5}$ in allen vier Intervallen liegt.

3 Bestimme die natürliche Zahl, deren Quadratwurzel durch die angegebene Intervallschachtelung dargestellt wird.

a) [6; 7]
[6,4; 6,5]
[6,48; 6,49]

b) [8; 9]
[8,4; 8,5]
[8,42; 8,43]

4 Der Taschenrechner gibt für $\sqrt{17}$ den Wert 4.123105626 an. Begründe, dass dieser Wert nicht genau gleich $\sqrt{17}$ sein kann.

5 Welche Zahlen sind rational, welche sind irrational?

$\sqrt{9}$ $\sqrt{8}$ $\sqrt[3]{8}$ $\sqrt{2{,}5}$ $\sqrt{2{,}25}$

$\sqrt{0{,}04}$ $\sqrt{0{,}4}$ $\sqrt[3]{512}$ $\sqrt{1{,}21}$

$\sqrt{\frac{4}{25}}$ $\sqrt{\frac{1}{2}}$ $\sqrt[3]{\frac{1}{27}}$

$2+\sqrt{1}$ $7\cdot\sqrt{7}$ $1+\sqrt{2}$ $2\cdot\sqrt[3]{32}$

6 Multipliziere die Klammern aus und berechne.

a) $\sqrt{7}\,(\sqrt{175}-\sqrt{28})$
$\sqrt{3}\,(\sqrt{108}+\sqrt{48})$

b) $(\sqrt{162}+\sqrt{72}):\sqrt{2}$
$(\sqrt{405}-\sqrt{80}):\sqrt{5}$

7 Entscheide, ob die Aussage wahr oder falsch ist.

a) Jede irrationale Zahl ist eine reelle Zahl.
b) Jede reelle Zahl ist eine irrationale Zahl.
c) Jede negative Zahl ist eine irrationale Zahl.
d) Jede endliche Dezimalzahl ist eine rationale Zahl.
e) Jede reelle Zahl ist eine rationale oder eine irrationale Zahl.

8 Bestimme die Definitionsmenge der Wurzelgleichung $3+\sqrt{2x+8}=7$.
Löse die Gleichung und mache die Probe.

9 a) Zeichne in das Quadrat ABCD mit der Seitenlänge 4 cm die Diagonale $\overline{AC}$ ein.
b) Gib die Maßzahl der Länge von $\overline{AC}$ als Quadratwurzel an.
c) Bestimme einen Näherungswert für diese Maßzahl.

Ich kann	Aufgabe	Hilfen und Aufgaben
einfache Quadratwurzeln und dritte Wurzeln im Kopf bestimmen.	1	Seite 39, 47
das Verfahren der Intervallschachtelung durchführen.	2, 3	Seite 40
zwischen einer Wurzel und einem Näherungswert für diese Wurzel unterscheiden.	4, 9	Seite 49
rationale und irrationale Zahlen unterscheiden.	5, 7	Seite 41
mit Quadratwurzeln rechnen.	6	Seite 45, 46
einfache Wurzelgleichungen lösen.	8	Seite 55
irrationale Zahlen zeichnerisch darstellen.	9	Seite 42

Mathematische Reise

Von den rationalen zu den reellen Zahlen

1 Alle Zahlen, die du als Bruch der Form $\frac{z}{n}$ ausdrücken kannst, heißen **rationale Zahlen.** Dabei ist n eine positive ganze Zahl und z eine beliebige ganze Zahl.

a) Rationale Zahlen kannst du als endliche oder periodische Dezimalzahlen schreiben. Dazu musst du den Zähler durch den Nenner dividieren.

$9 : 4 = 2{,}25$	$5 : 6 = 0{,}833\ldots = 0{,}8\overline{3}$
$\underline{8}$	50
10	$\underline{48}$
$\underline{\ 8}$	20
20	$\underline{18}$
$\underline{20}$	20
0	$\underline{18}\ldots$
$\frac{9}{4} = 2{,}25$	$\frac{5}{6} = 0{,}8\overline{3}$

Schreibe $\frac{1}{5}$ ($\frac{3}{10}$, $\frac{2}{9}$, $\frac{4}{15}$) als Dezimalzahl.

b) Umgekehrt kannst du alle endlichen und periodischen Dezimalzahlen als Bruch in der Form $\frac{z}{n}$ schreiben.

$0{,}5 = \frac{1}{2}$ $\quad 0{,}875 = \frac{7}{8}$ $\quad 0{,}\overline{3} = \frac{1}{3}$ $\quad 0{,}\overline{27} = \frac{3}{11}$

Schreibe 0,75 ($0{,}1$; $0{,}\overline{6}$; $0{,}1\overline{6}$) als Bruch.

2 Jeder rationalen Zahl entspricht genau ein Punkt auf der Zahlengeraden.
Auf der Zahlengeraden liegt der Punkt, der zu der kleineren Zahl gehört, links von dem Punkt, der zu der größeren Zahl gehört.

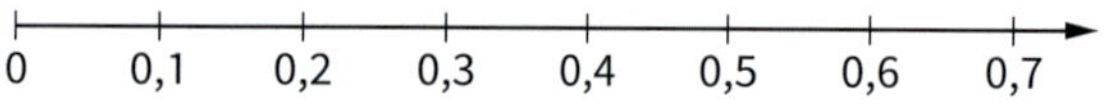

a) Gib eine rationale Zahl an, die zwischen 0,5 und 0,6 (zwischen 0,52 und 0,53; zwischen 0,527 und 0,528) liegt.

b) Bestimme fünf rationale Zahlen, die zwischen 1,24 und 1,25 (zwischen 1,243 und 1,244; zwischen 1,2437 und 1,2438) liegen.

c) Begründe: Zwischen zwei rationalen Zahlen liegen unendlich viele weitere rationale Zahlen.

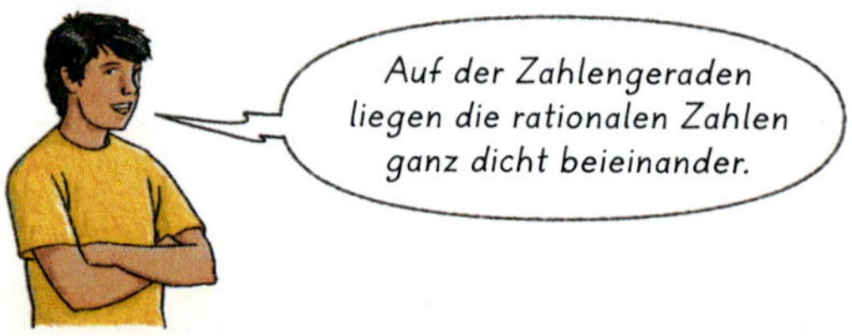

3 Wir wollen zeigen, dass $\sqrt{2}$ keine rationale Zahl ist, d. h. dass $\sqrt{2}$ nicht als Bruch der Form $\frac{z}{n}$ mit natürlichen Zahlen z und n geschrieben werden kann. Dazu untersuchen wir zunächst die Primfaktoren von Quadratzahlen.

a) Jede natürliche Zahl ist entweder selbst eine Primzahl oder kann als Produkt von mehreren Primzahlen geschrieben werden. Vergleiche die Primfaktorzerlegung einer natürlichen Zahl mit der ihrer Quadratzahl. Was stellst du fest?

Natürliche Zahl	Quadratzahl
$5 = 5$	$25 = 5 \cdot 5$
$6 = 2 \cdot 3$	$36 = 2 \cdot 3 \cdot 2 \cdot 3$
$9 = 3 \cdot 3$	$81 = 3 \cdot 3 \cdot 3 \cdot 3$
$30 = 2 \cdot 3 \cdot 5$	$900 = 2 \cdot 3 \cdot 5 \cdot 2 \cdot 3 \cdot 5$

Begründe, dass jede Quadratzahl eine gerade Anzahl von Primfaktoren hat.

b) Erkläre die einzelnen Schritte der Umformung.

Annahme: $\sqrt{2}$ ist ein Bruch.

Dann gilt:
$$\sqrt{2} = \frac{z}{n}$$
$$2 = \left(\frac{z}{n}\right)^2$$
$$2 = \frac{z^2}{n^2}$$
$$2 \cdot n^2 = z^2$$

c) Begründe:
1. Die Zahl z^2 hat eine gerade Anzahl von Primfaktoren.
2. Die Zahl $2 \cdot n^2$ hat eine ungerade Anzahl von Primfaktoren.

Die Umformung zeigt: Wenn $\sqrt{2}$ ein Bruch $\frac{z}{n}$ ist, dann stellen z^2 und $2 \cdot n^2$ dieselbe Zahl dar.
Diese Zahl kann in eine gerade Anzahl von Primfaktoren, aber auch in eine ungerade Anzahl von Primfaktoren zerlegt werden.
Das ist unmöglich, weil die Anzahl der Primfaktoren für jede Zahl eindeutig festgelegt ist.
Daher kann $\sqrt{2}$ kein Bruch sein.

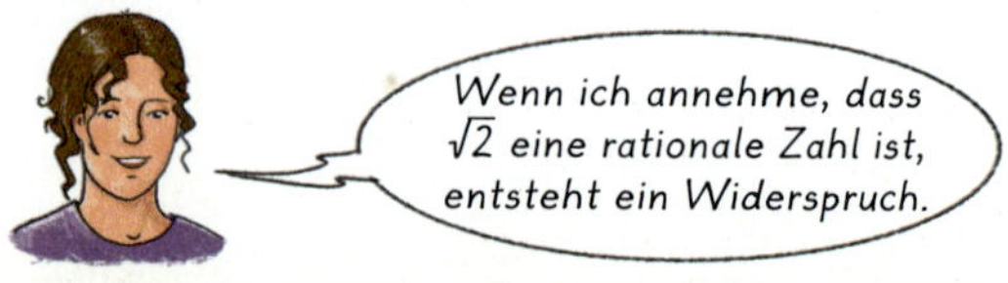

$\sqrt{2}$ ist keine rationale Zahl.

4 Tim hat ein Quadrat auf Millimeterpapier gezeichnet und die Seitenlänge des Quadrats mit dem Zirkel auf der Zahlengeraden abgetragen.

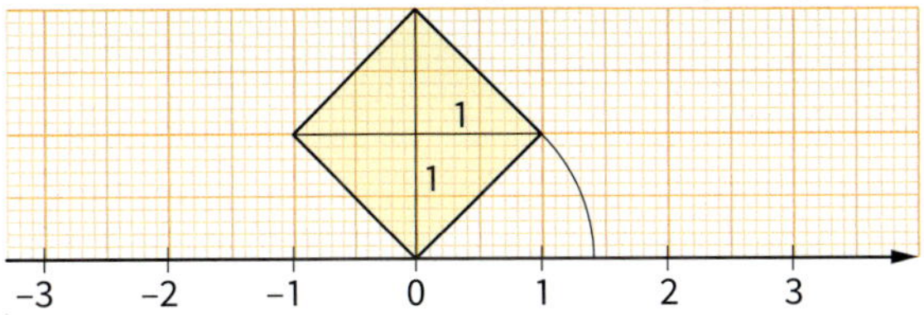

a) Gib die Seitenlänge des Quadrats an.
b) Begründe: Auf der Zahlengeraden gibt es Punkte, denen keine rationale Zahl entspricht.
c) Welche irrationale Zahl ist auf der Zahlengeraden dargestellt?

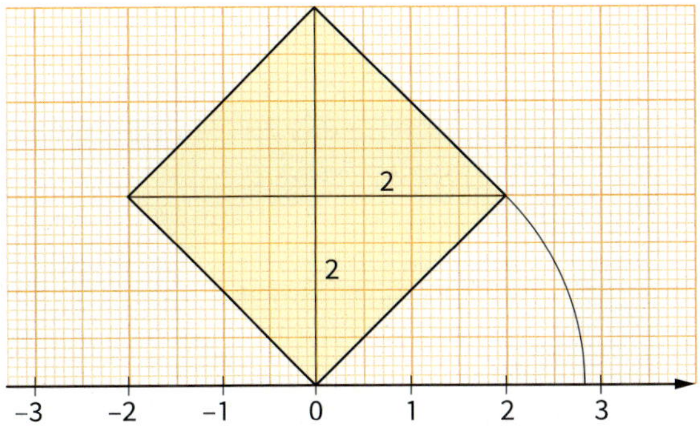

Nicht jedem Punkt auf der Zahlengeraden entspricht eine rationale Zahl. Es gibt noch unendlich viele andere Punkte.
Die Zahlen, die diesen Punkten entsprechen, heißen **irrationale Zahlen.**

5 Grundlage unseres Zahlensystems sind die natürlichen Zahlen.

$\mathbb{N} = \{0, 1, 2, 3, 4, 5 \ldots\}$

Wir benutzen sie zum Zählen.
Wenn du natürliche Zahlen addierst oder multiplizierst, ist das Ergebnis wieder eine natürliche Zahl. Aber beim Subtrahieren tritt eine Schwierigkeit auf: Viele Subtraktionsaufgaben, z. B. 7 – 12, kannst du mithilfe der natürlichen Zahlen nicht lösen.
Deshalb wird der Bereich der Zahlen zur Menge $\mathbb{Z}$ der ganzen Zahlen erweitert.

$\mathbb{Z} = \{\ldots -3, -2, -1, 0, 1, 2, 3, \ldots\}$

Aber auch im Bereich der ganzen Zahlen sind nicht alle Grundrechenarten durchführbar. Die Divisionsaufgaben 7 : 2 oder –6 : 4 kannst du auch mithilfe der ganzen Zahlen nicht lösen. Also wird der Bereich der Zahlen zur Menge $\mathbb{Q}$ der rationalen Zahlen erweitert.

$\mathbb{Q} = \{\frac{z}{n} \mid z, n \in \mathbb{Z}, n > 0\}$

Um allen Punkten der Zahlengeraden eine Zahl zuzuordnen, reichen aber auch die rationalen Zahlen nicht aus. Daher wird der Bereich der rationalen Zahlen zur Menge $\mathbb{R}$ der reellen Zahlen erweitert.
Zu welcher Zahlenmenge gehört die Zahl $\sqrt{3}$ ($\frac{2}{7}$, –1, 13)?

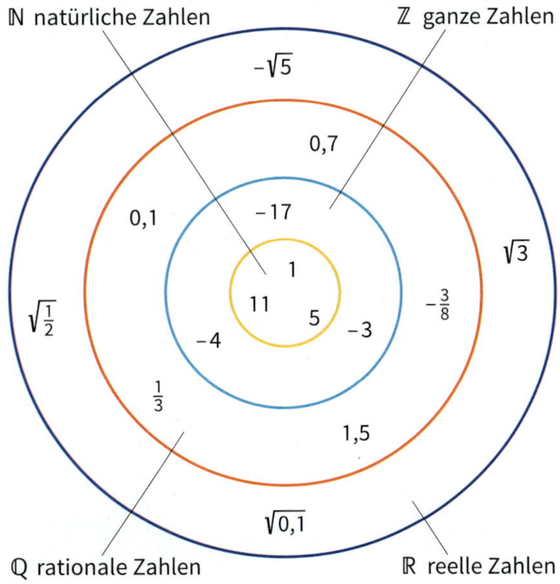

3 Kreis und Kreisteile

Fahrradcomputer „Run"
Fahrradfunktionen
- Aktuelle Geschwindigkeit
- Durchschnittsgeschwindigkeit
- Vergleich aktuelle Geschwindigkeit zu Durchschnittsgeschwindigkeit
- Maximalgeschwindigkeit
- Tageskilometer
- Gesamtkilometer

Zeitfunktionen
- Uhrzeit
- Fahrzeit

Auf dem Foto siehst du, wie Lena den Umfang eines Reifens bestimmt. Beschreibe eine andere Möglichkeit, den Umfang eines Rades zu ermitteln.

Bist du fit für dieses Kapitel?

Eingangstest S. 204

Umfang eines Kreises

1 Schülerinnen und Schüler der Klasse 9a wollen den Zusammenhang zwischen Durchmesser und Umfang verschieden großer Fahrradreifen untersuchen.

a) Beschreibe, wie in den Abbildungen der Außendurchmesser und der Reifenumfang bestimmt werden.

b) Die Ergebnisse werden in einer Tabelle festgehalten. Ergänze die Tabelle in deinem Heft.

	I	II	III	IV
Außendurchmesser d (cm)	46	51	61	66
Radumfang u (cm)	145	160	192	207
$\frac{\text{Radumfang u}}{\text{Außendurchmesser d}}$	▪	▪	▪	▪

Wie oft passt der Durchmesser des Reifens in den Reifenumfang? Was stellst du fest?

2 Die Schülerinnen und Schüler führen Messungen an Gegenständen mit Kreisflächen durch.

a) Beschreibe, welche Messungen sie an den Gegenständen vornehmen.

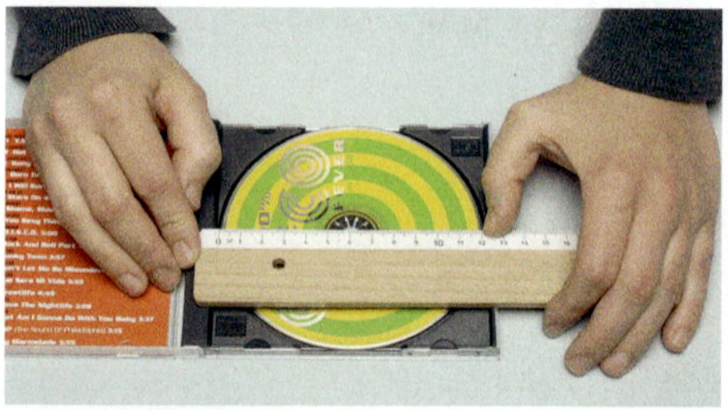

Die Ergebnisse ihrer Messungen notieren sie in einer Tabelle.

Gegenstand	Durchmesser d (cm)	Umfang u (cm)
Dose	7,5	23,3
Teller	10,0	31,5
CD	12,0	37,8
Papierkorb	32,0	100,0
Schale	19,5	56,5
Topf	21,5	67,5
Münze	2,5	7,8
Glas	6,0	18,8
MTB-Reifen	66,0	207,0

b) Vervollständige die Tabelle in deinem Heft. Sind alle Messungen genau durchgeführt worden? Begründe deine Antwort.

Gegenstand	$\frac{\text{Umfang u}}{\text{Durchmesser d}}$
Dose	$\frac{23{,}3}{7{,}5} \approx 3{,}11$
Teller	$\frac{31{,}5}{10{,}0} \approx 3{,}15$
CD	▪

Die Kreiszahl π

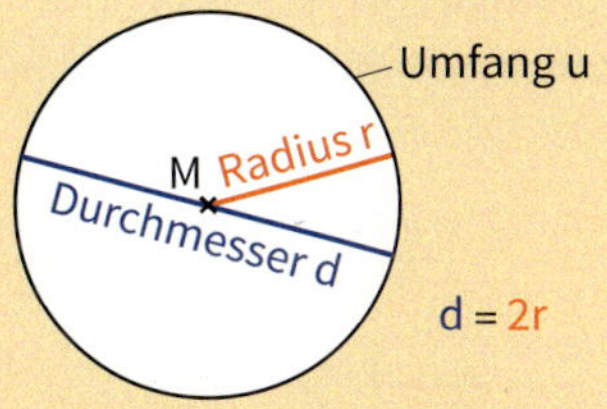

Das Verhältnis von Umfang u und Durchmesser d ist bei allen Kreisen gleich.
Das **Verhältnis u : d** heißt **Kreiszahl** und wird mit dem griechischen Buchstaben **π** (lies: pi) bezeichnet.

$\frac{u}{d} = \pi$ $\qquad \pi \approx 3{,}14$

Umfang eines Kreises

Der Umfang eines Kreises ist etwas mehr als dreimal so groß wie der Durchmesser eines Kreises.

$u \approx 3{,}14 \cdot d$

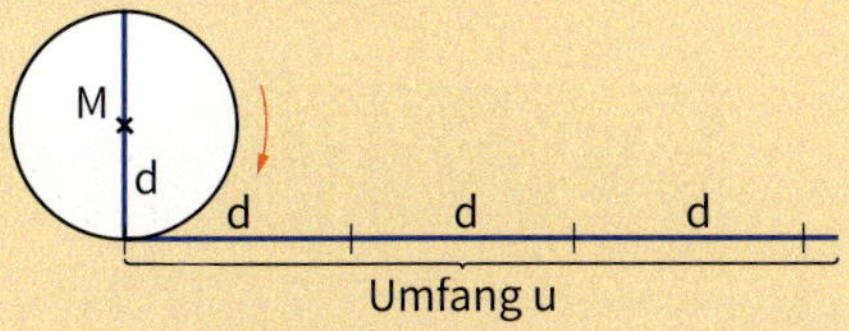

$u = \pi \cdot d$
$u = \pi \cdot 2 \cdot r$
$u = 2 \cdot \pi \cdot r$

3 Die Kreiszahl π lässt sich nicht als endliche oder als periodische Dezimalzahl schreiben:
π = 3,14159265358979323846264 3 …

a) Wie viele Nachkommastellen liefert dein Taschenrechner, wenn du die π-Taste drückst?

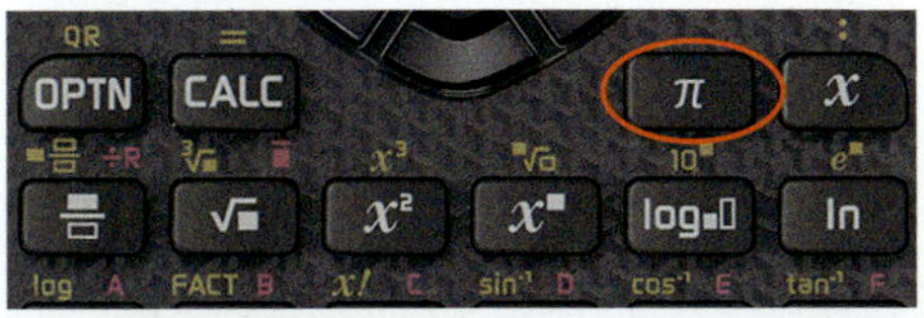

b) Vergleiche den Wert in der Anzeige des Taschenrechners mit dem oben angegebenen Wert. Was stellst du fest?

4 Im Beispiel siehst du, wie du mithilfe der π-Taste deines Taschenrechners den Umfang eines Kreises berechnen kannst.

Gegeben: r = 13,0 cm
Gesucht: u

$u = 2 \cdot \pi \cdot r$
$u = 2 \cdot \pi \cdot 13{,}0$

$u \approx 81{,}7$

Der Umfang beträgt ungefähr 81,7 cm.

Berechne den Umfang des Kreises.
Runde dein Ergebnis auf eine Stelle nach dem Komma.

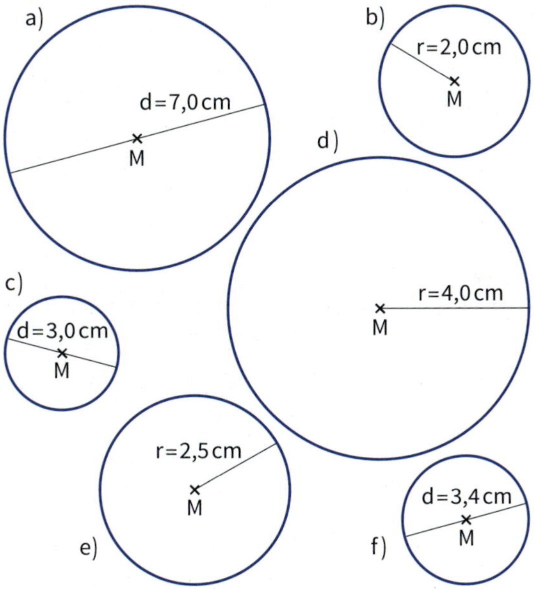

5 Berechne den Umfang des Kreises.
Runde dein Ergebnis auf zwei Stellen nach dem Komma.

	a)	b)	c)	d)
d	64 m	■	7,5 dm	■
r	■	4,8 m	■	0,08 m

	e)	f)	g)	h)
d	2,8 m	■	3,5 km	■
r	■	0,65 m	■	32 mm

Flächeninhalt eines Kreises

1 Ein kreisförmiger Platz soll mit farbigen Betonsteinen gepflastert werden.

Welche Berechnungen müssen dafür vorher durchgeführt werden?

2 a) Bestimme jeweils den Flächeninhalt der abgebildeten Kreise.
Zähle dafür zunächst die Millimeterquadrate in einem Viertelkreis. Die von der Kreislinie geschnittenen Quadrate zählen als halbe Quadrate.

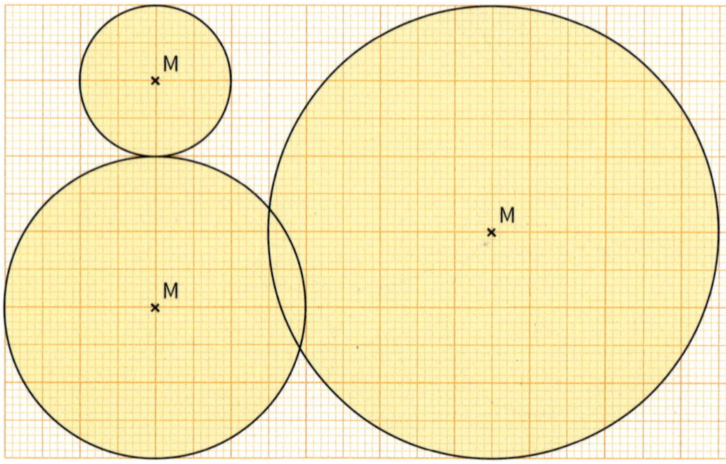

Ergänze die Tabelle im Heft. Was fällt dir auf?

Radius r (mm)	10	20	30
Flächeninhalt A (mm^2)	■	■	■
$\frac{A}{r^2}$	■	■	■

b) Beschreibe, wie du den Flächeninhalt eines Kreises mit r = 2 m berechnen kannst.

3 In der Abbildung wird ein Kreis in gleich große Teile zerlegt. Ein Teil wird zusätzlich halbiert. Mit den einzelnen Teilen wird wie abgebildet eine Figur gelegt.

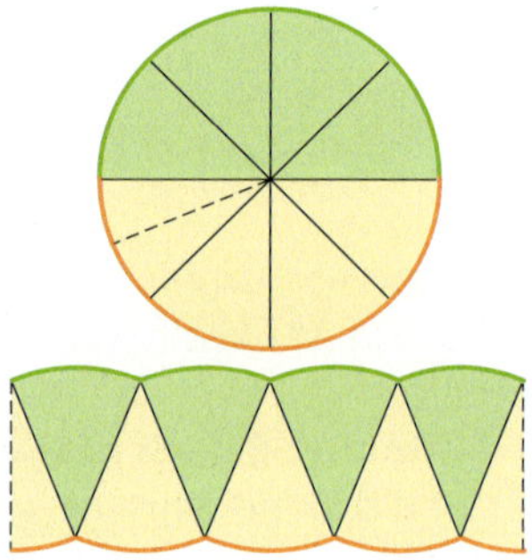

Wird der Kreis in immer mehr Teile zerlegt, umso genauer nähert sich die Figur einem Rechteck an.

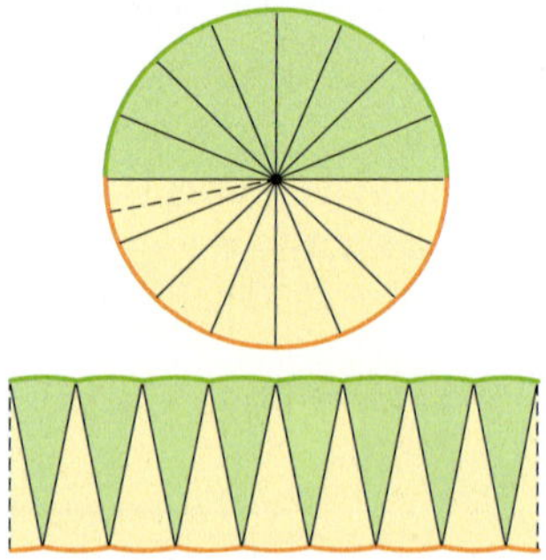

Erläutere, wie im Folgenden die Formel **$A = \pi \cdot r^2$** für die Berechnung der Kreisfläche entwickelt wird.

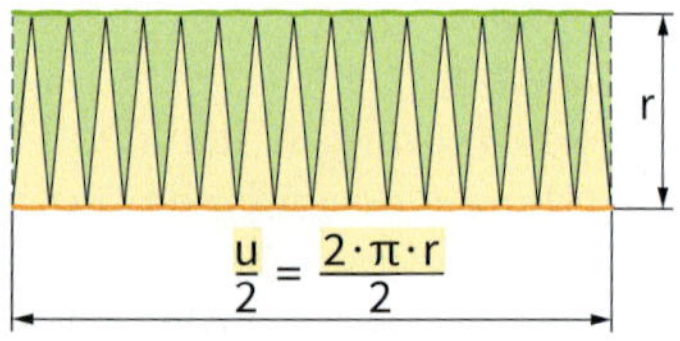

$$A = \frac{u}{2} \cdot r = \frac{2 \cdot \pi \cdot r}{2} \cdot r = \pi \cdot r \cdot r$$

$$A = \pi \cdot r^2$$

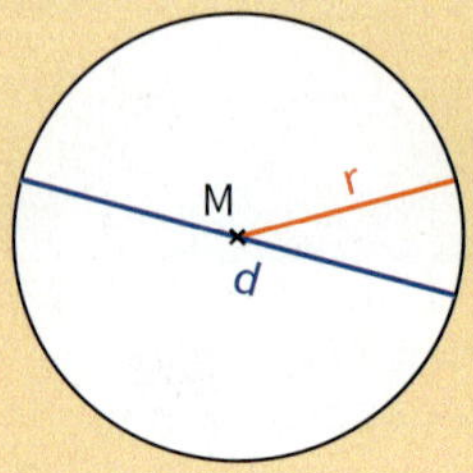

Flächeninhalt eines Kreises

$A = \pi \cdot r^2$

4 Pia und Lukas haben jeweils den Flächeninhalt eines Kreises mit dem Durchmesser d = 25 cm berechnet.

Pia

1. $r = \frac{d}{2}$

$r = \frac{25{,}0}{2} = 12{,}5$

2. $A = \pi \cdot r^2$

$A = \pi \cdot 12{,}5^2$

$A \approx 491$

Flächeninhalt des Kreises: $A \approx 491\ cm^2$

Lukas

$A = \pi \cdot \left(\frac{d}{2}\right)^2$

$A = \pi \cdot \left(\frac{25{,}0}{2}\right)^2 \approx 491$

Flächeninhalt des Kreises: $A \approx 491\ cm^2$

Vergleiche ihre Lösungswege miteinander.

5 In dem folgenden Beispiel wird mithilfe eines Taschenrechners der Flächeninhalt des Kreises mit r = 1,65 m berechnet.

Gegeben: r = 1,65 m
Gesucht: A

$A = \pi \cdot r^2$

$A = \pi \cdot 1{,}65^2$

SHIFT [ ] [π] [×] [1] [,] [6] [5] [x²] [=]

$\pi \times 1{,}65^2$ 8,552985999

$A \approx 8{,}55$

Der Flächeninhalt beträgt ungefähr $8{,}55\ m^2$.

Bestimme den Flächeninhalt des Kreises. Runde sinnvoll.

a) r = 38 cm b) r = 6,40 m c) r = 0,85 dm
d) d = 24 m e) d = 1,50 m f) d = 0,56 m
g) r = 0,01 km h) d = 254 mm i) r = 0,56 m

6 Auf einem Grundstück soll eine kreisförmige Fläche (d = 5 m) mit farbigen Steinen gepflastert werden.
Für einen Quadratmeter werden 50 Steine benötigt.
Wie viele Steine werden für diese Fläche mindestens benötigt?

7 Die kreisförmige Fläche (d = 28 m) des Verkehrskreisels soll mit Rasen eingesät werden.

Auf einen Quadratmeter müssen dafür 24 g Saatgut verteilt werden.

8 Der abgebildete quadratische Platz soll gepflastert werden. In der Mitte des Platzes wird ein kreisförmiges Blumenbeet angelegt.

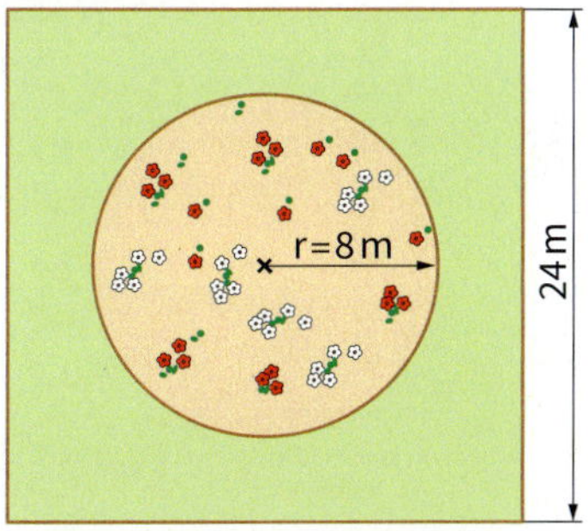

Für die Pflasterarbeiten wird mit 33 € pro Quadratmeter gerechnet.

9 Im Stadtpark wird innerhalb einer rechteckigen Fläche (Länge: 54 m, Breite: 28 m) ein kreisförmiges Blumenbeet (d = 7,50 m) angelegt.
Eine Pflanze benötigt $0{,}15\ m^2$ Fläche. Die restliche Fläche des Rechtecks wird mit Gras eingesät.

Kreisring

1 Um den abgebildeten kreisrunden Brunnen wurde ein 2,40 m breiter Streifen gepflastert.

Der Streifen soll erneuert werden. Wie viel Quadratmeter Fläche müssen neu gepflastert werden? Beschreibe deinen Lösungsweg.

2 Berechne den Flächeninhalt des farbigen Kreisrings. Erläutere deinen Lösungsweg.

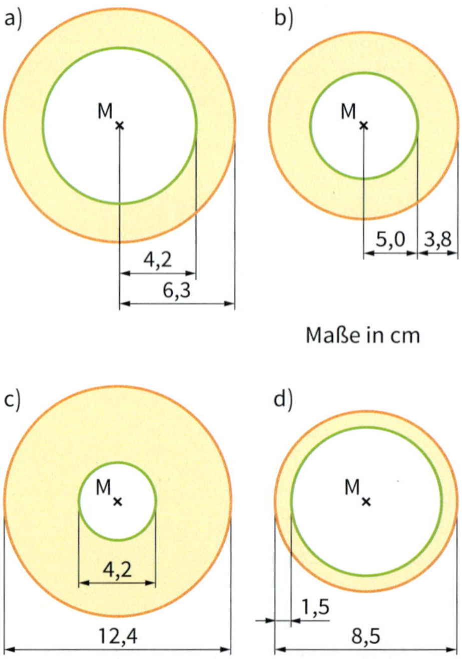

Flächeninhalt eines Kreisrings

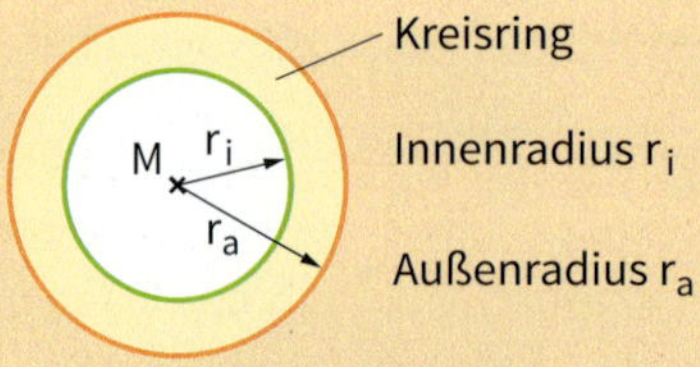

$$A = \pi \cdot r_a^2 - \pi \cdot r_i^2$$
$$A = \pi\,(r_a^2 - r_i^2)$$

3 Berechne den Flächeninhalt eines Kreisrings. Runde sinnvoll.

Gegeben: $r_a = 7{,}24$ m, $r_i = 5{,}68$ m
Gesucht: A

$A = \pi \cdot r_a^2 - \pi \cdot r_i^2$
$A = \pi \cdot 7{,}24^2 - \pi \cdot 5{,}68^2$

$\pi \times 7{,}24^2 - \pi \times 5{,}68^2$
63,31942825

$A \approx 63{,}3$

Der Flächeninhalt beträgt ungefähr 63,3 m².

	r_a	r_i	d_a	d_i
a)	3,6 cm	2,3 cm	■	■
b)	■	■	5,4 cm	3,6 cm
c)	0,87 m	0,78 m	■	■
d)	■	3,9 m	10,8 m	■
e)	375 cm	■	■	610 cm

4 Aus einem quadratischen Blechstück (a = 8,0 cm) soll ein möglichst großer 1,5 cm breiter Kreisring ausgeschnitten werden.
Wie viele Quadratzentimeter Blech bleiben als Verschnitt übrig?

5 Um eine Buche mit 1,20 m Durchmesser soll eine 40 cm breite Sitzbank aus Holz gebaut werden.

a) Berechne den Flächeninhalt der Sitzfläche.
b) Wie viele Quadratmeter Holz werden für die Herstellung benötigt? Für Verschnitt werden 30 % hinzugerechnet.

6 Der äußere Umfang eines Kreisrings beträgt 12,60 m, der innere Umfang 9,50 m. Berechne den Flächeninhalt des Kreisrings.

1

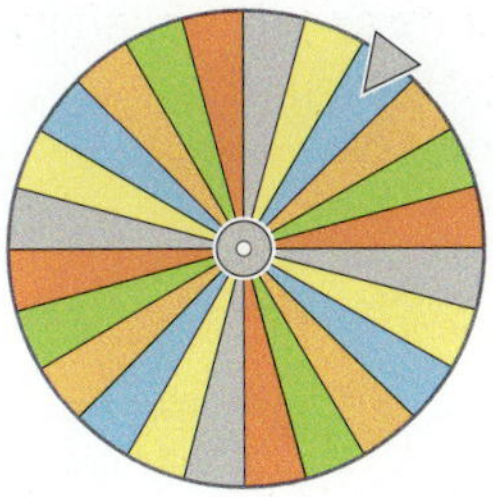

Die Schülerinnen und Schüler der Klasse 9d wollen für ein Schulfest Glücksräder bauen.

a) Wie groß ist der Winkel, der zu jedem Feld des abgebildeten Glücksrades gehört?

b) Welcher Winkel muss gewählt werden, um Glücksräder mit 10 (12, 15) Feldern anzufertigen?

2 a) In dem abgebildeten Kreis sind ein Kreisausschnitt und der zugehörige Kreisbogen farbig gekennzeichnet.

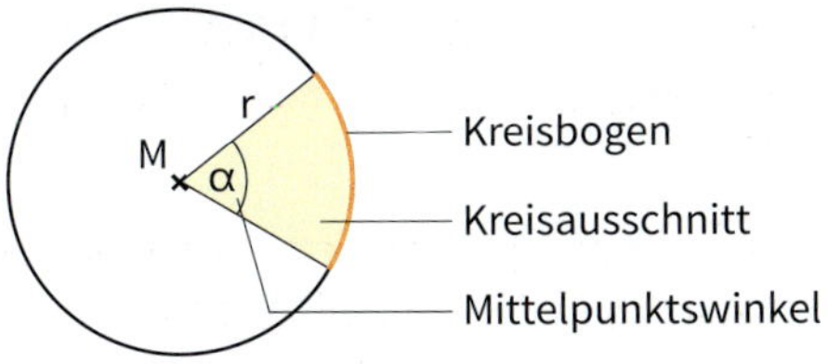

Wovon hängen die Größe des Kreisausschnitts und die Länge des Kreisbogens ab?

3 Bestimme in dem abgebildeten Kreis die Größe des Mittelpunktswinkels α, den Flächeninhalt A_s des Kreisausschnitts und die Länge b des Kreisbogens. Erläutere deinen Lösungsweg.

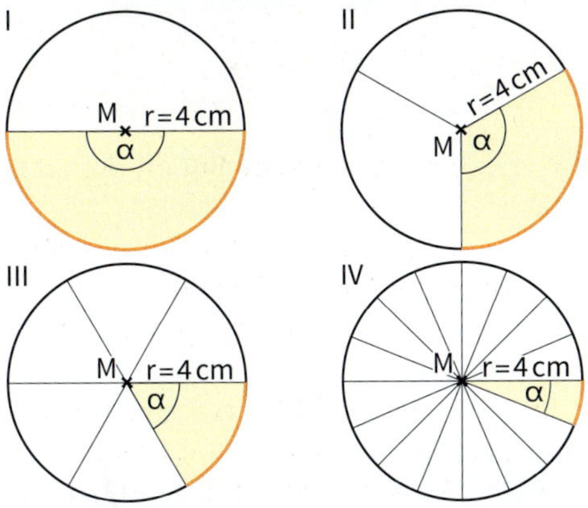

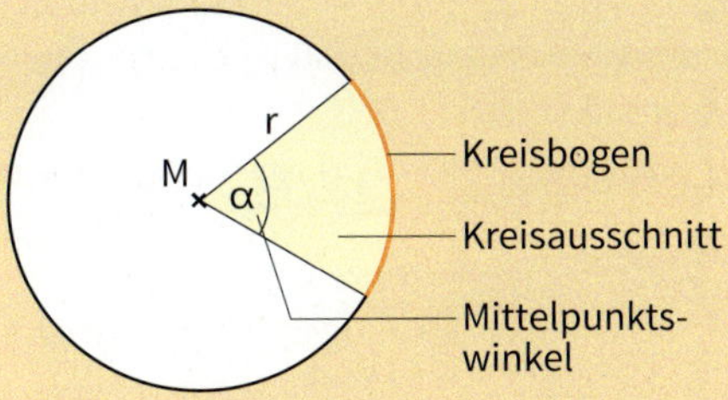

Flächeninhalt eines Kreisausschnitts

$$A_s = \frac{\pi \cdot r^2}{360°} \cdot \alpha$$

Länge eines Kreisbogens

$$b = \frac{2 \cdot \pi \cdot r}{360°} \cdot \alpha$$

$$b = \frac{\pi \cdot r}{180°} \cdot \alpha$$

4 Berechne den Flächeninhalt des Kreisausschnitts und die Länge des Kreisbogens.

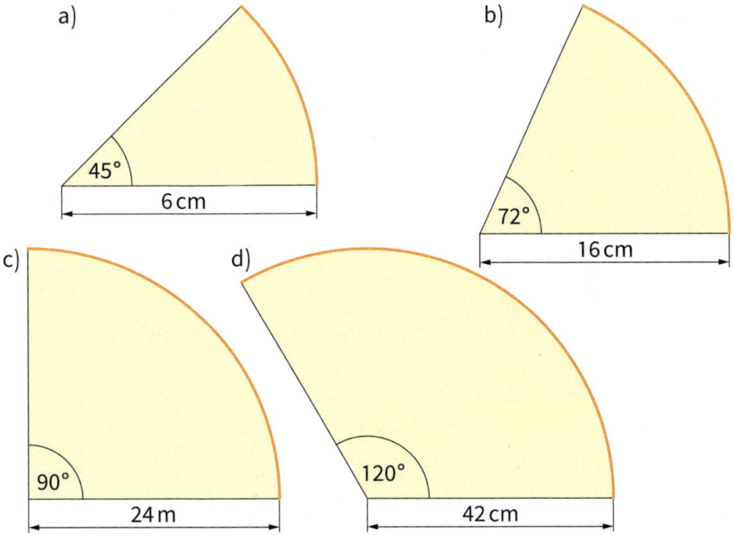

5 Berechne den Flächeninhalt A_s und die Bogenlänge b des Kreisausschnitts.

a) r = 16 cm; α = 58° b) r = 1 m; α = 270°
c) d = 2,6 m; α = 36° d) d = 96 mm; α = 112°

6 Ein Baukran besitzt einen 14 m langen Tragarm. Der Kran schwenkt um 55°.

a) Bestimme den Inhalt der Fläche, die dabei vom Tragarm überstrichen wird.

b) Berechne die Länge der Strecke, die die Spitze des Tragarms dabei zurücklegt.

Die Kreiszahl π

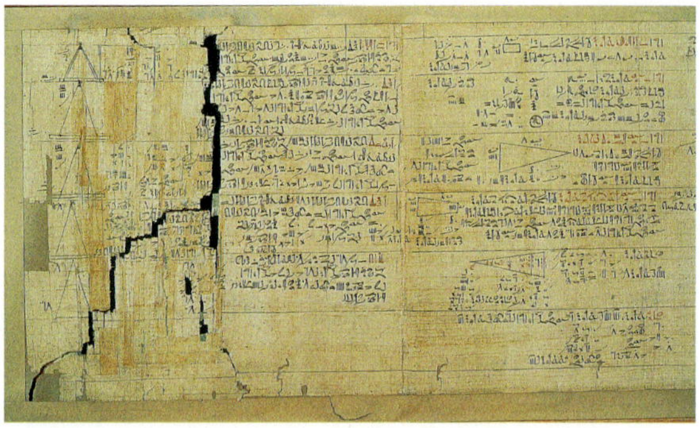

1 Das altägyptische Papyrus Rhind (17. Jahrhundert v. Chr.) gilt als das älteste bekannte Rechenbuch der Welt. Beide Seiten des etwa 5,5 m langen und 32 cm breiten Papyrus sind mit über 80 Aufgaben und beispielhaften Lösungen beschrieben.
In einer dieser Aufgaben wird für die Zahl π der Näherungswert $\left(\frac{16}{9}\right)^2 \approx 3{,}16$ ermittelt.

Der Grieche Archimedes stellte 250 v. Chr. systematische Berechnungen an, um einen genaueren Näherungswert für die Zahl π zu erhalten.

Archimedes von Syrakus Mathematiker

Der Umfang eines jeden Kreises ist dreimal so groß wie der Durchmesser und noch um etwas größer, nämlich um weniger als $\frac{1}{7}$, aber mehr als $\frac{10}{71}$ des Durchmessers.

Stimmt das? Überprüfe die Aussage von Archimedes.

Die Tabelle zeigt Näherungswerte, mit denen früher gerechnet wurde.

	Näherungswert für π
Babylonier (2000 v. Chr.)	$\frac{10}{3}$
Ägypter (1650 v. Chr.)	$\left(\frac{16}{9}\right)^2$
Archimedes (287–212 v. Chr.)	$\frac{22}{7}$
Ptolemäus (85–165)	$\frac{377}{120}$
Tsu Ch`ung Chi (430–510)	$\frac{355}{113}$

Wandle die Werte jeweils in eine Dezimalzahl um. Runde auf die vierte Nachkommastelle. Was stellst du fest?

Leonard Euler (1707 – 1783) verwendete erstmals den griechischen Buchstaben „pi“ (von perimetros, dt. Umfang).

Gottfried Wilhelm Leibniz 1646 – 1716

2 Der Philosoph und Mathematiker stellte die folgende Reihe auf, die sich beliebig weit fortsetzen lässt und sich dabei dem Wert von π immer besser annähert.

$$\frac{\pi}{4} = 1 - \frac{1}{3} + \frac{1}{5} - \frac{1}{7} + \frac{1}{9} - \frac{1}{11} + \ldots$$

Versuche einen auf eine Nachkommastelle genauen Näherungswert für π zu berechnen. Benutze dazu deinen Taschenrechner.

3 In den Jahren 1943 bis 1946 wurde in Pennsylvania in den USA der Rechner ENIAC gebaut.
Er berechnete im Jahr 1949 für die Zahl π über 2000 Stellen.

	Anzahl der bekannten Nachkommastellen von π
1949	107 374 000
1989	51 539 600 000
1999	206 158 430 000
2013	12 411 000 000 000

Wie viele Nachkommastellen der Zahl π sind heute bekannt? Die Antwort findest du im Internet.

1 Mithilfe eines Geometrieprogramms wird auf dieser Seite die Kreiszahl π auf mehrere Nachkommastellen genau bestimmt.
Dazu benötigst du auch das folgende Werkzeug.

Die Abbildung zeigt einen Kreis, in dem ein regelmäßiges Sechseck (ein regelmäßiges Zwölfeck, ein regelmäßiges Vierundzwanzigeck) einbeschrieben ist.

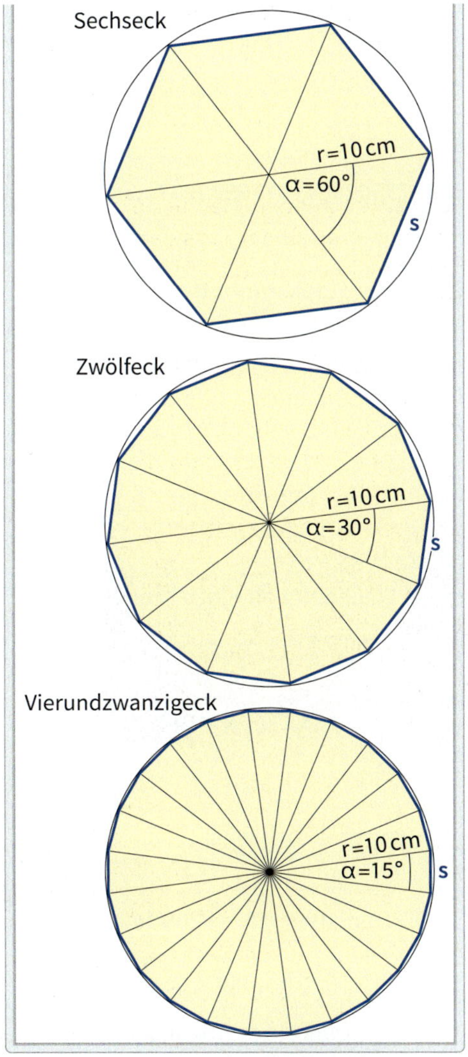

Vergleiche jeweils den Umfang des Sechsecks, des Zwölfecks und des Vierundzwanzigecks mit dem Umfang des Kreises. Was stellst du fest?

2 a) Lisa zeichnet mithilfe ihres Geometrieprogramms wie abgebildet einen Kreisausschnitt und misst die Seitenlänge s des zugehörigen Sechsecks.

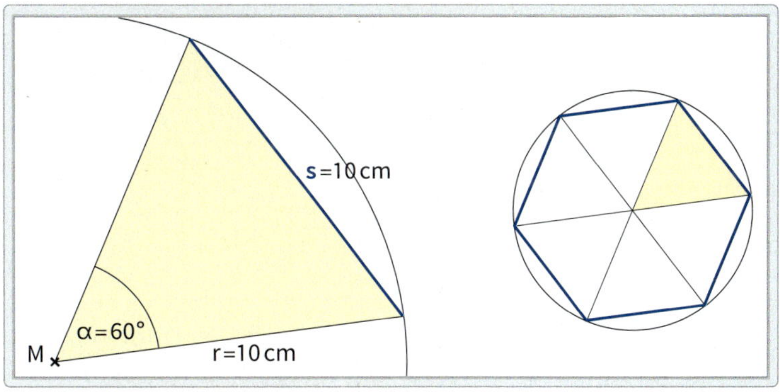

Erläutere, wie Lisa mit der Seitenlänge s = 10 cm einen Näherungswert für π berechnet hat.

Sechseck: $u = 6 \cdot 10\text{ cm} = 60\text{ cm}$

$$\pi = \frac{u}{d} = \frac{60}{20} = 3$$

b) Um einen weiteren Näherungswert für π zu bestimmen, zeichnet Lisa den abgebildeten Kreisausschnitt.

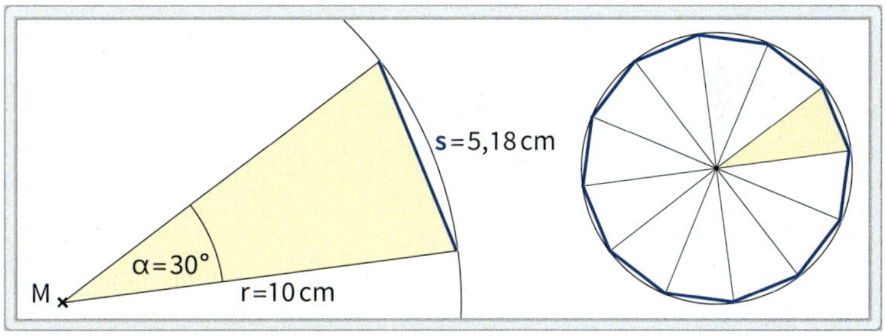

Berechne einen weiteren Näherungswert für π.
Benutze dazu die Seitenlänge s = 5,18 cm des Zwölfecks.
c) Bestimme mithilfe deines Geometrieprogramms weitere Näherungswerte für π. Ergänze die Tabelle im Heft.

n-Eck (Anzahl der Eckpunkte)	Seitenlänge s (cm)	Näherungswert für π
24	■	■
36	■	■
48	■	■

Kreis

kompakt

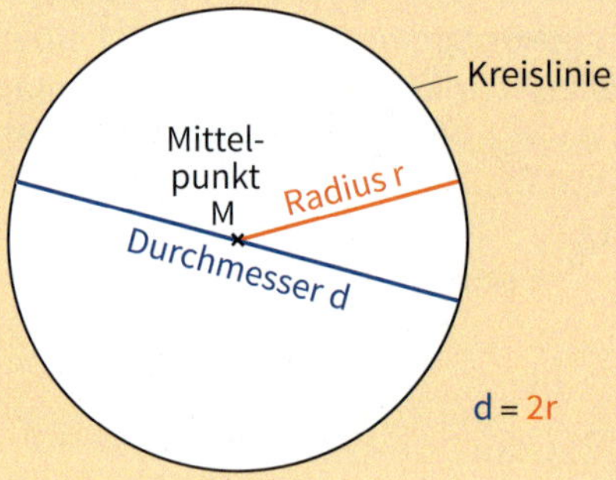

Eine Strecke vom **Mittelpunkt M** zu einem Punkt der Kreislinie heißt **Radius r**.

Der **Durchmesser d** verläuft durch den Mittelpunkt des Kreises.

Der Durchmesser d ist doppelt so lang wie der Radius r.

Das Verhältnis des Umfangs u eines Kreises zu seinem Durchmesser d ist bei allen Kreisen gleich. Der **Quotient u : d** heißt **Kreiszahl** und wird mit dem griechischen Buchstaben **π** (lies: pi) bezeichnet.

$$\frac{u}{d} = \pi$$

Die Kreiszahl π lässt sich nicht als abbrechende oder periodische Dezimalzahl darstellen: π ist eine irrationale Zahl.

$$\pi = 3{,}14159265358979323846264338327950288419716939937\ldots$$

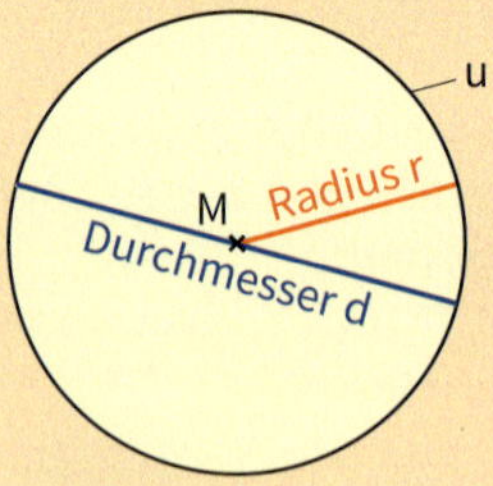

Umfang eines Kreises

$$u = \pi \cdot d$$

$$u = 2 \cdot \pi \cdot r$$

Flächeninhalt eines Kreises

$$A = \pi \cdot r^2$$

$$A = \pi \cdot \left(\frac{d}{2}\right)^2$$

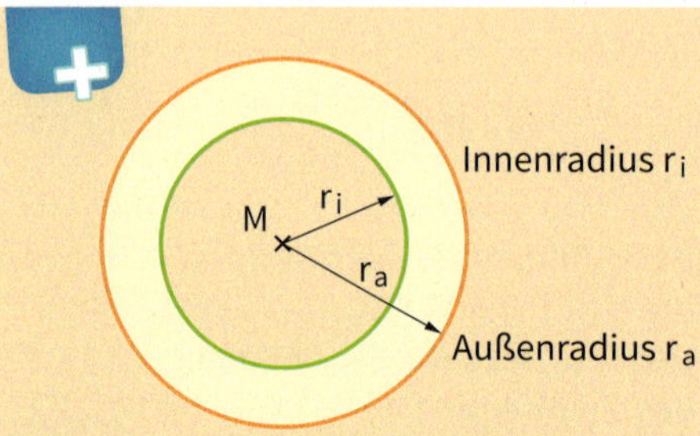

Flächeninhalt eines Kreisrings

$$A = \pi \cdot r_a^2 - \pi \cdot r_i^2$$

$$A = \pi \cdot (r_a^2 - r_i^2)$$

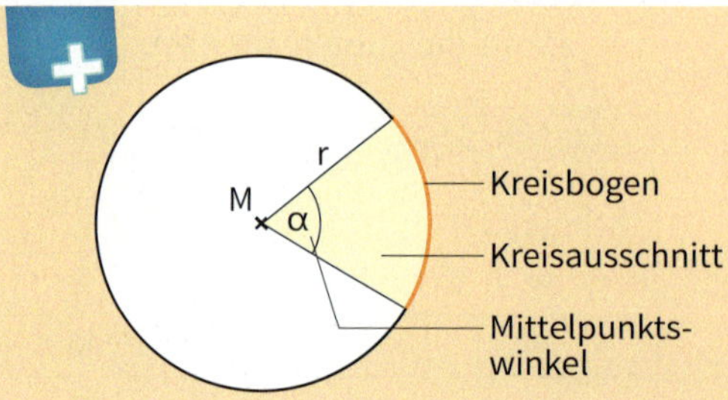

Flächeninhalt eines Kreisausschnitts

$$A_s = \frac{\pi \cdot r^2}{360°} \cdot \alpha$$

Länge eines Kreisbogens

$$b = \frac{\pi \cdot r}{180°} \cdot \alpha$$

Üben und Vertiefen

1 Berechne den Umfang und den Flächeninhalt des Kreises. Runde dein Ergebnis auf zwei Stellen nach dem Komma.

	a)	b)	c)	d)
d	68 m	■	8,6 dm	■
r	■	5,2 cm	■	0,9 m

2 Ein kreisförmiges Blumenbeet mit d = 3,20 m wird mit 25 cm langen Randsteinen eingefasst.

3 Ein kreisförmiger Sitzplatz (d = 2,50 m) soll neu gepflastert werden.

Für einen Quadratmeter werden 39 Steine benötigt.

4 Das Rad einer Lokomotive hat einen Durchmesser von 1,40 m.

Bestimme die Länge der Strecke, die das Rad bei einer Umdrehung zurücklegt.

5 a) Ergänze die Tabelle im Heft.

Die Zollbezeichnung (z. B. 26 x 2.0) gibt den ungefähren Außendurchmesser mit 26 Zoll und die Reifenbreite mit 2.0 Zoll an. (Zoll: altes Längenmaß, 1" ≈ 2,54 cm)

Reifengröße (in Zoll)	24 x 1.75	26 x 1.9	28 x 1.5
Radumfang	■	■	■

b) Emma findet auf einem Reifen die Größenangabe 28 x 1,75.
Bestimme die Länge der Strecke, die dieser Reifen bei 1000 Umdrehungen zurücklegt.

6 Mit einem Messrad werden Entfernungen gemessen.

Der Durchmesser des abgebildeten Messrades beträgt 318,5 mm. Notiere für diesen Wert eine Erklärung..

7 Das Rotorblatt einer älteren Windkraftanlage ist 25 m lang.
Das Rotorblatt einer Anlage aus dem Jahr 2016 ist doppelt so lang.

Vergleiche die Inhalte der Kreisflächen, die jeweils von den Rotoren überstrichen werden (Windernteflächen), miteinander. Was stellst du fest?

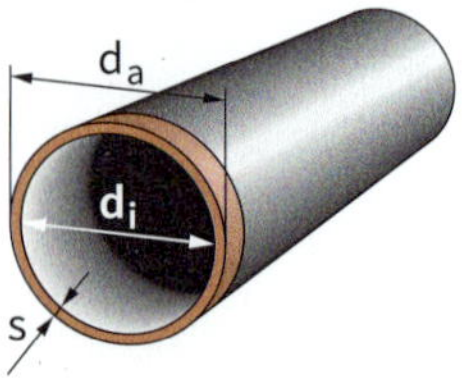

8 In der Tabelle findest du für verschiedene Rohre den Innendurchmesser und die Wandstärke angegeben.

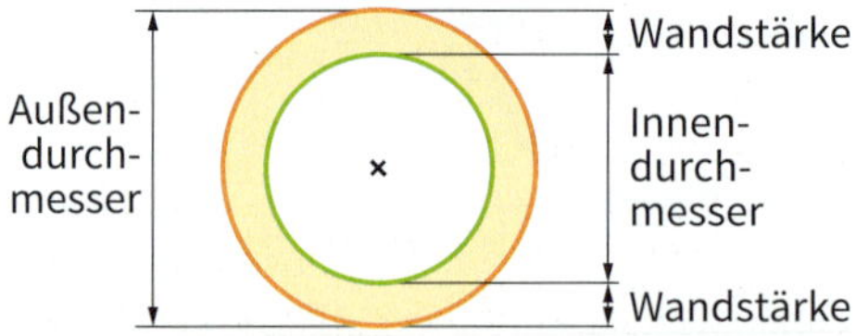

	a)	b)	c)
Innendurchmesser	100 mm	125 mm	200 mm
Wandstärke	7 mm	12 mm	8,4 mm

Berechne den äußeren Umfang des Rohres.

9 Berechne den Umfang und den Flächeninhalt der Figur. Runde dein Ergebnis auf zwei Stellen nach dem Komma.

a)

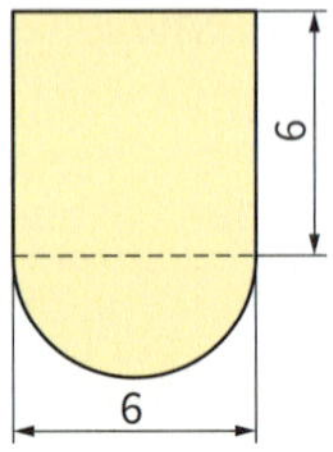

b)

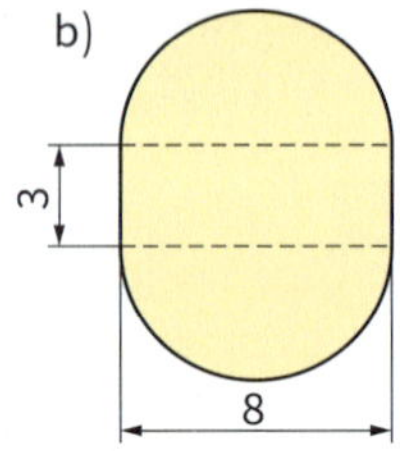

c)

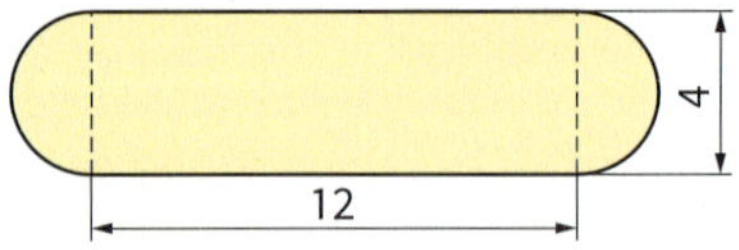

d)

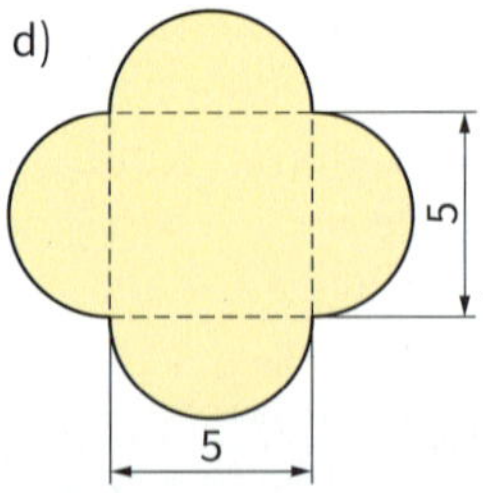

e)

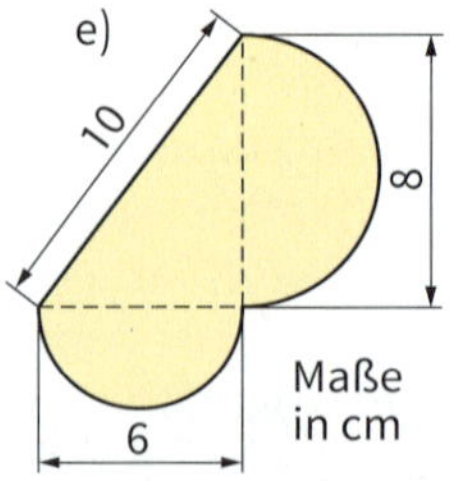

Maße in cm

10 Berechne den Flächeninhalt der farbigen Fläche. Runde dein Ergebnis auf zwei Stellen nach dem Komma.

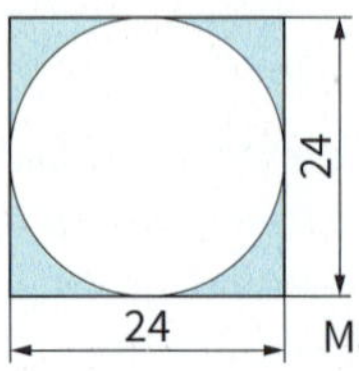

Maße in m

11 Die Bodenfläche des Schwimmbeckens soll mit Fliesen belegt werden.

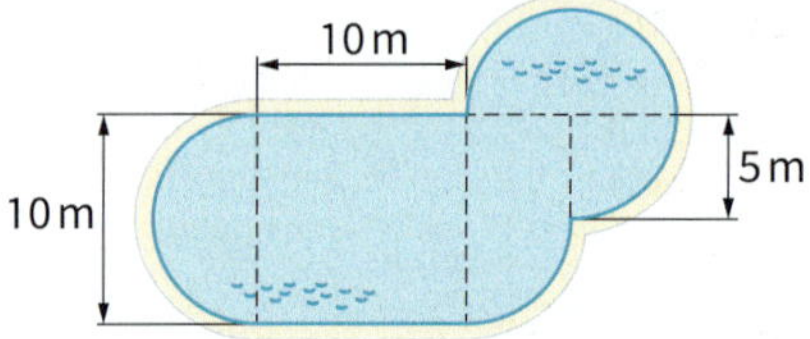

Wie viele Quadratmeter Bodenfläche müssen insgesamt gefliest werden?

12 In dem Beispiel wird aus dem gegebenen Umfang eines Kreises sein Radius berechnet.

Gegeben: $u = 72{,}48$ m
Gesucht: r

$$u = 2 \cdot \pi \cdot r$$

$$72{,}48 = 2 \cdot \pi \cdot r \qquad |:(2 \cdot \pi)$$

$$r = \frac{72{,}48}{2 \cdot \pi}$$

$r \approx 11{,}54$
Der Radius beträgt ungefähr 11,54 m.

Bestimme jeweils die fehlenden Größen des Kreises. Runde dein Ergebnis auf zwei Stellen nach dem Komma.

	a)	b)	c)	d)
r	■	■	0,6 m	■
d	■	■	■	■
u	96 m	4000 m	■	670 m

13 In einer Höhe von 1,50 m über dem Erdboden umfassen acht Schülerinnen und Schüler den Stamm einer Eiche.

Schätze den Durchmesser in der angegebenen Höhe.

Üben und Vertiefen

14 In dem Beispiel wird aus dem Flächeninhalt A eines Kreises sein Radius berechnet.

Gegeben: 130,70 m^2
Gesucht: r

$$A = \pi \cdot r^2$$
$$130{,}70 = \pi \cdot r^2 \quad | : \pi$$
$$r = \sqrt{\frac{130{,}70}{\pi}}$$

$\sqrt{\frac{130{,}70}{\pi}}$ 6,450046676

$$r \approx 6{,}45$$

Der Radius beträgt ungefähr 6,45 m.

Der Flächeninhalt eines Kreises beträgt 24 m^2 (52 m^2; 8 m^2). Bestimme seinen Radius.

15 Berechne die fehlenden Größen des Kreises. Runde sinnvoll.

	a)	b)	c)	d)
r	0,5 dm	■	■	■
d	■	46 cm	■	■
u	■	■	35,5 m	■
A	■	■	■	1 m^2

16 Der Umfang eines Quadrates und eines Kreises beträgt jeweils 120 cm. Vergleiche ihre Flächeninhalte miteinander.

17 Ein Rotorblatt einer Windkraftanlage überstreicht eine kreisförmige Fläche von 12668 m^2.
Wie lang ist ein Rotorblatt?

18 Auf ein kreisförmiges Blumenbeet werden 600 Pflanzen gesetzt. Jede Pflanze beansprucht eine quadratische Fläche mit der Seitenlänge von 15 cm. Das Beet soll außen mit Steinen eingefasst werden. Ein Randstein hat eine Länge von 12 cm.

19 Aus einem Baumstamm (d = 160 cm) soll ein Balken mit der größtmöglichen quadratischen Querschnittsfläche geschnitten werden.

20 Berechne anhand der Abbildung den Inhalt der Fläche, die vom 28 cm langen Wischerblatt eines Heckscheibenwischers erfasst wird.
Der Scheibenwischer schwenkt in einem Winkel von 150°.

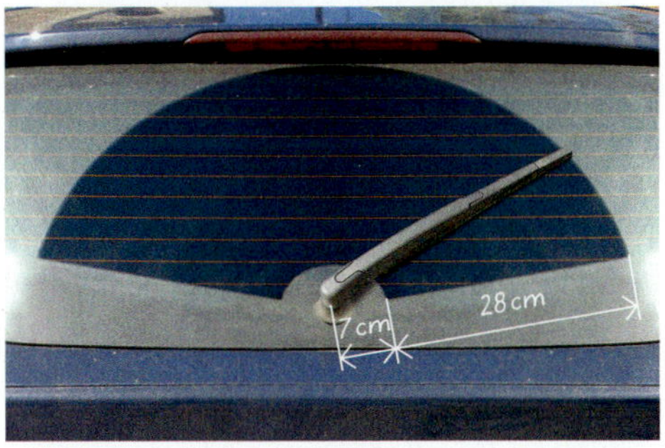

21 Bei Laufwettbewerben in der Leichtathletik wird die Länge einer Laufbahn mithilfe des Laufradius berechnet. Dieser ist 20 cm größer als der Bahnradius. Eine Laufbahn ist 1,22 m breit.

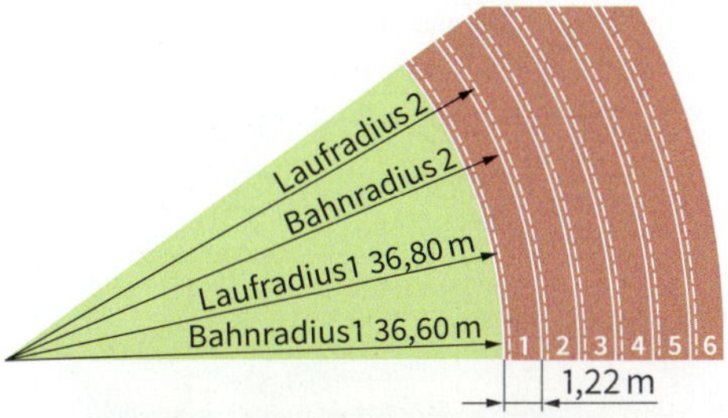

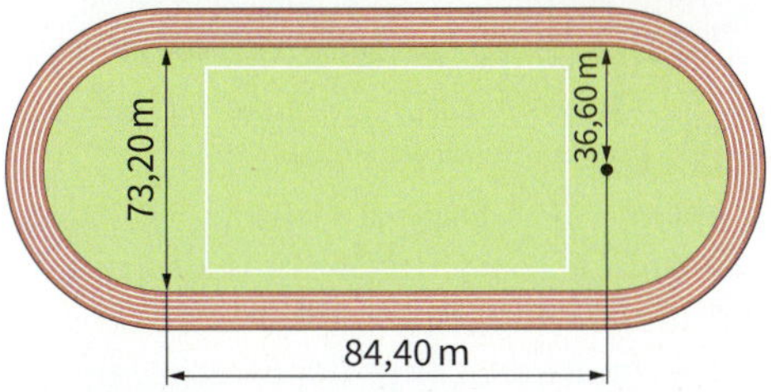

Welche Kurvenvorgaben müssen die Läufer bei einem 400-m-Lauf auf den Bahnen zwei bis vier erhalten?

Rund um das Fahrrad

1 Das Laufrad und das Hochrad waren Vorläufer unserer heutigen Fahrräder.

Laufrad von Drais 1817 (Draisine)

Hochrad 1880

Gegen Ende des 19. Jahrhunderts wurde zum ersten Mal ein Fahrrad mit einem Kettenhinterradantrieb konstruiert.

1 Zoll (1") ≈ 2,54 cm

a) Der Außendurchmesser des abgebildeten Hinterrades beträgt 28 Zoll. Berechne die Länge der Strecke, die das Fahrrad bei einer Umdrehung des Hinterrades zurücklegt.
b) Bestimme die Länge der Strecke, die ein Mountainbike (Außendurchmesser 26 Zoll) bei 100 Umdrehungen zurücklegt.
c) Berechne für jedes Rad die Anzahl der Umdrehungen auf der Strecke $\overline{AB}$.

	Außendurchmesser d	Länge der Strecke $\overline{AB}$
Klapprad	18"	3,5 km
Liegerad	20"	2,6 km
Kinder-MTB	24"	12,8 km
Rennrad	26"	88,4 km
Trekkingrad	28"	56,4 km

2 Das vordere Zahnrad eines Fahrrades wird als Kettenblatt, das hintere als Ritzel bezeichnet.
a) Erläutere, wie in dem folgenden Beispiel die Übersetzung eines Kettenantriebs bestimmt wird.

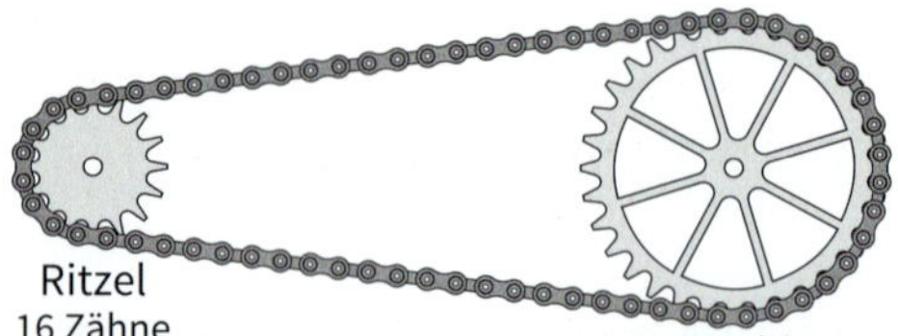

Übersetzung: $\frac{32}{16} = 2{,}00$

Gib auch an, wie viele Umdrehungen das Hinterrad bei einer Umdrehung des Kettenblattes macht.

3 Der Außendurchmesser des Vorder- und des Hinterrades beträgt jeweils 28 Zoll.

28er-Tourenrad	
27-Gang-Schaltung	Anzahl der Zähne
3 Kettenblätter	26, 36, 48
9 Ritzel	11, 12, 14, 16, 18, 21, 24, 28, 32

a) Gib an, welches Kettenblatt und welches Ritzel jeweils im kleinsten und im größten Gang benutzt werden.
b) Die bei einer Tretkurbelumdrehung zurückgelegte Strecke wird Entfaltung genannt.

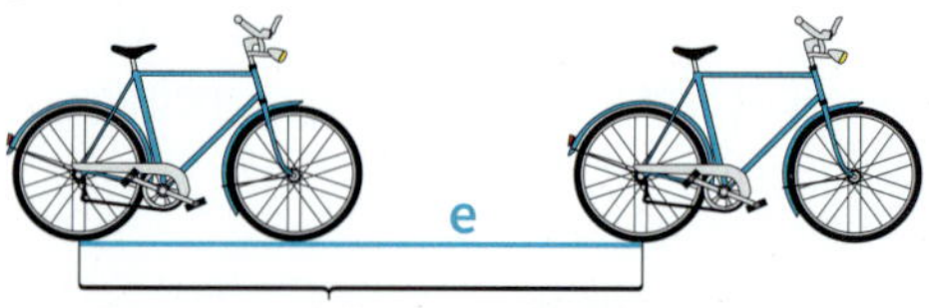

Weg bei einer vollen Pedalumdrehung

c) Berechne für den kleinsten und für den größten Gang jeweils die Übersetzung und die Entfaltung.

Rund um die Erde

1

Kennst du das nach mir benannte Sieb?

Eratosthenes von Kyrene
(279 – 194 v. Chr.)

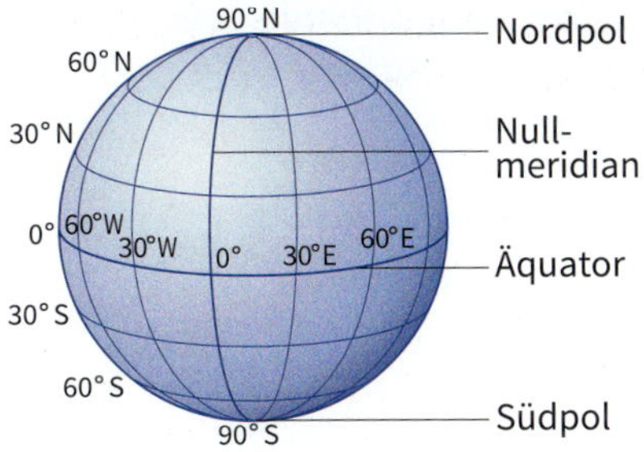

Das **Gradnetz der Erde** dient der Orientierung und der Ortsbestimmung auf der Erde.
Die **Längenkreise** (die Meridiane) werden vom Nullmeridian von Greenwich (frühere Hauptsternwarte von London) aus nach Osten bzw. nach Westen bis zu 180° gezählt.
Die **Breitenkreise** zählt man vom Äquator (0°) aus nach Norden bzw. nach Süden zu den Polen.

Am 21. Juni 224 v. Chr. stellte der Grieche Eratosthenes fest, dass die Sonne in Syene (heute Assuan) mittags genau senkrecht in einen Brunnen schien.
Im etwa 800 km weiter nördlich auf ungefähr demselben Längenkreis gelegenen Alexandria bildete das parallel einfallende Sonnenlicht zum gleichen Zeitpunkt mit einem senkrechten Stab einen Winkel α von 7,2°.

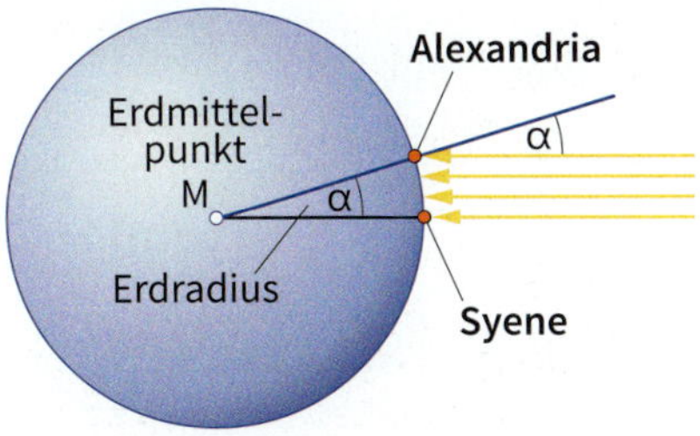

Beschreibe, wie Eratosthenes aus diesen Angaben einen Wert für den Erdumfang bestimmen konnte.

2 a) Mit welcher Geschwindigkeit (in $\frac{km}{h}$) bewegt sich ein Körper, der ruhig auf dem Äquator liegt (Erdradius: 6378 km)?
b) Der Mond umkreist die Erde als natürlicher Satellit auf einer nahezu kreisförmigen Bahn in etwa 27,3 Tagen.

Der mittlere Radius seiner Umlaufbahn beträgt 384 400 km. Berechne die Bahngeschwindigkeit des Mondes (in $\frac{km}{s}$).

3 a) Berechne die Entfernung zwischen den Punkten A und B auf dem Äquator.

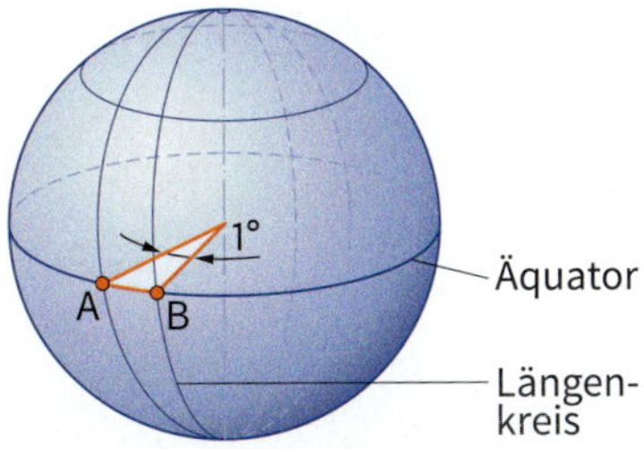

b) Bestimme die Bogenlänge, die auf dem Äquator zu einem Mittelpunktswinkel $\frac{1}{60}$° gehört. Die Bogenlänge heißt eine Seemeile (sm).
c) Die Städte Flensburg und Kassel liegen auf dem gleichen Längenkreis. Die geographische Breite von Kassel ist 51,3° Nord, die von Flensburg ist 54,8° Nord.

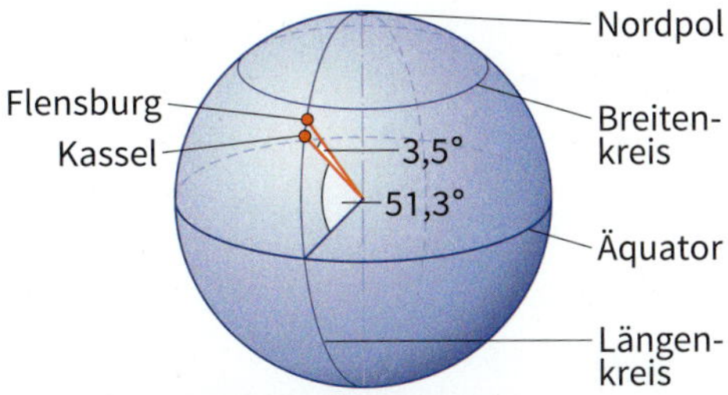

Bestimme die Entfernung zwischen den beiden Städten.
Überprüfe dein Ergebnis mithilfe eines Atlasses.

Ausgangstest 1

1 Berechne den Umfang des Kreises. Runde dein Ergebnis auf zwei Stellen nach dem Komma.
a) r = 14 cm b) r = 4,5 cm c) d = 8,40 m

2 Berechne den Flächeninhalt des Kreises. Runde dein Ergebnis auf zwei Stellen nach dem Komma.
a) r = 24 m b) r = 100 dm c) d = 6,20 m

3 Berechne den Umfang der Figur. Runde dein Ergebnis auf zwei Nachkommastellen.

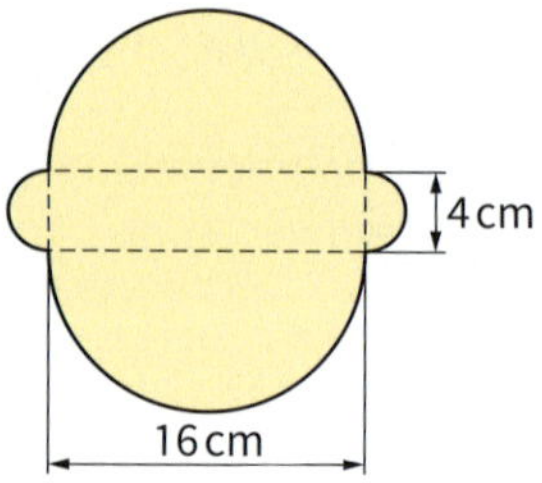

4 Berechne den Flächeninhalt der Figur.

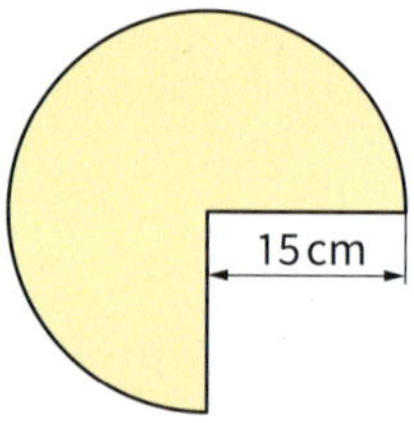

5 Die Räder eines Fahrrades haben jeweils einen Außendurchmesser von 65 cm.

Berechne die Strecke (in km), die das Fahrrad bei 1000 Umdrehungen des Hinterrades zurücklegt.

6 Das Rotorblatt einer Windkraftanlage ist 64 m lang. Berechne den Inhalt der Kreisfläche, die von den Rotorblättern überstrichen wird.

7 Aus der abgebildeten quadratischen Blechplatte soll eine möglichst große Kreisfläche geschnitten werden.

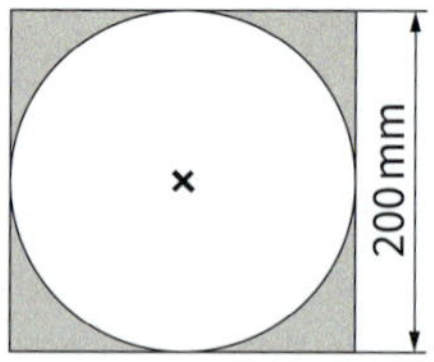

Wie viel Quadratzentimeter Blech bleiben als Verschnitt übrig?

8 Das abgebildete Fenster (d = 1,50 m) erhält eine Scheibe aus Wärmeschutzglas.

Ein Quadratmeter dieses Glases wiegt 25 kg.

9 a) Eine Kreisfläche (r = 2,50 m) soll mit farbigen Steinen gepflastert werden. Für einen Quadratmeter der Kreisfläche werden 70 Steine benötigt. Bestimme die Anzahl der benötigten Steine.
b) Ein kreisrundes Beet (d = 11 m) soll bepflanzt werden. Für eine Pflanze wird mit einer Fläche von 0,09 m^2 gerechnet. Wie viele Pflanzen werden benötigt?

Ich kann	Aufgabe	Hilfen und Aufgaben
den Umfang eines Kreises berechnen.	1	Seite 62, 63
den Flächeninhalt eines Kreises berechnen.	2	Seite 64, 65
den Umfang einer Kreisfigur berechnen.	3	Seite 72
den Flächeninhalt einer Kreisfigur berechnen.	4	Seite 72
Sachaufgaben zum Umfang eines Kreises lösen.	5	Seite 71
Sachaufgaben zum Flächeninhalt eines Kreises lösen.	6–9	Seite 65, 71

Ausgangstest 2

1 Berechne den Umfang und den Flächeninhalt des Kreises. Runde dein Ergebnis auf zwei Stellen nach dem Komma.
a) $r = 5{,}4$ cm b) $r = 7{,}5$ m c) $d = 18$ m

2 Berechne den Umfang und den Flächeninhalt der Figur. Runde dein Ergebnis auf zwei Nachkommastellen.

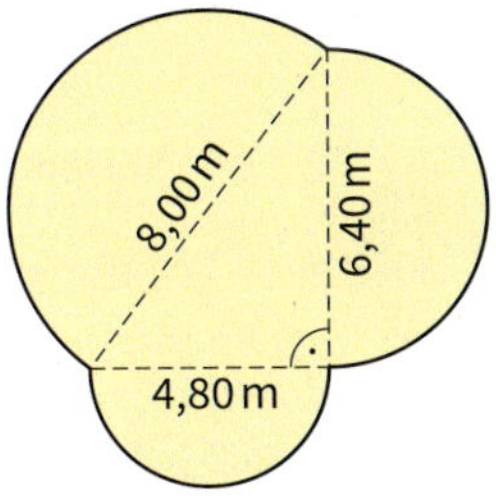

3 Aus der rechteckigen Blechplatte sollen wie abgebildet zwei gleich große Kreisflächen geschnitten werden.

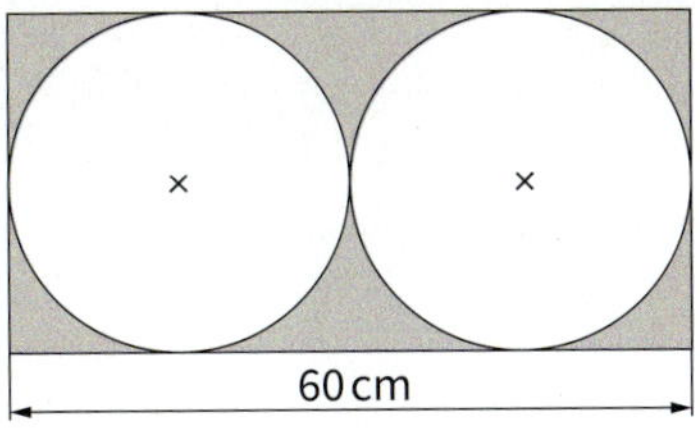

Wie viel Quadratzentimeter Blech bleiben als Verschnitt übrig?

4 Während einer Fahrradtour legst du eine Strecke von 18 km zurück. Wie viele Umdrehungen machen dabei jeweils die Räder deines Fahrrads (Außendurchmesser eines Rades: 710 mm)?

5 Aus dem quadratischen Blechstück soll wie abgebildet ein möglichst großer 2 cm breiter Kreisring geschnitten werden.

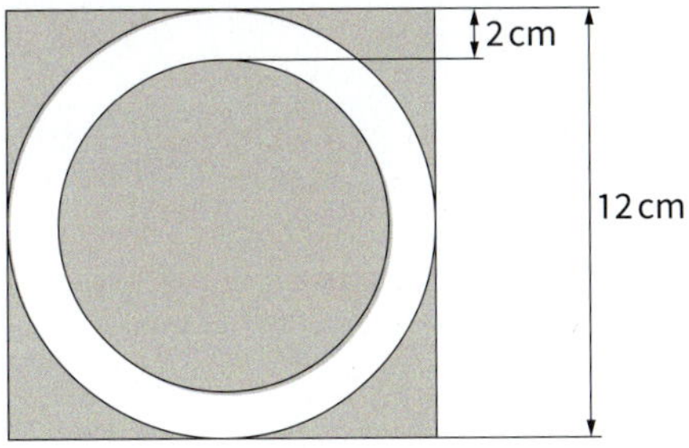

Berechne den Inhalt der Restfläche.

6 In einem Park soll wie abgebildet eine kreisförmige Rasenfläche um ein Wasserbecken angelegt werden.

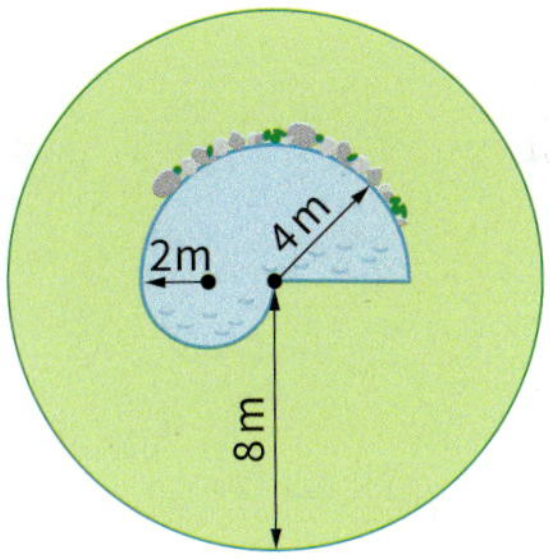

a) Für 1 m^2 der Rasenfläche werden 30 g Grassamen benötigt.
b) Das Wasserbecken soll mit Steinen eingefasst werden. Ein Stein ist 25 cm lang.

7 Berechne den Flächeninhalt A_s und die Bogenlänge b des Kreisausschnitts mit den angegebenen Größen.
a) $r = 22$ cm; $\alpha = 45°$ b) $d = 1{,}62$ m; $\alpha = 248°$

8 Berechne die fehlenden Größen (r, d, u, A) des Kreises.
a) $u = 48{,}9$ cm b) $A = 78{,}00\ m^2$

Ich kann	Aufgabe	Hilfen und Aufgaben
den Umfang und den Flächeninhalt eines Kreises berechnen.	1	Seite 62 – 65
den Umfang und den Flächeninhalt einer Kreisfigur berechnen.	2	Seite 72
Sachaufgaben zum Flächeninhalt und Umfang eines Kreises lösen.	3, 4	Seite 71, 72
Sachaufgaben zum Flächeninhalt eines Kreisringes lösen.	5	Seite 66
Sachaufgaben zum Flächeninhalt einer Kreisfigur lösen.	6	Seite 72
den Flächeninhalt und die Bogenlänge eines Kreisausschnitts bestimmen.	7	Seite 67
aus dem Umfang und den Flächeninhalt eines Kreises jeweils die fehlenden Größen berechnen.	8	Seite 73

4 Lineare Gleichungssysteme

Welche Informationen kannst du dem Graphen entnehmen?

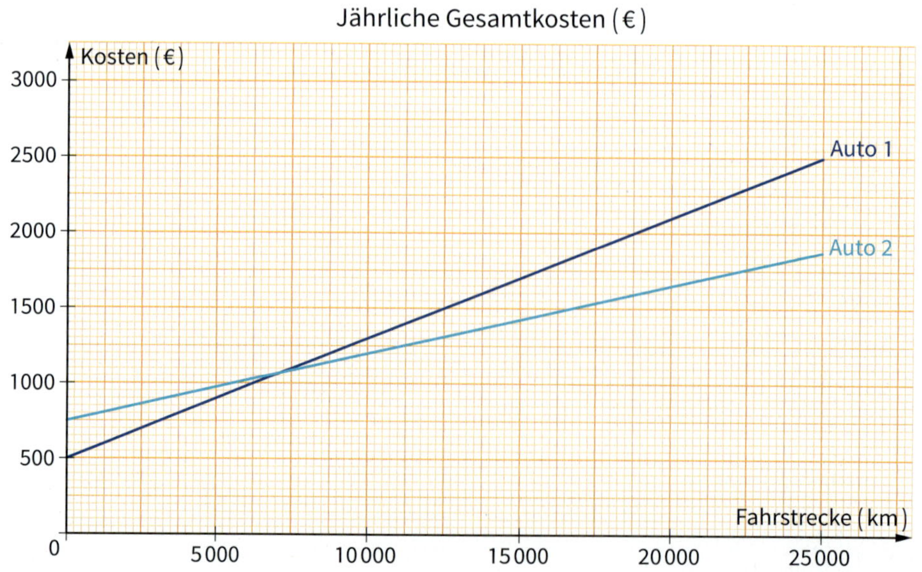

Die Energieversorgungsunternehmen bieten elektrische Energie zu unterschiedlichen Tarifen an. Die Gesamtkosten bestehen in der Regel aus festen Kosten und verbrauchsabhängigen Kosten.

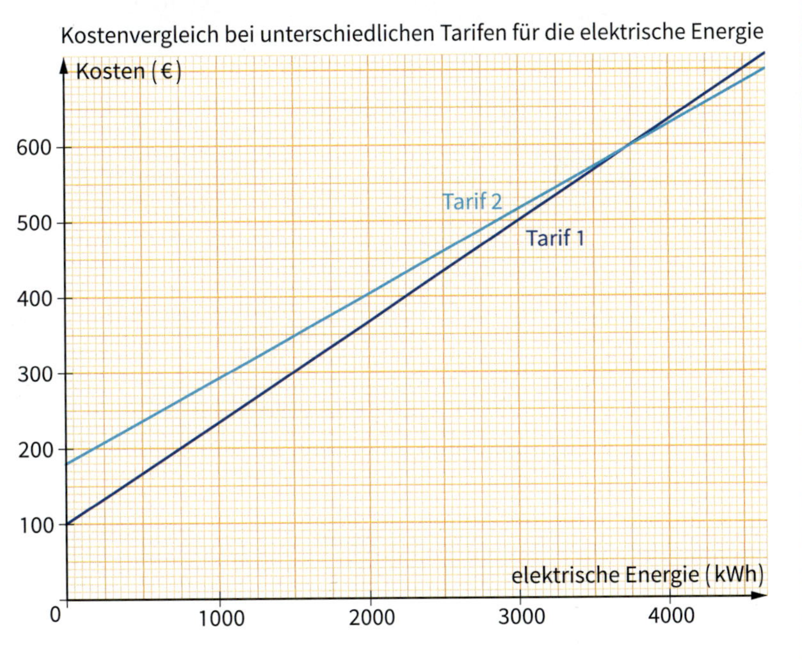

Der Zusammenhang zwischen dem jährlichen Energieverbrauch und den Gesamtkosten lässt sich häufig durch eine lineare Funktion beschreiben.
Was kannst du mithilfe der zugehörigen Graphen feststellen?

Bist du fit für dieses Kapitel?

Eingangstest S. 205

Wir vergleichen Kosten für Pkws

1 Fabians Schwester Miriam hat ihre Ausbildung abgeschlossen und möchte sich jetzt ein neues Auto anschaffen. Sie überlegt zusammen mit Fabian, welcher Pkw für sie geeignet sein könnte. Die Anschaffungskosten für die beiden Autos, die Miriam ausgesucht hat, sind gleich.

Fabian gefällt der geringe Kraftstoffverbrauch des Dieselfahrzeugs besonders gut. Er hat für verschieden lange Strecken die Kosten für den Dieselkraftstoff berechnet.

Polo Diesel	
zurückgelegte Strecke (km)	Kosten (€)
100	4,25
2 000	85,00
4 000	170,00
6 000	255,00
8 000	340,00
10 000	425,00
12 000	510,00
14 000	595,00
16 000	680,00
18 000	765,00

Diesel:
1 Liter 1,25 €

Super:
1 Liter 1,45 €

Polo Diesel – Neuwagen
Leistung: 66 kW (90 PS)
Hubraum: 1 398 cm^3
Emissionsklasse: Euro 6
Verbrauch: 3,4 *l* auf 100 km
CO_2-Emission: 88 g auf 100 km

Polo Benziner – Neuwagen
Leistung: 66 kW (90 PS)
Hubraum: 1 390 cm^3
Emissionsklasse: Euro 5
Verbrauch: 5,1 *l* auf 100 km
CO_2-Emission: 109 g auf 100 km

a) Berechne die Kosten für den Dieselkraftstoff bei einer zurückgelegten Strecke von 5000 km (15 000 km, 20 000 km, 25 000 km).

b) Lege eine entsprechende Tabelle an und berechne die Kosten für das Fahrzeug, das Superkraftstoff verbraucht.

Polo Benziner	
zurückgelegte Strecke (km)	Kosten (€)
100	■
2 000	■
4 000	■
6 000	■

c) In den Tabellen werden jeder zurückgelegten Strecke die zugehörigen Kosten zugeordnet. Welche Art von Zuordnung liegt hier vor? Begründe.

Die neue Kfz-Steuer

1. CO_2-Freibetrag	2. CO_2-Ausstoß	3. Hubraum
Erstzulassung vor 01.07.2009:		je 100 cm³ Hubraum 6,75 € bis 37,58 € abhängig von der Schadstoffklasse
01.07.2009 bis 31.12.2011: bis 120 g pro km **01.01.2012 bis 31.12.2013:** bis 110 g pro km **ab 01.01.2014:** bis 95 g pro km	für jedes Gramm über dem jeweils geltenden Freibetrag werden **2 €** fällig	je 100 cm³ Hubraum zusätzlich **2,00 €** für Kfz mit Benzinmotor, **9,50 €** bei Diesel-Kfz

2 Seit dem 1. Juli 2009 ist die Kfz-Steuer vom CO_2-Ausstoß und vom Hubraum abhängig.
In der Aufstellung oben werden nur die wichtigsten Regeln wiedergegeben.
Fabian hat die Daten für den Polo Diesel im Internet in einen Kfz-Steuer-Rechner eingegeben.

Ihre Kfz-Steuer für den angegebenen Zeitraum beträgt:

133 Euro

Berechnungsgrundlage:

Fahrzeugart:	PKW EZ ab 01.01.2014
Antriebsart:	Diesel
Hubraum:	1398 ccm
CO_2-Wert.	88 g/km

a) Zusammen mit den Kosten für die Kfz-Versicherung ergeben sich für den Polo Diesel pro Jahr feste Kosten in Höhe von 764,20 €. Überprüfe das Ergebnis mithilfe der Angaben in der Tabelle oben.

Polo Diesel: Feste jährliche Kosten

Kfz-Steuer:	133,00 €
Kfz-Versicherung:	631,20 €
	764,20 €

b) Die jährlichen Gesamtkosten hängen davon ab, wie viel Kilometer pro Jahr gefahren werden. Miriam hat die jährlichen Kosten für eine Fahrstrecke von 10 000 km (18 000 km) pro Jahr berechnet. Überprüfe ihre Rechnung.

Kosten für Dieselkraftstoff:

bei 10 000 km pro Jahr:	425,00 €
bei 18 000 km pro Jahr:	765,00 €

Jährliche Gesamtkosten:

bei 10 000 km: 764,20 € + 425,00 € = 1 189,20 €

bei 18 000 km: 764,20 € + 765,00 € = 1 529,20 €

c) Die Kfz-Versicherung für das Fahrzeug, das Super verbraucht, kostet 467,00 €, die Steuer 56 €. Berechne die jährlichen Kosten für eine Fahrstrecke von 10 000 km (18 000 km).

d) Ermittle die Kfz-Steuer für einen Diesel Pkw mit 1768 cm³ Hubraum, der 2012 erstmals zugelassen wurde und dessen CO_2-Ausstoß 156 g pro Kilometer beträgt.

Diesel:
1 Liter 1,25 €

Super:
1 Liter 1,45 €

3 Miriam und Fabian möchten die Zuordnung „zurückgelegte Fahrstrecke → Gesamtkosten“ genauer untersuchen. Dazu haben sie für den Polo Diesel die zugehörige Funktionsgleichung aufgestellt.

Feste jährliche Kosten (€):	764,20
Kosten für Dieselkraftstoff bei 1 km pro Jahr (€):	0,0425
Kosten für Dieselkraftstoff bei x km pro Jahr (€):	$0{,}0425 \cdot x$
Jährliche Gesamtkosten y bei x km pro Jahr (€):	**$y = 0{,}0425 \cdot x + 764{,}20$**

a) Begründe, warum die Funktionsgleichung für den Benziner bei einem Verbrauch von 5,1 *l* auf 100 km wie folgt lautet: **$y = 0{,}07395 \cdot x + 523$**

Jährliche Gesamtkosten (€)

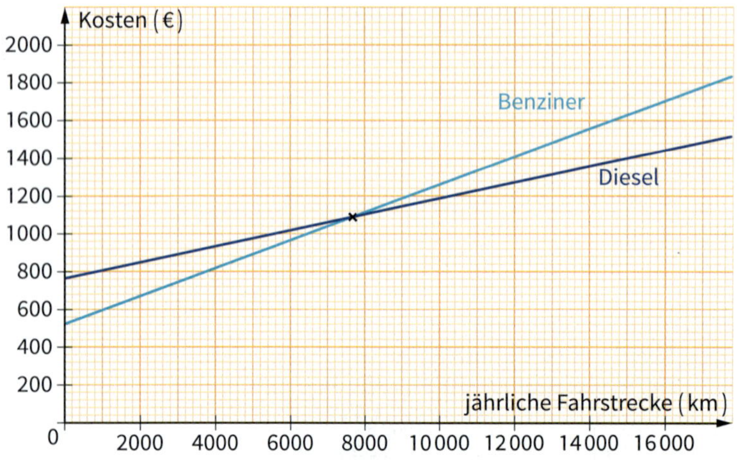

b) Wo kannst du in der Grafik die festen Kosten pro Jahr für jedes Fahrzeug ablesen?
Wodurch wird die Steigung der Geraden jeweils bestimmt?
c) Welches der beiden Fahrzeuge ist bei einer jährlichen Fahrstrecke von 10 000 km günstiger? Begründe.
d) Bestimme ungefähr die Koordinaten des Schnittpunktes beider Geraden. Was gibt die x-Koordinate des Schnittpunktes an, was die y-Koordinate?

4 Miriam und Fabian möchten die jährlich zurückgelegte Strecke, ab der das Dieselfahrzeug günstiger ist, genau berechnen. Dazu bestimmen sie zunächst die x-Koordinate des Schnittpunktes beider Geraden mithilfe einer Rechnung.

$$y = 0{,}0425 \cdot x + 764{,}20$$
$$y = 0{,}07395 \cdot x + 523$$

$$\begin{aligned} 0{,}07395 \cdot x + 523 &= 0{,}0425 \cdot x + 764{,}2 \\ 0{,}07395 \cdot x &= 0{,}0425 \cdot x + 241{,}2 \\ 0{,}03145 \cdot x &= 241{,}2 \\ x &= 241{,}2 : 0{,}03145 \\ x &\approx 7\,669 \end{aligned}$$

Ab 7 669 km ist der Polo Diesel günstiger.

a) Erläutere ihre Rechnung.
b) Setze den x-Wert in eine der beiden Gleichungen ein und berechne den zugehörigen y-Wert. Welche Bedeutung hat der berechnete y-Wert?

5 Die Kfz-Versicherung ist vom Wohnort und von vielen anderen Daten abhängig.

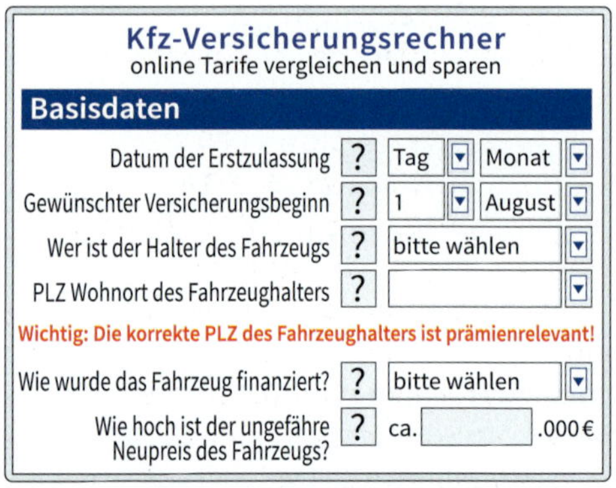
Kfz-Versicherungsrechner
online Tarife vergleichen und sparen
Basisdaten
Datum der Erstzulassung ? Tag Monat
Gewünschter Versicherungsbeginn ? 1 August
Wer ist der Halter des Fahrzeugs ? bitte wählen
PLZ Wohnort des Fahrzeughalters ?
Wichtig: Die korrekte PLZ des Fahrzeughalters ist prämienrelevant!
Wie wurde das Fahrzeug finanziert? ? bitte wählen
Wie hoch ist der ungefähre Neupreis des Fahrzeugs? ? ca. .000 €

Informiert euch in Gruppen im Internet über die unterschiedlichen Bedingungen. Ermittelt zu ausgewählten Bedingungen die Versicherungskosten für die beiden bisher behandelten Fahrzeuge. Bestimmt auch die aktuelle Kfz-Steuer und die aktuellen Treibstoffkosten. Bearbeitet dann die Aufgaben 3 und 4 mit diesen neuen Daten.

6 Vergleiche auch bei dem Smart-Diesel und dem Smart-Benziner die jährlichen Gesamtkosten.

Smart	Diesel	Benziner
Erstzulassung	01.08.2009	01.08.2009
Leistung	40 kW (55 PS)	45 kW (61 PS)
Hubraum	799 cm^3	999 cm^3
Verbrauch auf 100 km	3,4 *l*	4,4 *l*
CO_2-Emission	88 g/km	103 g/km
Versicherung	564 €	444 €
Kfz-Steuer	76 €	20 €

a) Berechne zunächst jeweils die Gesamtkosten bei einer jährlich zurückgelegten Strecke von 5 000 (10 000, 15 000) Kilometern. Gehe dabei von den vorgegebenen Kosten für Super und Diesel aus.
b) Trage die berechneten Werte in ein Koordinatensystem ein
(x-Achse: 1 cm ≙ 1 000 km;
y-Achse: 1 cm ≙ 100 €).
Zeichne dann die Graphen der Zuordnung „zurückgelegte Strecke – jährliche Gesamtkosten“ in das Koordinatensystem.
c) Bestimme die Koordinaten des Geradenschnittpunktes.
d) Begründe, warum die Funktionsgleichungen für die jährlichen Gesamtkosten wie folgt lauten: $y = 0{,}0638x + 464$ (Benziner) und $y = 0{,}0425x + 640$ (Diesel).
e) Berechne, ab welcher jährlich zurückgelegten Strecke der Smart-Diesel günstiger ist. Setze dazu die rechten Seiten beider Gleichungen gleich.

7 Vergleiche auch bei den in den Tabellen angegebenen Pkws die jährlichen Gesamtkosten.

Opel Corsa	Diesel	Benziner
Erstzulassung	01.10.2008	01.10.2008
Leistung	66 kW (90 PS)	59 kW (80 PS)
Hubraum	1 248 cm^3	1 229 cm^3
Verbrauch auf 100 km	4,9 *l*	5,7 *l*
CO_2-Emission	129 g/km	137 g/km
Versicherung	545 €	514 €
Kfz-Steuer	200 €	87 €

a) Berechne jeweils die Gesamtkosten bei einer jährlich zurückgelegten Strecke von 5 000 (10 000, 15 000 km) Kilometern.
b) Bestimme die Funktionsgleichungen für die jährlichen Gesamtkosten. Ab welcher jährlich zurückgelegten Strecke ist das Dieselfahrzeug günstiger?

8 Vergleiche die jährlichen Gesamtkosten bei anderen Pkw-Typen. Verschaffe dir Informationen über die aktuellen Kfz-Steuerbeträge und die aktuellen Versicherungsbeiträge. Beachte dabei, dass die Versicherungsbeiträge auch vom Versicherungsnehmer abhängen.
Du kannst auch einen jährlichen Wertverlust von 15 % bei den festen Kosten mit einbeziehen.

Alle Aufgaben können auch in Gruppen bearbeitet werden. Beachte dazu die Hinweise auf Seite 227.

Lineare Gleichungen – lineare Funktionen

1 Der Umfang eines Rechtecks beträgt 20 cm.

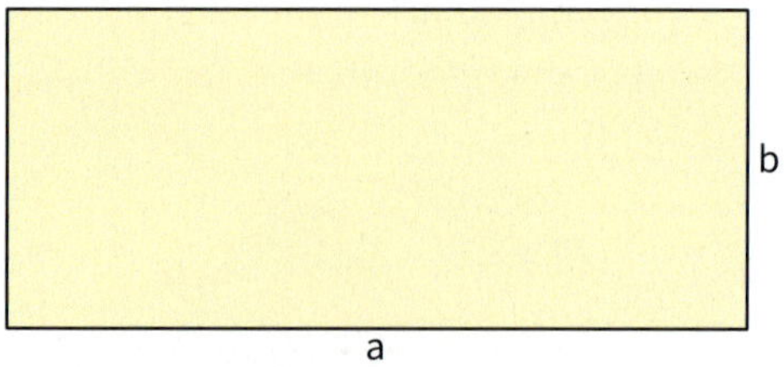

$2a + 2b = 20$

a) Bestimme jeweils zu der angegebenen Länge a die zugehörige Breite b.

Länge a (cm)	6	6,5	7	7,5	8	8,5	9
Breite b (cm)	■	■	■	■	■	■	■

b) Wähle drei weitere Längen und bestimme jeweils die zugehörige Breite.
c) Wie viele unterschiedliche Rechtecke gibt es, die einen Umfang von 20 cm haben?

2 Der Umfang eines gleichschenkligen Dreiecks beträgt 40 cm. Diese Bedingung lässt sich auch als lineare Gleichung mit zwei Variablen schreiben:

$$x + 2y = 40$$

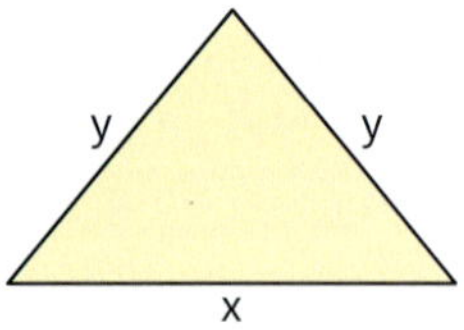

Das Zahlenpaar (16 | 12) ist eine Lösung der Gleichung:

$$x + \quad 2y \quad = 40$$
$$16 + 2 \cdot 12 = 40 \text{ w}$$

a) Überprüfe durch Einsetzen, ob das Zahlenpaar (15 | 13) Lösung der Gleichung ist.
b) Gib vier weitere Zahlenpaare an, die Lösungen der Gleichung sind.

3 Die lineare Gleichung $2x - y = 10$ enthält zwei Variablen.
a) Überprüfe jeweils durch Einsetzen, ob die Zahlenpaare (8 | 6), (– 2 | – 14), (6,2 | 2,2), (1,8 | – 7,4), $(5\frac{1}{6} \mid \frac{1}{3})$ Lösungen der Gleichung sind.
b) Gib fünf weitere Zahlenpaare an, die Lösungen der Gleichung sind.

Lineare Gleichungen mit zwei Variablen

$6x + 2y = 140 \qquad a = 4b - 5$

$0{,}6y - 0{,}8 = 0{,}2x \qquad \frac{1}{2}u = \frac{1}{4}v + \frac{1}{8}$

Bei einer linearen Gleichung mit zwei Variablen kann jede der Variablen durch eine reelle Zahl ersetzt werden.

x-Wert	y-Wert	Einsetzen in $3x - 2y = 7$
5	4	$3 \cdot 5 - 2 \cdot 4 = 7$ w
4	2,5	$3 \cdot 4 - 2 \cdot 2{,}5 = 7$ w
2	1	$3 \cdot 2 - 2 \cdot 1 = 7$ f

Die Lösungen der Gleichung sind Zahlenpaare.

L = {(5 | 4) ,(4 | 2,5), (1,5 | –1,25), ...}

Die Lösungsmenge L besteht aus unendlich vielen Zahlenpaaren.

4 Überprüfe durch Einsetzen, ob die Zahlenpaare Lösungen der Gleichung sind.

a) $3x + 2y = 120$ (10 | 45), (60 | – 30)
b) $7x - 5y = 9$ (1 | 2), (– 3 | – 6)
c) $0{,}5x + 3 = 2y$ (12 | 5), (4,8 | 2,7)
d) $2a = 3b + 6$ (– 1 | – 3), (3 | 0)
e) $\frac{1}{2}u - v = -2$ (– 4 | 0), (– 1,2 | 1,4)
f) $\frac{1}{2}a - \frac{1}{4}b = 6$ (14 | 2), $(-\frac{1}{2} \mid -25)$

5 Bei der linearen Gleichung $y = 3x + 2$ erhältst du zu jedem x-Wert den zugehörigen y-Wert, indem du den x-Wert in die Gleichung einsetzt und den y-Wert ausrechnest. Übertrage die Tabelle in dein Heft und vervollständige sie.

x	4	5	5,5	6,2	– 4	– 3,8	– 0,7
y	$3 \cdot 4 + 2$	■	■	■	■	■	■
(x | y)	(4 | 14)	■	■	■	■	■	■

6 Im Beispiel wird die lineare Gleichung $2y - 4x = 18$ durch Auflösen nach y in ihre Normalform $y = 2x + 9$ umgeformt. Dann wird durch Einsetzen der zu $x = 4$ gehörige y-Wert bestimmt.

Gleichung: $2y - 4x = 18 \quad |+4x$
$2y = 4x + 18 \quad |:2$

Normalform: $y = 2x + 9$

x-Wert $\boxed{4}$ eingesetzt: $y = 2 \cdot \boxed{4} + 9$
$y = 17$

Probe: $2 \cdot 17 - 4 \cdot 4 = 18$ w

Das Zahlenpaar (4 | 17) ist eine Lösung der Gleichung.

a) Berechne mithilfe der Normalform den zum x-Wert 2 (– 4; 4,3; – 6,3) gehörigen y-Wert und gib die Lösung an.
b) Mache die Probe. Setze dazu die Lösungen in die Ausgangsgleichung ein und zeige, dass sie diese in eine wahre Aussage überführen.

7 Forme die Gleichung in die Normalform um, indem du nach y auflöst. Berechne den zum x-Wert 3 (11; – 2; 0,6) gehörigen y-Wert. Zeige durch Einsetzen, dass das zugehörige Zahlenpaar auch eine Lösung der Ausgangsgleichung ist.
a) $12x + 6y = 42$
b) $4y + 4x = -8$
c) $4y - 8x = 64$
d) $2y - 6x = -18$
e) $6x + 2y = 0$
f) $3y - 15x = 0$
g) $6 - y = 3x$
h) $12 - 4y = 36x$

8 Der Umfang eines Rechtecks beträgt 50 cm.
a) Schreibe die zugehörige lineare Gleichung auf. Benutze a für die Länge und b für die Breite des Rechtecks.
b) Forme die Gleichung in die Normalform um, indem du nach b auflöst.
c) Berechne mithilfe der Normalform die zu der Länge a = 7,5 cm (11,2 cm) gehörige Breite b und gib die Lösung an.

Eine lineare Gleichung mit zwei Variablen kann durch Äquivalenzumformungen in die **Normalform y = mx + n** umgeformt werden.

$4y + 6x = 20 \quad |-6x$
$4y = -6x + 20 \quad |:4$
$y = -1{,}5x + 5$

x-Wert $\boxed{7}$ eingesetzt:

$y = -1{,}5 \cdot \boxed{7} + 5$
$y = -5{,}5$

Das Zahlenpaar (7 | – 5,5) ist eine Lösung der Gleichung $4y + 6x = 20$.

Lösungen der Normalform sind auch Lösungen der Ausgangsgleichung.

9 Forme um in die Normalform.

$4x - 2y = 6 \quad |-4x$
$-2y = -4x + 6 \quad |:(-2)$
$y = 2x - 3$

a) $12x - 6y = 24$
b) $6x - 4y = -12$
c) $7y + 21x = 84$
d) $-8x + 4y = 100$
e) $-18y - 54x = 90$
f) $3x - 1{,}5y = 6$
g) $10x - 2{,}5y = 5$
h) $3x + 0{,}5y = -4$

10 Löse nach y auf und bestimme den zum x-Wert gehörigen y-Wert. Mache die Probe.

a)

Ausgangsgleichung	x-Wert
$8x + 2y = 16$	5
$4y - 16x = 20$	13
$15x - 5y = 25$	–7
$12x - 3y = -51$	2,4

b)

Ausgangsgleichung	x-Wert
$9y - 36x = -81$	3,6
$75x + 15y = 105$	–2,6
$3y - 21 = 6x$	4,9
$11y + 66 = 121x$	$\frac{1}{2}$

11 Die lineare Gleichung $y = 0{,}5x + 2$ kann auch als Funktionsgleichung einer linearen Funktion aufgefasst werden. Der zugehörige Funktionsgraph ist eine Gerade.

Gleichung:	$y = 0{,}5x + 2$
Steigung:	$m = 0{,}5$
y-Achsenabschnitt:	$n = 2$

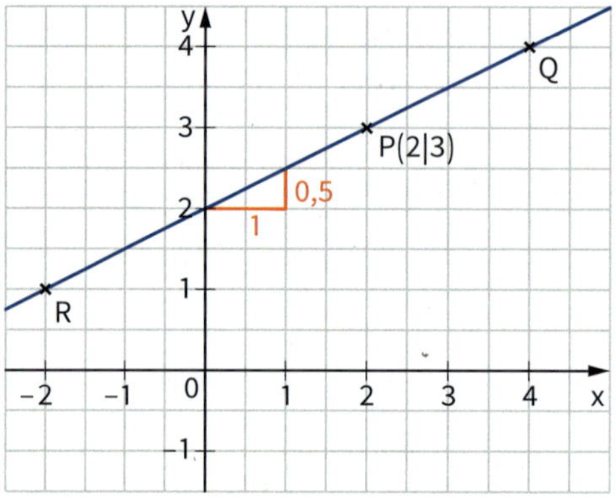

Der Punkt P (2 | 3) liegt auf dieser Geraden. Setzt du seine Koordinaten in die Gleichung ein, erhältst du eine wahre Aussage.

Punkt der Geraden: P(2 | 3)

Funktionsgleichung: $y = 0{,}5x + 2$

Setze ein:

$x = 2, y = 3$ $\quad 3 = 0{,}5 \cdot 2 + 2$

$3 = 3$ w

Bestimme mithilfe der Zeichnung die Koordinaten der Punkte Q und R. Setze ihre Koordinaten jeweils in die Funktionsgleichung ein und prüfe, ob du eine wahre Aussage erhältst.

12 Eine lineare Gleichung mit zwei Variablen hat die Normalform $y = -2x + 3$.
a) Zeichne den Graphen der linearen Funktion mit dieser Funktionsgleichung.
b) Berechne durch Einsetzen in die Normalform den zum x-Wert 3 (– 1; 1,5; – 0,5; – 1,5) gehörenden y-Wert. Trage das Zahlenpaar als Punkt in dein Koordinatensystem ein. Was stellst du fest?

13 Zeichne den zu der linearen Gleichung gehörigen Graphen. Bestimme mithilfe deiner Zeichnung die fehlenden Koordinaten der Punkte P (3 | y) und Q (– 1 | y). Überprüfe, ob die Koordinaten der Punkte P und Q auch Lösungen der Gleichung sind.

a) $y = 2x - 1$	b) $y = 1{,}5x - 3$
c) $y = x + 2$	d) $y = 2{,}5x - 4$
e) $y = -2x + 2$	f) $y = -1{,}5x + 1$
g) $y = -x - 2{,}5$	h) $y = -3x + 6{,}5$

Die Normalform einer linearen Gleichung mit zwei Variablen kann als Funktionsgleichung einer linearen Funktion aufgefasst werden.

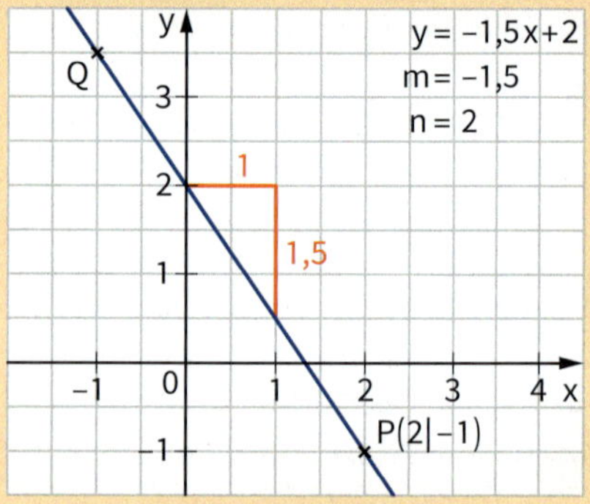

Funktionsgleichung: $y = -1{,}5x + 2$

Für den zu der linearen Gleichung gehörigen Funktionsgraphen gilt: Die Koordinaten eines Punktes der Geraden sind eine Lösung der Gleichung.

Punkt der Geraden: P (2 | – 1)
Eingesetzt:
$x = 2, y = -1$ $\quad -1 = -1{,}5 \cdot 2 + 2$
$-1 = -1$ w

Ein Zahlenpaar, das die Gleichung erfüllt, liegt als Punkt auf der Geraden.

x-Wert – 1 eingesetzt:
$y = -1{,}5 \cdot (-1) + 2$
$y = 3{,}5$

Lösung der Gleichung: (– 1 | 3,5)
Q (– 1 | 3,5) ist ein Punkt der Geraden.

Grafische Lösung linearer Gleichungssysteme

1 Ein Rechteck mit den Seitenlängen x und y erfüllt die in der Tabelle beschriebenen Bedingungen.

Text	Gleichung
Der Umfang eines Rechtecks beträgt 20 cm.	$2x + 2y = 20$
Die Seitenlänge y ist um 2 cm größer als die Seitenlänge x.	$y = x + 2$

a) Löse die erste Gleichung nach y auf und zeichne anschließend die beiden Graphen.
b) Lies die Koordinaten des Schnittpunktes ab und setze sie in beide Gleichungen ein. Was stellst du fest?

2 Die beiden linearen Gleichungen $y = 2x + 1$ und $y = -x + 7$ bilden zusammen ein lineares Gleichungssystem.

I $y = 2x + 1$
II $y = -x + 7$

Zeichne die beiden zugehörigen Geraden in ein Koordinatensystem und bestimme den Schnittpunkt S beider Geraden. Zeige durch Einsetzen, dass die Koordinaten des Schnittpunktes eine Lösung beider Gleichungen sind.

• **3** Bestimme grafisch die Lösung des Gleichungssystems, indem du die zugehörigen Geraden zeichnest und ihren Schnittpunkt bestimmst.
Mache die Probe, indem du die Koordinaten des Schnittpunktes in beide Gleichungen einsetzt.

a) $y = 2x - 1$
$y = -x + 5$

b) $y = x + 2$
$y = -3x + 6$

c) $y = 1{,}5x - 4$
$y = -x + 6$

d) $y = 3x - 1$
$y = 0{,}5x + 4$

e) $y = -0{,}5x - 0{,}5$
$y = -x + 2$

f) $y = 1{,}5x - 1$
$y = 2x - 3$

Lösungen zu Aufgabe 3:
(4 | 2) (2 | 5) (2 | 3) (1 | 3) (4 | 5) (5 | −3)

Zwei lineare Gleichungen mit zwei Variablen bilden ein **lineares Gleichungssystem.**

Lineares Gleichungssystem:
I $y = x - 2{,}5$
II $y = -0{,}5x + 2$

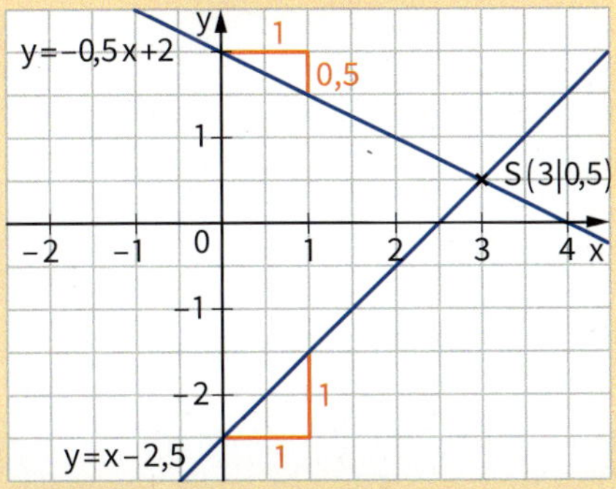

Schnittpunkt: S(3 | 0,5)
Einsetzen der Schnittpunktkoordinaten:

I $0{,}5 = 3 - 2{,}5$ w
II $0{,}5 = -0{,}5 \cdot 3 + 2$ w

Lösungsmenge: $L = \{(3 \mid 0{,}5)\}$

Für ein lineares Gleichungssystem aus zwei Gleichungen mit zwei Variablen gilt: Die Koordinaten des Schnittpunktes S der zugehörigen Geraden erfüllen beide Gleichungen. Sie sind die Lösung des linearen Gleichungssystems.

• **4** Bestimme grafisch die Lösung des Gleichungssystems. Forme beide Gleichungen zunächst jeweils in ihre Normalform um. Mache die Probe, indem du die Koordinaten des Schnittpunktes in beide Ausgangsgleichungen einsetzt.

a) $2x + 2y = 14$
$6x - 3y = 15$

b) $3x + 3y = 6$
$5y + 15x = -10$

c) $9 - 3y = 3x$
$2y - x = -9$

d) $4y - 2x = -3$
$2y - x = -9$

e) $4x + 4y = -8$
$x - 2y = -8$

f) $3x - 6y = 12$
$3x + 6y = 24$

Lösungen zu Aufgabe 4:
(4 | 3) (5 | −2) (−4 | 2)
(6 | 1) (−2 | 4)

5 Die beiden linearen Gleichungen $y = 0{,}5x - 1$ und $y = 0{,}5x + 1$ bilden ein lineares Gleichungssystem.

I $y=0{,}5x+1$

II $y=0{,}5x-1$

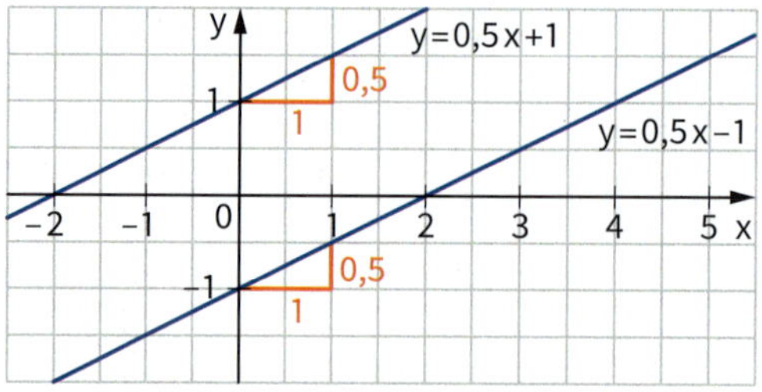

Bestimme grafisch die Lösungsmenge. Was stellst du fest? Begründe deine Antwort.

6 Die beiden linearen Gleichungen $4y - 8x = -16$ und $14x - 7y = 28$ bilden ein lineares Gleichungssystem.
a) Forme beide Gleichungen jeweils in ihre Normalform um und bestimme grafisch die Lösungsmenge. Was stellst du fest? Begründe deine Antwort.
b) Gib drei Lösungen des Gleichungssystems an.

Lösungsmengen linearer Gleichungssysteme

Für die Lösungsmenge linearer Gleichungssysteme mit zwei Variablen gibt es drei Möglichkeiten:

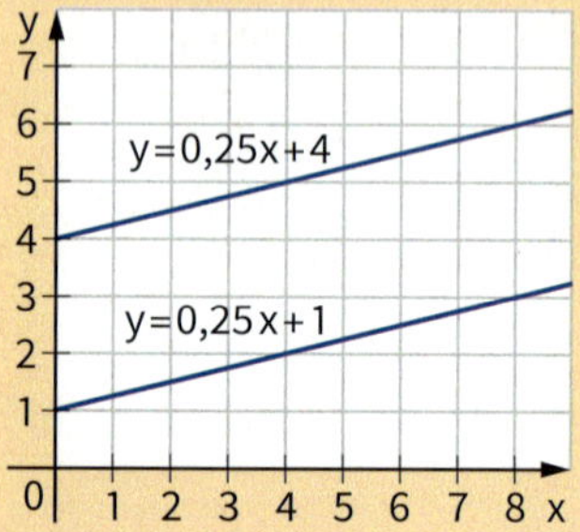

Keine Lösung: L = { }

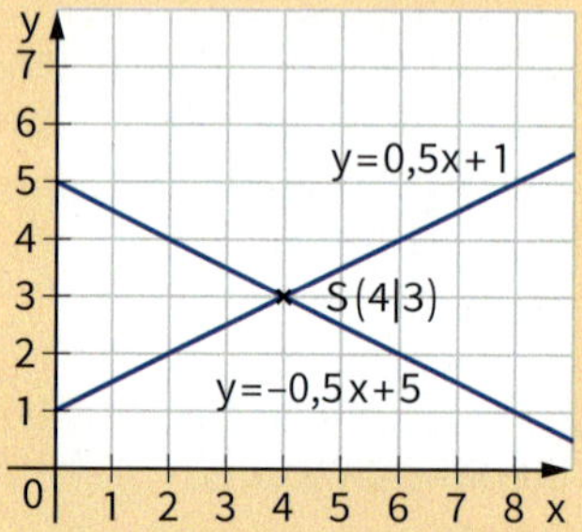

Eine Lösung: L = {(4 | 3)}

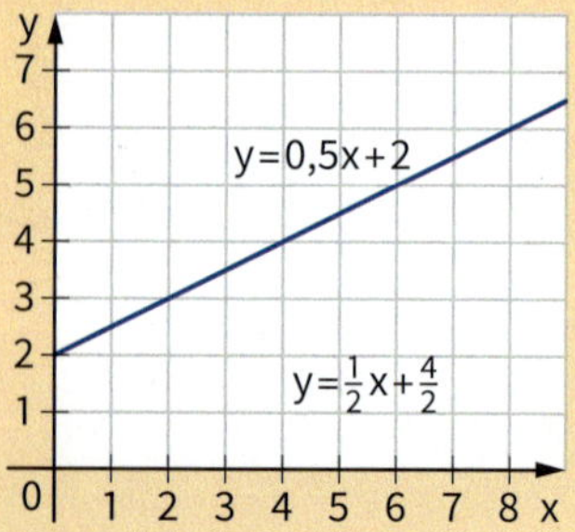

Unendlich viele Lösungen

Für unendlich viele Lösungen gilt: Die Koordinaten jedes Punktes der Geraden sind eine Lösung des Gleichungssystems.

7 Forme beide Gleichungen des linearen Gleichungssystems in ihre Normalformen um. Entscheide anhand der Geradengleichungen, ob es keine Lösung oder unendlich viele Lösungen gibt.

a) $6x - 4y = -8$
$2y - 3x = -1$

b) $5x - 2y = 3$
$4y - 10x = -6$

c) $4y + 2x = 8$
$-3 - 2y = x$

d) $5y - 10x = -20$
$12x - 6y = 24$

• **8** Forme beide Gleichungen des linearen Gleichungssystems in ihre Normalformen um. Entscheide anhand der Geradengleichungen, wie viele Lösungen das Gleichungssystem hat. Gibt es eine Lösung, so bestimme diese grafisch.

a) $2y - 6x = -10$
$y + x = 7$

b) $3y + 6x = -12$
$2y - 10 = 2x$

c) $4y - 2x = 16$
$2y + x = 4$

d) $2y - 3x = 6$
$6y - 6 = 6x$

e) $4y + 10 = 6x$
$3x - 2y = 5$

f) $5y - 2x = 5$
$3y + 9 = 6x$

g) $2y + 2 = 2x$
$4 - 4y = 12x$

h) $3y + x = 6$
$2x + 6y = 18$

i) $3y - x = 6$
$2y + 4 = 6x$

k) $7y - 2x = 28$
$7y + 2x = 14$

Lösungen zu Aufgabe 8:
(3 | 4) (−2 | 3) (0,5 | −0,5) (−3 | 2)
(2,5 | 2) (1,5 | 2,5) (−3,5 | 3) (−4 | −3)

Gleichsetzungsverfahren

1 Die zum linearen Gleichungssystem

I $y = -0{,}5x + 2{,}5$

II $y = 1{,}5x - 1{,}5$

gehörenden Geraden schneiden sich in S(2 | 1,5).

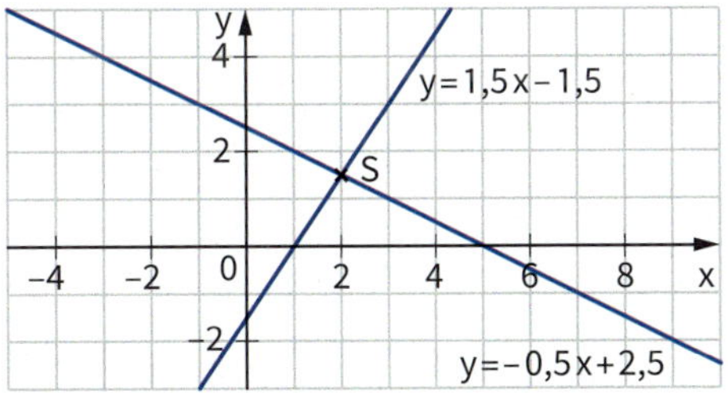

Die Koordinaten von S erfüllen beide Funktionsgleichungen.

Schnittpunkt S(2 | 1,5):

Einsetzen in I: $1{,}5 = -0{,}5 \cdot 2 + 2{,}5$ w

Einsetzen in II: $1{,}5 = 1{,}5 \cdot 2 - 1{,}5$ w

Da die linken Seiten beider Gleichungen gleich sind, gilt das auch für die rechten Seiten.

$$-0{,}5 \cdot 2 + 2{,}5 = 1{,}5 \cdot 2 - 1{,}5$$ w

Allgemein gilt dann für die Koordinaten des Schnittpunktes S(x | y):

I $y = -0{,}5x + 2{,}5$

II $y = 1{,}5x - 1{,}5$

$$-0{,}5x + 2{,}5 = 1{,}5x - 1{,}5$$

a) Löse die Gleichung $-0{,}5x + 2{,}5 = 1{,}5x - 1{,}5$ nach x auf.

b) Bestimme den zugehörigen y-Wert. Was stellst du fest?

So kannst du die Lösung eines linearen Gleichungssystems durch eine Rechnung bestimmen:

I $4x + 2y = 10$

II $6x - 3y = 3$

1. Forme jede Gleichung in ihre Normalform um.

I	$4x + 2y = 10$	II	$6x - 3y = 3$
I	$2y = -4x + 10$	II	$-3y = -6x + 3$
I	$y = -2x + 5$	II	$y = 2x - 1$

2. Setze die rechten Seiten gleich und löse nach x auf.

$-2x + 5 = 2x - 1$	$\mid -2x$
$-4x + 5 = -1$	$\mid -5$
$-4x = -6$	$\mid :(-4)$
$x = \boxed{1{,}5}$	

3. Bestimme y, indem du den x-Wert in eine der beiden Normalformen einsetzt.

$y = 2 \cdot \boxed{1{,}5} - 1$

$y = 2$

4. Mache die Probe, indem du die Lösung in beide Ausgangsgleichungen einsetzt.

I	$4x + 2y = 10$	II	$6x - 3y = 3$
I	$4 \cdot 1{,}5 + 2 \cdot 2 = 10$	II	$6 \cdot 1{,}5 - 3 \cdot 2 = 3$
I	$10 = 10$ w	II	$3 = 3$ w

5. Gib die Lösungsmenge an.

$L = \{(1{,}5 \mid 2)\}$

• **2** Bestimme rechnerisch die Lösung des Gleichungssystems. Setze dazu die rechten Seiten beider Gleichungen gleich.

a) $y = 0{,}5x + 5$
$y = 2{,}5x - 7$

b) $y = 3x - 15$
$y = -0{,}5x + 13$

c) $y = 1{,}5x - 20$
$y = -x + 5$

d) $y = -1{,}5x$
$y = -3x - 18$

Lösungen zu Aufgabe 2:
(10 | −5) (−12 | 18) (6 | 8) (8 | 9)

• **3** Bestimme rechnerisch die Lösung des Gleichungssystems. Forme dazu jede Gleichung zunächst in ihre Normalform um. Mache die Probe, indem du die Lösung in die beiden Ausgangsgleichungen einsetzt.

a) $2y - 8x = 4$
$2y + 50 = 20x$

b) $6x + 3y = 6$
$4x - y = -47$

c) $2y + 3x = 2$
$8x - 34 = -2y$

d) $6y = -18x$
$7x = y - 53$

Lösungen zu Aufgabe 3:
(6,4 | −8,6) (−7,5 | 17) (4,5 | 20)
(−5,3 | 15,9)

4 Im Beispiel werden die Gleichungen jeweils nach dem gleichen Vielfachen von y aufgelöst.

I $3y - 5x = 4$
II $3y + 2x = 11$

I $3y - 5x = 4$ II $3y + 2x = 11$
I $3y = 5x + 4$ II $3y = -2x + 11$

$5x + 4 = -2x + 11$

a) Warum darfst du die rechten Seiten beider Gleichungen gleichsetzen?
b) Bestimme die Lösungsmenge des Gleichungssystems.

5 Löse nach einem Vielfachen von y auf und wende das Gleichsetzungsverfahren an. Mache die Probe, indem du die Lösung in beide Ausgangsgleichungen einsetzt.

a) $3y - 5x = 11$; $3y + 1 = 11x$
b) $7y - 11x = 30$; $10x - 7y = -33$
c) $5x + 11y = 46$; $11y - 26 = -10x$
d) $4x - 6y = -72$; $6y + 5x = 18$

So kannst du die Gleichungen eines linearen Gleichungssystems nach gleichen Vielfachen von y auflösen:

I $7x - 3y = -2$
II $2y + 4x = 23$

1. Löse beide Gleichungen nach Vielfachen von y auf.

I $7x - 3y = -2$ II $2y + 4x = 23$
I $-3y = -7x - 2$ II $2y = -4x + 23$

2. Multipliziere beide Gleichungen so, dass du das gleiche Vielfache von y erhältst.

I $-3y = -7x - 2 \quad | \cdot (-2)$ II $2y = -4x + 23 \quad | \cdot 3$
I $6y = 14x + 4$ II $6y = -12x + 69$

6 Löse nach gleichen Vielfachen von y auf. Bestimme dann die Lösung mithilfe des Gleichsetzungsverfahrens.

a) $6x + 4y = 23$; $10x + 3y = -2$
b) $4y + 9x = 9$; $-11x - 6y = -26$
c) $5y + 7x = 65$; $5x - 3y = 122$
d) $9x - 6y = -69$; $8y - 4x = -60$

7 Die Beispiele zeigen, wie du beim Gleichsetzungsverfahren erkennen kannst, ob das Gleichungssystem keine oder unendlich viele Lösungen hat.

I $6x + 4y = 12$
II $-2y = 3x - 4$

I $6x + 4y = 12$ II $-2y = 3x - 4$
I $4y = -6x + 12$ II $4y = -6x + 8$

$-6x + 12 = -6x + 8$
$12 = 8$ f

Keine Lösung
Es ergibt sich eine nicht erfüllbare Gleichung.

I $2x + y = 4$
II $3y = -6x + 12$

I $2x + y = 4$ II $3y = -6x + 12$
I $y = -2x + 4$ II $y = -2x + 4$

$-2x + 4 = -2x + 4$ w

Unendlich viele Lösungen
Es ergibt sich eine allgemein gültige Gleichung. Jede Lösung einer der Gleichungen ist auch Lösung des Gleichungssystems.

Entscheide mithilfe des Gleichsetzungsverfahrens, wie viele Lösungen das Gleichungssystem hat. Existiert nur eine Lösung, so gib diese an.

a) $10 - 4x = 6y$; $4{,}5y - 7{,}5 = -3x$
b) $6x - 4{,}5y = 3{,}5$; $4 - 8x = -6y$
c) $5y + 14 = 9x$; $13x - 7y = 25$
d) $5y + 2 = 9x$; $4 - 13{,}5x = -7{,}5y$
e) $11x + 25 = 18y$; $12y - 4x = 104$
f) $8x - 9y = 12$; $6x - 9 = 6{,}75y$
g) $14x + 12y = 92$; $8y = 56 - 11x$
h) $9x - 15y = 34$; $50 - 15x = -25y$
i) $12{,}5x + 6y = 17$; $6{,}8 - 2{,}4y = 5x$
k) $26x - 78y = -42$; $63 + 39x = 117y$

Einsetzungsverfahren

1 Ein Rechteck mit den Seitenlängen x und y erfüllt die in der Tabelle beschriebenen Bedingungen.

Text	Gleichung
Der Umfang eines Rechtecks beträgt 69 cm.	I $2x + 2y = 69$
Die Seitenlänge y ist doppelt so groß wie die Seitenlänge x.	II $y = 2x$

Begründe, warum du in Gleichung I für 2 y den Term 2 · 2x einsetzen kannst. Ersetze 2y durch 2 · 2x und löse nach x auf. Bestimme dann y und gib die Lösung des Gleichungssystems an.

So kannst du mithilfe des Einsetzungsverfahrens rechnerisch die Lösung eines linearen Gleichungssystems bestimmen:

I $7y + 3x = 48$
II $3y = 9x$

1. Löse die Gleichung II nach y auf.

II $3y = 9x \quad |:3$
II $y = \boxed{3x}$

2. Setze anstelle von y den Term 3x in die Gleichung I ein und löse nach x auf.

I $7y + 3x = 48$
I $7 \cdot \boxed{3x} + 3x = 48$
$24x = 48$
$x = 2$

3. Bestimme y, indem du den x-Wert x = 2 in II einsetzt.

II $y = 3x$
$y = 3 \cdot 2 = 6$

4. Mache die Probe, indem du die Lösung in beide Ausgangsgleichungen einsetzt.

I $7 \cdot 6 + 3 \cdot 2 = 48$ II $3 \cdot 6 = 9 \cdot 2$
$48 = 48$ w $18 = 18$ w

5. Gib die Lösungsmenge an.

$L = \{(2 \mid 6)\}$

• **2** Bestimme mithilfe des Einsetzungsverfahrens die Lösungsmenge des Gleichungssystems.

a) $5y - 9x = 24$
$y = 3x$

b) $2y + 3x = 42$
$y = 9x$

c) $4x - 2y = 5$
$2y - 6x = 0$

d) $5x - 6y = 50$
$4y - 10x = 0$

e) $3y = -12x$
$10x + 7y = -36$

f) $2y - 77 = 4x$
$4y + 6x = 0$

g) $6y = 4x$
$9y - 7{,}5x = -9$

h) $8x - 19y = 2$
$7y = 3x$

Lösungen zu Aufgabe 2:
$(-14 \mid -6)$ $(6 \mid 4)$ $(-11 \mid 16{,}5)$ $(2 \mid -8)$
$(4 \mid 12)$ $(2 \mid 18)$ $(-2{,}5 \mid -7{,}5)$ $(-5 \mid -12{,}5)$

• **3** Bestimme die Lösung mithilfe des Einsetzungsverfahrens. Löse dazu wie im Beispiel nach y auf.
Beachte, dass der Term, den du für y einsetzt, in Klammern stehen muss.

I $11x - 3y = 6$
II $2y - 6x = 4$
II $2y - 6x = 4$
II $2y = 6x + 4$
II $y = 3x + 2$
Eingesetzt in I: $11x - 3y = 6$
$11x - 3 \cdot (3x + 2) = 6$
$11x - 9x - 6 = 6$

a) $11x - 3y = 6$
$2y - 6x = 4$

b) $2y - 4x = 12$
$17x - 5y = -9$

c) $7x + 8y = 5$
$3y + 3x = 24$

d) $4y + 16x = 4$
$3y - 6x = 39$

e) $19x - 3y = 62$
$2y + 6x = -4$

f) $7x - 2y = 1$
$3y + 9x = 18$

g) $9x - 4y = 5$
$2y - 5x = 0$

h) $4x - 10y = 65$
$-y - 7x = 25$

Lösungen zu Aufgabe 3:
$(-2 \mid 9)$ $(59 \mid -51)$ $(3 \mid 12)$ $(6 \mid 20)$ $(1 \mid 3)$
$(2 \mid -8)$ $(-2{,}5 \mid -7{,}5)$ $(-5 \mid -12{,}5)$

Additionsverfahren

1 Addierst du jeweils die linken Seiten und die rechten Seiten der Gleichungen eines linearen Gleichungssystems, erhältst du eine neue Gleichung.

$$\begin{array}{ll} \text{I} & 4x - 3y = 10 \\ \text{II} & 2x + 3y = 32 \end{array}$$

$$\begin{array}{lrl} \text{I} & 4x - 3y = & 10 \\ \text{II} & 2x + 3y = & 32 \end{array} \;\Big|+$$

$$\begin{array}{ll} \text{III} & 4x - 3y + 2x + 3y = 10 + 32 \\ \text{III} & 6x \quad = \quad 42 \end{array}$$

a) Wodurch unterscheidet sich die Gleichung $6x = 42$ von den Ausgangsgleichungen?
b) Löse Gleichung III nach x auf. Setze den x-Wert in Gleichung I oder Gleichung II ein und bestimme den y-Wert.
c) Setze den x-Wert und den y-Wert in die Ausgangsgleichungen I und II ein. Was stellst du fest?

• **2** Bestimme die Lösungsmenge mithilfe des Additionsverfahrens.

a) $3x - 2y = 5$
$4x + 2y = 44$

b) $7x + 4y = 9$
$x - 4y = 79$

c) $3x + 2y = 5$
$7x + 4y = 21$

d) $5x - 3y = -21$
$2x - 9y = 54$

e) $3x - 5y = -82$
$4x + 3y = 84$

f) $11x + 4y = 81$
$x - 12y = -141$

g) $7x + 6y = 107$
$9x + 8y = 123$

h) $5x - 6y = -64$
$6x + 9y = 69$

i) $3x - 4y = 1$
$4x + 3y = 43$

k) $11x + 3y = 3$
$2x - 12y = -150$

l) $7x + 6y = -19$
$10x - 8y = 6$

m) $5x - 9y = -49$
$7x + 12y = 202$

Lösungen zu Aufgabe 2:
(−2 | 9) (59 | −51) (3 | 12) (6 | 20) (7 | 5)
(−3 | 12) (−9 | −8) (11 | −14) (11 | −17)
(−1 | −2) (7 | 8) (10 | 11)

So kannst du mithilfe des Additionsverfahrens rechnerisch die Lösung eines linearen Gleichungssystems bestimmen:

$$\begin{array}{ll} \text{I} & 12x - 28y = 52 \\ \text{II} & 4x + 2y = 40 \end{array}$$

1. Forme beide Gleichungen so um, dass bei anschließender Addition beider Gleichungen eine Variable herausfällt.

$$\begin{array}{lrl} \text{II} & 4x + 2y = 40 & \quad |\cdot(-3) \\ \text{II} & -12x - 6y = -120 & \end{array}$$

2. Addiere beide Gleichungen.

$$\begin{array}{lr} \text{I} & 12x - 28y = 52 \\ \text{II} & -12x - 6y = -120 \\ \hline \text{III} & -34y = -68 \end{array}$$

3. Löse nach der noch vorhandenen Variablen auf.

$$\begin{array}{lrl} \text{III} & -34y = -68 & \quad |:(-34) \\ & y = 2 & \end{array}$$

4. Setze den berechneten Wert in eine der Ausgangsgleichungen ein und bestimme die andere Variable.

y = 2 eingesetzt in II:

$$\begin{array}{lr} \text{II} & 4x + 2 \cdot 2 = 40 \\ & 4x = 36 \\ & x = 9 \end{array}$$

5. Mache die Probe, indem du die Lösung in beide Ausgangsgleichungen einsetzt.

$$\begin{array}{lr} \text{I} & 12x - 28y = 52 \\ \text{I} & 12 \cdot 9 - 28 \cdot 2 = 52 \\ & 52 = 52 \ \text{w} \end{array}$$

$$\begin{array}{lr} \text{II} & 4x + 2y = 40 \\ \text{II} & 4 \cdot 9 + 2 \cdot 2 = 40 \\ & 40 = 40 \ \text{w} \end{array}$$

6. Gib die Lösungsmenge an.

$$L = \{(9 \mid 2)\}$$

Arbeiten mit dem Computer: Lineare Gleichungssysteme lösen

1 Anja und Nico möchten lineare Gleichungssysteme mithilfe eines Tabellenkalkulationsprogrammes lösen. Als Lösungsverfahren entscheiden sie sich für das Additionsverfahren. Sie haben dazu ein lineares Gleichungssystem auf ein Tabellenblatt geschrieben.

Start | Layout | Tabellen | Diagramme | SmartA — F4

	A	B	C	D	E	F
1	Lineare Gleichungssysteme mit zwei Variablen					
2						
3	I	6	x+	2	y=	52
4	II	7	x+	3	y=	68
5						
6						
7						

Anhand des Beispiels möchten sie nun ein allgemeines Lösungsverfahren entwickeln. Wichtig sind dabei nur die Inhalte der Zellen B3, B4, D3, D4, F3 und F4. Bei den Umformungsschritten arbeiten Anja und Nico mit den Adressen der entsprechenden Zellen, nicht mit den Inhalten. In der ersten Abbildung unten sind die Formeln auf dem Tabellenblatt sichtbar gemacht worden, in der zweiten Abbildung die zugehörigen Zellinhalte.

	A	B	C	D	E	F
1	Lineare Gleichungssysteme mit zwei Variablen					
2						
3	I	6	x+	2	y=	52
4	II	7	x+	3	y=	68
5						
6	I	=B3*D4	x+	=D3*D4	y=	=F3*D4
7	II	=B4*-D3	x+	=D4*-D3	y=	=F4*-D3
8						
9						
10						

	A	B	C	D	E	F
1	Lineare Gleichungssysteme mit zwei Variablen					
2						
3	I	6	x+	2	y=	52
4	II	7	x+	3	y=	68
5						
6	I	18	x+	6	y=	156
7	II	−14	x+	−6	y=	−136
8						
9						
10						

a) Vergleiche die beiden Darstellungen und erläutere die Umformungsschritte.

	A	B	C	D	E	F
1	Lineare Gleichungssysteme mit zwei Variablen					
2						
3	I	6	x+	2	y=	52
4	II	7	x+	3	y=	68
5						
6	I	18	x+	6	y=	156
7	II	−14	x+	−6	y=	−136
8						
9	III	4	x		=	20
10			x		=	5

Bei der Addition der beiden neuen Gleichungen I und II fällt y heraus. In der Zelle B9 steht nun **=B6+B7**, in der Zelle F9 steht **=F6+F7**. Wenn Anja und Nico in die Zelle F10 **=F9/B9** eintragen, erhalten sie den gesuchten x-Wert.

	A	B	C	D	E	F
12	einsetzen in I					
13		30	+	2	y=	52
14				2	y=	22
15					y=	11
16						
17	Lösung:		x=	5	y=	11

In die Zelle B13 tragen sie **=B3*F10** ein, in D13 und D14 jeweils = **D3**, in F13 = **F3** und in die Zelle F14 **=F13-B13**. In der Zelle F15 steht dann mit dem Eintrag = **F14/D3** der gesuchte y-Wert.

b) Lege ein Tabellenblatt wie Anja und Nico an und bestimme auf dem Blatt die Lösung des linearen Gleichungssystems.
c) Bestimme mithilfe des angelegten Tabellenblatts die Lösungen der folgenden linearen Gleichungssysteme. Schreibe dazu in die Zellen B3, B4, D3, D4, F3 und F4 die entsprechenden Zahlen.

I $17x - 11y = 262$
II $-23x + 27y = -512$

I $-10{,}8x - 9{,}4y = -87$
II $13{,}2x + 6{,}2y = 27$

I $0{,}24x - 1{,}82y = 28{,}92$
II $-3{,}06x + 4{,}12y = -25{,}20$

d) Was geschieht, wenn das eingegebene lineare Gleichungssystem keine (unendlich viele) Lösungen hat?

Lineare Gleichungssysteme

kompakt

Grafisches Lösungsverfahren

Zwei lineare Gleichungen mit zwei Variablen bilden ein **lineares Gleichungssystem.**

Lineares Gleichungssystem:

I $3x - 3y = 4{,}5$
II $x + 2y = 3$

zugehörige Geraden:

I $y = x - 1{,}5$
II $y = -0{,}5x + 1{,}5$

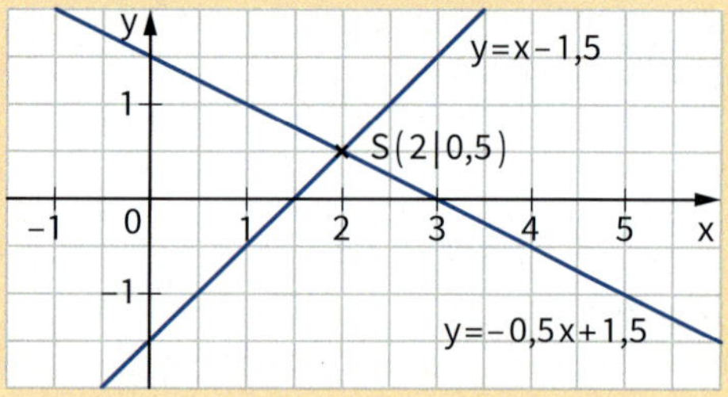

Lösungsmenge: $L = \{(2 \mid 0{,}5)\}$

Schnittpunkt: $S(2 \mid 0{,}5)$

Für ein lineares Gleichungssystem aus zwei Gleichungen mit zwei Variablen gilt: Die Koordinaten des Schnittpunktes S der zugehörigen Geraden erfüllen beide Gleichungen. Sie sind die Lösung des linearen Gleichungssystems.

Gleichsetzungsverfahren

Lineares Gleichungssystem:

I $3x - 3y = 4{,}5$
II $x + 2y = 3$

Gleichsetzungsverfahren:
Löse beide Gleichungen nach gleichen Vielfachen einer Variablen auf und setze dann die beiden anderen Seiten gleich.

I $y = x - 1{,}5$
II $y = -0{,}5x + 1{,}5$

$x - 1{,}5 = -0{,}5x + 1{,}5$

Löse die Gleichung nach der Variablen auf.

$1{,}5x = 3$
$x = 2$

Bestimme den Wert für die zweite Variable, indem du den Wert für die erste Variable in eine der Ausgangsgleichungen einsetzt.

in I: $3 \cdot 2 - 3y = 4{,}5$
$-3y = -1{,}5$
$y = 0{,}5$

Gib die Lösungsmenge an.

$L = \{(2 \mid 0{,}5)\}$

Probe

Mache die **Probe,** indem du die Lösung in beide Ausgangsgleichungen einsetzt.

I	$3x - 3y = 4{,}5$	II	$x + 2y = 3$
I	$3 \cdot 2 - 3 \cdot 0{,}5 = 4{,}5$	II	$2 + 2 \cdot 0{,}5 = 3$
I	$4{,}5 = 4{,}5$ w	II	$3 = 3$ w

Lösungsmengen linearer Gleichungssysteme

Keine Lösung: Du erhältst eine nicht erfüllbare Gleichung.

Eine Lösung: Du kannst die Gleichung nach einer Variablen auflösen, ihren Wert bestimmen und anschließend den Wert der zweiten Variablen berechnen.

Unendlich viele Lösungen: Du erhältst eine allgemeingültige Gleichung. Jede Lösung einer der Gleichungen ist auch Lösung des Gleichungssystems.

Einsetzungsverfahren

Lineares Gleichungssystem:

$$\begin{array}{ll} \text{I} & 4x + 3y = 0 \\ \text{II} & 6x + 2y = -10 \end{array}$$

Einsetzungsverfahren:

Löse eine Gleichung nach einer Variablen auf und setze den Term dafür in die andere Gleichung ein.

$$\begin{array}{lr} \text{I} & 4x = -3y \\ \text{I} & x = -0{,}75y \end{array}$$

Löse die Gleichung nach der Variablen auf.

$$\begin{array}{lr} \text{in II:} & 6 \cdot (-0{,}75y) + 2y = -10 \\ & -4{,}5y + 2y = -10 \\ & -2{,}5y = -10 \\ & y = 4 \end{array}$$

Bestimme den Wert für die zweite Variable, indem du den Wert für die erste Variable einsetzt.

$$\begin{array}{lr} \text{in I:} & x = -0{,}75 \cdot 4 \\ & x = -3 \end{array}$$

Gib die Lösungsmenge an. $L = \{(-3 \mid 4)\}$

Mache die **Probe,** indem du die Lösung in beide Ausgangsgleichungen einsetzt.

Additionsverfahren

Lineares Gleichungssystem:

$$\begin{array}{ll} \text{I} & 3x + 2y = -2 \\ \text{II} & 7x + 3y = 17 \end{array}$$

Additionsverfahren:

Multipliziere eine oder beide Gleichungen so, dass bei ihrer anschließenden Addition eine Variable herausfällt.

$$\begin{array}{lrl} \text{I} & 3x + 2y = -2 & \mid \cdot 3 \\ \text{I} & 9x + 6y = -6 & \\ & & \\ \text{II} & 7x + 3y = 17 & \mid \cdot (-2) \\ \text{II} & -14x - 6y = -34 & \\ & & \\ \text{I} & 9x + 6y = -6 & \\ \text{II} & \underline{-14x - 6y = -34} & \\ \text{III} & -5x = -40 & \end{array}$$

Löse die Gleichung nach der Variablen auf. $x = 8$

Bestimme den Wert für die zweite Variable, indem du den Wert für die erste Variable in eine der Ausgangsgleichungen einsetzt.

$$\begin{array}{lr} \text{in I:} & 3 \cdot 8 + 2y = -2 \\ & 2y = -26 \\ & y = -13 \end{array}$$

Gib die Lösungsmenge an. $L = \{(8 \mid -13)\}$

Mache die **Probe,** indem du die Lösung in beide Ausgangsgleichungen einsetzt.

Üben und Vertiefen

1 Forme beide Gleichungen des linearen Gleichungssystems jeweils in ihre Normalform um.
Entscheide anhand der Geradengleichungen, wie viele Lösungen das Gleichungssystem hat. Gibt es eine Lösung, so bestimme diese grafisch.
Mache die Probe, indem du die Koordinaten des Schnittpunktes in beide Ausgangsgleichungen einsetzt.

I $2y - x = 1$
II $2x + 4y = 22$

I $2y = x + 1$ II $4y = -2x + 22$
I $y = 0{,}5x + 0{,}5$ II $y = -0{,}5x + 5{,}5$

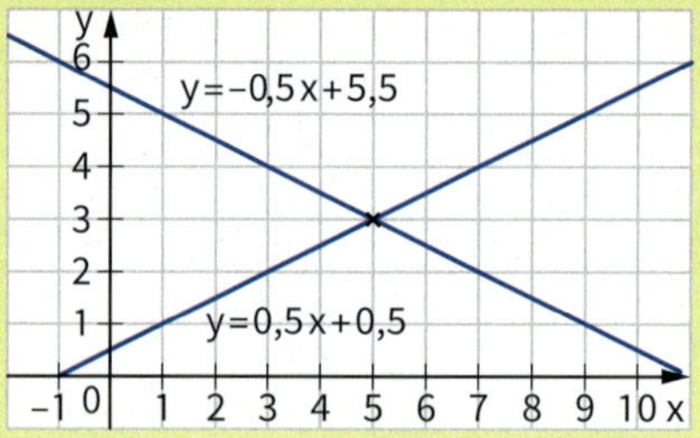

S(5|3)

in I: $2 \cdot 3 - 5 = 1$, $1 = 1$ w
in II: $2 \cdot 5 + 4 \cdot 3 = 22$, $22 = 22$ w

a) $2y - 6x = -18$; $y + x = 7$
b) $3y + 6x = 3$; $2y - 10 = -8x$
c) $4y - 2x = -14$; $2y + x = -1$
d) $2y - 3x = 1$; $4y + 4 = 4x$
e) $4y + 14 = 6x$; $3x - 2y = 7$
f) $2y - 5x = -5$; $4y + 2 = 6x$
g) $2y + 1 = -4x$; $4 - 4y = -4x$
h) $4y + 8x = 6$; $4x + 2y = 11$
i) $3y - x = 2$; $2y + 7 = 4x$
k) $2y + 7x = 14$; $4y - 2x = -20$
l) $x - 2y = -11{,}5$; $-y - x = -2$
m) $2x + 3y = 9$; $27 - 9y = 6x$

Lösungen zu Aufgabe 1:
(4|3) (3|−2) (−0,5|0,5) (2|−3) (2|2,5) (−2,5|4,5) (2,5|1,5) (3|−3,5) (−3|−4)

2 Löse nach einem Vielfachen von y auf und wende das Gleichsetzungsverfahren an. Mache die Probe, indem du die Lösung in beide Ausgangsgleichungen einsetzt.

a) $7x - 3y = 19$; $3y - 10x = -13$
b) $6x + 14y = 98$; $14y - 7 = 20x$
c) $4x + 6y = 32$; $22x + 13 = -6y$
d) $14y + 11x = -42$; $14y + 14 = -15x$

Lösungen zu Aufgabe 2:
(7|−8,5) (−2|−11) (3,5|5,5) (−2,5|7)

3 Löse wie im Beispiel nach gleichen Vielfachen von x auf. Bestimme dann die Lösungsmenge mithilfe des Gleichsetzungsverfahrens.

I $12x - 7y = 45$
II $16x + 7 = -13y$
I $12x - 7y = 45$ $| + 7y$
$12x = 7y + 45$ $| \cdot 4$
$48x = 28y + 180$
II $16x + 7 = -13y$ $| - 7$
$16x = 13y - 7$ $| \cdot 3$
$48x = 39y - 21$

a) $3x + 2y = 33$; $7y - 3x = 21$
b) $6x - 5y = 15$; $3x + 6 = 7y$
c) $5x + 50 = 3y$; $y - 50 = 10x$
d) $6x - 4y = 54$; $27 - 9x = 3y$
e) $7x - 8y = 43$; $14x = 18y + 81$
f) $12x + 2y = 30$; $7y + 18x = 117$
g) $11x + 2y = -34{,}5$; $6x + 57 = 4y$
h) $5y - 127 = 3x$; $2x + 2y = -18$
i) $7x + y = 73$; $-x - 3 = 3y$
k) $6x + 9y = -3$; $9x - 18y = 20$

Lösungen zu Aufgabe 3:
(11,1|−4,7) (−21,5|12,5) (−0,5|18) (5|−6) (5|3) (−4,5|7,5) (9|2,5) (−4|10) (7|6) $(\frac{2}{3}|-\frac{7}{9})$

So kannst du ein lineares Gleichungssystem, das Brüche enthält, in ein lineares Gleichungssystem ohne Brüche umformen:

I $\frac{1}{3}x - \frac{1}{4}y = \frac{1}{6}$

II $\frac{1}{3}x + \frac{2}{5}y = 7\frac{1}{3}$

Bestimme für jede Gleichung den Hauptnenner. Multipliziere jede Gleichung mit ihrem Hauptnenner und kürze anschließend.

I $\frac{1}{3}x - \frac{1}{4}y = \frac{1}{6} \quad |\cdot 12$

I $\frac{1\cdot 12}{3}x - \frac{1\cdot 12}{4}y = \frac{1\cdot 12}{6}$

I $\frac{1\cdot \cancel{12}^{4}}{\cancel{3}_{1}}x - \frac{1\cdot \cancel{12}^{3}}{\cancel{4}_{1}}y = \frac{1\cdot \cancel{12}^{2}}{\cancel{6}_{1}}$

I $4x - 3y = 2$

II $\frac{1}{3}x + \frac{2}{5}y = 7\frac{1}{3} \quad |\cdot 15$

II $\frac{1\cdot 15}{3}x + \frac{2\cdot 15}{5}y = 105\frac{1\cdot 15}{3}$

II $\frac{1\cdot \cancel{15}^{5}}{\cancel{3}_{1}}x + \frac{2\cdot \cancel{15}^{3}}{\cancel{5}_{1}}y = 105\frac{1\cdot \cancel{15}^{5}}{\cancel{3}_{1}}$

II $5x + 6y = 110$

• **4** Forme in ein lineares Gleichungssystem ohne Brüche um und bestimme die Lösungsmenge mithilfe des Gleichsetzungsverfahrens.

a) $\frac{2}{3}x - \frac{2}{5}y = \frac{4}{15}$
$\frac{1}{4}x + \frac{1}{3}y = 3$

b) $\frac{1}{3}x + \frac{1}{2}y = 4\frac{1}{6}$
$\frac{1}{6}y - \frac{1}{9}x = 3\frac{11}{18}$

c) $\frac{2}{3}x - \frac{1}{2}y = 8\frac{1}{2}$
$\frac{1}{2}x + \frac{1}{5}y = 1\frac{1}{5}$

d) $\frac{1}{3}x - \frac{1}{2}y = -1\frac{1}{3}$
$\frac{5}{8}y - \frac{3}{4}x = 5$

Lösungen zu Aufgabe 4:
(6 | −9) (−10 | −4) (4 | 6) (−10 | 15)

• **5** Bestimme die Lösungsmenge.

a) $\frac{1}{7}x - \frac{1}{3}y = 7\frac{2}{3}$
$\frac{2}{3}x + \frac{3}{4}y = 3\frac{1}{2}$

b) $\frac{1}{3}x - \frac{1}{2}y = 0$
$-\frac{3}{4}x + \frac{9}{10}y = 5\frac{2}{5}$

c) $\frac{2}{3}x + \frac{2}{9}y = -\frac{1}{5}$
$\frac{1}{6}y - \frac{1}{3}x = 2\frac{1}{10}$

d) $\frac{2}{3}x - \frac{2}{7}y = -\frac{2}{9}$
$\frac{2}{3}x + \frac{3}{5}y = 1\frac{38}{45}$

Lösungen zu Aufgabe 5:
(−36 | −24) (−2,7 | 7,2) (21 | −14) $(\frac{2}{3} | 2\frac{1}{3})$

• **6** Löse wie im Beispiel die Klammern auf und fasse gleichartige Terme zusammen. Bestimme dann die Lösungsmenge mithilfe des Gleichsetzungsverfahrens.

I	$x - 2(6 - 4x) = 13 + 2y$
II	$20 - [3x - 4(4x - 3y)] = 61 - 6y$
I	$x - 12 + 8x = 13 + 2y$
I	$9x - 12 = 13 + 2y$
I	$\underline{9x = 25 + 2y}$
II	$20 - [3x - 16x + 12y] = 61 - 6y$
II	$20 - [-13x + 12y] = 61 - 6y$
II	$20 + 13x - 12y = 61 - 6y$
II	$13x - 12y = 41 - 6y$
II	$\underline{13x - 6y = 41}$

a) $11(x + 3) - 6y = 3y + 33$
$6y - 9(2x + 3) = 60 - x$

b) $3(x + 12) - 5(y - 2) = 142 - 10y$
$15 - 2(x + 2y) = 5 - (9x + 7y)$

c) $4x - 4(5 - x) - 2y = 5(y - 6)$
$2y - 3(1 + x) - x = -2(y + 2 - x)$

d) $15 - [3x - 2(y - 3x)] = 8y$
$16x - [(5x + 3y) - 32] = 13 - 7y$

e) $2y - [2x - 2(6 + 4x)] = 5(3 - y)$
$3[6x - (7y + 5)] = 9x - 7(y + 2)$

Lösungen zu Aufgabe 6:
(4,7 | 6,8) (−9 | −11) (−13 | 27) $(\frac{1}{3} | \frac{1}{7})$
(−5,8 | 11,2)

7 Bestimme die Lösung des Gleichungssystems. Wähle dazu ein geeignetes rechnerisches Lösungsverfahren.

a) $y = 3{,}5x + 8$
$y = 2x - 4$

b) $y = -0{,}5x$
$y = -2x - 36$

c) $7x - 6y = 53$
$40 + 2y = 4x$

d) $12x + 4y = -10{,}4$
$8x - 16y = 8$

e) $3x - 2y = -42$
$2x + 5y = 48$

f) $6x + 2y = -4$
$-7x - 3y = 16$

g) $4x - 3y = 3$
$-2x + 4y = -24$

h) $4x + 3y = 83$
$5x - 2y = 29$

i) $7y - 5x = -2$
$-6y + 15x = 216$

k) $-3x - 4y = 35$
$6x + 2y = 68$

l) $16x - 9y = 33$
$-15x + 27y = 99$

m) $3x + 35y = 282$
$5x + 7y = 162$

n) $y = 2x - 3$
$y = 1{,}5x + 4{,}5$

o) $3y + 9x = 25{,}8$
$11x + 8y = -17$

p) $y = -x + 18$
$y = -2{,}5x - 63$

q) $15x - 10y = 54$
$4x + 7y = -3$

r) $1x + 4y = -5$
$2x - 3y = 56$

s) $-2x - 3y = 48$
$7x + 5y = -3$

t) $9x - 6y = 30$
$-x + 7y = 98$

u) $11x - 9y = 27$
$x - 6y = -210$

v) $x + 7y = 51$
$4x - 17y = 24$

w) $3x + 45y = 150$
$7x - 15y = 110$

x) $8x - 14y = -76$
$16x + 7y = 422$

y) $-3x - 27y = -135$
$-21x - 9y = 189$

Lösungen zu Aufgabe 7:
(36 | 41) (14 | 16) (21 | −30) (19 | −6)
(20 | 14) (19 | −23) (−54 | 72)
(2,4 | −1,8) (6,6 | −11,2) (6 | 7) (24 | 6)
(−8 | 20) (−24 | 12) (−6 | −9) (11 | 13)
(13,4 | 6,8) (23 | 4) (20 | 2) (−11,7 | 6,3)
(19,2 | 16,4) (−0,6 | −0,8) (−6 | 12)
(5 | −17) (15 | 27)

8 Entscheide mithilfe eines geeigneten rechnerischen Lösungsverfahrens, wie viele Lösungen das Gleichungssystem hat. Existiert nur eine Lösung, gib diese an.

a) $24x + 17y = 30$
$-9x - 11y = 72$

b) $12x - 20y = 16$
$9x - 15y = 12$

c) $13x + 14y = -57$
$-19x - 21y = 100$

d) $16x - 24y = 26$
$-40x + 60y = 66$

e) $6x - 12y = 24$
$-9x + 18y = -36$

f) $-17x + 34y = -66$
$3x - 6y = 12$

g) $11x - 8 = 3y$
$y + 13x = 19$

h) $4x + 26 = y$
$21 - 11y = 6x$

i) $9x + 15y = -132$
$6x - 10y = 238$

k) $39x - 52y = 104$
$-9x + 12y = -24$

l) $x - 19 = y$
$-7x = 13y + 15$

m) $12x - 17 = -11y$
$-5y - 102 = -10x$

n) $24x + 12y = 18$
$-16x - 8y = -12$

o) $8x + 4y = 344$
$12x - 14y = 252$

Lösungen zu Aufgabe 8:
(−5,3 | 4,8) (12,5 | −16,3) (7,1 | −6,2)
(11,6 | −7,4) (36,4 | 12,2) (21 | −30)
(14 | −18) (29 | −31) (1,3 | 2,1)

9 Löse die Klammem auf und fasse gleichartige Terme zusammen. Entscheide dann mithilfe eines geeigneten Lösungsverfahrens, wie viele Lösungen das Gleichungssystem hat. Existiert nur eine Lösung, gib diese an.

a) $6(2x - 1) + 5y = -22 - (2x + 2y)$
$8y - 5(2x - 3) = 2(8 + 2y) - (18x + 11)$

b) $5x - 2(7 + 3x) - 2y = 3(-25 - 3y)$
$-2y + 9(2x - 4) - 13x = 5y - 5(2 + y - x)$

c) $3x - [3y - 4(3x - 9)] = -3(x + 9y + 2)$
$22 - [(4x - 6y) + 8] = 2(27 - 10x - 13y)$

d) $6y - 2[5x - (2y - 15)] = 4y - 6(2x - 2)$
$4[3y - (6x - 5)] = 76 - 7(3x - y)$

Lösungen zu Aufgabe 9:
(0 | 1,25) (−4,5 | 8,5) (−30 | −13)

Zahlenrätsel

Die Summe zweier Zahlen beträgt 69.
Die Differenz der beiden Zahlen ist 13.
Wie heißen die beiden Zahlen?

So kannst du das Zahlenrätsel mithilfe eines linearen Gleichungssystems lösen:

1. Lege fest, welche Zahl du mit x und welche Zahl du mit y bezeichnest.

x ist die größere Zahl
y ist die kleinere Zahl

2. Forme die Texte in Gleichungen um.

Text	Gleichung
Die Summe zweier Zahlen beträgt 69.	$x + y = 69$
Die Differenz der beiden Zahlen ist 13.	$x - y = 13$

3. Bestimme die Lösungsmenge mithilfe eines geeigneten Verfahrens.

$L = \{(41|28)\}$

4. Formuliere eine Antwort.

Die größere Zahl ist 41, die kleinere 28.

• **1** Löse das Zahlenrätsel.
a) Die Summe zweier Zahlen beträgt 35, ihre Differenz ist 17.
b) Die Summe zweier Zahlen beträgt 92. Das Doppelte der ersten Zahl und die Hälfte der zweiten Zahl ergeben zusammen 124.
c) Addiere zu einer Zahl 5, so erhältst du das Vierfache einer zweiten Zahl. Das Doppelte der ersten Zahl, vermindert um 6, ergibt auch das Vierfache der zweiten Zahl.
d) Das Doppelte einer Zahl ist um 7 größer als das Dreifache einer zweiten Zahl. Die Summe beider Zahlen ist um 2 kleiner als das Dreifache der zweiten Zahl.

Lösungen zu Aufgabe 1:
(20 | 11) (26 | 9) (11 | 4) (52 | 40)

• **2** Bestimme die Lösung des Zahlenrätsels.
a) Multiplizierst du eine Zahl mit 3 und addierst zu dem Produkt 4, so erhältst du das Doppelte einer zweiten Zahl, vermindert um 1. Das Doppelte der ersten Zahl ist der Nachfolger der zweiten Zahl.
b) Das Produkt aus einer Zahl und 2,5 ist um 8 größer als das Doppelte einer zweiten Zahl. Das Fünffache der zweiten Zahl ist um 2 kleiner als das Vierfache der ersten.
c) Die Summe zweier Zahlen ist 49, ihr Quotient ist 6.

Lösungen zu Aufgabe 2:
(8 | 6) (42 | 7) (7 | 13)

3 Wie viele Einzelzimmer und wie viele Doppelzimmer hat das Hotel?

4 Jonas hält auf seinem Bauernhof Hühner und Kaninchen. Es sind zusammen 37 Tiere mit insgesamt 106 Beinen. Wie viele Kaninchen und wie viele Hühner hat er?

Die Aufgaben auf den nächsten drei Seiten kannst du allein oder mit einem Partner in einer Arbeitsstunde bearbeiten. Wähle zunächst zwei Aufgaben von Seite 99, dann zwei Aufgaben von Seite 100. Wenn du diese erfolgreich bearbeitet hast, wähle weitere Aufgaben von Seite 100 oder 101.

Geometrieaufgaben

1 Wie groß sind die Winkel in einem gleichschenkligen Dreieck, wenn jeder Basiswinkel doppelt so groß ist wie der Winkel in der Spitze?

• **2** In einem rechtwinkligen Dreieck ist einer der spitzen Winkel um 8° größer als der andere spitze Winkel. Wie groß ist jeder Winkel?

• **3** Von den Winkeln eines Parallelogramms ist der eine um 60° größer als der andere. Berechne die Größen aller Winkel des Parallelogramms.

• **4** Der Umfang eines gleichschenkligen Dreiecks beträgt 29 cm. Jeder Schenkel ist um 4 cm länger als die Basis. Berechne die Seitenlängen.

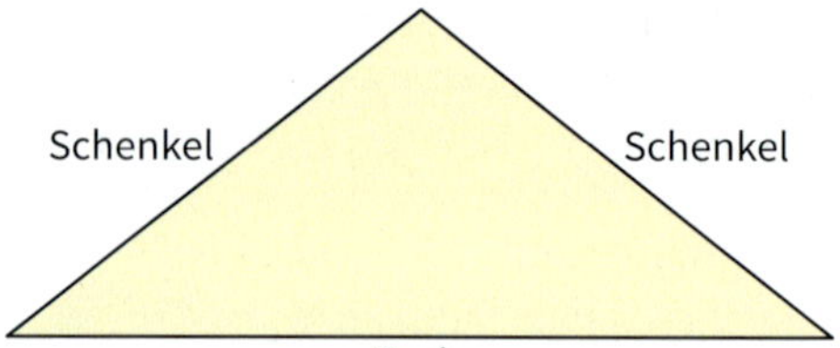

• **5** Der Umfang eines Parallelogramms beträgt 48 cm. Die Länge einer Seite ist um 6 cm größer als die Länge der anderen Seite. Wie lang sind die Seiten des Parallelogramms?

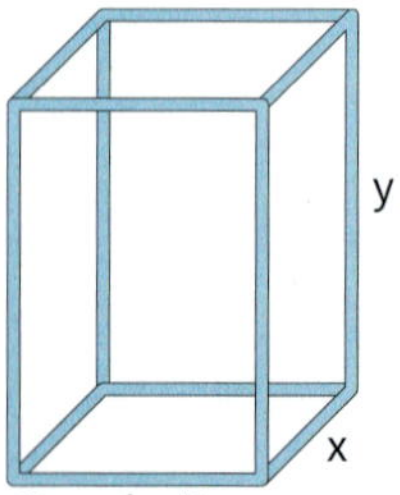

• **6** a) Aus einem Draht von 1,4 m Länge ist das Kantenmodell einer quadratischen Säule hergestellt worden. Die Höhe y ist um 5 cm länger als die Grundseite x. Bestimme die Kantenlängen.
b) Wie groß sind die Kantenlängen, wenn der Draht eine Länge von 1,2 m hat und die Höhe y viermal so lang wie die Grundseite x ist?

• **7** Ein Draht von 75 cm Länge soll zu einem gleichschenkligen Dreieck gebogen werden, bei dem die Länge der Grundseite halb so groß ist wie die Länge eines Schenkels. Wie lang müssen die Dreieckseiten sein?

• **8** Die Mittellinie eines Trapezes ist 12 cm lang. Die eine der parallelen Seiten ist um 2 cm länger als die andere. Berechne die Länge der parallelen Seiten.

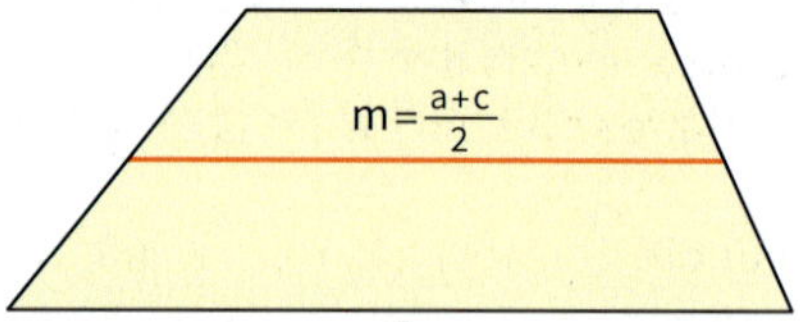

• **9** Verkürzt man die Grundstückslänge eines rechteckigen Grundstücks um 4 m, nimmt der Flächeninhalt um 80 m^2 ab.

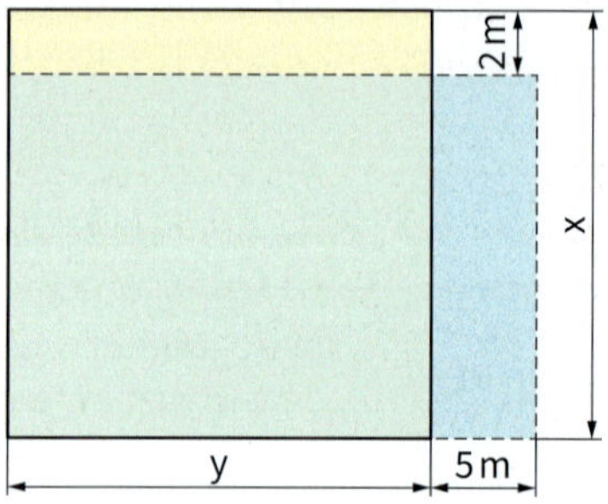

Verkürzt man die Grundstücksbreite um 2 m und vergrößert die Länge um 5 m, nimmt der Flächeninhalt um 30 m^2 zu. Bestimme die ursprüngliche Breite und Länge des Grundstücks.

• **10** Vergrößert man in einem Rechteck die Länge der kleineren Seite um 3 cm und verkleinert die Länge der größeren Seite um 2 cm, so erhält man ein Quadrat, dessen Flächeninhalt um 14 cm^2 größer ist als die Fläche des Rechtecks. Bestimme die Seitenlängen des Rechtecks.

Lösungen zu Aufgabe 2 bis 10:
(41 | 49) (9 | 15) (10 | 15) (11 | 13)
(5 | 10) (36 | 72) (60 | 120) (7 | 11)
(5 | 20) (15 | 30) (20 | 30)

Stellen sich Schülerinnen und Schüler dreier Klassen in Zweier- oder Vierer-Reihen auf, fehlt jeweils eine Person. Stellen sie sich in Dreier- oder Fünfer-Reihen auf, ist jede Reihe voll. Wie viele Schülerinnen und Schüler sind insgesamt in den drei Klassen?

Sachaufgaben

1 In der Cafeteria bezahlt Herr Vogt für drei belegte Brötchen und zwei Tassen Kaffee zusammen 4,20 €. Frau Heuer werden für eine Tasse Kaffee und zwei belegte Brötchen 2,60 € berechnet. Bestimme jeweils den Preis für eine Tasse Kaffee und ein belegtes Brötchen.

2 Für die Urlaubsfahrt nach Amerika tauscht Herr Stanzel 500 US-Dollar und 800 kanadische Dollar ein. Die Bank berechnet ihm insgesamt 960,50 €. Seine Tochter Eva muss für 20 US-Dollar und 50 kanadische Dollar 51,11 € bezahlen. Berechne die Wechselkurse für 100 US-Dollar und 100 kanadische Dollar.

3 Silkes Mutter leiht sich für zwei Tage einen Wagen. Die Kosten für den Leihwagen setzen sich aus einer Grundgebühr pro Tag und den Kosten für jeden zurückgelegten Kilometer zusammen.

Leihgebühr pro Tag (in €):	x
Anzahl der Tage:	2
Kosten pro km (in €):	y
Anzahl der km:	170
Gesamtkosten (in €):	95,50
Gleichung I:	$2x + 170y = 95,50$

Für eine zurückgelegte Strecke von 170 km muss Silkes Mutter nach zwei Tagen insgesamt 95,50 € bezahlen. Svens Vater bezahlt für den gleichen Wagen nach sechs Tagen und 540 km Fahrstrecke 291 €.
Berechne die Grundgebühr pro Tag und die Kosten pro zurückgelegtem Kilometer.

4 Die Kosten für eine Taxifahrt setzen sich aus der Grundgebühr und den Kosten für jeden zurückgelegten Kilometer zusammen (ohne Wartezeit).
Für eine 16 km lange Fahrt mit dem Taxi (ohne Wartezeit) bezahlt Herr Schulte 27,50 €. Frau Schäfers bezahlt nach einer 12 km langen Taxifahrt (ohne Wartezeit) 21,50 €. Wie hoch sind die Grundgebühr und die Kosten für einen zurückgelegten Kilometer?

5 Für einen Jahresverbrauch von 125 m³ Frischwasser wird Familie Krüger einschließlich der Grundgebühr für den Zähler ein Nettopreis von 377,50 € berechnet. Familie Busse bezahlt für einen Jahresverbrauch von 140 m³ Frischwasser einen Nettopreis von 415,60 €. Berechne den Nettopreis für den Wasserzähler pro Jahr und den Nettopreis für 1 m³ Frischwasser.

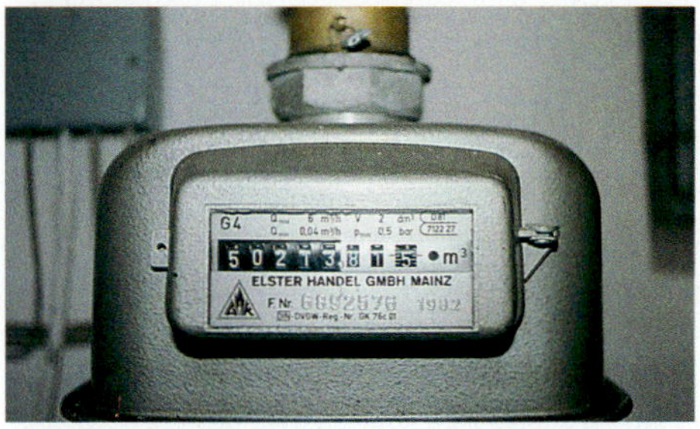

6 Für einen Jahresverbrauch von 2 600 m³ Erdgas werden der Familie Kamp einschließlich Grundgebühr 1 582,88 € berechnet. Familie Plass bezahlt bei einem Verbrauch von 2 900 m³ Erdgas im Jahr beim gleichen Tarif 1752,38 €. Wie hoch sind der Preis für die Zählergebühr und der Preis für 1 m³ Erdgas?

Lösungen zu Aufgabe 1 bis 6:
(35 | 0,15) (3,50 | 1,50) (60 | 2,54)
(1,0 | 0,6) (79,3 | 70,5) (113,88 | 0,565)

Die auf den nächsten drei Seiten folgenden Aufgaben kannst du auch in arbeitsteiliger Gruppenarbeit bearbeiten. Beachte dazu die Hinweise auf Seite 227.

1 Um Geld zu sparen, möchte Familie Schreiber in Zukunft die elektrische Energie von einem anderen Energieversorgungsunternehmen beziehen. Aus einer Reihe von Angeboten wurden die Angebote von NEON und Mainstream ausgewählt. Die angebotenen Preise enthalten bereits die Umsatz- und die Stromsteuer.

Die elektrische Energie wird in Kilowattstunden (kWh) angegeben.

Mainstream

Arbeitspreis: 24 Cent pro kWh
Grundpreis: 12,50 € pro Monat

NEON

Arbeitspreis: 26 Cent pro kWh
Grundpreis: 7,50 € pro Monat

a) Vergleiche die Angebote der beiden Energieversorgungsunternehmen miteinander. Kannst du entscheiden, welches dieser Angebote für Familie Schreiber günstiger ist?

b) Berechne für beide Angebote die Kosten bei einem Jahresverbrauch von 2 000 (3 000, 4 000) Kilowattstunden. Was fällt dir auf?

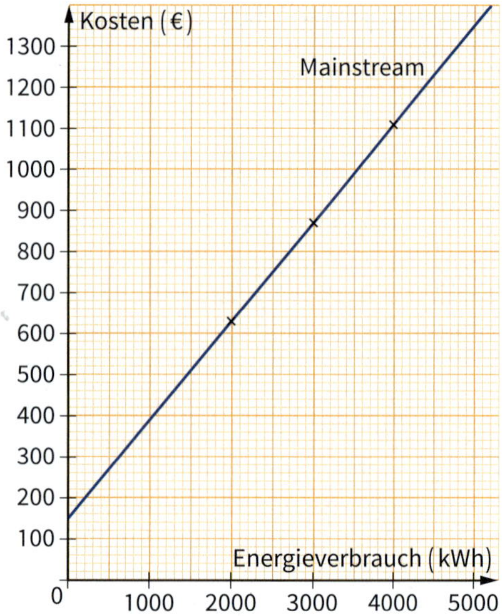

c) Svenja hat ein Koordinatensystem auf Millimeterpapier gezeichnet und dort zu den angegebenen Kilowattstunden die für Mainstream berechneten Kosten eingetragen.
Warum liegen alle eingezeichneten Punkte auf einer Geraden? Wo kannst du den jährlichen Grundpreis ablesen?
d) Übertrage das Koordinatensystem mit der Geraden in dein Heft. Trage auch die für NEON berechneten Kosten in das Koordinatensystem ein und zeichne durch die Punkte eine Gerade.
e) Wie kannst du anhand der Graphen feststellen, welches Angebot bei einem vorgegebenen Verbrauch das günstigere ist?

Methode Präsentieren

1. Beginne nicht sofort, sondern warte ab, bis Ruhe herrscht.
2. Versuche frei zu sprechen und schaue das Publikum an. Benutze einen Notizzettel als Merkhilfe.
3. Stelle wichtige Informationen besonders heraus. Benutze dazu Tafel, Folien, Plakate.
4. Warte am Ende, ob es noch Fragen oder Anmerkungen gibt.

Kosten für elektrische Energie und Gas

2 Im Koordinatensystem siehst du die Geraden, die den Zusammenhang zwischen dem Energieverbrauch und den jährlichen Kosten für die Angebote Mainstream und NEON darstellen.

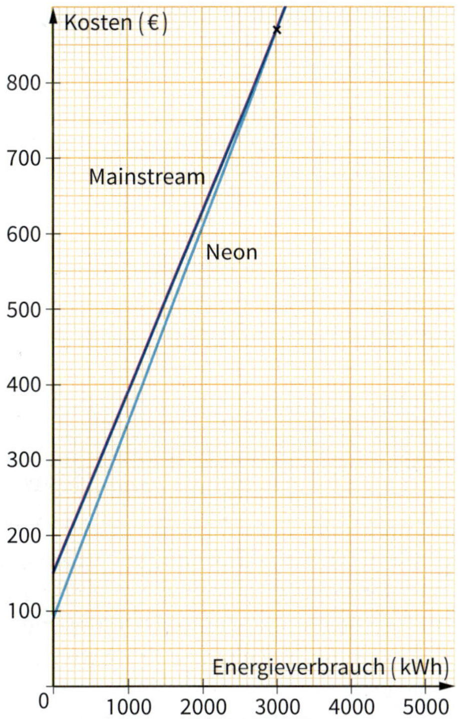

a) Die Gleichung, mit der man beim Angebot von „Mainstream" zu jedem Jahresverbrauch x in Kilowattstunden die Kosten y in Euro bestimmen kann, lautet:

$$y = 0{,}24x + 150.$$

Bestimme für das Angebot von NEON die entsprechende Gleichung. Überprüfe die bereits für 2 000 (3 000, 4 000) Kilowatt berechneten Kosten mithilfe beider Gleichungen.

b) Bestimme die x-Koordinaten des Schnittpunktes, indem du die rechten Seiten beider Gleichungen gleichsetzt. Berechne dann die y-Koordinate. Erläutere die Vorgehensweise.
Welche Bedeutung hat die x-Koordinate des Schnittpunktes, welche die y-Koordinate?

c) Ab welchem jährlichen Energieverbrauch ist das Angebot von NEON günstiger?

3 Vergleiche die beiden Angebote der Energieversorgungsunternehmen miteinander. Bestimme den Bereich, in dem das Angebot von RIVA günstiger ist.

a)

RIVA:	25 Cent pro kWh, 10 € pro Monat
EnSB:	23 Cent pro kWh, 15 € pro Monat

b)

RIVA:	26 Cent pro kWh, 10,50 € pro Monat
EnSB:	28 Cent pro kWh, 6,50 € pro Monat

4 a) Informiere dich über die aktuellen Preise für elektrische Energie in deiner Region. Wie groß ist der Jahresverbrauch an elektrischer Energie in deinem Haushalt?
b) Überlege bei unterschiedlichen Angeboten, welches das günstigere ist. Gibt es noch andere Gründe dafür, bestimmte Angebote anzunehmen?

5 Informiere dich über die aktuellen Preise für Gas in deiner Region. Überlege bei unterschiedlichen Angeboten, welches das günstigere ist.

Ausgangstest 1

1 Bestimme grafisch die Lösungsmenge des Gleichungssystems. Mache die Probe, indem du die Koordinaten des Schnittpunktes in beide Ausgangsgleichungen einsetzt,

a) $y = 0{,}5x + 3$
$y = -2{,}5x$

b) $y = -x + 1{,}5$
$y = -1{,}5x + 3{,}5$

c) $2y + 4 = x$
$4y - 16 = 10x$

d) $3x = 4y + 6$
$x - 0{,}5y = -0{,}5$

2 Bestimme rechnerisch die Lösungsmenge des Gleichungssystems. Mache die Probe.

a) $2y - 4x = 30$
$4y - 68 = 6x$

b) $6x - 2y = 53$
$8y - 38 = 4x$

c) $3y + x = 14$
$6y - 97 = 4x$

d) $9x + 6y = -15$
$3y - 3x = 93$

3 Entscheide rechnerisch, wie viele Lösungen das Gleichungssystem hat. Existiert nur eine Lösung, so gib diese an.

a) $3y + 7x = -35$
$-26 - 6y = 10x$

b) $2y - 8x = -14$
$12x - 21 = 3y$

c) $3x + 9y = 42$
$14y + 2x = 80$

d) $4y - 6x = 16$
$6y - 22 = 9x$

4 Bestimme die Lösungsmenge des Zahlenrätsels.
a) Die Summe zweier Zahlen beträgt 29. Die Differenz aus dem Doppelten der ersten Zahl und der zweiten Zahl ergibt 16.
b) Die Differenz zweier Zahlen ist um 15 kleiner als das Doppelte der ersten Zahl. Die Summe aus dem Achtfachen der ersten Zahl und dem Zehnfachen der zweiten Zahl ergibt 100.
c) Die Summe zweier Zahlen ist um 1 größer als das Doppelte der zweiten Zahl. Das Dreifache des Nachfolgers der ersten Zahl ist gleich dem Vierfachen des Vorgängers der zweiten Zahl.

5 Ein Draht von 180 cm Länge soll zu einem Rechteck gebogen werden.
Dabei soll die größere Rechteckseite um 15 cm länger werden als die kleinere. Berechne die Länge beider Rechteckseiten.

6 Der Umfang eines gleichschenkligen Dreiecks beträgt 67 cm. Die Länge der Grundseite ist um 4 cm größer als die Länge jedes Schenkels. Berechne die Seitenlängen.

7 Jonas kauft im Schulkiosk drei Joghurt und vier Brötchen für insgesamt 3,20 € ein. Nurcan muss für zwei Joghurt und zwei Brötchen zusammen 1,80 € bezahlen. Bestimme jeweils den Preis für einen Joghurt und ein Brötchen.

Ich kann	Aufgabe	Hilfen und Aufgaben
lineare Gleichungssysteme mit zwei Variablen grafisch lösen.	1	Seite 87, 88
lineare Gleichungssysteme mit zwei Variablen mit dem Gleichsetzungsverfahren lösen.	2	Seite 89, 90
lineare Gleichungssysteme mit zwei Variablen mit einem geeigneten rechnerischen Verfahren lösen.	3	Seite 89 – 92
Aussagen über die Anzahl der Lösungen linearer Gleichungssysteme mit zwei Variablen machen.	3	Seite 88
Sachprobleme durch lineare Gleichungssysteme mit zwei Variablen modellieren und lösen.	4 – 7	Seite 99 – 103

Ausgangstest 2

1 Bestimme rechnerisch die Lösungsmenge des Gleichungssystems. Mach die Probe.

a) $3x + 6y = 90$
$2y - 4x = 140$

b) $4x + 2y = 36$
$-8y = 6x - 20$

c) $3y - 2x = -7$
$15 + 4y = x$

d) $4y + 8x = -84$
$-50 - 6y = 7x$

e) $9y - x = -19$
$1 + x = y$

f) $11y + 7x = -6$
$3 - 5y = 7x$

2 Entscheide rechnerisch, wie viele Lösungen das Gleichungssystem hat. Existiert nur eine Lösung, so gib diese an.

a) $0{,}8 + 1{,}8y = 1{,}2x$
$1{,}8x - 2{,}7y = 1{,}3$

b) $2{,}8\,y - 4{,}8x = 164$
$1{,}8x + 2{,}1y = 20{,}4$

c) $\frac{1}{2}x - \frac{3}{4}y = \frac{1}{2}$
$\frac{1}{4}y - \frac{1}{6}x = -\frac{1}{6}$

d) $\frac{1}{2}x - \frac{2}{3} = y$
$\frac{2}{3}y + \frac{5}{6}x = \frac{1}{3}$

3 Der Umfang eines Parallelogramms beträgt 48 cm. Die Länge einer Seite ist um 3 cm größer als die Länge der anderen Seite. Wie lang sind die Seiten des Parallelogramms?

4 Verkürzt man bei einem rechteckigen Grundstück die Grundstückslänge um 5 m und vergrößert die Grundstücksbreite um 3 m, nimmt der Flächeninhalt um 7 m^2 ab. Verkürzt man die Grundstückslänge um 4 m und vergrößert die Grundstücksbreite um 5 m, nimmt der Flächeninhalt um 80 m^2 zu. Bestimme die ursprüngliche Breite und Länge des Grundstücks.

5 Für eine Geschäftsreise nach Südamerika tauscht Frau Schneider 1 500 Brasilianische Real (BRL) und 1 600 Argentinische Peso (ARS) für insgesamt 624,50 € ein. Ihr Geschäftspartner kauft 2 000 BRL und 1 800 ARS für zusammen 801,00 €. Berechne jeweils die Wechselkurse für 100 Brasilianische Real und für 100 Argentinische Peso.

6 Für einen Jahresverbrauch von 108 m^3 Frischwasser muss Familie Dengel einschließlich der Grundgebühr 576,92 € bezahlen. Familie Schippling werden für 95 m^3 515,30 € berechnet. Berechne den Preis für die Grundgebühr und für 1 m^3 Frischwasser.

7 Für einen Jahresverbrauch von 2 800 m^3 Erdgas werden der Familie Kurtz einschließlich Grundgebühr 1 764,40 € berechnet, Familie Last für einen Verbrauch von 2 300 m^3 beim gleichen Tarif 1 456,40 €. Wie hoch sind der Preis für die Zählergebühr und der Preis für 1 m^3 Erdgas?

Ich kann	Aufgabe	Hilfen und Aufgaben
einfache lineare Gleichungssysteme mit zwei Variablen mit einem geeigneten rechnerischen Verfahren lösen.	1	Seite 87, 88
schwierigere lineare Gleichungssysteme mit zwei Variablen mit einem geeigneten rechnerischen Verfahren lösen.	2	Seite 92, 97, 98
Aussagen über die Anzahl der Lösungen linearer Gleichungssysteme mit zwei Variablen machen.	2	Seite 88
Sachprobleme durch lineare Gleichungssysteme mit zwei Variablen modellieren und lösen.	3 – 5	Seite 99, 100
komplexere Sachprobleme durch lineare Gleichungssysteme mit zwei Variablen modellieren und lösen.	6, 7	Seite 101 – 103

5 Die Satzgruppe des Pythagoras

Vor über 4000 Jahren wurden in Ägypten Pyramiden errichtet. Sie dienten als Grabstätte für die Könige (Pharaonen).

Nach der jährlichen Überschwemmung der Landstreifen, die sich auf beiden Seiten des Nils erstreckten, mussten die Felder dort wieder neu vermessen werden.

Für den Bau der Pyramiden und für die Neuvermessung der Felder am Nil mussten Streckenlängen berechnet und rechte Winkel abgesteckt werden.

Sogenannte „Seilspanner“ hatten in Ägypten die Aufgabe, für die Vermessung des Landes rechtwinklige Dreiecke abzustecken.

Sie benutzten dazu wahrscheinlich ein Seil, das durch elf Knoten in zwölf gleich lange Abschnitte eingeteilt wurde.
Die beiden Enden des Seiles wurden zusammengeknotet.

Pythagoras von Samos, griechischer Mathematiker und Philosoph (6. Jahrhundert v. Chr.)

Informiere dich im Internet über das Leben des Mathematikers Pythagoras von Samos.

Der nach Pythagoras benannte Satz über das rechtwinklige Dreieck war wahrscheinlich schon Jahrhunderte vor Pythagoras den Babyloniern bekannt.

Bist du fit für dieses Kapitel?

Eingangstest S. 205

Knotenseile

1 Mithilfe eines Knotenseils lässt sich ein rechtwinkliges Dreieck erzeugen. Stellt ein geschlossenes Knotenseil aus 12 gleich langen Abschnitten her.

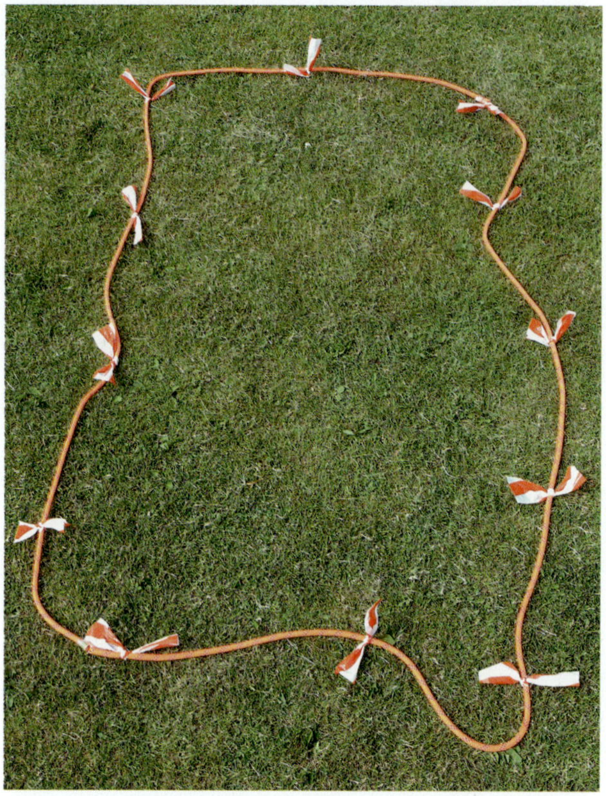

Versucht das Seil mithilfe von drei Stangen so aufzuspannen, dass ihr ein rechtwinkliges Dreieck erhaltet.

Mit einem großen Geodreieck könnt ihr feststellen, ob das Dreieck einen rechten Winkel hat.

2 Aus wie vielen Abschnitten bestehen die einzelnen Seiten des aufgespannten rechtwinkligen Dreiecks?

3 Fertigt in Gruppenarbeit zunächst ein 40-Knotenseil an.

Versucht anschließend, mit diesem Knotenseil verschiedene rechtwinklige Dreiecke aufzuspannen.

Notiert von jedem aufgespannten rechtwinkligen Dreieck die Anzahl der Abschnitte der einzelnen Seiten.

4 Eine Arbeitsgruppe hat ihre Ergebnisse auf einer Pinnwand festgehalten.

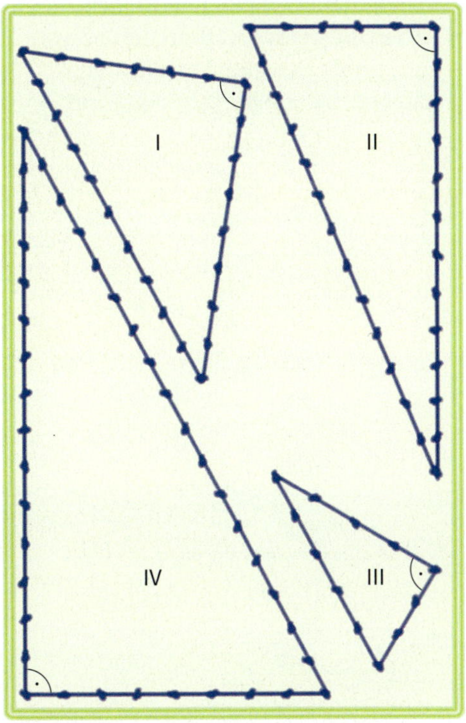

Aus wie vielen Abschnitten bestehen jeweils die einzelnen Seiten der Dreiecke?

Ergänzt die Tabelle im Heft.

Dreiecke	Katheten (Anzahl der Abschnitte)	Hypotenuse (Anzahl der Abschnitte)
I	6	■
	8	
II	■	■
	■	
III	■	■
	■	
IV	■	■
	■	

5 Im Internet suchen die Schülerinnen und Schüler nach Informationen über Pythagoras und Knotenseile. Sie finden die folgende Abbildung.

rechtwinkliges Dreieck

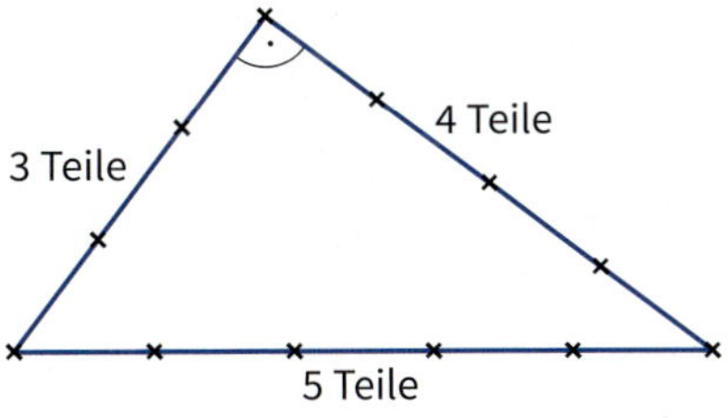

$$3^2 + 4^2 = 5^2$$
$$3 \cdot 3 + 4 \cdot 4 = 5 \cdot 5$$
$$9 + 16 = 25$$
$$25 = 25$$

a) Erläutert die abgebildete Rechnung.
b) Saskia führt eine entsprechende Rechnung mit der Anzahl der Abschnitte beim Knotenseil II durch.

Knotenseil II

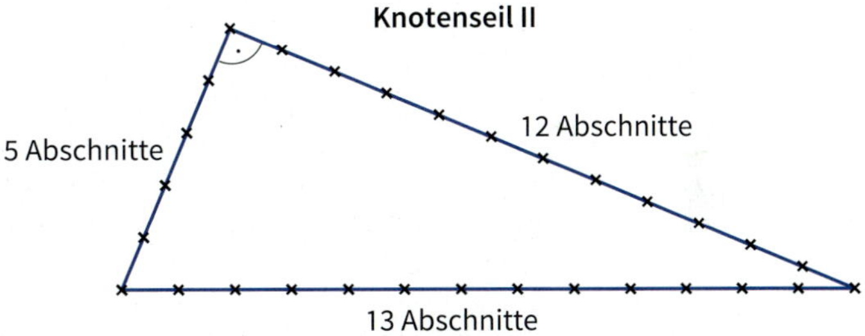

$$5^2 + 12^2 = 13^2$$
$$5 \cdot 5 + 12 \cdot 12 = 13 \cdot 13$$
$$25 + 144 = 169$$
$$169 = 169$$

Der Satz des Pythagoras

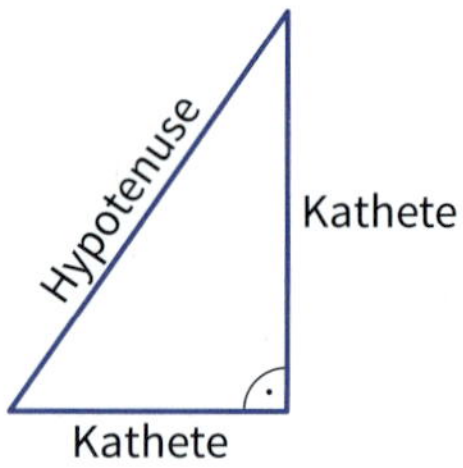

1 In einem rechtwinkligen Dreieck heißen die beiden Quadrate über den Katheten **Kathetenquadrate.**
Das Quadrat über der Hypotenuse wird als **Hypotenusenquadrat** bezeichnet.

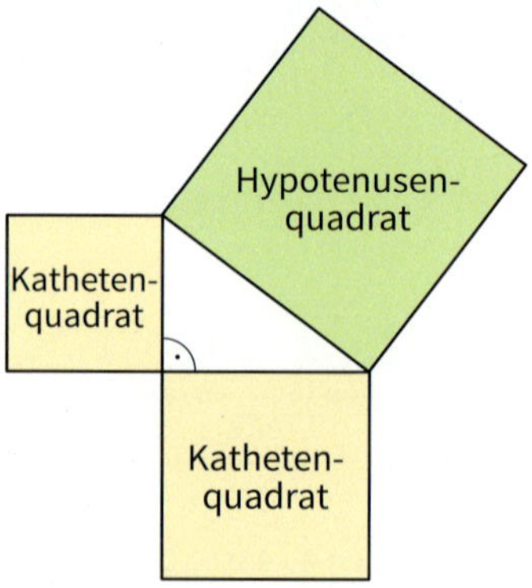

Miss in den rechtwinkligen Dreiecken I, II und III jeweils die Längen der Katheten und die Länge der Hypotenuse. Bestimme zunächst die Lage des rechten Winkels.

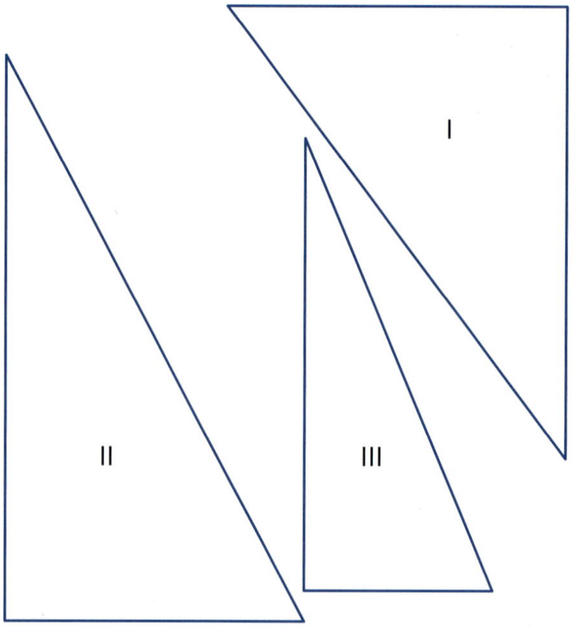

Ergänze die Tabelle. Was stellst du fest?

Dreiecke	Flächeninhalte der Kathetenquadrate	Flächeninhalt des Hypotenusenquadrats
I	$6 \cdot 6 =$ ■	■
	$4{,}5 \cdot 4{,}5 =$ ■	
II	■	■
	■	
III	■	■
	■	

Satz des Pythagoras
In jedem rechtwinkligen Dreieck haben die beiden Kathetenquadrate zusammen den gleichen Flächeninhalt wie das Hypotenusenquadrat.

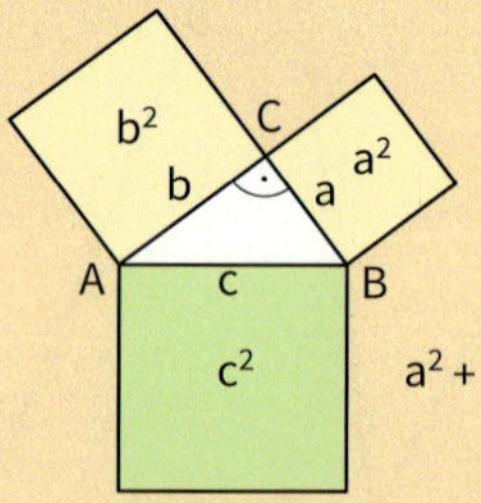

$a^2 + b^2 = c^2$

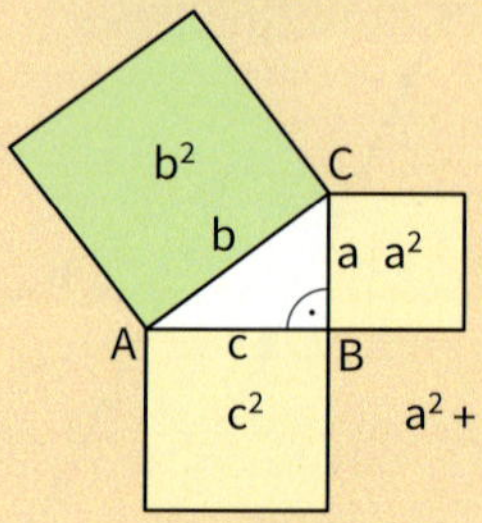

$a^2 + c^2 = b^2$

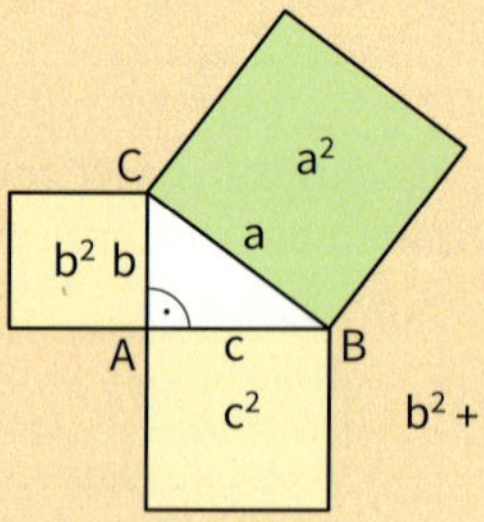

$b^2 + c^2 = a^2$

2 Formuliere für das Dreieck den Satz des Pythagoras als Gleichung.

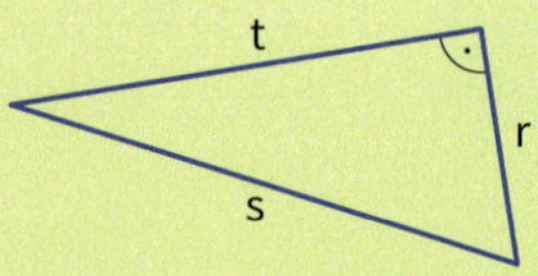

Hypotenuse: s　　Katheten: r, t
Gleichung: $r^2 + t^2 = s^2$

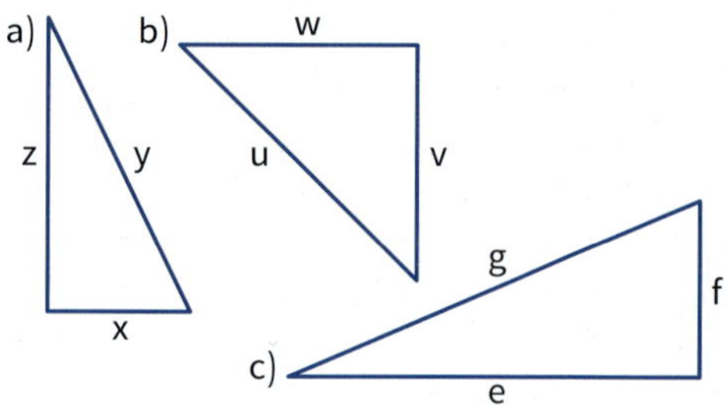

Gegeben: a = 11,3 m; b = 6,8 m; $\gamma = 90°$
Gesucht: c

Planfigur:

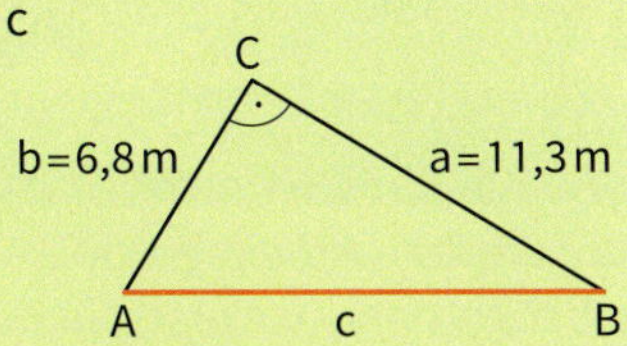

$c^2 = a^2 + b^2$
$c = \sqrt{a^2 + b^2}$
$c = \sqrt{11{,}3^2 + 6{,}8^2}$

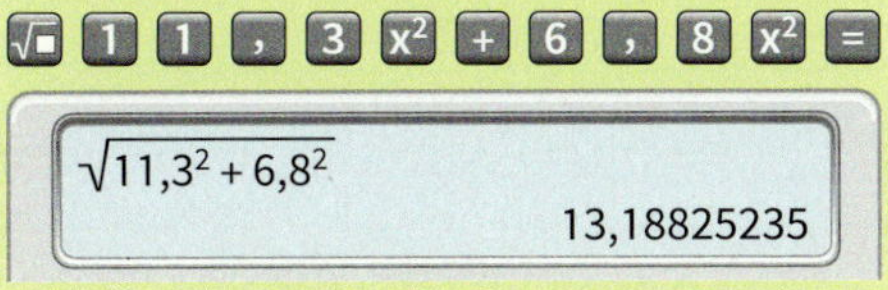

$c \approx 13{,}2$

Die Seite c ist ungefähr 13,2 m lang.

Gegeben: a = 4,1 m; c = 0,9 m
$\alpha = 90°$
Gesucht: b
Planfigur:

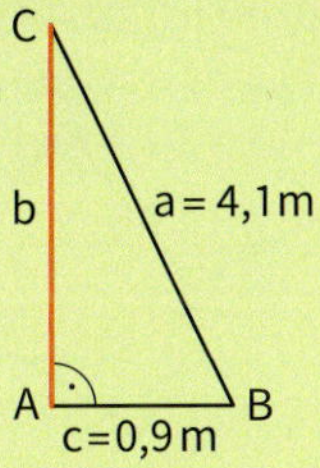

$a^2 = b^2 + c^2 \quad | -c^2$
$a^2 - c^2 = b^2$
$b = \sqrt{a^2 - c^2}$
$b = \sqrt{4{,}1^2 - 0{,}9^2}$
$b = 4{,}0$

Die Seite b ist 4,0 m lang.

1 Berechne in dem abgebildeten Dreieck die Länge der Hypotenuse.

a) 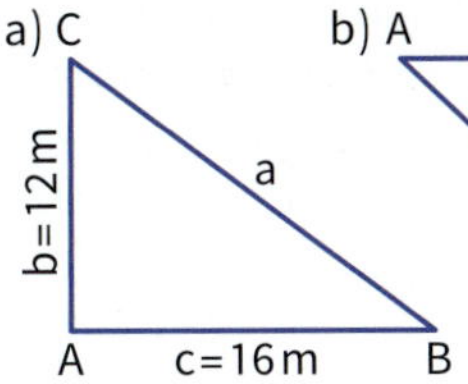

b) 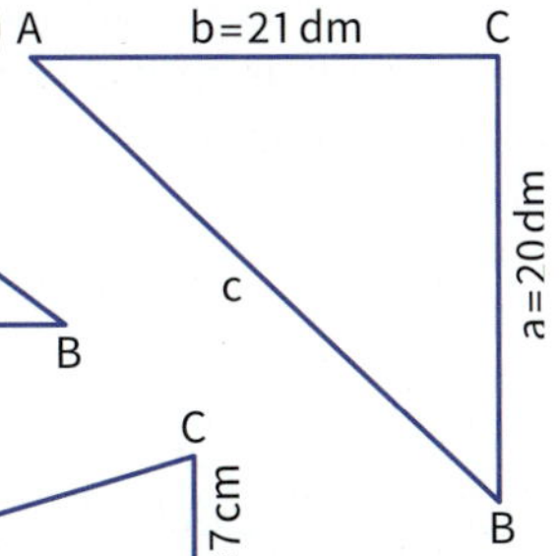

c) 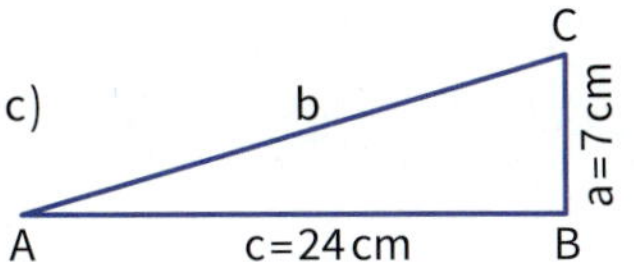

2 Berechne die fehlende Seitenlänge in dem Dreieck ABC. Fertige zunächst eine Planfigur an.

a) a = 7,4 cm c = 5,5 cm $\beta = 90°$
b) b = 4,8 cm c = 2,5 cm $\alpha = 90°$
c) a = 3,5 m b = 12,0 m $\gamma = 90°$
d) a = 55 cm c = 132 cm $\beta = 90°$

3 Bestimme in dem Dreieck ABC die fehlende Seitenlänge. Überlege zunächst, welche Seite des Dreiecks die Hypotenuse ist.

a) 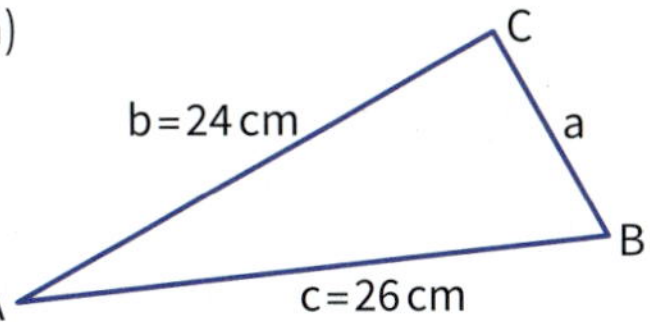

b) 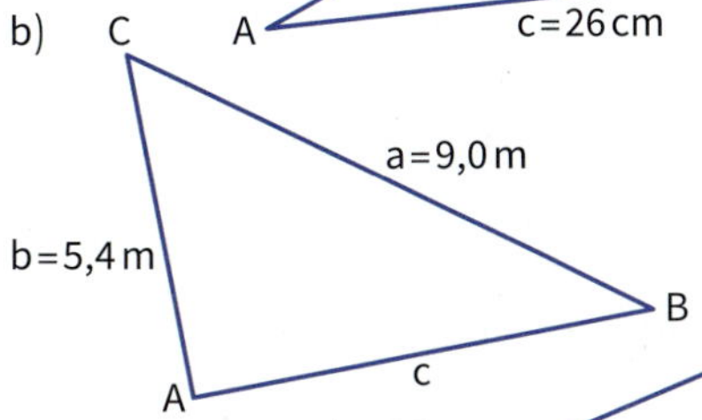

c) 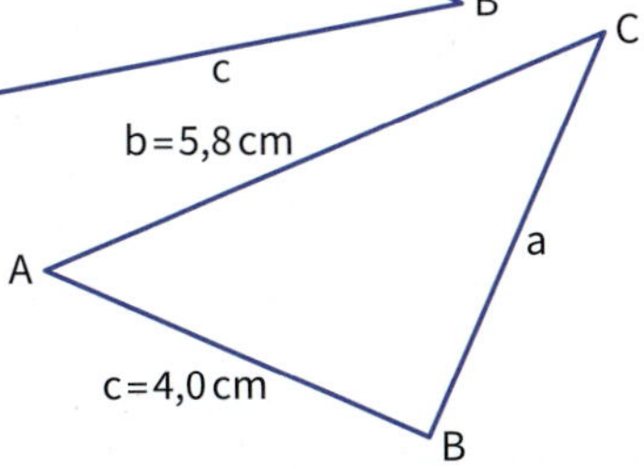

4 Berechne die fehlende Seitenlänge in dem Dreieck ABC. Fertige eine Planfigur an.

a)	b)	c)	d)
a = 2,1 dm	a = 135 m	b = 4,8 cm	b = 250 m
b = 7,5 dm	c = 108 m	c = 6,0 cm	c = 70 m
$\beta = 90°$	$\alpha = 90°$	$\gamma = 90°$	$\beta = 90°$

5 Berechne die fehlende Seitenlänge in dem Dreieck ABC. Bestimme zunächst die Lage des rechten Winkels.

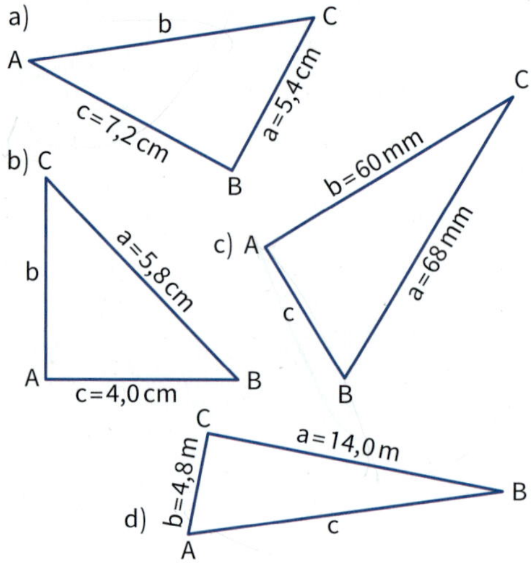

• **6** Berechne die fehlende Seitenlänge in dem Dreieck ABC. Fertige eine Planfigur an.

a)	b)	c)	d)
b = 10,4 m	a = 11,0 cm	a = 30 dm	a = 17 cm
c = 7,8 m	c = 26,4 cm	b = 34 dm	c = 8 cm
$\alpha = 90°$	$\beta = 90°$	$\beta = 90°$	$\alpha = 90°$

e)	f)	g)	h)
a = 105 m	a = 10,2 m	b = 24,4 m	b = 21 m
b = 273 m	c = 9,0 m	c = 24,0 m	c = 29 m
$\beta = 90°$	$\alpha = 90°$	$\beta = 90°$	$\gamma = 90°$

Lösungen zu Aufgabe 6:
16 252 4,8 13,0 20 4,4 15 28,6

7 Berechne in dem rechtwinklig-gleichschenkligen Dreieck ABC ($\gamma = 90°$) die fehlenden Seitenlängen.

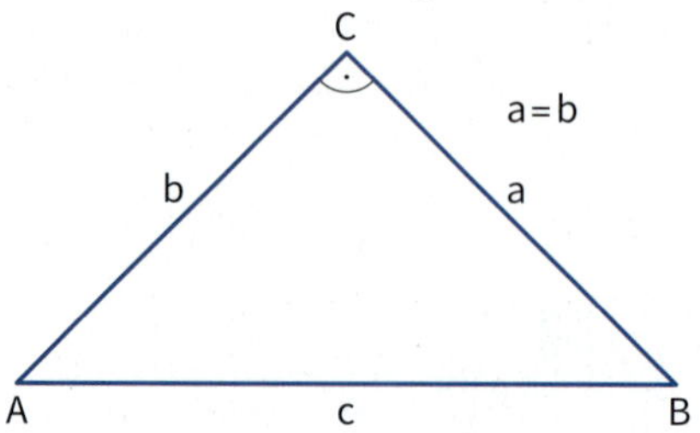

a) a = 1,85 m b) b = 7,8 cm c) c = 65 mm

8 Eine Arbeitsgruppe einer 9. Klasse steckt mithilfe einer Schnur und drei Holzpflöcken wie abgebildet einen rechten Winkel ab.

Fünf weitere Arbeitsgruppen der 9. Klasse haben ebenso zwischen drei Pflöcken jeweils Schnüre mit den in der Tabelle angegebenen Längen gespannt.

Dreiecke	Längen zwischen den Pflöcken
I	105 cm; 100 cm; 145 cm
II	25 cm; 60 cm; 75 cm
III	100 cm; 230 cm; 260 cm
IV	45 cm; 200 cm; 205 cm
V	150 cm; 70 cm; 170 cm

Überprüfe durch eine Rechnung, ob sie jeweils einen rechten Winkel abgesteckt haben.

9 An einem Seil sind wie abgebildet drei Knoten geknüpft. Lässt sich mit dem Seil an diesen drei Punkten ein rechtwinkliges Dreieck aufspannen?

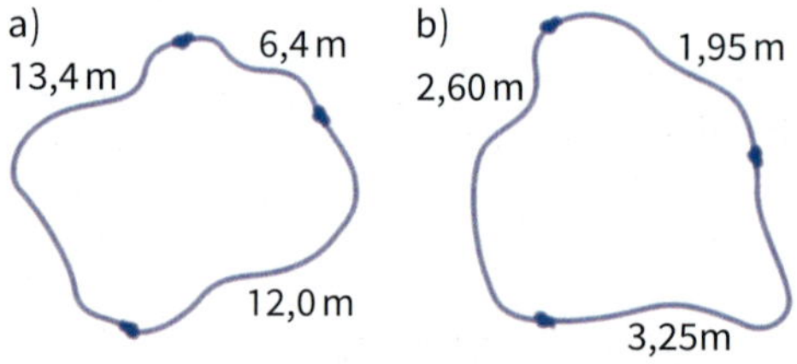

Umkehrung des Satzes des Pythagoras

Wenn für die Seiten a, b und c eines Dreiecks ABC die Gleichung $c^2 = a^2 + b^2$ gilt, dann ist das Dreieck ABC rechtwinklig mit c als Hypotenuse.

Modellieren

Sachaufgaben mithilfe des Satzes des Pythagoras lösen

Aufgabe: Die Befestigung eines Fallrohres in 4,50 m Höhe muss erneuert werden.
Eine 5,20 m lange Leiter wird 2,00 m von der Hauswand entfernt aufgestellt.
In welcher Höhe liegt die Leiter an der Wand an?

1. Stelle fest, welche Angaben und Informationen du benötigst, um die Aufgabe zu bearbeiten.

Länge der Leiter: 5,20 m
Abstand von der Wand: 2,00 m

2. Zeichne eine Planfigur. Bestimme in ihr ein rechtwinkliges Dreieck, in dem zwei gegebene Seitenlängen und die gesuchte Seitenlänge vorkommen.
Markiere die gesuchte Größe.

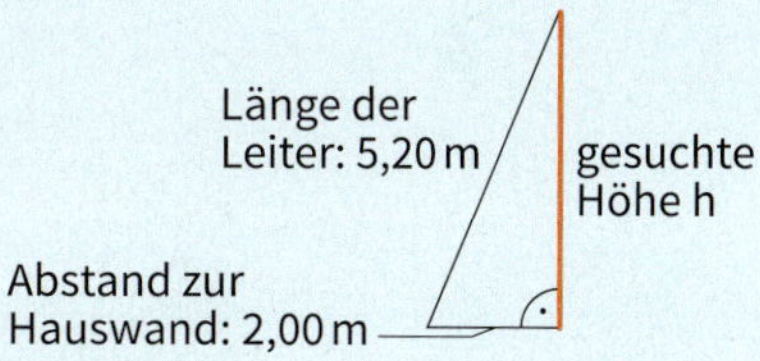

3. Formuliere für das rechtwinklige Dreieck den Satz des Pythagoras als Gleichung.
Berechne die gesuchte Seitenlänge.

$$2{,}00^2 + h^2 = 5{,}20^2$$
$$h^2 = 5{,}20^2 - 2{,}00^2$$
$$h = \sqrt{5{,}20^2 - 2{,}00^2}$$
$$h = 4{,}80$$

4. Notiere einen Antwortsatz.

Die Leiter liegt in 4,80 m Höhe an der Wand an.

1 Eine Feuerwehr will ein 13,50 m hoch gelegenes Fenster erreichen. Der Abstand des Fußes der Leiter zur Hauswand beträgt 3,60 m.

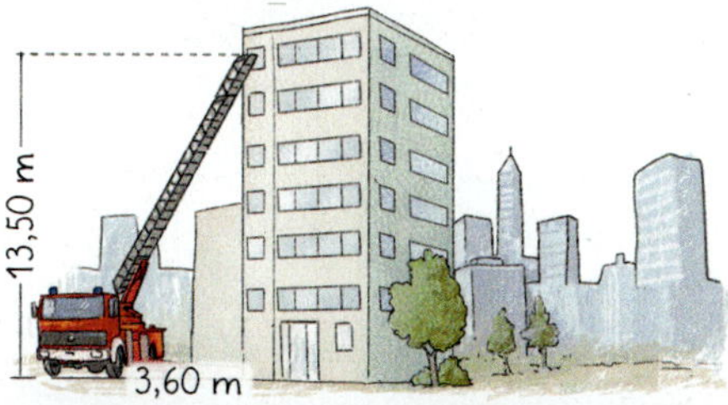

Wie weit muss die Leiter ausgefahren werden, wenn sie auf einem 1,60 m hohen Wagen steht?

2 Die Drehleiter des abgebildeten Feuerwehrwagens kann 19,50 m ausgefahren werden.

Kann sie – vollständig ausgefahren – ein 20,00 m hoch gelegenes Fenster erreichen? Der Abstand der Leiter von der Hauswand soll 7,50 m betragen.

3 In 50,00 m Entfernung vom abgebildeten Busch hält Lea an einer 70,00 m langen straff gespannten Schnur einen Drachen.

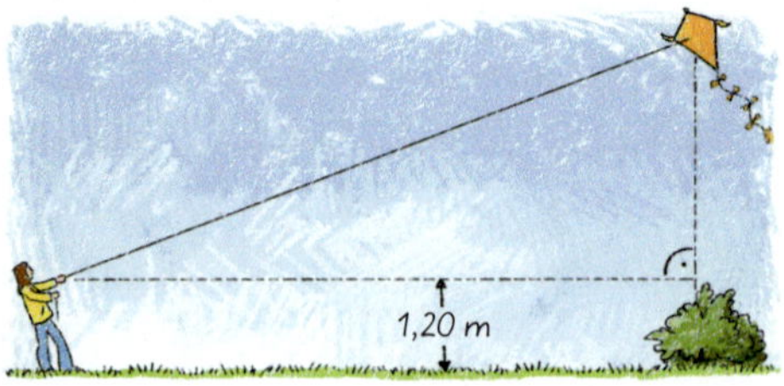

Wie hoch fliegt der Drachen?

• **4** a) An einem Sendemast ist in 30 m Höhe ein 45 m langes Stahlseil befestigt.

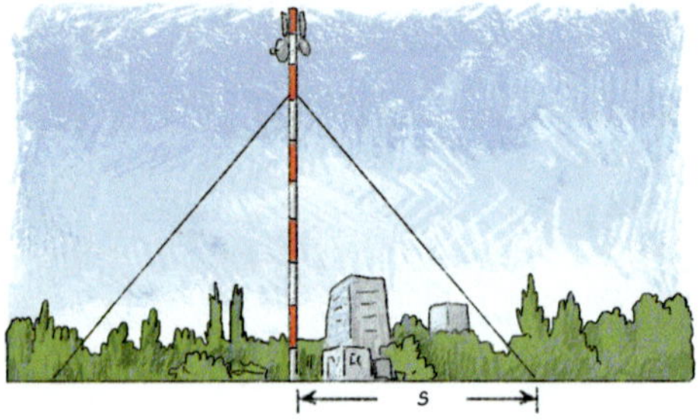

Wie viele Meter vom Fußpunkt des Mastes entfernt ist das Seil verankert?
b) Ein 190 m langes Seil ist 108 m von einem Mast entfernt am Boden verankert. In welcher Höhe ist das Seil am Mast befestigt?

• **5** Eine 12,50 m lange Leiter lehnt an einer Hauswand. Das untere Leiterende steht dabei 3,80 m von der Wand entfernt auf dem Erdboden. In welcher Höhe liegt die Leiter an der Wand an?

• **6** Ein starker Sturm hat eine Lärche in einer Höhe von 5,50 m so abgeknickt, dass ihre Spitze 12,50 m vom Stamm entfernt den Waldboden berührt.

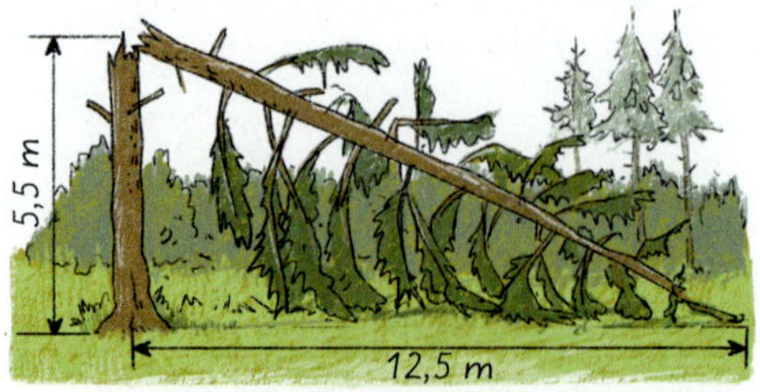

Wie hoch war der Baum?

• **7** Eine Fußgängerin läuft in einem Park wie abgebildet über die Rasenfläche.

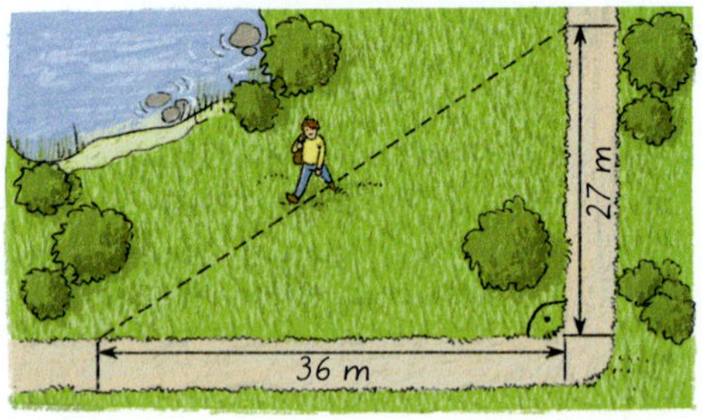

Um wie viel Meter verkürzt sich dadurch ihr Weg?

• **8** Eine Drahtseilbahn verbindet die beiden Punkte A und B.

Die Entfernung der beiden Punkte beträgt auf der Karte 70 mm. Der Punkt A liegt auf der Höhenlinie 400, Punkt B auf der Höhenlinie 1 000.

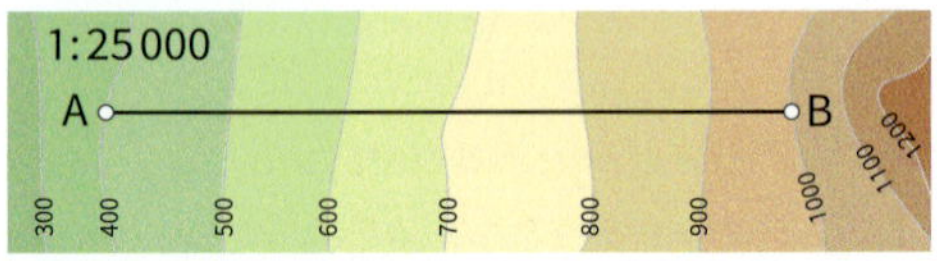

Wie lang muss das Halteseil zwischen den Punkten A und B mindestens sein?

• **9** Eine Zahnradbahn überwindet einen Höhenunterschied von 450 m. Auf einer Karte (Maßstab 1 : 50 000) beträgt die Entfernung zwischen der Tal- und Bergstation 4 cm.
Berechne die wirkliche Streckenlänge.

Lösungen zu Aufgabe 4 bis 9:
19,16 2050 18 156,32 33,54
11,91 1850

10 Die Länge eines geradlinigen Straßenstücks beträgt 610 m. Auf einer Karte (Maßstab: 1 : 25 000) werden für diesen Abschnitt 24 mm gemessen. Um wie viel Meter steigt das Straßenstück an?

1 In dem abgebildeten rechtwinkligen Dreieck ABC ($\gamma = 90°$) teilt die Höhe h_c die Hypotenuse c in die **Hypotenusenabschnitte q** und **p**.

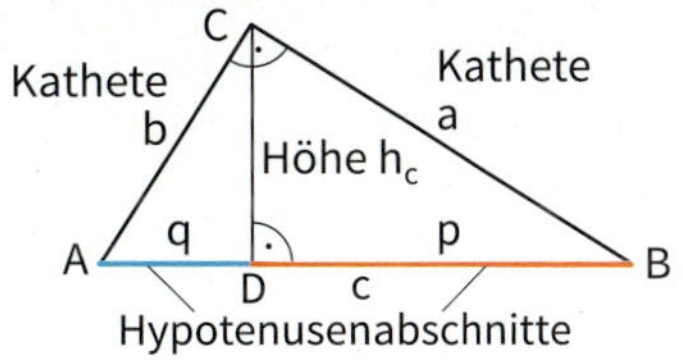

a) Konstruiere aus den gegebenen Seitenlängen a und b das rechtwinklige Dreieck ABC ($\gamma = 90°$). Zeichne die Höhe h_c ein.
b) Ergänze die Tabelle im Heft. Was stellst du fest?

	I	II	III	IV
a	6 cm	3 cm	6,0 cm	7,5 cm
b	8 cm	4 cm	4,5 cm	10,0 cm
c	10 cm	■	■	■
q	■	■	■	■
p	■	■	■	■
a^2	■	■	■	■
$c \cdot p$	■	■	■	■
b^2	■	■	■	■
$c \cdot q$	■	■	■	■

c) Zeige durch eine Rechnung, dass in jedem Dreieck ABC ($\gamma = 90°$) die folgenden Gleichungen zutreffen:
$\mathbf{a^2 = c \cdot p}$ und $\mathbf{b^2 = c \cdot q}$ **(Kathetensatz).**

2 Berechne die fehlende Größe in dem rechtwinkligen Dreieck ABC ($\gamma = 90°$).

Gegeben: a = 6,4 cm; c = 12,6 cm
Gesucht: p

$$a^2 = c \cdot p \quad | : c$$
$$\frac{a^2}{c} = p$$
$$p = \frac{6{,}4^2}{12{,}6} \approx 3{,}3$$

Der Hypotenusenabschnitt p ist ungefähr 3,3 cm lang.

a) b = 7,8 cm; c = 11,7 cm; q = ■
b) a = 5,4 cm; p = 3,6 cm; c = ■
c) c = 12,5 cm; p = 2,0 cm; a = ■
d) b = 12,6 cm; q = 8,4 cm; c = ■
e) c = 18,0 cm; q = 4,5 cm; b = ■

3 a) Leni und Paul haben zunächst vier verschieden große rechtwinklige Dreiecke ABC ($\gamma = 90°$) gezeichnet. Anschließend haben sie die in der Tabelle aufgeführten Seitenlängen gemessen und die Messergebnisse notiert.

	I	II	III	IV
a	4,8 cm	12,0 cm	7,2 cm	5,6 cm
b	3,6 cm	6,4 cm	5,4 cm	9,0 cm
c	6,0 cm	13,6 cm	9,0 cm	10,6 cm
q	2,2 cm	3,0 cm	3,2 cm	7,6 cm
p	3,8 cm	10,6 cm	5,8 cm	3,0 cm
h_c	2,9 cm	5,6 cm	4,3 cm	4,7 cm
h_c^2	■	■	■	■
$p \cdot q$	■	■	■	■

Ergänze im Heft die Tabelle. Was stellst du fest?
b) Zeige durch eine Rechnung, dass in jedem Dreieck ABC ($\gamma = 90°$) die folgende Gleichung zutrifft:
$\mathbf{h_c^2 = p \cdot q}$ **(Höhensatz).**

4 Berechne die fehlende Größe in dem rechtwinkligen Dreieck ABC ($\gamma = 90°$).

Gegeben: p = 2,9 cm; q = 4,5 cm
Gesucht: h_c

$$h_c^2 = p \cdot q$$
$$h_c = \sqrt{p \cdot q}$$
$$h_c = \sqrt{2{,}9 \cdot 4{,}5} \approx 3{,}6$$

Die Höhe h_c ist ungefähr 3,6 cm lang.

a) p = 5,9 cm; q = 9,3 cm; h_c = ■
b) h_c = 7,5 cm; q = 8,0 cm; p = ■
c) h_c = 4,5 cm; p = 2,5 cm; q = ■

Die Satzgruppe des Pythagoras

kompakt

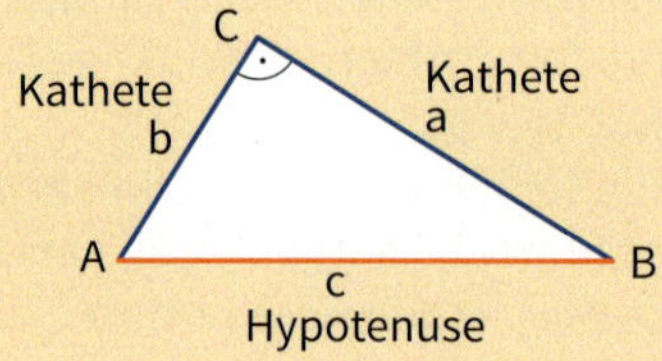

In einem **rechtwinkligen Dreieck** heißen die Seiten, die den rechten Winkel bilden, **Katheten.**
Die dritte Seite heißt **Hypotenuse;** sie liegt dem rechten Winkel gegenüber und ist die längste Seite.

Satz des Pythagoras
In jedem rechtwinkligen Dreieck haben die beiden Kathetenquadrate zusammen den gleichen Flächeninhalt wie das Hypotenusenquadrat.

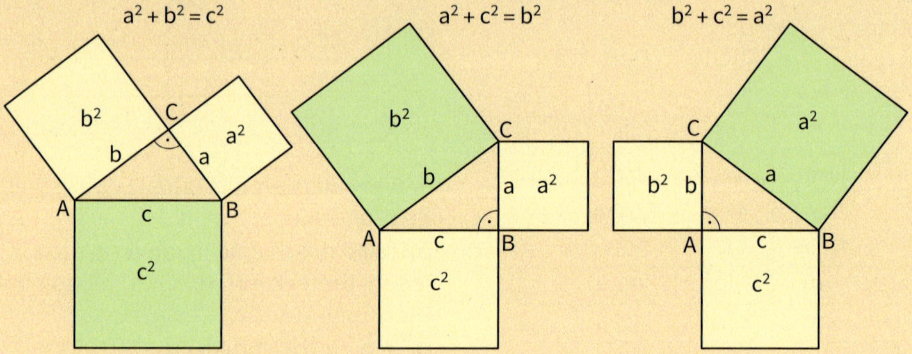

Umkehrung des Satzes des Pythagoras
Wenn für die Seiten a, b und c eines Dreiecks ABC die Gleichung $a^2 + b^2 = c^2$ gilt, dann ist das Dreieck ABC rechtwinklig mit c als Hypotenuse.

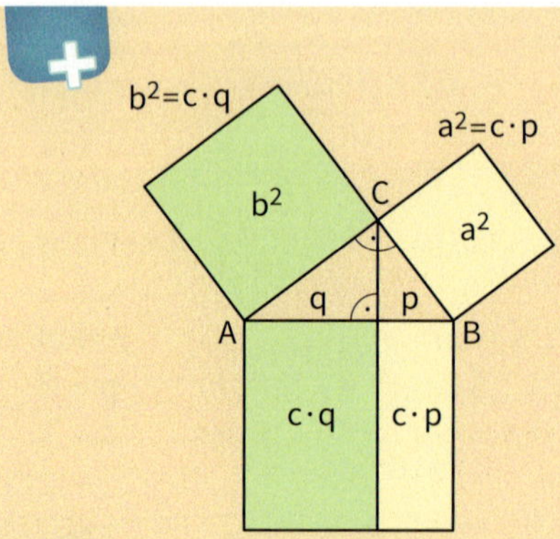

Kathetensatz
Im rechtwinkligen Dreieck ist der Flächeninhalt des Quadrats über einer Kathete gleich dem Flächeninhalt des Rechtecks aus der Hypotenuse und dem der Kathete anliegenden Hypotenusenabschnitt.

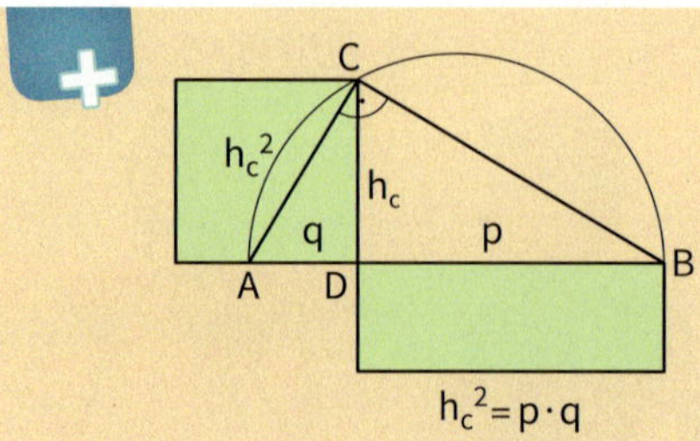

Höhensatz
Im rechtwinkligen Dreieck ist der Flächeninhalt des Quadrats über der Höhe gleich dem Flächeninhalt des Rechtecks aus den beien Hypotenusenabschnitten.

Üben und Vertiefen

1 Bestimme in dem abgebildeten Dreieck zunächst die Lage des rechten Winkels. Formuliere anschließend für das Dreieck den Satz des Pythagoras als Gleichung.

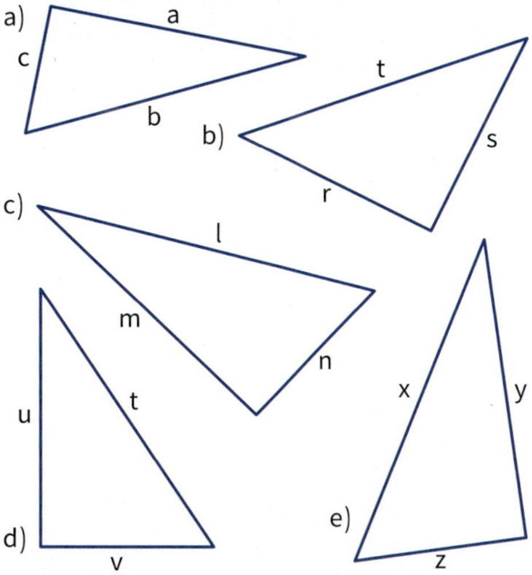

• **2** Berechne die fehlende Seitenlänge.

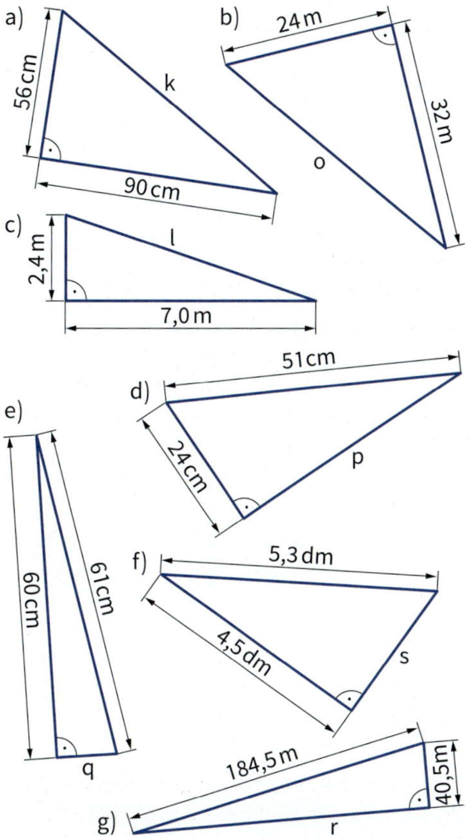

Lösungen zu Aufgabe 2:
45 2,8 11 106 180 40 7,4

• **3** Berechne die fehlende Seitenlänge in dem Dreieck ABC.

a)	b)	c)	d)
b = 5,2 m	a = 5,5 cm	a = 15 dm	b = 42 cm
c = 3,9 m	c = 13,2 cm	b = 17 dm	c = 58 cm
α = 90°	β = 90°	β = 90°	γ = 90°

e)	f)	g)	h)
a = 8,5 cm	a = 35 m	a = 5,1 m	b = 6,1 m
c = 4,0 cm	b = 91 m	c = 4,5 m	c = 6,0 m
α = 90°	β = 90°	α = 90°	β = 90°

Lösungen zu Aufgabe 3:
2,4 14,3 40 7,5 8 6,5 84 1,1

4 Berechne den Flächeninhalt des rechtwinkligen Dreiecks ABC.

a) a = 0,96 m c = 1,04 m γ = 90°
b) a = 4,1 dm b = 4,0 dm α = 90°
c) b = 143 m c = 132 m β = 90°

5 a) Bestimme anhand der Abbildung die Länge der Strecke $\overline{AB}$ mit A (2 | 1) und B (6 | 4).

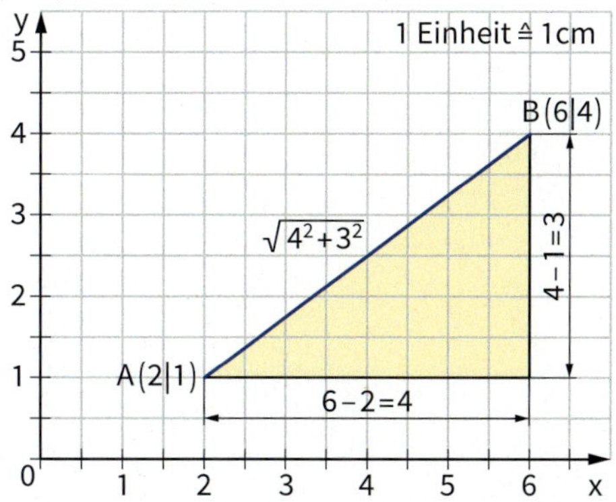

b) In einem Koordinatensystem (Einheit 1 cm) sind die Endpunkte einer Strecke gegeben. Berechne die Länge der Strecke.

Strecke	$\overline{AB}$	$\overline{CD}$	$\overline{EF}$
Endpunkte	A (1 | 2) B (6 | 5)	C (1 | −1) D (3 | −5)	E (−2 | 0) F (−3 | 5)

6 In einem Koordinatensystem (Einheit 1 cm) ist das Dreieck ABC mit A(2 | −4), B(6 | −1) und C(−4 | 4) gegeben. Berechne den Flächeninhalt des Dreiecks. Beachte die Lage des rechten Winkels.

7 In dem Rechteck ABCD ist a = 64 m. Die Länge der Diagonalen e beträgt 80 m. Berechne den Umfang und den Flächeninhalt des Rechtecks.

• **8**

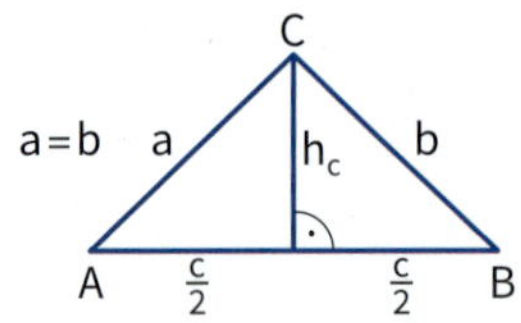

Berechne die fehlenden Größen in dem gleichschenkligen Dreieck ABC (a = b).

	a)	b)	c)	d)
a	■	■	8,7 dm	26,5 m
c	7,2 m	16,8 m	12,6 dm	■
h_c	2,7 m	13,5 m	■	22,5 m

Lösungen zu Aufgabe 8:
15,9 6 4,5 28

9 Berechne den Umfang und den Flächeninhalt des gleichschenkligen Trapezes ABCD (b = d).

a)

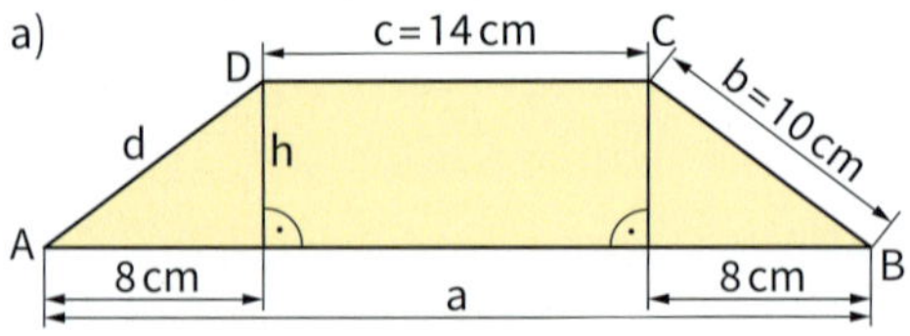

b)

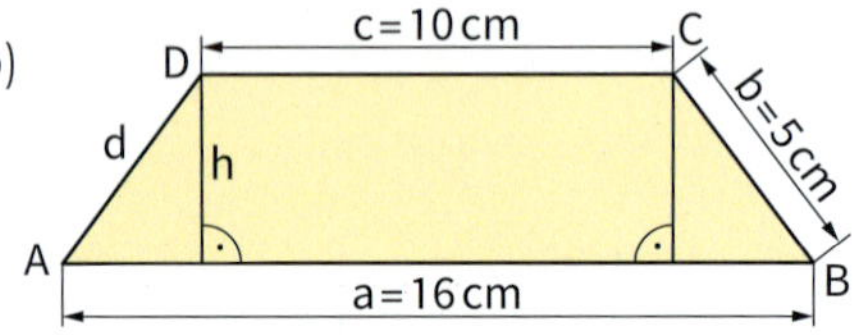

10 Berechne den Umfang und den Flächeninhalt des Drachens.

a)

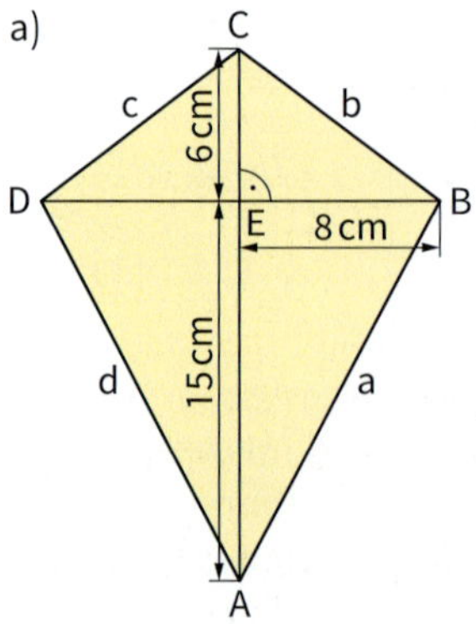

b)

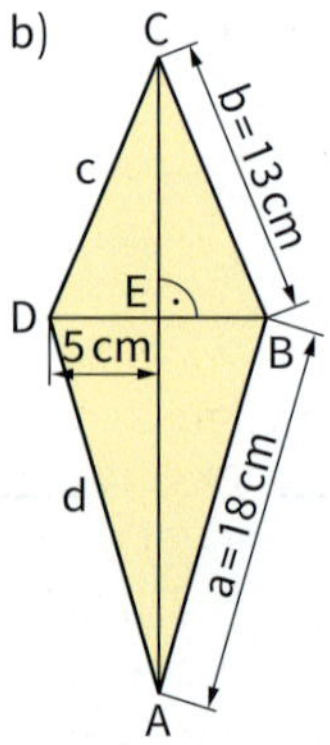

• **11** In dem Beispiel wird gezeigt, dass für die Länge der Flächendiagonale e eines Quadrats mit der Seitenlänge a gilt:

$$\mathbf{e = a \cdot \sqrt{2}}$$

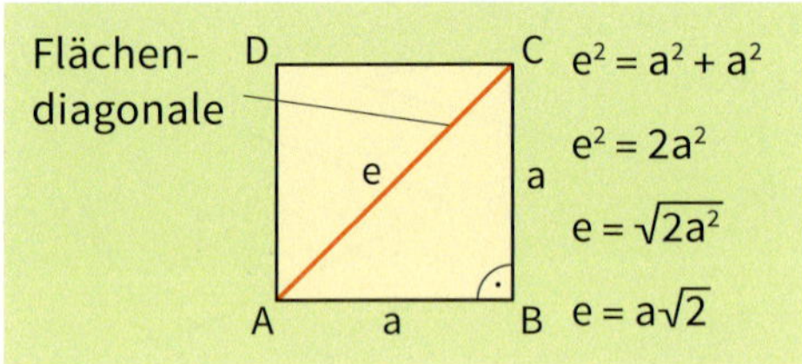

Berechne die fehlenden Größen (a, e) in dem Quadrat ABCD.
a) a = 17,5 m b) a = 56,4 cm c) e = 18,5 dm

• **12**

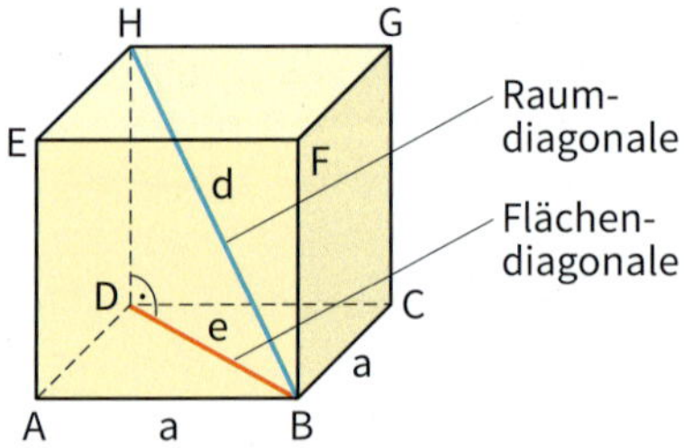

a) Zeige, dass für die Raumdiagonale d eines Würfels ABCD mit der Kantenlänge a gilt:

$$\mathbf{d = a \cdot \sqrt{3}}$$

b) Berechne die Raumdiagonale d eines Würfels mit der Kantenlänge a = 9 cm (13 cm, 24 m).
c) Die Raumdiagonale eines Würfels ist 41,6 cm (22,5 cm) lang. Berechne die Kantenlänge a des Würfels.

• **13**

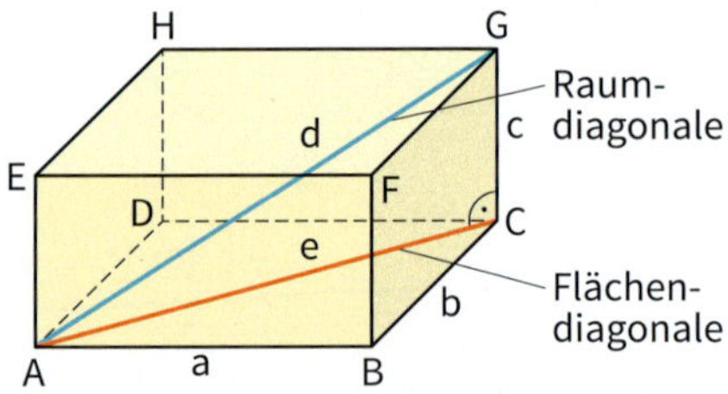

Berechne die fehlenden Größen (a, b, c, d) des Quaders ABCD.
a) a = 5 dm; b = 7 dm; c = 9 dm
b) b = 4 m; c = 3 m; d = 8 m
c) a = 6,4 cm; c = 12,5 cm; d = 23,8 cm
d) a = 1 dm; b = 10 cm; d = 10 dm

Lösungen zu Aufgabe 11 bis 13:
9,9 13,1 24,8 12,4 13 22,5 79,8
6,2 41,6 19,2 24 15,6

14 In dem Beispiel werden mithilfe der Satzgruppe des Pythagoras aus den Seitenlängen $a = 6$ cm und $c = 9$ cm die fehlenden Größen b, p, q und h_c in einem rechtwinkligen Dreieck ABC ($\gamma = 90°$) berechnet.

1. Fertige eine Planfigur an und kennzeichne die gegebenen Stücke.

   Gegebene Größen: $a = 6$ cm, $c = 9$ cm, $\gamma = 90°$

   Planfigur

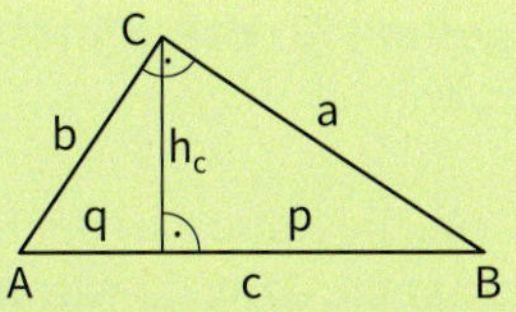

2. Berechne b nach dem Satz des Pythagoras.

$$a^2 + b^2 = c^2 \quad | -a^2$$
$$b^2 = c^2 - a^2$$
$$b = \sqrt{c^2 - a^2}$$
$$b = \sqrt{9^2 - 6^2} \approx 6{,}7$$
$$b \approx 6{,}7 \text{ cm}$$

3. Berechne p nach dem Kathetensatz.

$$a^2 = c \cdot p \quad |:c$$
$$\tfrac{a^2}{c} = p$$
$$p = \tfrac{6^2}{9} = 4$$
$$p = 4 \text{ cm}$$

4. Berechne q aus $q + p = c$.

$$q + p = c \quad | -p$$
$$q = c - p$$
$$q = 9 - 4 = 5$$
$$q = 5 \text{ cm}$$

5. Berechne h_c nach dem Höhensatz.

$$h_c^2 = p \cdot q$$
$$h_c = \sqrt{p \cdot q}$$
$$h_c = \sqrt{4 \cdot 5} \approx 4{,}5$$
$$h_c \approx 4{,}5 \text{ cm}$$

Die in dem Beispiel dargestellten Lösungsschritte zeigen dir eine Möglichkeit, die fehlenden Größen b, q, p und h_c zu berechnen.
Bearbeite diese Aufgabe, indem du die Sätze der Satzgruppe des Pythagoras in einer anderen Reihenfolge anwendest.

15 Berechne die fehlenden Größen a, b, c, p, q und h_c in einem rechtwinkligen Dreieck ABC ($\gamma = 90°$).

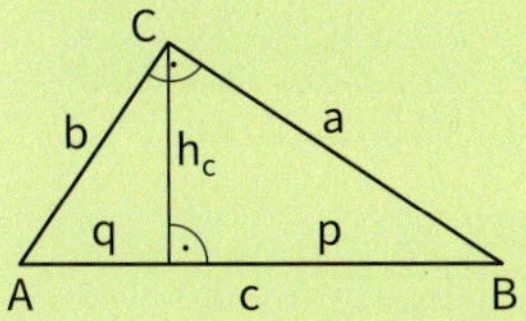

1. $a^2 + b^2 = c^2$
2. $a^2 = c \cdot p$
3. $b^2 = c \cdot q$
4. $h_c^2 = p \cdot q$
5. $c = q + p$

a) $a = 8$ cm, $c = 12$ cm
b) $a = 6$ m, $b = 11$ m
c) $a = 8{,}5$ cm, $p = 3{,}5$ cm
d) $c = 6{,}2$ m, $q = 1{,}2$ m
e) $q = 2{,}5$ cm, $h_c = 3{,}5$ cm
f) $p = 1{,}8$ m, $h_c = 2{,}6$ m
g) $a = 15$ cm, $p = 9$ cm
h) $p = 5$ cm, $q = 3$ cm

16 In den Abbildungen ist die Konstruktion einer Strecke der Länge $\sqrt{13}$ cm dargestellt.

I

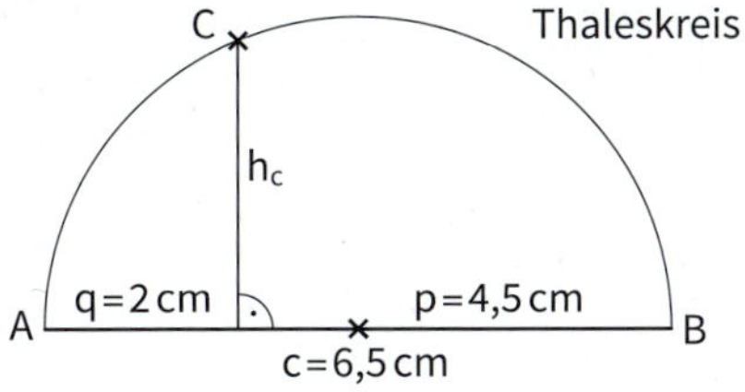

II

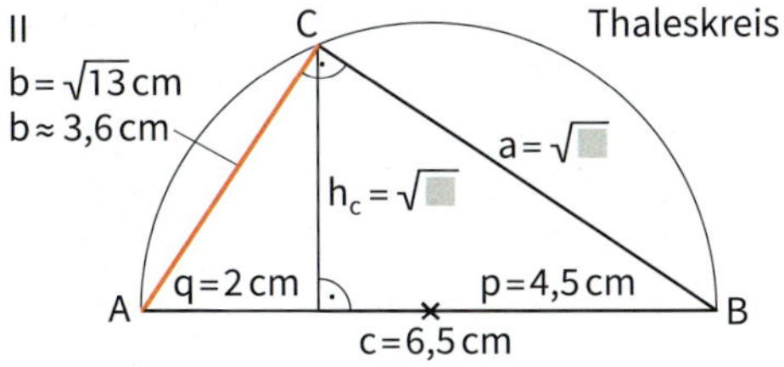

a) Beschreibe die Konstruktion und bestimme in der Abbildung II die Platzhalter. Diese Aufgabe kannst du auch in Partnerarbeit mit einem Geometrieprogramm lösen.
b) Konstruiere eine Strecke der Länge $\sqrt{11}$ cm ($\sqrt{15}$ cm, $\sqrt{18}$ cm, $\sqrt{20}$ cm).

Satz des Thales
Wenn die Strecke $\overline{AB}$ Durchmesser eines Kreises ist und Punkt C auf diesem Kreis liegt, dann hat das Dreieck ACB bei Punkt C einen rechten Winkel.

Sachaufgaben

Viele Sachaufgaben kannst du in Partnerarbeit lösen.

1

Hat Lisa recht?

2 a) Passt die abgebildete kreisförmige Tischplatte durch die geöffnete Hecktür?

b) Überprüfe durch eine Rechnung, ob sich eine runde Tischplatte mit d = 130 cm durch eine 92 cm hohe und 106 cm breite rechteckige Heckklappenöffnung eines Autos schieben lässt.

3 Aus einem Baumstamm soll ein Balken mit einer quadratischen (rechteckigen) Grundfläche gesägt werden. Welchen Durchmesser muss der Baumstamm mindestens haben?

a)

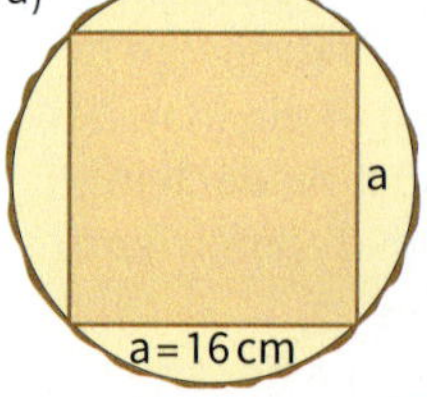

b)

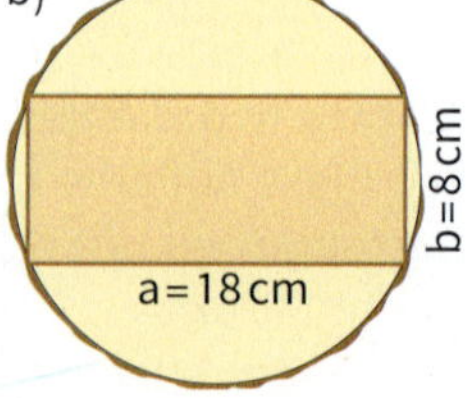

4 Das abgebildete trapezförmige Grundstück soll verkauft werden.

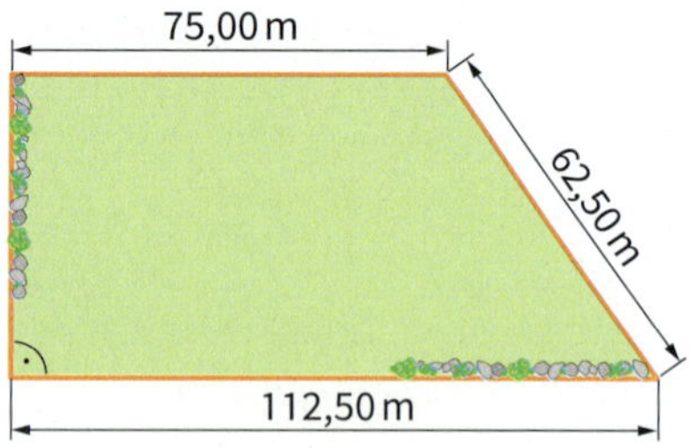

Der Besitzer verlangt 72 € für einen Quadratmeter. Wie viel Euro müssen insgesamt für das Grundstück bezahlt werden?

5 Welche Höhe darf der Schrank höchstens haben, damit er wie abgebildet durch Kippen aufgestellt werden kann?

6

Was meinst du? Begründe deine Antwort.

7 Bestimme jeweils die Längen l_1 und l_2 des abgebildeten Fensters. Berechne auch den Flächeninhalt der Glasscheiben.

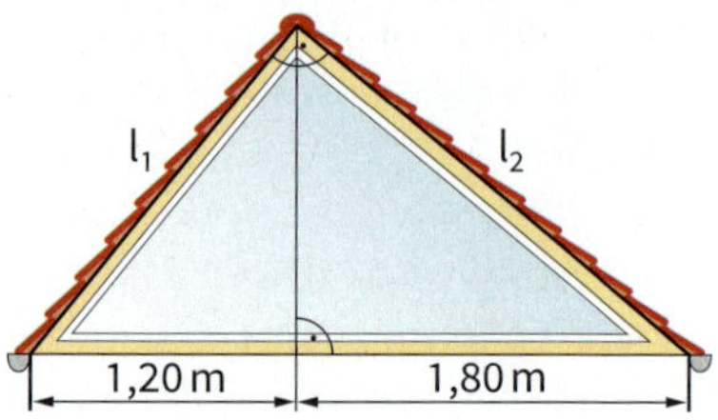

• **8** Berechne für das abgebildete Gebäude die Länge eines Dachsparrens. Ein Dachsparren soll 40 cm überstehen.

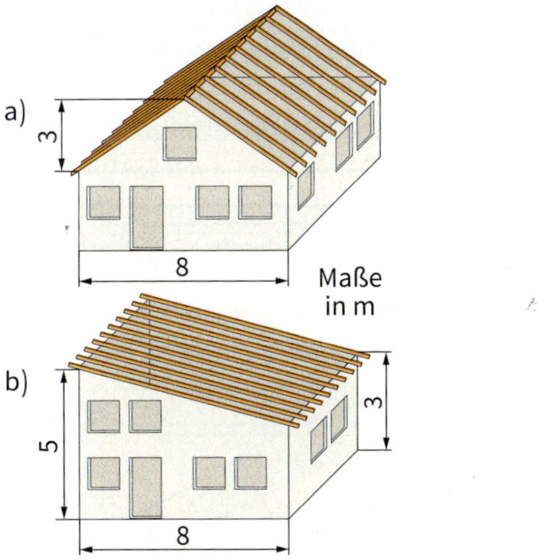

• **9** Die Fläche des Satteldaches soll mit Ziegeln eingedeckt werden.
Für einen Quadratmeter der Dachfläche werden 14 Ziegel benötigt.

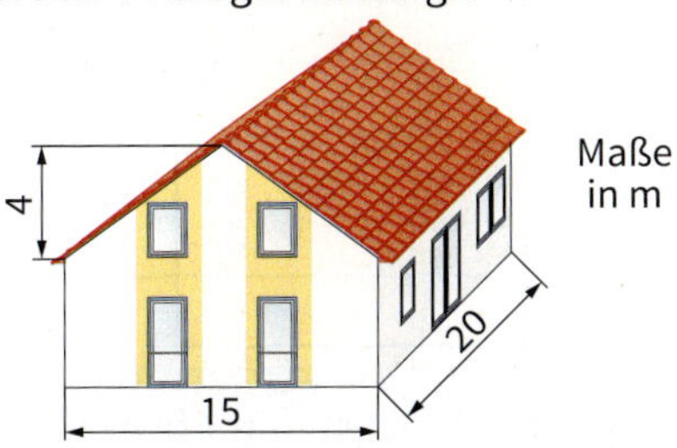

Wie viele Ziegel müssen für die gesamte Dachfläche mindestens eingekauft werden?

• **10** Das abgebildete Pultdach soll einen neuen Belag aus Zinkblech erhalten. Der Dachdecker verlangt für das Eindecken 90 € pro Quadratmeter. Für Verschnitt müssen 10 % der Fläche hinzugerechnet werden.

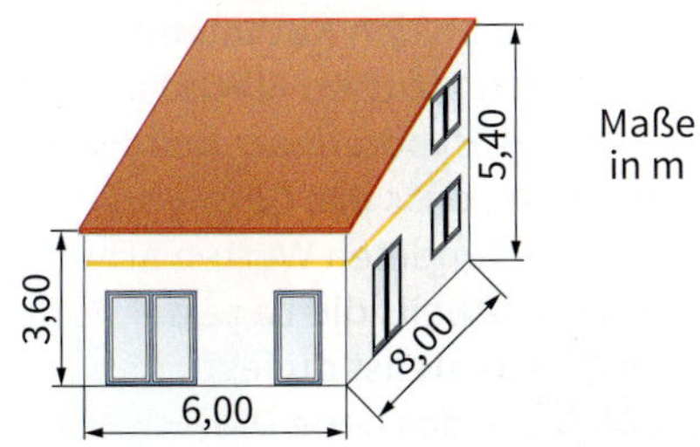

Lösungen zu Aufgabe 8 bis 10:
5,4   4 760   8,65   4 870,8

11 Bestimme die Länge eines Dachsparrens. Der einzelne Dachsparren soll 40 cm überstehen.

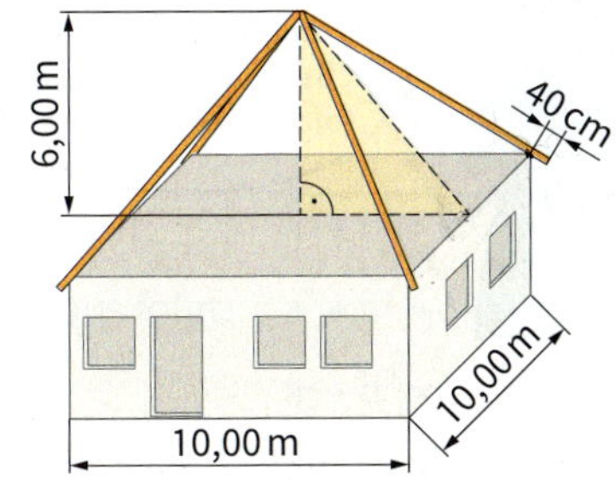

12 Das abgebildete Zelt ist 2 m hoch.

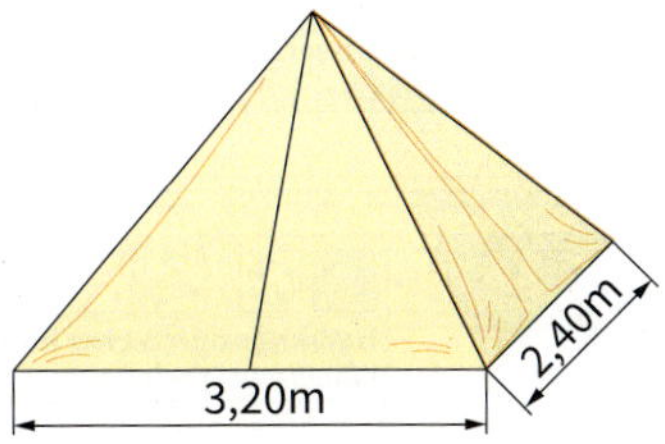

Wie viel Quadratmeter Zeltstoff wurden mindestens für die Herstellung der vier Seitenflächen verarbeitet?

13 Ein Turm hat ein kegelförmiges Dach.

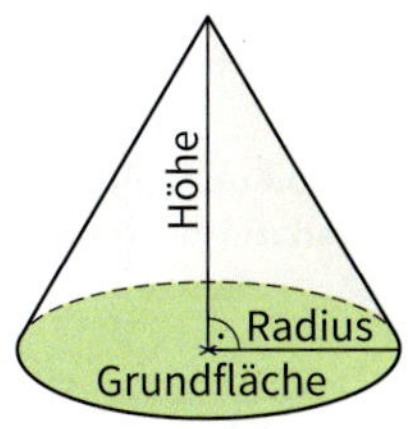

Der Umfang der kreisförmigen Grundfläche des Kegels beträgt 50,27 m.
Das 15,00 m hohe Dach soll erneuert werden. Berechne die Länge eines Dachsparrens.

14

Wie lang muss der Strohhalm mindestens sein, damit er nicht in die Getränkepackung rutschen kann?

Ausgangstest 1

1 Formuliere für das rechtwinklige Dreieck den Satz des Pythagoras als Gleichung. Bestimme zunächst die Lage des rechten Winkels.

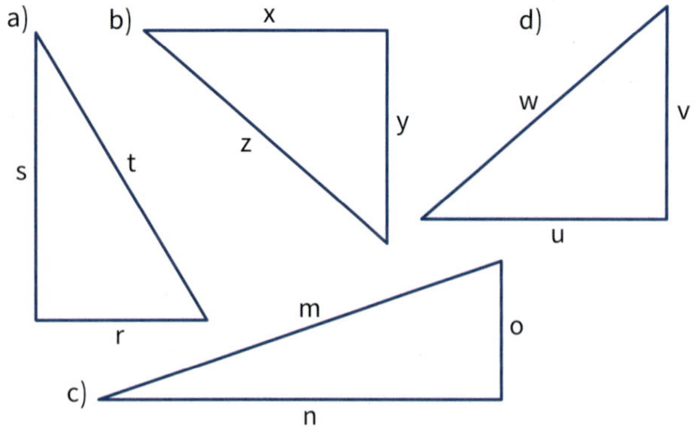

2 Berechne die fehlende Seitenlänge.

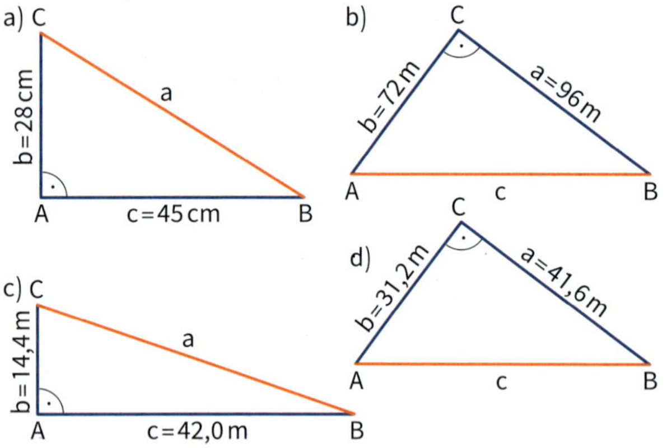

3 Bestimme die fehlende Seitenlänge.

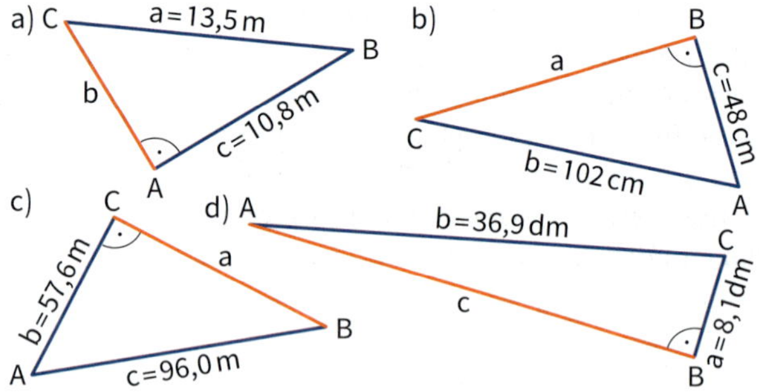

4 Berechne die fehlende Seitenlänge in dem Dreieck ABC. Fertige eine Planfigur an.

a) $b = 15{,}6$ cm; $c = 11{,}7$ cm; $\alpha = 90°$
b) $a = 27{,}5$ cm; $c = 66{,}0$ cm; $\beta = 90°$
c) $a = 8{,}2$ cm; $c = 1{,}8$ cm; $\alpha = 90°$
d) $a = 6{,}3$ m; $b = 22{,}5$ m; $\beta = 90°$

5 Eine 7,50 m lange Leiter lehnt an einer Hauswand. Der Fuß der Leiter steht 2,10 m von der Wand entfernt auf dem Erdboden. In welcher Höhe liegt die Leiter an der Hauswand an?

6 Berechne den Flächeninhalt des Dreiecks ABC mit $b = 12{,}6$ cm, $c = 17{,}4$ cm und $\gamma = 90°$.

7 In dem Rechteck ABCD ist $a = 288$ m. Die Länge der Diagonalen e beträgt 360 m. Berechne den Umfang des Rechtecks.

Ich kann	Aufgabe	Hilfen und Aufgaben
für ein rechtwinkliges Dreieck den Satz des Pythagoras als Gleichung formulieren.	1	Seite 110
in einem rechtwinkligen Dreieck die Länge der Hypotenuse berechnen.	2	Seite 111, 112
in einem rechtwinkligen Dreieck die Länge einer Kathete berechnen.	3, 4, 6	Seite 111, 112
Sachaufgaben mithilfe des Satzes des Pythagoras lösen.	5	Seite 113, 114, 120, 121
in ebenen Figuren den Satz des Pythagoras anwenden.	7	Seite 118

Ausgangstest 2

1 Berechne die fehlende Seitenlänge in dem Dreieck ABC. Fertige eine Planfigur an.

a) $b = 10{,}4$ cm; $c = 7{,}8$ cm; $\alpha = 90°$
b) $a = 126$ m; $b = 174$ m; $\beta = 90°$
c) $c = 24{,}4$ cm; $a = 24{,}0$ cm; $\gamma = 90°$

2 In einem gleichschenkligen Dreieck ABC ($a = b$) ist $a = 2{,}50$ m und $c = 4{,}80$ m. Berechne seinen Flächeninhalt.

3 Berechne den Umfang und den Flächeninhalt des gleichschenkligen Trapezes ABCD.

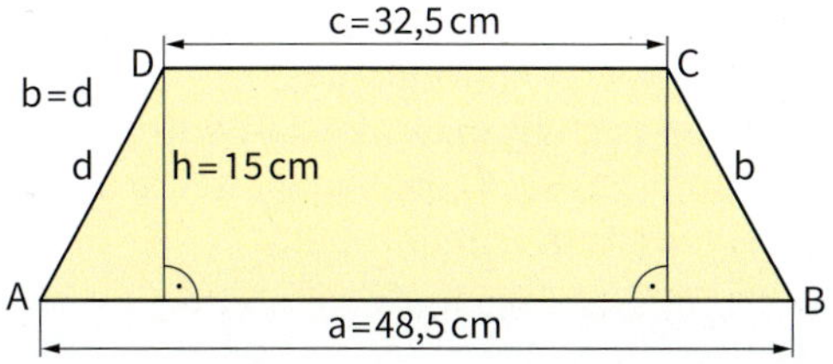

4 Berechne den Umfang und den Flächeninhalt des Drachens ABCD mit den angegebenen Maßen.

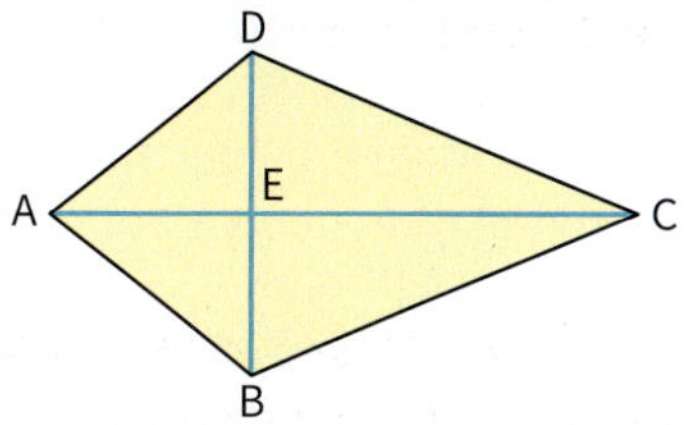

$\overline{AB} = 24{,}00$ m; $\overline{BC} = 40{,}80$ m; $\overline{DE} = 19{,}20$ m

5 Ein geradliniges Straßenstück ist 410 m lang. Auf der Karte (1 : 20 000) werden für diesen Abschnitt 2 cm gemessen. Um wie viele Meter steigt das Straßenstück an?

6 Das abgebildete Dach soll einen Belag aus Zinkblech erhalten.

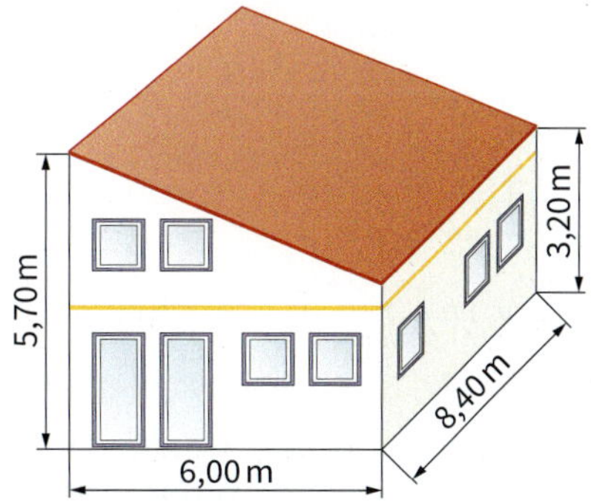

Die Dachdeckerin verlangt für das Eindecken 100 € pro Quadratmeter. Für Verschnitt rechnet sie 10 % der Dachfläche hinzu.

7 Ein Turm hat ein kegelförmiges Dach. Der Radius der kreisförmigen Grundfläche beträgt 3,20 m. Das 6,00 m hohe Dach soll erneuert werden. Berechne den Inhalt der Dachfläche.

8 Berechne die fehlenden Größen (a, b, c, p, q, h_c) in dem Dreieck ABC ($\gamma = 90°$).

a) $a = 12$ cm; $c = 18$ cm b) $p = 70$ cm; $q = 30$ cm

Ich kann	Aufgabe	Hilfen und Aufgaben
in einem rechtwinkligen Dreieck eine fehlende Seitenlänge bestimmen.	1	Seite 111, 112
in ebenen Figuren den Satz des Pythagoras anwenden.	2, 3, 4	Seite 118
Sachaufgaben mithilfe des Satzes des Pythagoras lösen.	5, 6, 7	Seite 113, 114
in einem rechtwinkligen Dreieck mithilfe der Satzgruppe des Pythagoras fehlende Größen berechnen.	8	Seite 119, 120, 121

Pythagoreische Zahlentripel

1 Die Abbildung zeigt eine Tontafel mit Schriftzeichen in Keilschrift, die zwischen 1800 und 1650 vor Christus im alten Babylon angefertigt wurde.

Der Altertumsforscher Otto Neugebauer fand 1945 heraus, dass es sich bei den Zeichen auf der Tontafel um so genannte pythagoreische Zahlentripel handelt. Informiere dich im Internet.

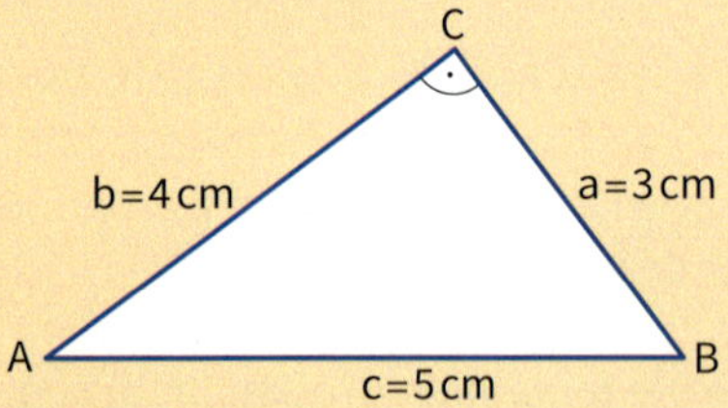

Ein Dreieck ABC mit den Seitenlängen a = 3 cm, b = 4 cm und c = 5 cm ist rechtwinklig.
Die positiven ganzen Zahlen 3, 4 und 5 erfüllen die Gleichung $a^2 + b^2 = c^2$. Die Zahlen 3, 4 und 5 bilden ein **pythagoreisches Zahlentripel.**

Welches Tripel in der Tabelle ist ein pythagoreisches Zahlentripel?

a)	b)	c)
(15, 8, 17)	(12, 16, 20)	(9, 40, 41)

d)	e)	f)
(12, 16, 24)	(11, 60, 61)	(16, 30, 34)

g)	h)	i)
(24, 10, 25)	(32, 24, 40)	(21, 20, 30)

k)	l)	m)
(45, 28, 53)	(27, 36, 44)	(7, 24, 25)

2 Notiere die einzelnen Zahlentripel, die durch die dargestellten Dreiecke veranschaulicht werden (1 Kästchenlänge ≙ 1 LE). Was stellst du fest?

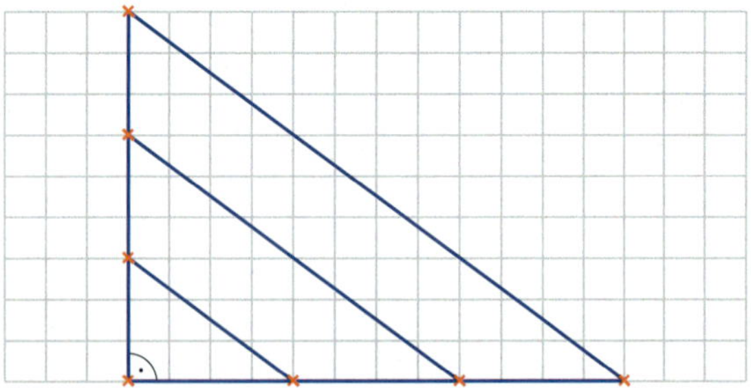

3 a) Aus den pythagoreischen Zahlentripeln (5, 12, 13) und (15, 8, 17) entwickelt Laura an der Tafel jeweils weitere Zahlentripel.

Pythagoreische Zahlenfigur

(5, 12, 13)	(15, 8, 17)
(38, 84, 91)	(60, 32, 68)
(45, 108, 117)	(180, 98, 204)
(65, 144, 156)	(195, 104, 221)

Überprüfe, ob sie richtig gerechnet hat. Beschreibe deinen Lösungsweg.
b) Bilde von dem pythagoreischen Zahlentripel (7, 24, 25) ausgehend drei weitere Zahlentripel. Erläutere deinen Lösungsweg.

4 Ein pythagoreisches Zahlentripel wird als **pythagoreisches Grundtripel** bezeichnet, wenn seine Zahlen teilerfremd sind.
Übertrage die Tabelle in dein Heft und ordne die folgenden Zahlentripel jeweils ihrem Grundtripel zu.

Grundtripel	abgeleitete Zahlentripel
(3, 4, 5)	(12, 16, 20), (39, 52, 65)
(5, 12, 13)	(35, 84, 91)
(15, 8, 17)	▒
(7, 24, 25)	▒

Zahlentripel:
~~(12, 16, 20)~~ ~~(35, 84, 91)~~ (45, 24, 51)
(100, 240, 260) ~~(39, 52, 65)~~ (84, 288, 300)
(60, 32, 68) (35, 120, 125) (75, 40, 85)
(48, 64, 80) (55, 132, 143) (21, 72, 75)
(105, 56, 119) (33, 44, 55) (40, 96, 104)

5 a) Erläutere, dass für $a = u^2 - v^2$, $b= 2uv$ und $c = u^2 - v^2$ mit $u > v$ gilt: $a^2 + b^2 = c^2$.

$$\begin{aligned} &(u^2 - v^2)^2 && + (2uv)^2 \\ &= u^4 - 2u^2v^2 + v^4 && + 4u^2v^2 \\ &= u^4 + 2u^2v^2 + v^4 \\ &= (u^2 + v^2)^2 \end{aligned}$$

b) In dem Beispiel wird für u = 4 und für v = 3 ein pythagoreisches Zahlentripel berechnet.

$a = u^2 - v^2$	$b = 2uv$	$c = u^2 + v^2$
$a = 4^2 - 3^2$	$b = 2 \cdot 4 \cdot 3$	$c = 4^2 + 3^2$
$a = 7$	$b = 24$	$c = 25$

Probe: $a^2 + b^2 = c^2$

$7^2 + 24^2 = 25^2$

$625 = 625$

Die Zahlen 7, 24 und 25 bilden ein pythagoreisches Zahlentripel.

Vervollständige die Tabelle im Heft und ergänze sie um zehn weitere Zeilen. Beachte dabei, dass u größer als v sein muss.
Überprüfe durch eine Rechnung, ob die Zahlen a, b und c ein pythagoreisches Zahlentripel bilden.

u	v	$a = u^2 - v^2$	$b = 2uv$	$c = u^2 + v^2$
2	1	3	4	5
3	1	8	6	10
3	2	5	12	13
4	1	■	■	■
4	2	■	■	■
4	3	■	■	■
5	1	■	■	■
5	2	■	■	■

6 a) Stelle fest, welche Zahlentripel in deiner Tabelle (Aufgabe 5) Grundtripel sind.
Lege dazu eine Tabelle an.

Grundtripel	Zahlenpaar (u, v)
■	■
■	■

Vergleiche die Zahlenpaare (u, v) miteinander. Welche gemeinsame Eigenschaft haben sie? Betrachte dazu die für u und v eingesetzten Zahlen.
b) Lässt sich aus den Zahlenpaaren (28, 11), (44, 40) und (67, 53) jeweils ein pythagoreisches Grundtripel bilden? Begründe deine Antwort.
c) Ergänze zu einem Zahlenpaar (u, v), aus dem du ein pythagoreisches Grundtripel bilden kannst.

I	II	III	IV
(11, v)	(126, v)	(u, 35)	(u, 6)

7 Mithilfe eines Tabellenkalkulationsprogramms kannst du schnell pythagoreische Zahlentripel berechnen.

Start | Layout | Tabellen | Diagramme | SmartArt | Form

C3 | Zahlentripel

	A	B	C	D	E
1	u	v	a	b	c
2			$u^2 - v^2$	2 * u * v	$u^2 + v^2$
3					
4	2	1	3	4	5
5	3	1	8	6	10
6	3	2	5	12	13
7	4	1	15	8	17
8	4	2	12	16	20

Start | Layout | Tabellen | Diagramme | SmartArt | Form

C3 | Zahlentripel

	A	B	C	D	E
1	u	v	a	b	c
2			$u^2 - v^2$	2 * u * v	$u^2 + v^2$
3					
4	2	1	=A4*A4-B4*B4	=$D$2*A4*B4	=A4*A4+B4*B4
5	3	1	=A5*A5-B5*B5	=$D$2*A5*B5	=A5*A5+B5*B5
6	3	2	=A6*A6-B6*B6	=$D$2*A6*B6	=A6*A6+B6*B6
7	4	1	=A7*A7-B7*B7	=$D$2*A7*B7	=A7*A7+B7*B7
8	4	2	=A8*A8-B8*B8	=$D$2*A8*B8	=A8*A8+B8*B8

6 Körper berechnen

Welche geometrischen Körper erkennst du in den Abbildungen auf diesen Seiten?

Im Jahr 2014 betrugen die durchschnittlichen Baukosten für einen Kubikmeter des umbauten Raumes (Volumen des Gebäudes) 283 €.

Die erlaubte Zuladung eines Kipplastwagens beträgt 11,5 t.

Ein Turmdach wird mit Biberschwanzziegeln eingedeckt.
Für einen Quadratmeter Dachfläche werden etwa 35 Ziegel benötigt.

Kugelgasbehälter aus Stahl dienen zum Beispiel zur Speicherung von Erdgas oder Biogas. Der Durchmesser der Stahlkugel kann bis zu 40 m betragen.

Eine moderne Dosenfabrik fertigt aus Weißblech bis 500 Dosen in der Minute.

In der Landwirtschaft wird in Hochsilos Getreide oder Silage aufbewahrt. Die Silos sind zwischen zehn und zwanzig Meter hoch.

Formuliere zu jeder Abbildung eine Sachaufgabe, in der der Flächeninhalt des Mantels, der Oberflächeninhalt oder das Volumen des Körpers berechnet werden muss.

Bist du fit für dieses Kapitel?
Eingangstest
S. 206

Körper beschreiben

1 Die geometrischen Körper Prisma, Zylinder, Pyramide, Kegel und Kugel kannst du in vielen Gegenständen in deiner Umwelt wiederfinden.
a) Ordne die geometrischen Körper den einzelnen Gegenständen zu. Ergänze die Tabelle.

Geometrischer Körper	Gegenstände
Prisma	
Zylinder	

b) Nenne weitere Gegenstände aus deiner Umwelt, die die Form eines Prismas, eines Zylinders, eines Kegels oder einer Kugel haben.

2 Welche geometrischen Körper erkennst du in der Abbildung?

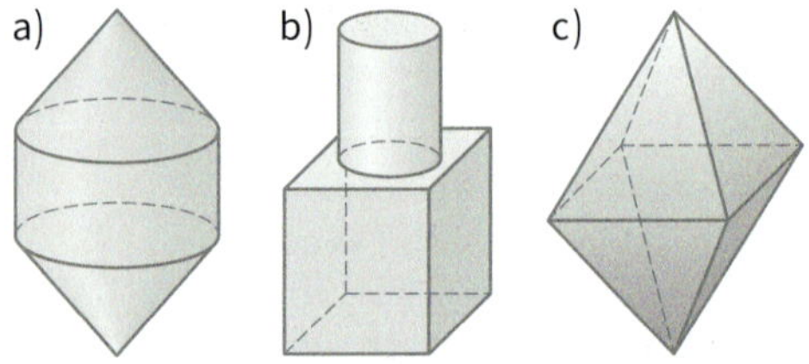

3 Die Begrenzungsflächen von Körpern können unterschiedliche Formen haben. Bei welchen Körpern findest du
a) rechteckige Flächen,
b) quadratische Flächen,
c) dreieckige Flächen,
d) runde Flächen,
e) gewölbte Flächen?

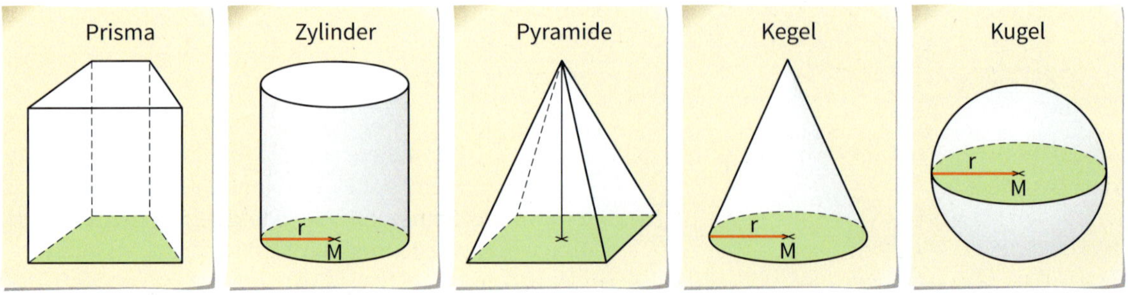

Schrägbilder

1 In der Zeichnung siehst du das Schrägbild eines Zylinders.

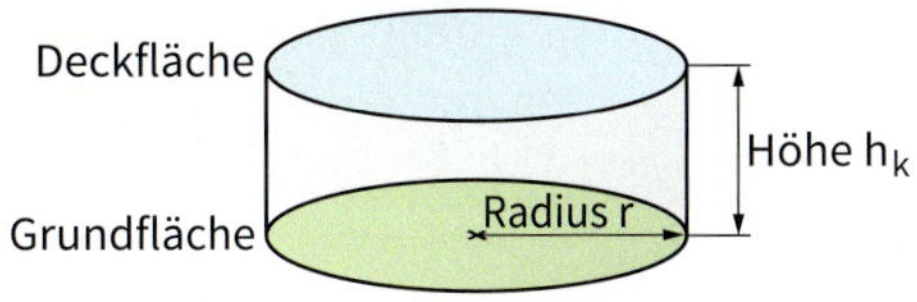

Beschreibe, wie in den folgenden Abbildungen das Schrägbild eines Zylinders skizziert wird.

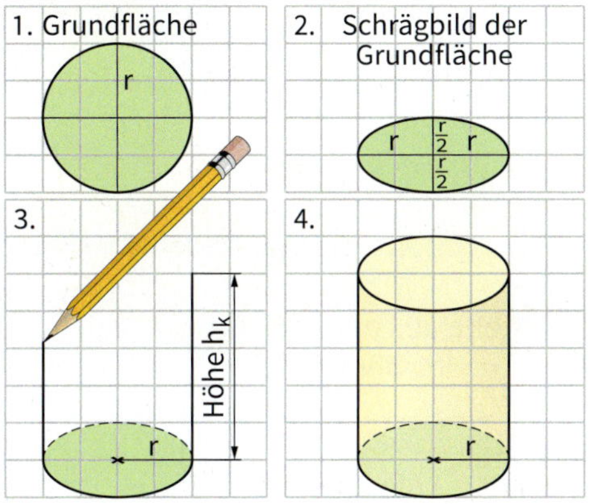

2 Skizziere das Schrägbild des Zylinders mit den angegebenen Maßen.

a) r = 1,5 cm; h_k = 4 cm
b) d = 6 cm; h_k = 3 cm
c) r = 32 mm; h_k = 55 mm

3 Erläutere, wie in der folgenden Darstellung das Schrägbild eines Zylinders skizziert wird. Der Zylinder steht nicht auf der Grundfläche.

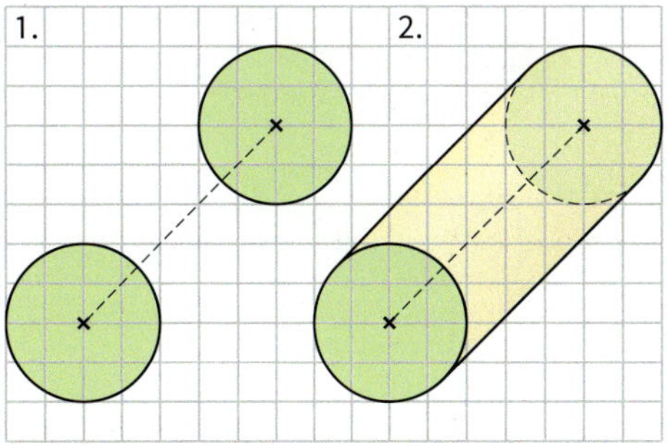

4 Zeichne das Schrägbild des liegenden Zylinders.

a) r = 3 cm; h_k = 5,6 cm
b) r = 2,5 cm; h_k = 4,2 cm
c) d = 5,8 cm; h_k = 2,8 cm

5 Beschreibe anhand der Abbildungen, wie du das Schrägbild einer Pyramide mit quadratischer Grundfläche zeichnen kannst.

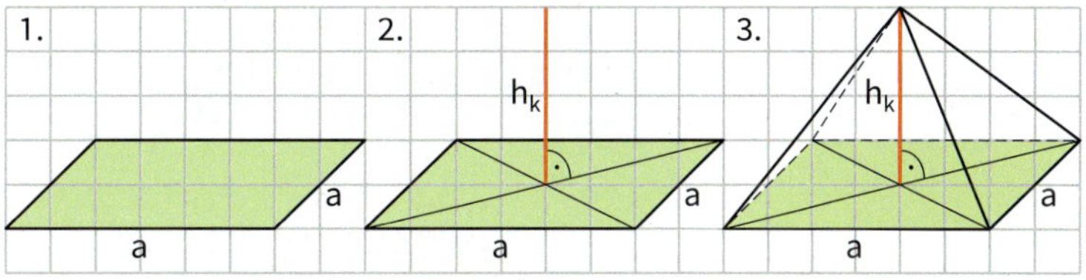

6 Zeichne das Schrägbild der quadratischen Pyramide mit den angegebenen Maßen.

	a)	b)	c)	d)
a	5 cm	5,6 cm	4,2 cm	6,2 cm
h_k	4 cm	4,8 cm	5,0 cm	3,4 cm

Im Schrägbild werden die Längen der nach hinten verlaufenden Kanten halbiert.

7 Die abgebildete Pyramide hat als Grundfläche ein Rechteck.

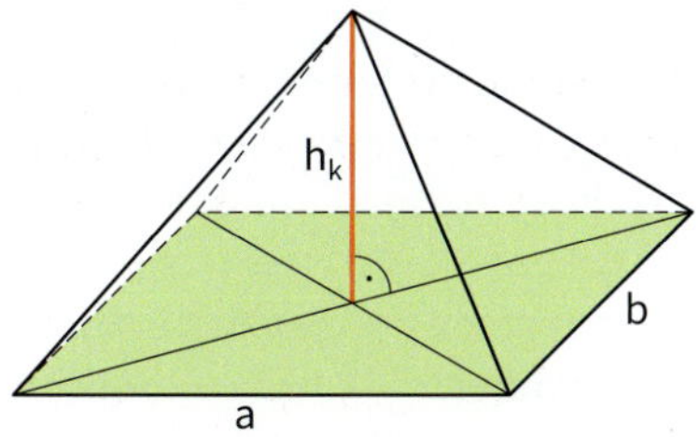

Zeichne das Schrägbild einer rechteckigen Pyramide mit a = 5 cm; b = 3 cm und h_k = 4 cm (a = 6,4 cm; b = 4,8 cm und h_k = 5,2 cm).

8 In der Abbildung wird das Schrägbild eines Kegels skizziert.

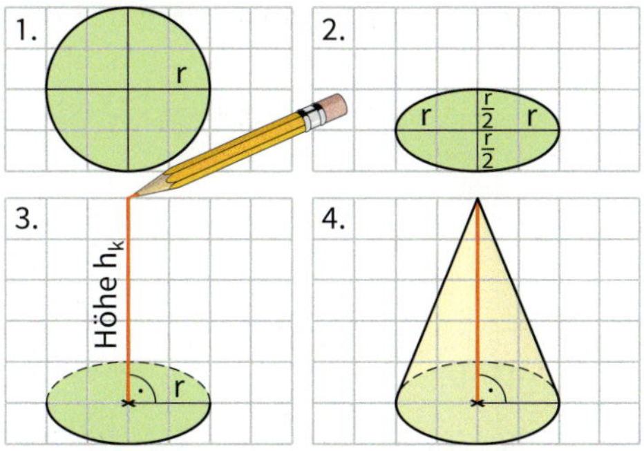

Skizziere das Schrägbild eines Kegels mit d = 4 cm und h_k = 5 cm (r = 2,5 cm und h_k = 5,5 cm).

Körper herstellen

1 Leni fertigt wie abgebildet aus dünnem Karton einen Körper an. Welchen geometrischen Körper hat sie erhalten? Erläutere deine Anwort.

2 Übertrage das abgebildete Netz auf kariertes Papier.

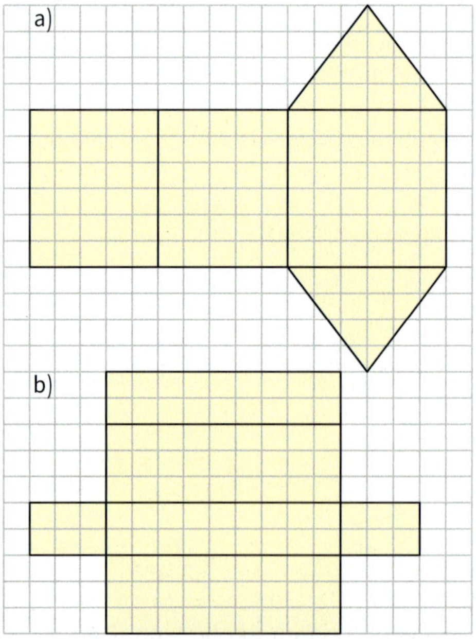

Schneide das Netz aus und versuche es zu einem Körper zu falten. Beschreibe den Körper. Welchen geometrischen Körper erhältst du?

3 Stelle aus dünnem Karton einen Zylinder her. Beschreibe, wie du dabei vorgehen musst.

4 Stelle aus dünnem Karton den abgebildeten Körper her.

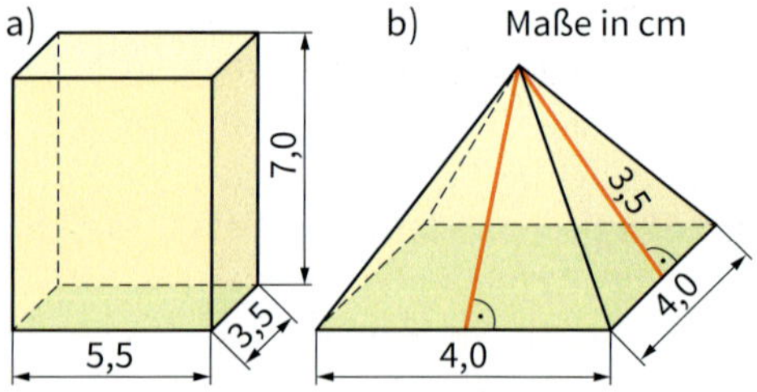

5 Übertrage das abgebildete Netz in doppelter Größe auf kariertes Papier. Schneide das Netz aus und versuche daraus einen Kegel zu bilden.

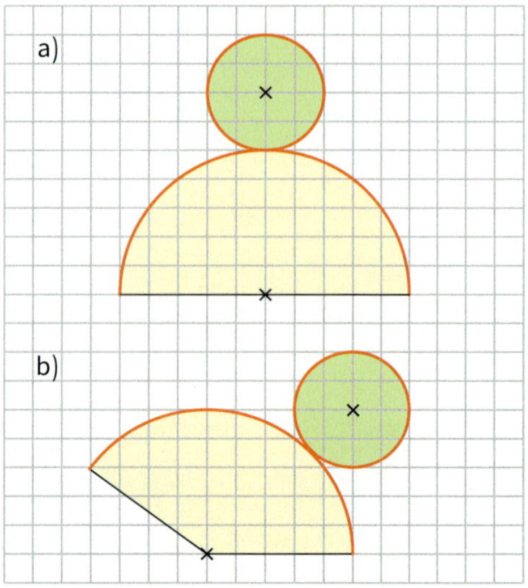

Volumen eines Zylinders

1 a) Viele Gegenstände in deiner Umwelt haben die Form eines Zylinders.

Nenne Beispiele für zylinderförmige Gegenstände.

b) Der abgebildete Körper ist ein Zylinder.

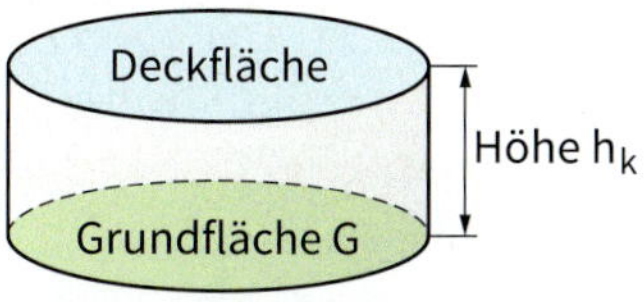

Beschreibe die Form der Grund- und der Deckfläche und ihre Lage zueinander.

2 Begründe anhand der abgebildeten Körper, dass die Formel $V = G \cdot h_k$ für das Volumen eines Prismas auch für das Volumen eines Zylinders gilt.

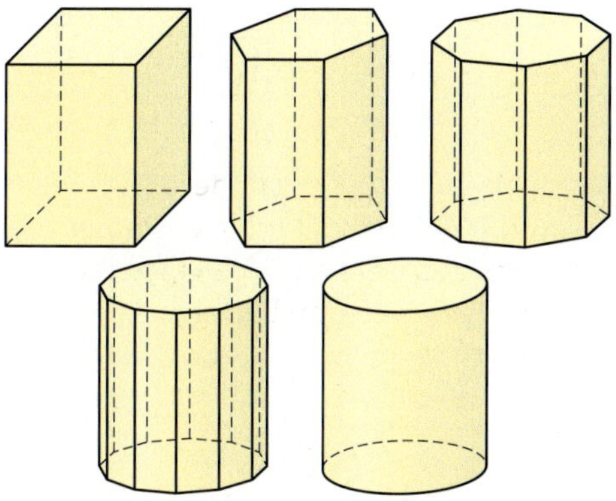

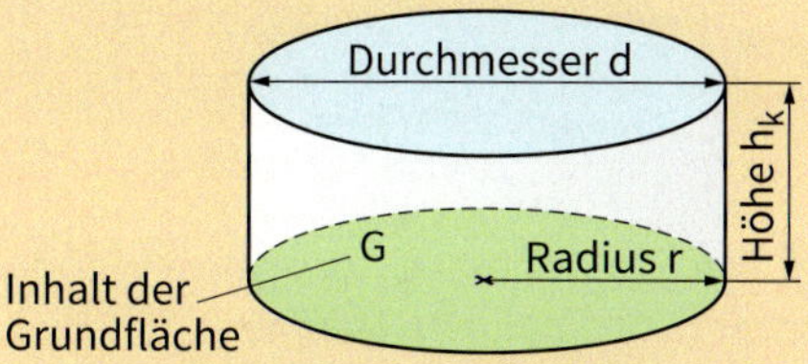

Volumen eines Zylinders

$$V = G \cdot h_k$$

$$V = \pi \cdot r^2 \cdot h_k$$

3 In dem folgenden Beispiel wird das Volumen des Zylinders mit r = 12,5 cm und h_k = 18,0 cm berechnet.

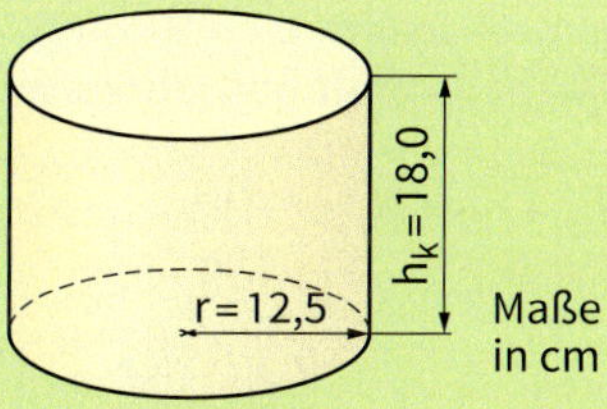

1. Inhalt der Grundfläche

$G = \pi \cdot r^2$

$G = \pi \cdot 12{,}5^2$

$G \approx 490{,}87$

2. Volumen des Zylinders

$V = G \cdot h_k$

$V \approx 490{,}87 \cdot 18{,}0$

$V \approx 8835{,}66$

Das Volumen des Zylinders beträgt ungefähr 8835,66 cm^3.

Berechne das Volumen des Zylinders.

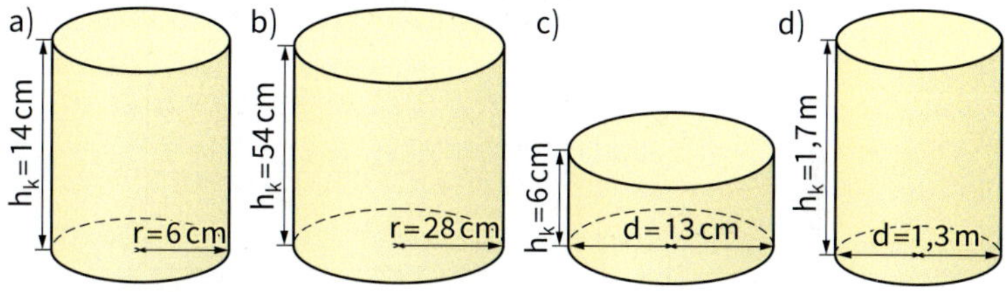

4 Gib das Fassungsvermögen der abgebildeten Konservendose in Milliliter an.

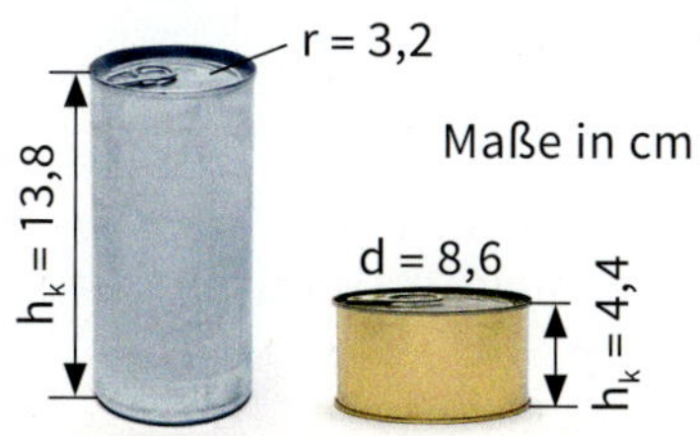

1 dm^3 = 1 *l*; 1 cm^3 = 1 ml; 1 *l* = 1000 ml

5 Ein 4,20 m hoher zylinderförmiger Vorratsbehälter eines Wasserturms hat einen Innendurchmesser von 8,50 m. Wie viel Liter Wasser kann der Behälter fassen?

Oberflächeninhalt eines Zylinders

1 Ein Unternehmen stellt zylinderförmige Konservendosen aus Weißblech her.
Um den Materialbedarf für die Herstellung einer Dose zu ermitteln, muss ihr Oberflächeninhalt berechnet werden.

Erläutere, wie in dem Beispiel der Oberflächeninhalt bestimmt wird.

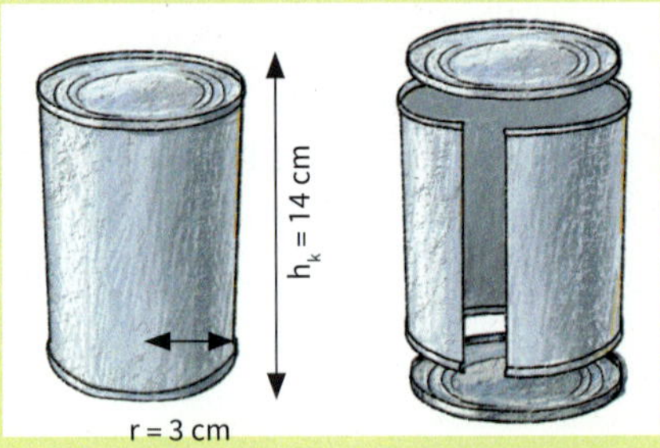

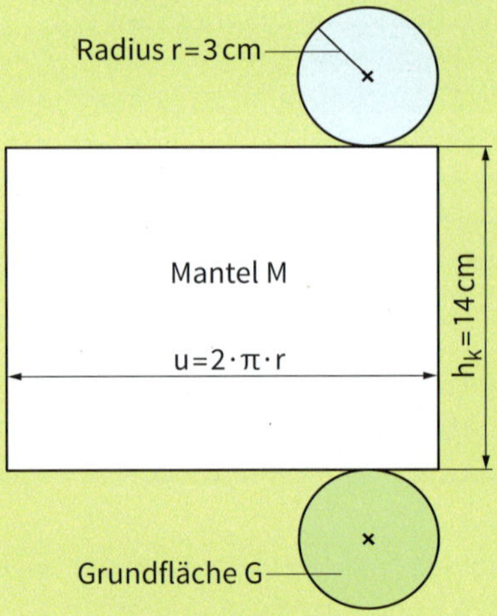

1. Inhalt der Grundfläche

$G = \pi \cdot r^2$
$G = \pi \cdot 3^2$
$G \approx 28{,}27$

2. Flächeninhalt des Mantels

$M = 2 \cdot \pi \cdot r \cdot h_k$
$M = 2 \cdot \pi \cdot 3 \cdot 14$
$M \approx 263{,}89$

3. Oberflächeninhalt des Zylinders

$O = 2 \cdot G + M$
$O \approx 2 \cdot 28{,}27 + 263{,}89$
$O \approx 320{,}43$

Der Oberflächeninhalt beträgt ungefähr 320,43 cm².

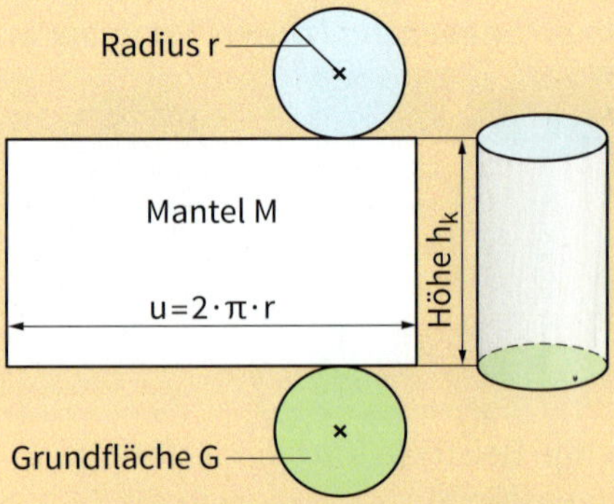

Flächeninhalt des Mantels

$M = u \cdot h_k$
$M = 2 \cdot \pi \cdot r \cdot h_k$

Oberflächeninhalt eines Zylinders

$O = 2 \cdot G + M$
$O = 2 \cdot \pi \cdot r^2 + 2 \cdot \pi \cdot r \cdot h_k$
$O = 2 \cdot \pi \cdot r \cdot (r + h_k)$

2 Berechne den Oberflächeninhalt des abgebildeten Zylinders.

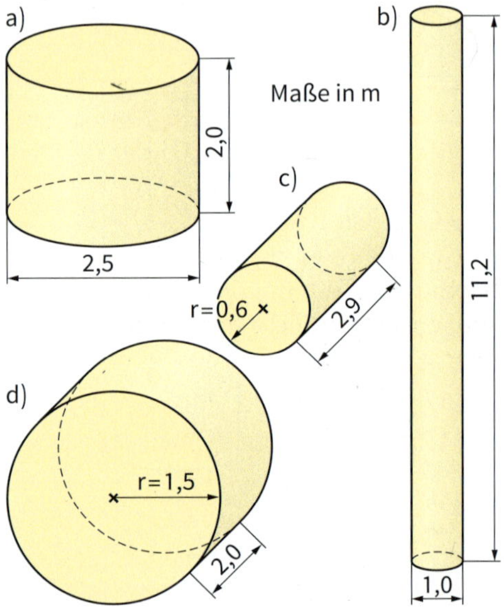

3 Der Durchmesser einer Konservendose beträgt 7,8 cm, ihre Höhe misst 10,6 cm. Für ihren Mantel soll eine Banderole aus Papier angefertigt werden.
Eine Druckerei wird beauftragt, 80 000 Banderolen zu liefern.
Wie viel Quadratmeter Papier müssen dafür insgesamt bedruckt werden?

Volumen einer Pyramide

1 Beschreibe die einzelnen Pyramiden. Nennen Gemeinsamkeiten und Unterschiede.

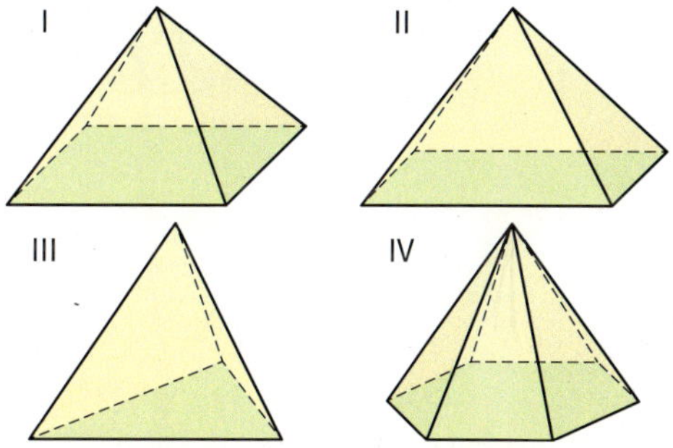

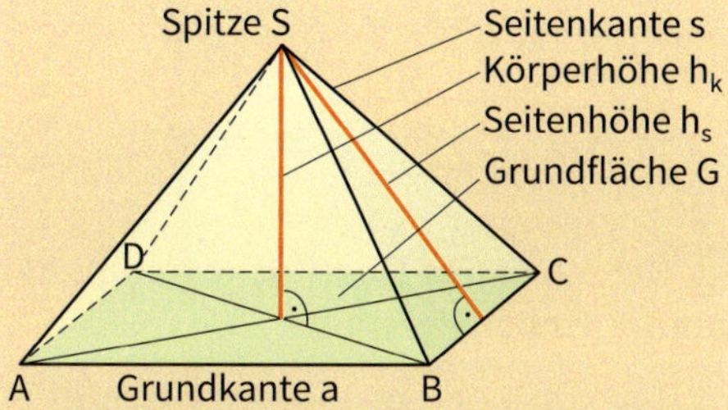

Die **Grundfläche** einer Pyramide ist ein **Vieleck**, ihre Seitenflächen sind Dreiecke.

2 Die Grundfläche und die Körperhöhe des Quaders und der Pyramide sind jeweils gleich groß.
Um das Volumen der Pyramide zu bestimmen, füllt Emily die Pyramide zunächst vollständig mit Wasser. Anschließend gießt sie das Wasser aus der Pyramide in den Quader.

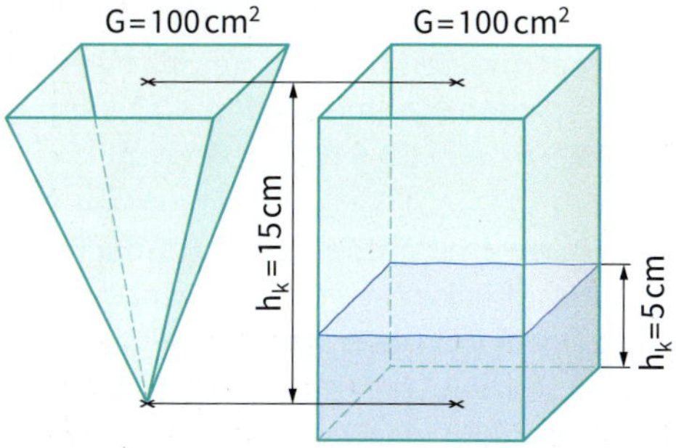

a) Wie viele Pyramidenfüllungen braucht sie, bis der Quader vollständig gefüllt ist?
b) Berechne das Volumen der Pyramide. Beschreibe deinen Lösungsweg.

Volumen einer Pyramide

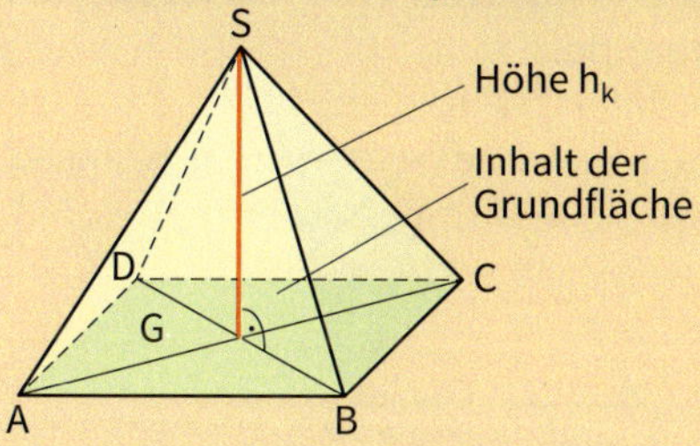

$$V = \frac{1}{3} \cdot G \cdot h_k$$

3 Bestimme das Volumen der abgebildeten quadratischen Pyramide.

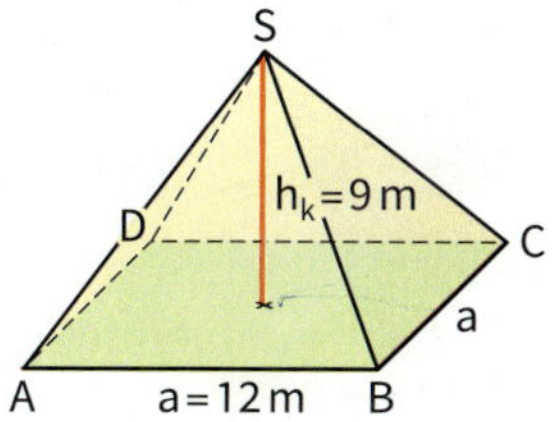

4 Bestimme das Volumen der quadratischen Pyramide mit den angegebenen Maßen.

a) a = 4,8 cm; h_k = 7,2 cm
b) a = 14,40 m; h_k = 18,50 m

5 Die abgebildete Pyramide hat als Grundfläche ein Rechteck.

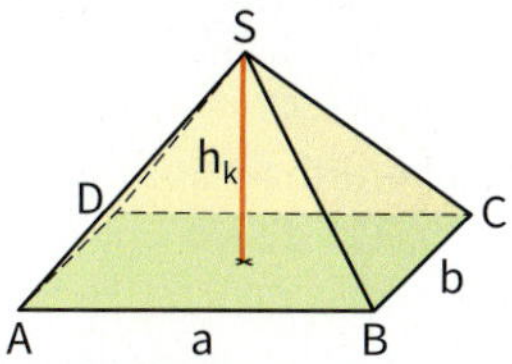

Berechne das Volumen der Pyramide mit a = 1,40 m, b = 1,90 m und h_k = 2,10 m
(a = 10,8 cm; b = 7,2 cm; h_k = 9,6 cm).

6 Berechne das Volumen der Pyramide.

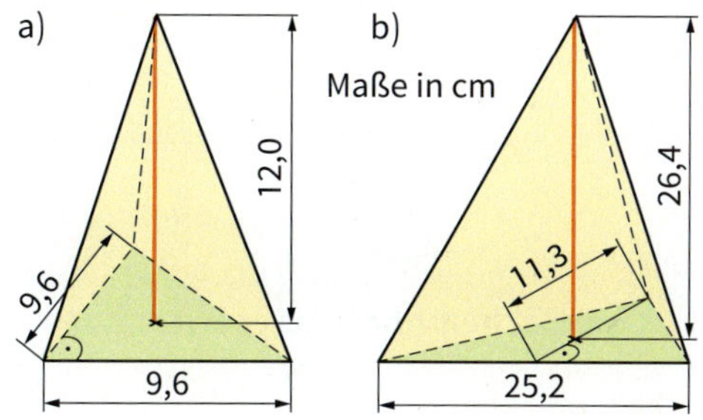

Oberflächeninhalt einer Pyramide

1 Die Abbildungen zeigen das Schrägbild und das Netz einer quadratischen Pyramide.

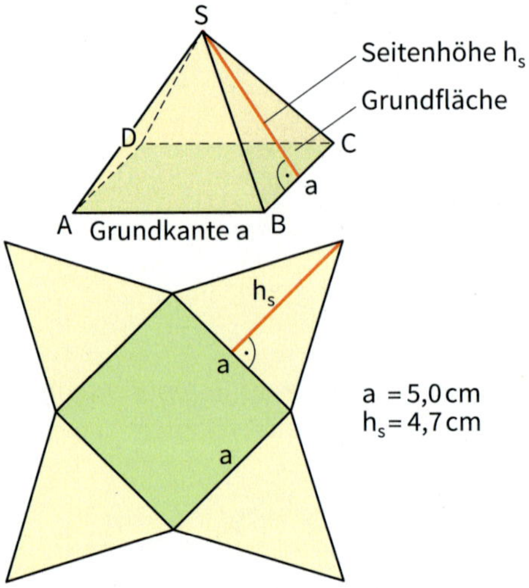

$a = 5{,}0\,cm$
$h_s = 4{,}7\,cm$

a) Beschreibe die Flächen, aus denen sich die Oberfläche der Pyramide zusammensetzt.
b) Erläutere, wie im Beispiel der Oberflächeninhalt der Pyramide berechnet wird.

1. Inhalt der Grundfläche
$G = 5 \cdot 5$
$G = 25$
2. Flächeninhalt des Mantels
$M = 4 \cdot \frac{5{,}0 \cdot 4{,}7}{2}$
$M = 4 \cdot 11{,}75$
$M = 47$
3. Oberflächeninhalt der Pyramide
$O = 25 + 47$
$O = 72$
Der Oberflächeninhalt der Pyramide beträgt 72 m².

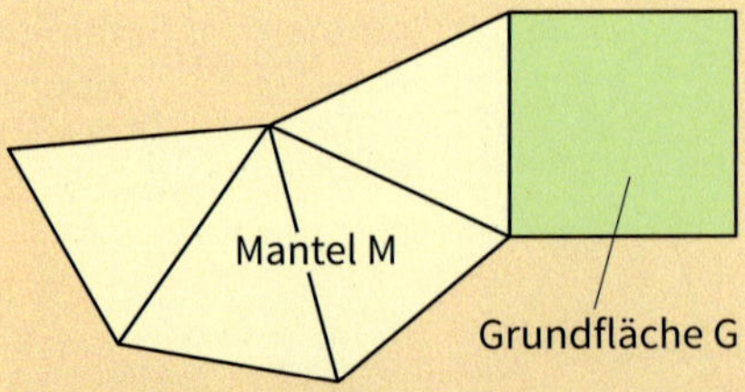

Oberflächeninhalt einer Pyramide
O = G + M

2 In der Abbildung siehst du das Netz einer Pyramide. Bestimme den Oberflächeninhalt der Pyramide.

a)
$a = 12{,}5\,cm$
$h_s = 13{,}4\,cm$

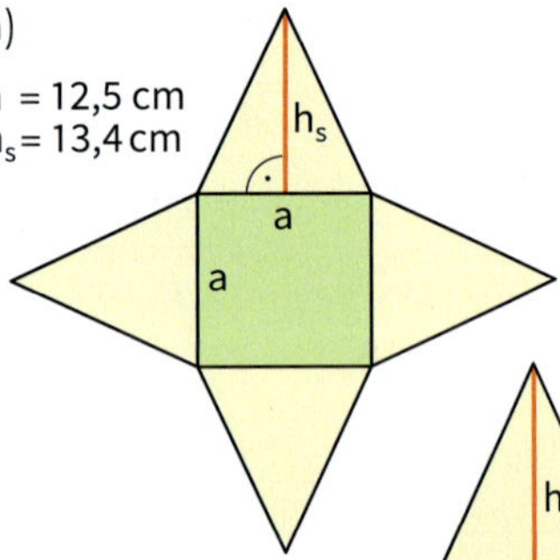

b)
$a = 18{,}0\,cm$
$h = 15{,}6\,cm$
$h_s = 19{,}5\,cm$

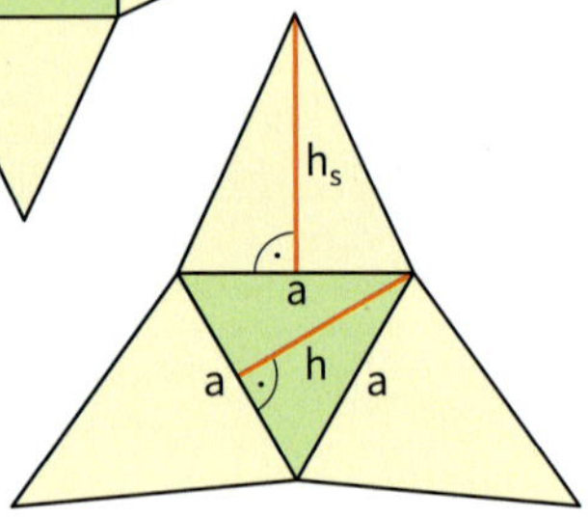

3 Berechne den Oberflächeninhalt der quadratischen Pyramide.

	a)	b)	c)	d)
a	4,0 cm	13,8 dm	8,40 m	56,8 cm
h_s	3,6 cm	21,1 dm	13,70 dm	42,3 cm

4 a) Berechne den Oberflächeninhalt der abgebildeten rechteckigen Pyramide.

$a = 9{,}0\,cm$
$b = 4{,}0\,cm$
$h_a = 6{,}1\,cm$
$h_b = 7{,}3\,cm$

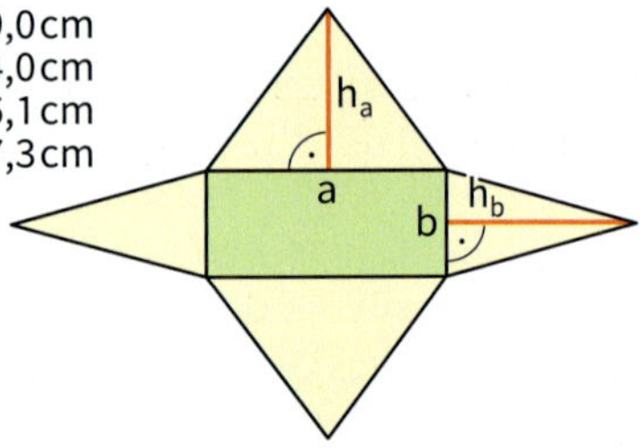

b) Berechne den Oberflächeninhalt einer rechteckigen Pyramide mit $a = 13{,}0\,m$; $b = 46{,}0\,m$; $h_a = 59{,}6\,m$; $h_b = 55{,}4\,m$.

5 Ein pyramidenförmiges Turmdach hat als Grundfläche ein Quadrat. Der Umfang der Grundfläche beträgt 33,60 m.
Die Seitenhöhe einer dreieckigen Dachfläche ist 9,60 m lang.
Das Dach soll neu eingedeckt werden. Für einen Quadratmeter werden 16 Ziegel benötigt. Wie viele Ziegel müssen für die gesamte Dachfläche mindestens eingekauft werden?

Volumen eines Kegels

1 Die Abbildungen zeigen das Schrägbild und das Netz eines Kegels. Beschreibe die Begrenzungsflächen des Kegels.

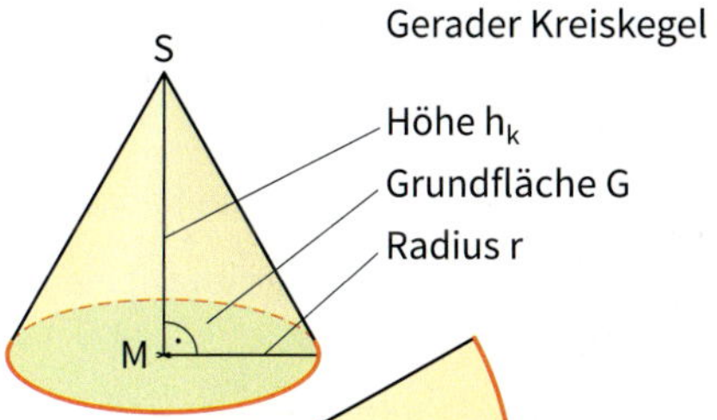

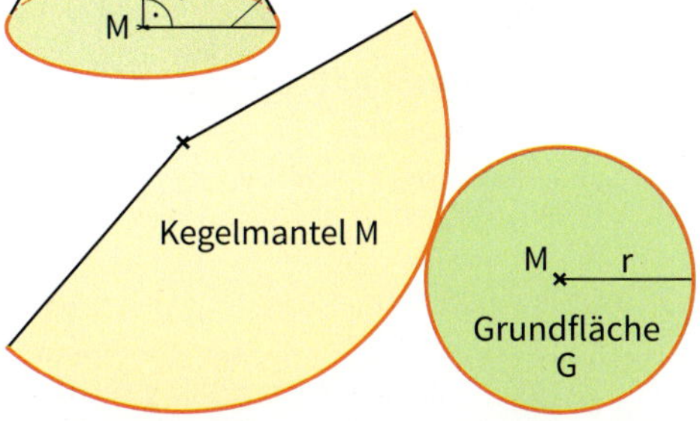

Die **Grundfläche** eines geraden Kreiskegels ist eine **Kreisfläche,** der **Kegelmantel** ist ein **Kreisausschnitt.** Die Strecke, die die Spitze S mit einem Punkt des Grundkreises verbindet, heißt **Mantellinie s.**
Der Abstand zwischen der Spitze S und dem Mittelpunkt M des Grundkreises heißt **Höhe h_k** des Kegels.

2 Die Grundfläche und die Höhe der abgebildeten Körper sind jeweils gleich groß.

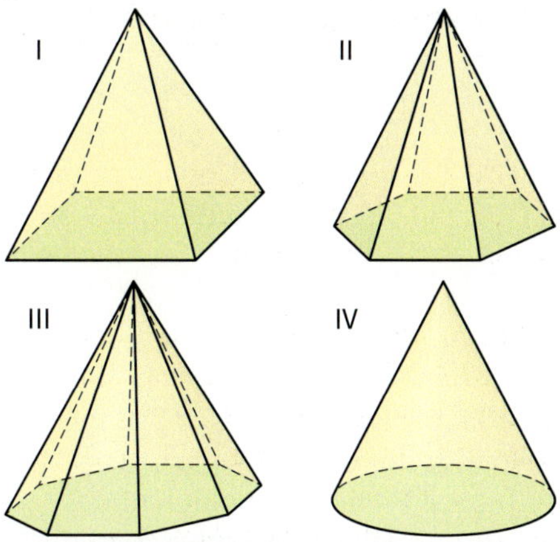

Beschreibe jeweils die Grundfläche der abgebildeten Körper. Erläutere anhand der Abbildungen, dass die Formel $V = \frac{1}{3} \cdot G \cdot h_k$ auch für das Volumen eines Kegels gilt.

Volumen eines Kegels

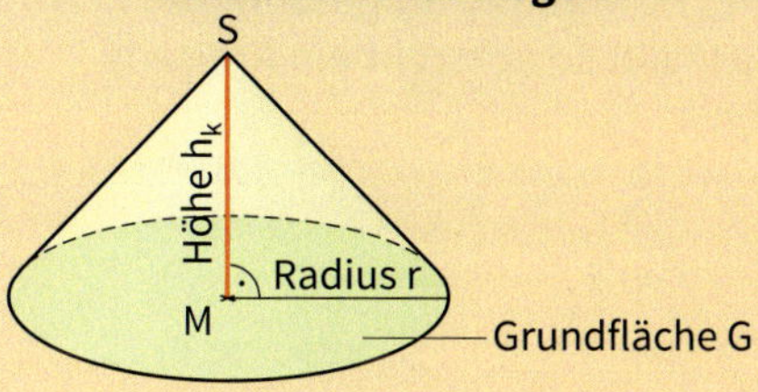

$$V = \frac{1}{3} \cdot G \cdot h_k$$

$$V = \frac{1}{3} \cdot \pi \cdot r^2 \cdot h_k$$

3 Berechne das Volumen des Kegels.

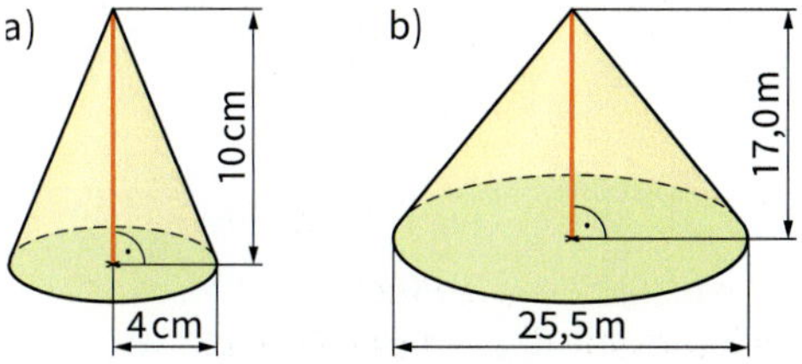

4 Berechne das Volumen des Kegels mit $r = 25{,}66$ m und $h_k = 31{,}20$ m ($d = 5{,}60$ m; $h_k = 3{,}40$ m).

5 In südlichen Ländern wird Salz durch das Verdunsten von Meerwasser gewonnen. Der Durchmesser eines Salzkegels beträgt 5,40 m, seine Höhe 1,90 m. Bestimme die Masse des Kegels ($\rho = 2{,}16\,\frac{g}{cm^3}$).

Jeder Stoff hat eine bestimmte Dichte.

$$\text{Dichte } (\rho) = \frac{\text{Masse (m)}}{\text{Volumen (V)}}$$

6 a) Berechne die Masse des abgebildeten Sandkegels (Sand: $\rho = 1{,}6\,\frac{g}{cm^3}$).

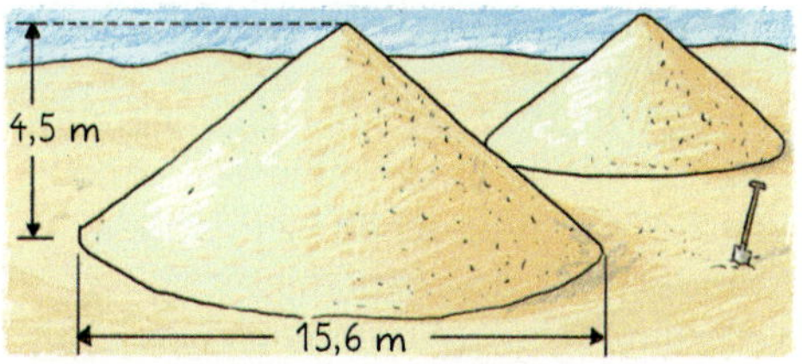

b) Ein Sandkegel ist 2,80 m hoch. Sein Umfang beträgt 37,70 m. Wie oft muss ein Lastwagen fahren (erlaubte Zuladung: 9 t), um den Sandkegel vollständig abzutragen?

Oberflächeninhalt eines Kegels

1 Wird der Mantel eines Kegels längs einer Mantellinie aufgeschnitten und abgerollt, so entsteht ein Kreisausschnitt.

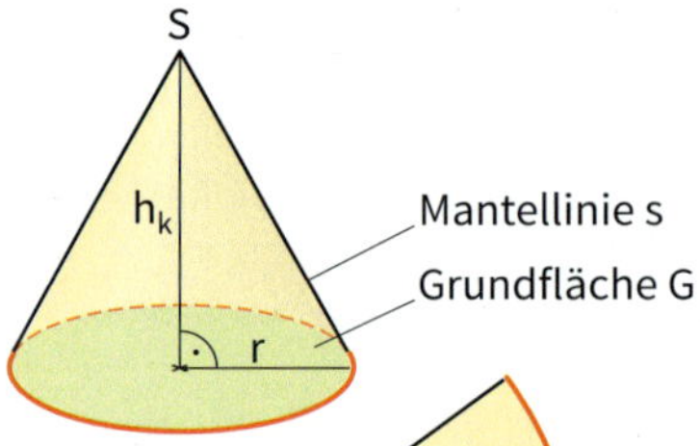

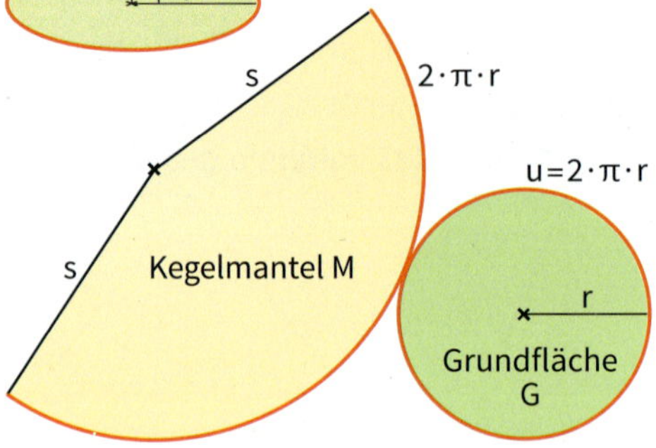

a) Beschreibe, wie in den folgenden Abbildungen der Kegelmantel zerlegt und anschließend wieder zusammengesetzt wird.

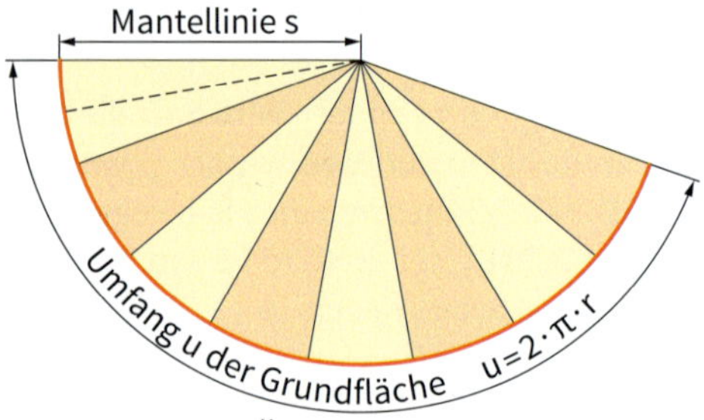

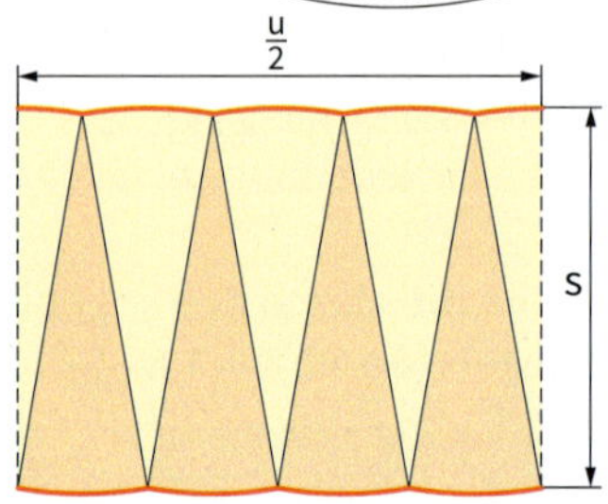

b) Führe in Gedanken diese Zerlegung des Mantels in immer mehr Teile durch. Welcher geometrischen Figur nähert sich dann die zusammengesetzte Figur? Leite eine Formel für den Flächeninhalt des Mantels her.

c) Der Radius r eines Kegels beträgt 3,4 cm, seine Mantellinie s misst 7,6 cm. Berechne den Flächeninhalt des Mantels und den Oberflächeninhalt des Kegels.

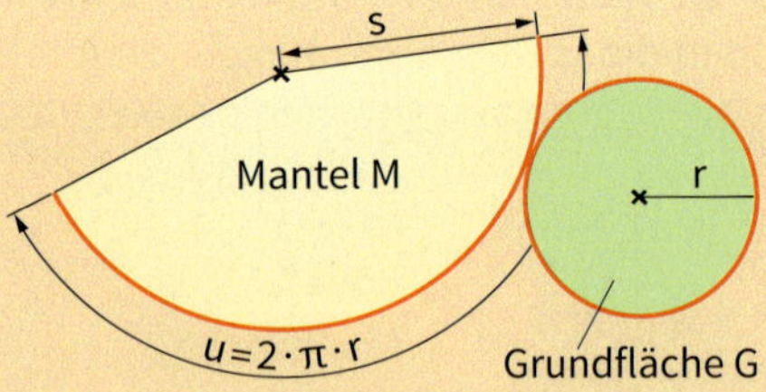

Flächeninhalt eines Kegelmantels

$$M = \pi \cdot r \cdot s$$

Oberflächeninhalt eines Kegels

$$O = G + M$$

$$O = \pi \cdot r^2 + \pi \cdot r \cdot s$$

2 Berechne den Flächeninhalt des Mantels und den Oberflächeninhalt des Kegels.

a)

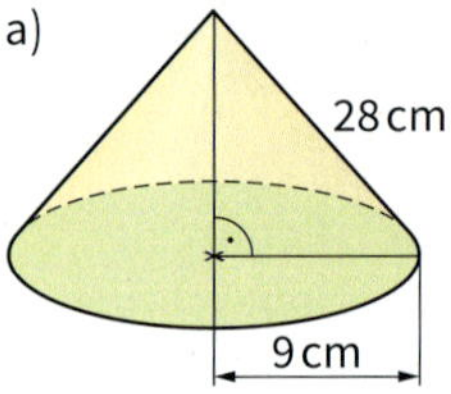

b)

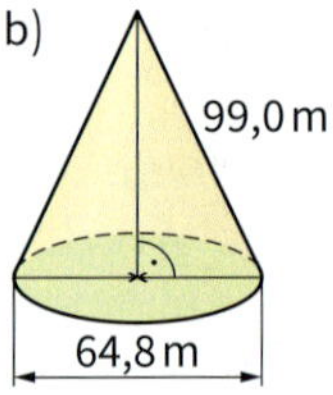

3 Ein Turm hat ein kegelförmiges Dach. Der Radius der Grundfläche beträgt 5,60 m. Das 10,50 m hohe Dach soll mit Kupferblech eingedeckt werden.
Wie viel Quadratmeter Kupferblech werden für das Dach mindestens benötigt?

4 Ein Kegelmantel wird längs einer Mantellinie (s = 6 cm) aufgeschnitten. Die Halbkreisfläche zeigt den Mantel.

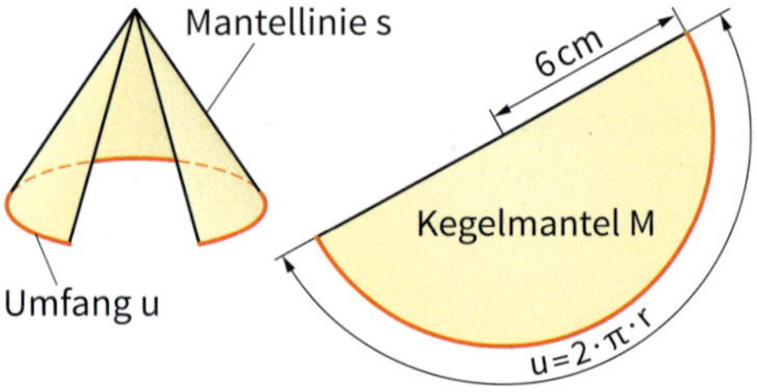

a) Bestimme den Umfang der Kegelgrundfläche. Berechne anschließend den Radius der Grundfläche.
b) Wie groß ist der Flächeninhalt des Mantels und der Oberflächeninhalt des Kegels?
Diese Aufgabe kannst du mit einem Partner lösen. Hinweise zur Partnerarbeit findest du auf der Seite 226.

Volumen einer Kugel

1 Viele Gegenstände in deiner Umwelt haben die Form einer Kugel.

Nenne weitere Beispiele für kugelförmige Körper.

Bei einer Kugel ist der Abstand vom Mittelpunkt zu einem beliebigen Punkt P der Oberfläche der **Kugelradius r.**

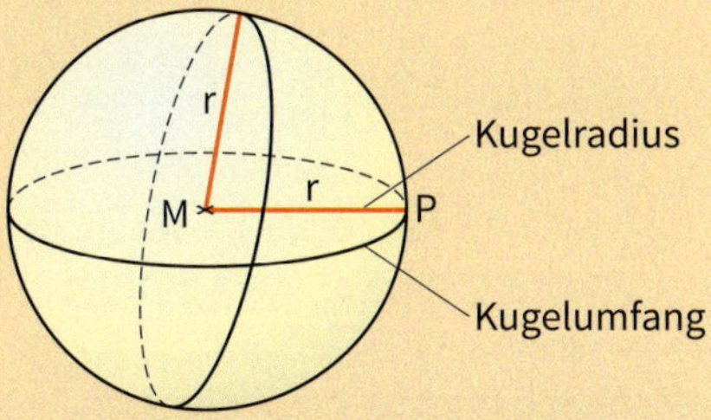

Die Kreise auf der Kugeloberfläche, deren Mittelpunkte jeweils mit dem Kugelmittelpunkt zusammenfallen, heißen **Großkreise.**
Als **Umfang einer Kugel** bezeichnet man den Umfang eines Großkreises.

2 Ein kugelförmiger Fesselballon hat einen Innendurchmesser von 22 m. Er fasst ungefähr 5 600 m^3 Gas.

Nenne weitere Beispiele, in denen das Volumen einer Kugel berechnet werden muss.

3 Der Radius des abgebildeten Kegels, seine Höhe und der Radius der abgebildeten Halbkugel sind gleich groß.

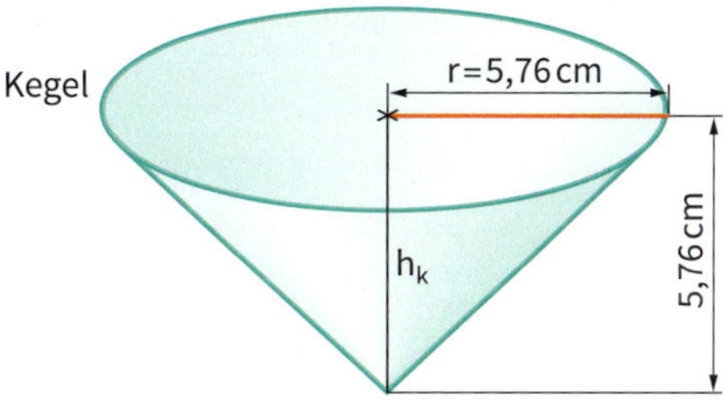

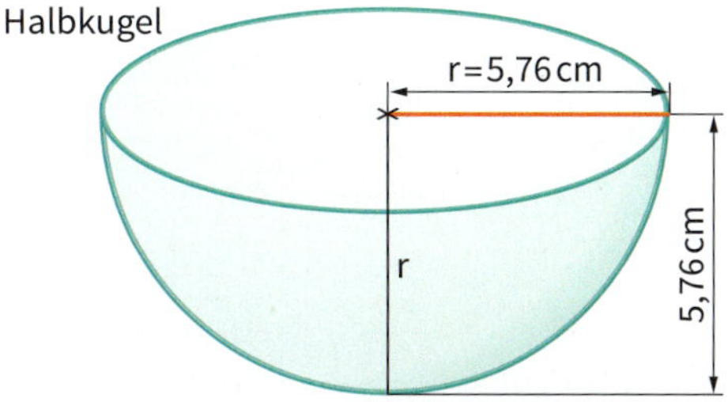

Der Kegel wird mit Wasser gefüllt. Durch Umgießen kannst du zeigen, dass der Inhalt des Kegels zweimal in die Halbkugel passt.
a) Erläutere die Schritte, die zu der Formel für das Volumen einer Halbkugel führen.

$V_{Halbkugel} = 2 \cdot \underbrace{\frac{1}{3} \cdot \pi \cdot r^2 \cdot h_k}_{\text{Kegelvolumen}}$

$V_{Halbkugel} = \frac{2}{3} \cdot \pi \cdot r^2 \cdot r$

$V_{Halbkugel} = \frac{2}{3} \cdot \pi \cdot r^3$

b) Berechne das Volumen der Kugel mit r = 5,76 cm. Beschreibe deinen Lösungsweg.

4 Berechne das Volumen der Kugel mit dem angegebenen Radius (Durchmesser).
a) r = 5,4 cm b) r = 3,8 dm c) r = 76 mm
d) d = 9,8 cm e) d = 1,2 m f) d = 0,80 m

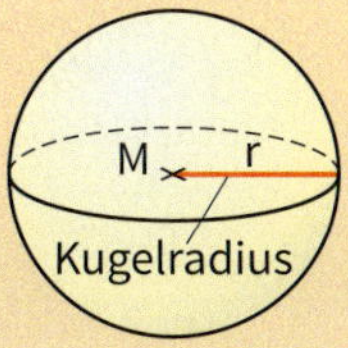

Volumen einer Kugel

$V = \frac{4}{3} \cdot \pi \cdot r^3$

Oberflächeninhalt einer Kugel

1 a) Eine Kugel lässt sich wie abgebildet in Körper zerlegen, die wie Pyramiden aussehen. Wodurch unterscheiden sich diese Zerlegungskörper von richtigen Pyramiden?
b) Wie groß sind die Grundflächen dieser Zerlegungskörper zusammen?

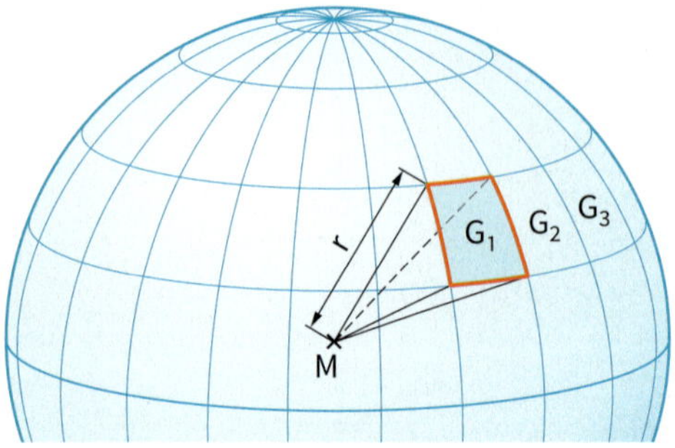

c) Lässt du in Gedanken die Grundfläche eines Zerlegungskörpers immer kleiner werden, so kannst du dir diesen Körper als eine Pyramide mit ebener Grundfläche vorstellen. Die Höhe h_k dieser Pyramide nähert sich dabei dem Radius r der Kugel. Erläutere, wie im Folgenden die Formel $O = 4\pi r^2$ für den Inhalt der Kugeloberfläche hergeleitet wird.

1.

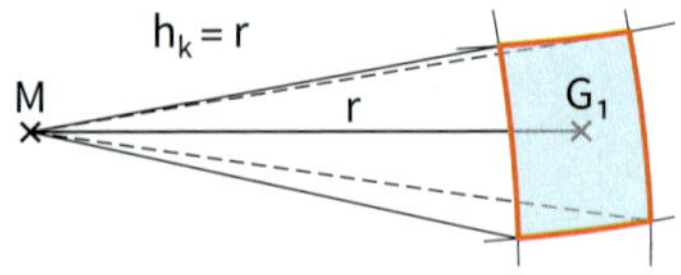

$V_{Pyr} = \frac{1}{3} G_1 r$

2.
$V = \frac{1}{3} G_1 r + \frac{1}{3} G_2 r + \frac{1}{3} G_3 r + \ldots$
$V = \frac{1}{3} r \,(G_1 + G_2 + G_3 + \ldots)$

3.
$V = \frac{1}{3} r \,(G_1 + G_2 + G_3 + \ldots)$
$V = \frac{1}{3} r \cdot O$

4.
$V = \frac{1}{3} r \cdot O$
$\frac{4}{3}\pi r^3 = \frac{1}{3} r \cdot O \quad |:\left(\frac{1}{3} \cdot r\right)$
$4\pi r^2 = O$
$O = 4 \cdot \pi \cdot r^2$

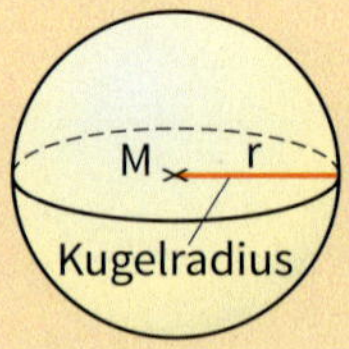

Oberflächeninhalt einer Kugel

$$O = 4 \cdot \pi \cdot r^2$$

2 Berechne den Oberflächeninhalt der Kugel mit dem angegebenen Radius (Durchmesser).
a) r = 25 cm b) r = 6,4 m c) r = 100 m
d) d = 46,4 cm e) d = 0,78 m f) d = 0,5 m

Gegeben: $O = 310\ m^2$
Gesucht: r

$O = 4 \cdot \pi \cdot r^2 \quad |:(4 \cdot \pi)$
$\frac{O}{4 \cdot \pi} = r^2$
$r = \sqrt{\frac{O}{4 \cdot \pi}}$
$r = \sqrt{\frac{310}{4 \cdot \pi}}$

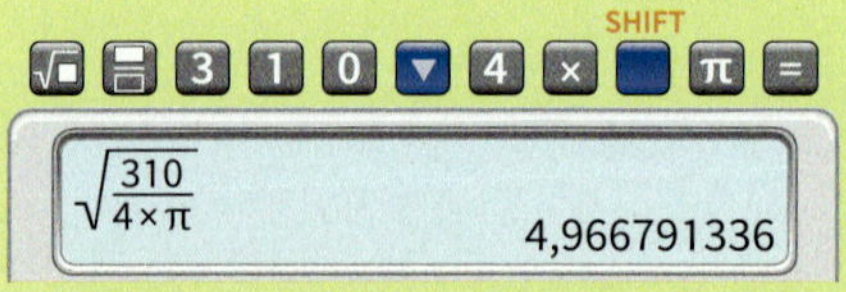

$r \approx 5{,}0$

Der Radius ist ungefähr 5,0 m lang.

• **3** Berechne die fehlenden Größen der Kugel.

	a)	b)	c)	d)
r	14,8 cm	0,74 m	■	■
d	■	■	■	■
O	■	■	78,54 m²	366,44 m²

	e)	f)	g)	h)
r	■	■	■	■
d	3,24 m	■	0,66 dm	■
O	■	12,57 cm²	■	80 425 km²

Lösungen zu Aufgabe 3:
5 6,88 1 1,62 2 752,54 0,33 80 1,37
10,8 2 160 2,5 5,4 32,98 1,48 29,6

Zylinder, Pyramide, Kegel und Kugel

kompakt

Zylinder

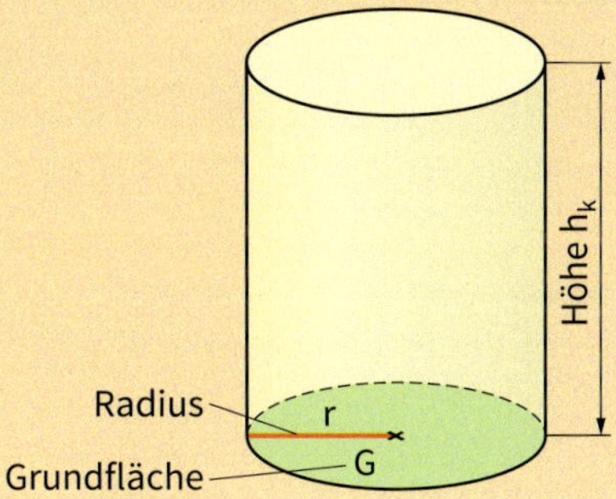

Volumen

$V = G \cdot h_k$

$V = \pi \cdot r^2 \cdot h_k$

Flächeninhalt des Mantels

$M = u \cdot h_k$

$M = 2 \cdot \pi \cdot r \cdot h_k$

Oberflächeninhalt

$O = 2 \cdot G + M$

$O = 2 \cdot \pi \cdot r^2 + 2 \cdot \pi \cdot r \cdot h_k$

$O = 2 \cdot \pi \cdot r \cdot (r + h_k)$

Pyramide

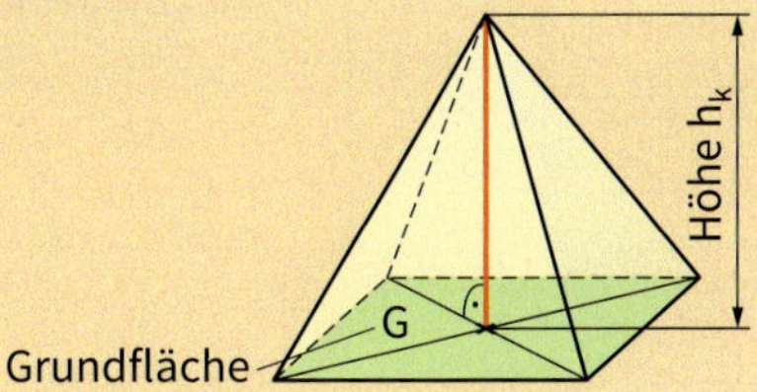

Volumen

$V = \frac{1}{3} \cdot G \cdot h_k$

Oberflächeninhalt

$O = G + M$

Kegel

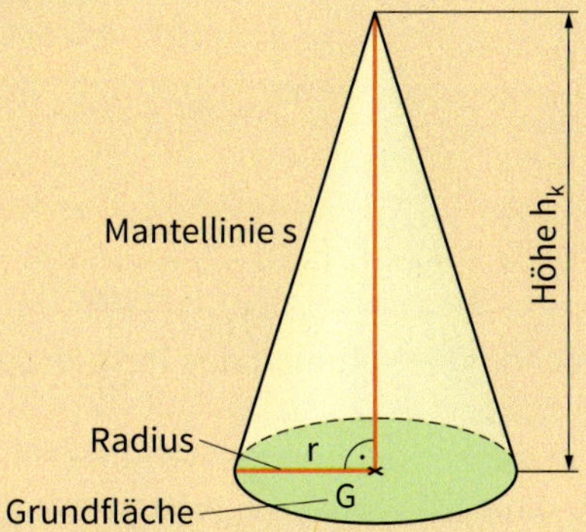

Volumen

$V = \frac{1}{3} \cdot G \cdot h_k$

$V = \frac{1}{3} \cdot \pi \cdot r^2 \cdot h_k$

Flächeninhalt des Mantels

$M = \pi \cdot r \cdot s$

Oberflächeninhalt

$O = G + M$

$O = \pi \cdot r^2 + \pi \cdot r \cdot s$

$O = \pi \cdot r \cdot (r + s)$

Kugel

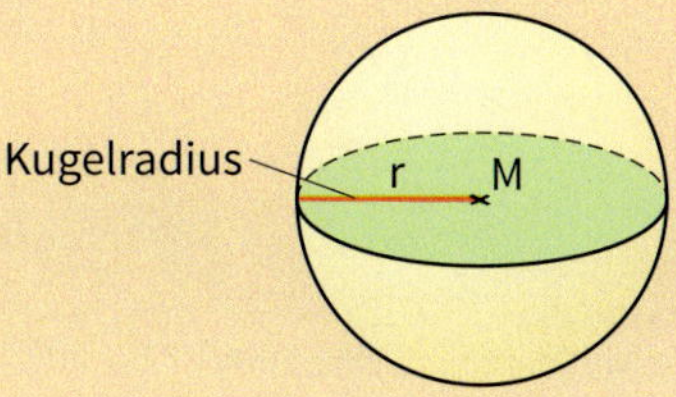

Volumen

$V = \frac{4}{3} \cdot \pi \cdot r^3$

Oberflächeninhalt

$O = 4 \cdot \pi \cdot r^2$

Üben und Vertiefen

1 Berechne das Volumen und den Oberflächeninhalt des Körpers.

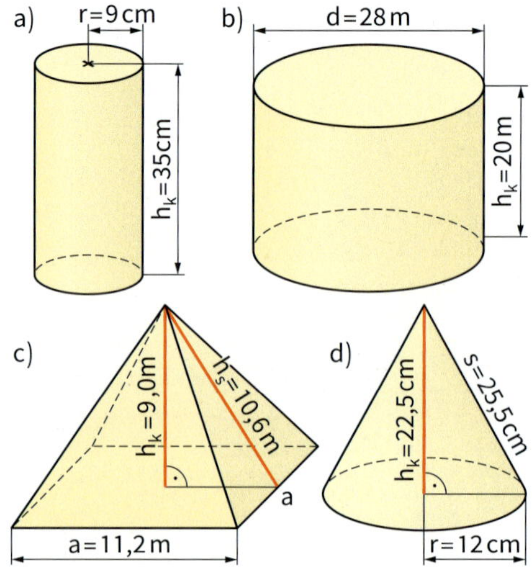

2 Bestimme das Volumen und den Oberflächeninhalt der Kugel.
a) r = 30 cm b) d = 18 m

3 a) Bestimme das Volumen der rechteckigen Pyramide mit a = 2,8 m, b = 3,5 m und h_k = 4,2 m.
b) Berechne den Oberflächeninhalt der rechteckigen Pyramide mit a = 24,5 m, b = 16,8 m, h_a = 15,5 m und h_b = 17,9 m.

4 Berechne den Oberflächeninhalt der abgebildeten Pyramide.

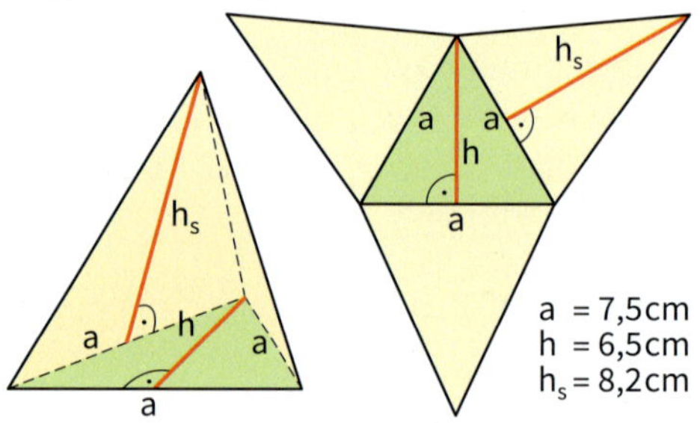

5 Bestimme das Volumen der Pyramide.

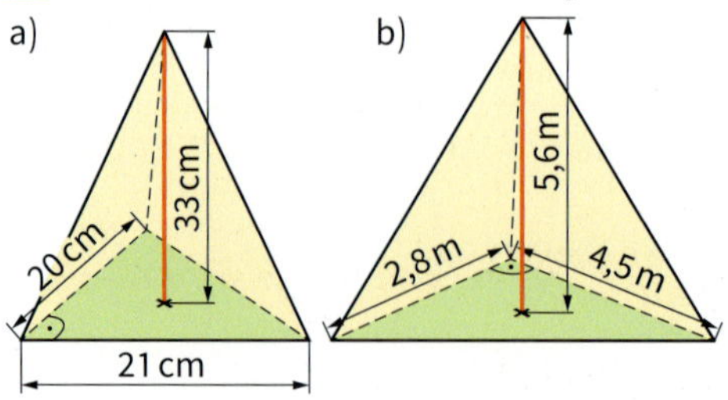

6 Berechne das Volumen des Körpers.

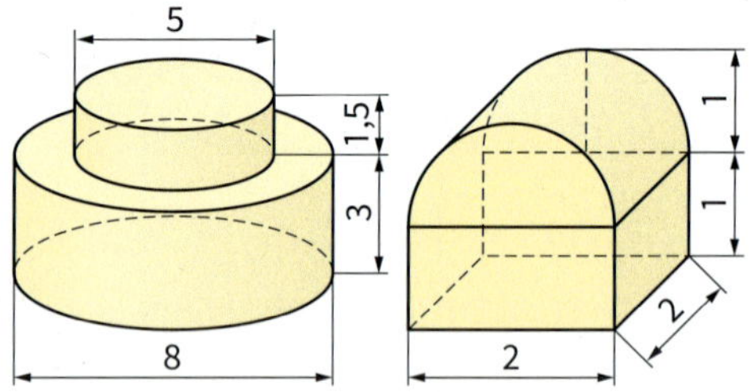

7 Berechne das Volumen und den Oberflächeninhalt des Körpers.

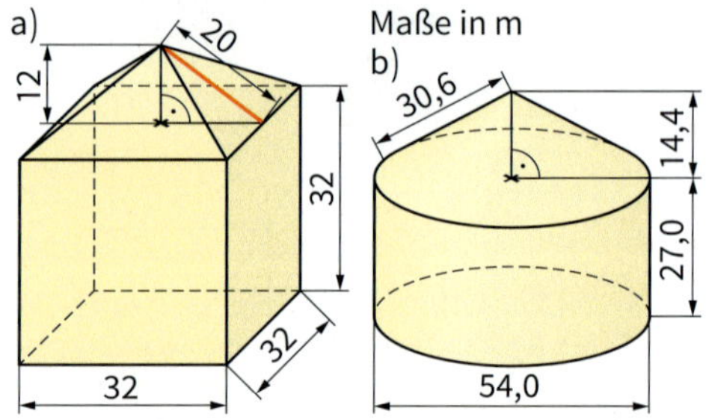

8 In ein Rundholz wird ein Loch mit einem 20-mm-Bohrer gebohrt.

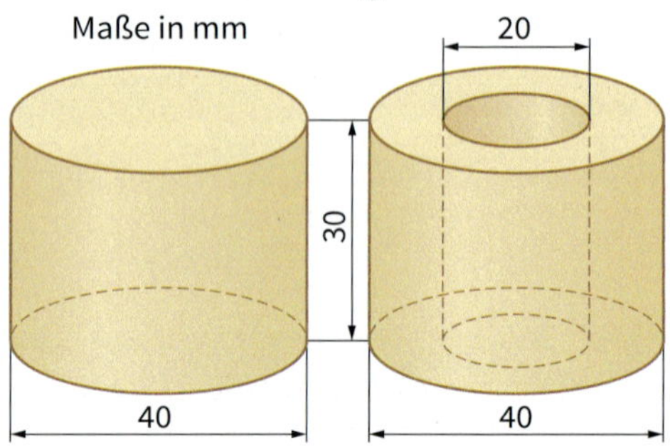

Berechne das Volumen des Restkörpers.

9 In dem abgebildeten Metallwürfel wird eine zylinderförmige Aussparung mit dem Radius r = 3 cm gefräst. Die Tiefe der Aussparung beträgt 1 cm.

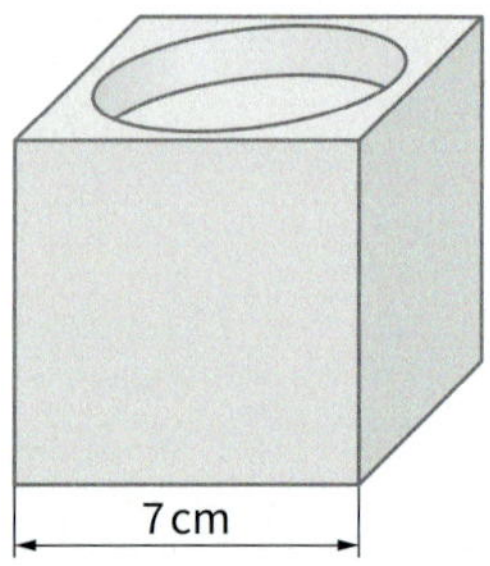

Berechne das Volumen des Metallkörpers.

Üben und Vertiefen

10 Bestimme das Volumen und den Oberflächeninhalt der abgebildeten Pyramide mit den angegebenen Maßen. Für deine Rechnung benötigst du den Satz des Pythagoras.

a) $a = 80\,m$
$h_k = 42\,m$

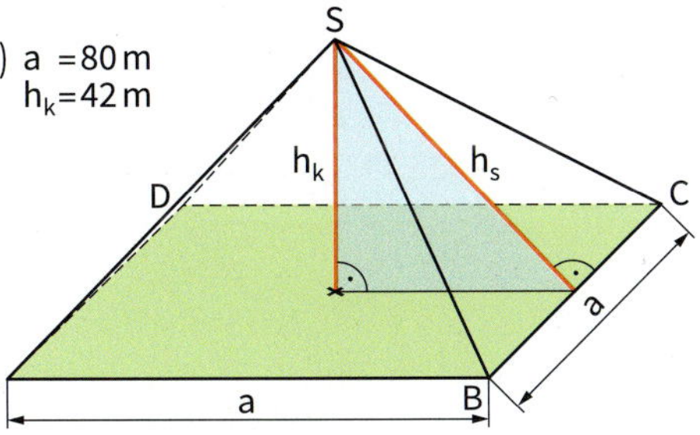

b) $a = 14{,}40\,m$
$h_s = 12{,}00\,m$

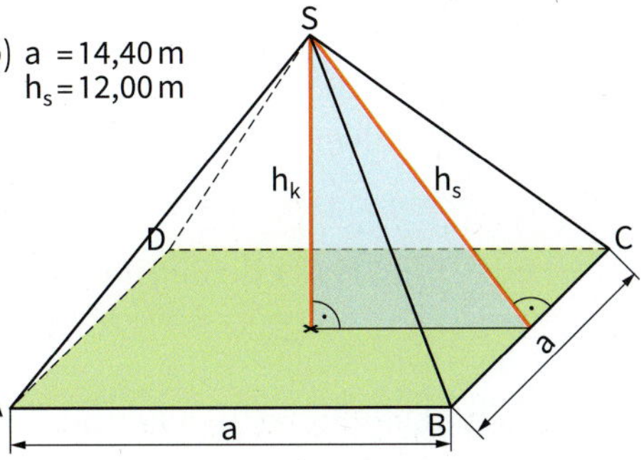

c) $a = 8{,}40\,m$
$b = 3{,}84\,m$
$h_a = 2{,}40\,m$
$h_b = 4{,}44\,m$

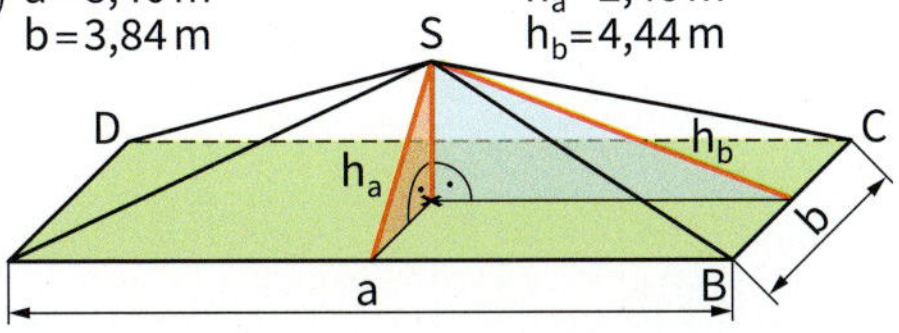

11 Die Kante a einer rechteckigen Pyramide wird mit 26,80 m, die Kante b mit 14,40 m gemessen. Die Körperhöhe h_k beträgt 13,70 m.
Berechne das Volumen und den Oberflächeninhalt der Pyramide. Skizziere dafür das Schrägbild der Pyramide.

12 Berechne das Volumen und den Oberflächeninhalt des Kegels.

a)

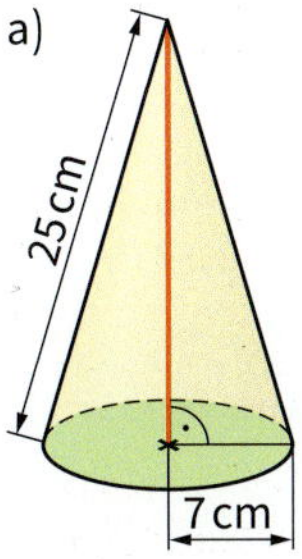

b)

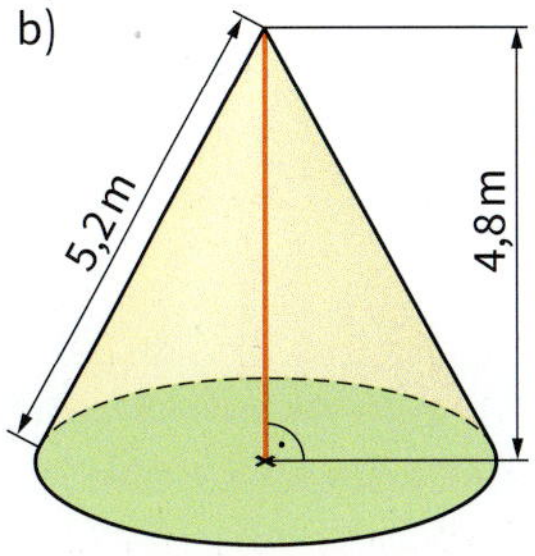

13 In dem Beispiel wird aus dem Volumen $V = 532\ m^3$ und der Höhe $h_k = 8{,}00\ m$ eines Zylinders der Radius r der Grundfläche bestimmt.

$$V = \pi \cdot r^2 \cdot h_k \qquad |:(\pi \cdot h_k)$$

$$\frac{V}{\pi \cdot h_k} = r^2$$

$$r = \sqrt{\frac{V}{\pi \cdot h_k}}$$

$$r = \sqrt{\frac{532}{\pi \cdot 8}}$$

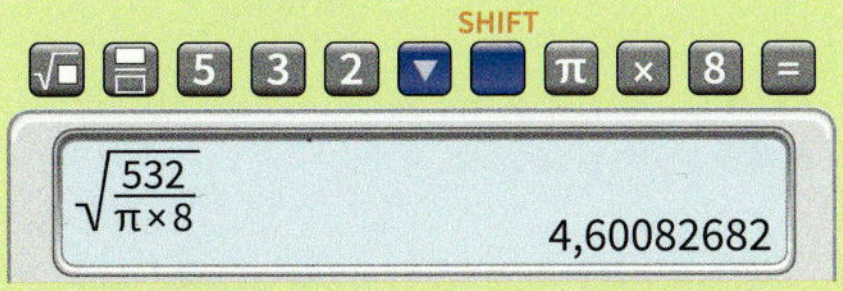

$r \approx 4{,}60\ m$

Das Volumen V eines Zylinders beträgt $16\,964{,}60\ m^3$. Die Höhe h_k wird mit 24,00 m gemessen.
Berechne den Oberflächeninhalt des Zylinders.

14 Wie hoch ist die Pyramide mit rechteckiger Grundfläche ($a = 24\ cm$, $b = 18\ cm$) und dem Volumen $V = 3\,024\ cm^3$?

15 Berechne die fehlenden Größen (r, s, h_k, V, O) eines Kegels.
a) $G = 1{,}33\ m^2$; $h_k = 1{,}04\ m$
b) $M = 62{,}80\ m^2$; $s = 5{,}00\ m$

16 Berechne das Volumen und den Oberflächeninhalt des abgebildeten Körpers.

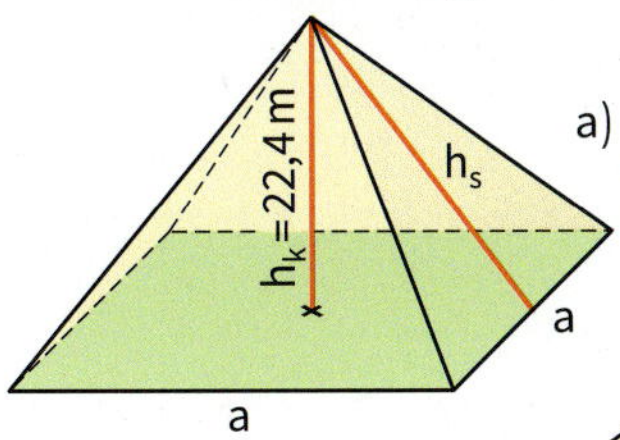

a) Umfang der Grundfläche: $u = 134{,}4\,m$

b) Umfang der Grundfläche: $u = 45{,}24\,cm$

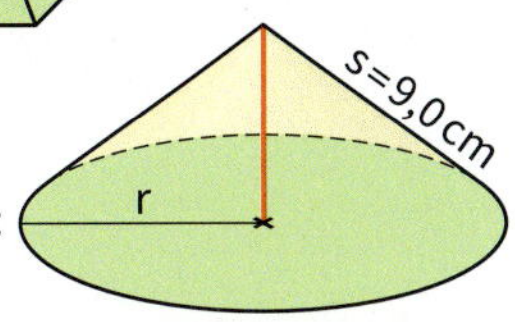

17 Der Umfang einer Kugel beträgt 88 cm. Bestimme das Volumen und den Oberflächeninhalt der Kugel.

Modellieren

Sachaufgaben zur Körperberechnung

Aufgabe:
Aus einem Holzbalken soll ein Rundstab mit der größtmöglichen Querschnittsfläche hergestellt werden. Der Stab soll anschließend mit einer Deckfarbe zweimal gestrichen werden. 1 Liter Deckfarbe reicht bei einem Anstrich für 16 m^2.
Wie viel Liter Farbe müssen mindestens eingekauft werden?

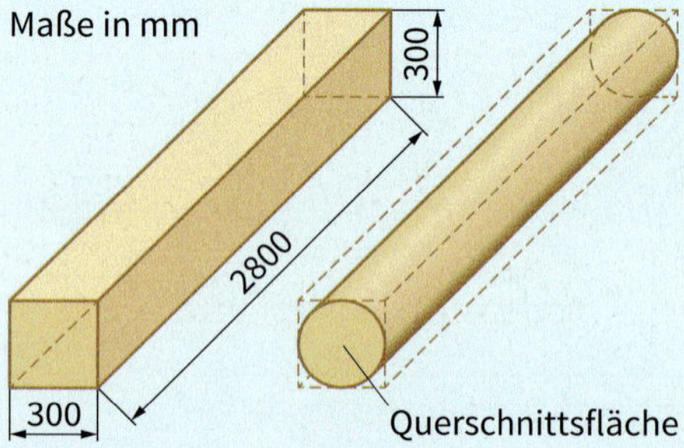

1. Stelle fest, welche Angaben und Information du brauchst, um die Aufgabenstellung zu bearbeiten.

Quader mit quadratischer Grundfläche
Größen des Quaders: $a = 300$ mm
$h_k = 2\,800$ mm
Zylinder
Größen des Zylinders: $d = 300$ mm
$h_k = 2\,800$ mm
Anzahl der Anstriche: 2
Verbrauch: 1 Liter für 16 m^2

2. Überlege, welche Größen des Körpers du berechnen musst. Notiere die zugehörige Formel.

Oberflächeninhalt des Zylinders
$O = 2 \cdot \pi \cdot r^2 + 2 \cdot \pi \cdot r \cdot h_k$

3. Bestimme fehlende Stücke gegebenenfalls durch eine Zwischenrechnung.

$d = 300 \text{ mm} = 0{,}30 \text{ m}$

$r = \frac{d}{2} = \frac{0{,}30 \text{ m}}{2} = 0{,}15 \text{ m}$

$h_k = 2800 \text{ mm} = 2{,}80 \text{ m}$

4. Führe die notwendigen Rechnungen durch.

1. $O = 2 \cdot \pi \cdot 0{,}15^2 + 2 \cdot \pi \cdot 0{,}15 \cdot 2{,}80$
   $O \approx 2{,}78$
   $O \approx 2{,}78 \text{ m}^2$
2. Zwei Anstriche
   $2{,}78 \text{ m}^2 \cdot 2 = 5{,}56 \text{ m}^2$
3.

Flächeninhalt (m^2)	Volumen(l)
16	1
1	$\frac{1}{16}$
5,56	$\frac{1 \cdot 5{,}56}{16} = 0{,}3475$

5. Formuliere eine Antwort.

Für zwei Anstriche werden ungefähr 0,35 Liter Farbe benötigt.

Sachaufgaben

1 Ein Baumarkt bietet für den Garten Steinkugeln aus Granit ($\rho = 2{,}8\,\frac{g}{cm^3}$) an. Familie Peters beabsichtigt zwei kleine Kugeln (d = 20 cm) und eine große Kugel (d = 40 cm) zu kaufen und in dem Gepäckraum ihres Autos zu transportieren.

2 Ein Sandkegel ($\rho = 1{,}5\,\frac{g}{cm^3}$) ist 4,20 m hoch. Sein Umfang beträgt 56,55 m. Wie oft muss ein Lastwagen (erlaubte Zuladung 11,5 t) fahren, um den Sandkegel vollständig abzutragen?

3 Die beim Kugelstoßen verwendeten Kugeln bestehen in der Regel aus einer Eisenlegierung ($\rho = 7{,}9\,\frac{g}{cm^3}$).

Maße der Kugel	Frauen	Männer
Gewicht	4 kg	7,25 kg
Durchmesser	95 mm – 110 mm	110 mm – 130 mm

Sarah misst bei einer Wettkampfkugel für Frauen einen Umfang von 31,4 cm, bei einer Kugel für Männer 37,7 cm. Überprüfe, ob diese Kugeln jeweils den vorgeschriebenen Maßen entsprechen.

4 Ein Turm mit einem kegelförmigen Dach ist insgesamt 37 m hoch. Der Turm hat einen Umfang von 44 m. Die Höhe des Dachraumes beträgt 14 m. Das Dach soll einen Belag aus Zinkblech erhalten.
Der Dachdecker verlangt für das Eindecken 90 € pro Quadratmeter. Für Verschnitt müssen 10 % hinzugerechnet werden.

5 Aus dem Holzwürfel soll eine möglichst große Kugel gedrechselt werden.

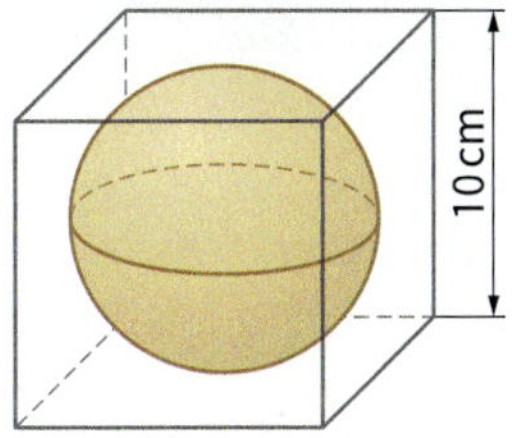

a) Wie viel Kubikzentimeter Holzabfall entstehen dabei?
b) Die fertiggestellte Holzkugel erhält einen Farbanstrich. Wie viel Quadratzentimeter Fläche müssen gestrichen werden?

6 Ein pyramidenförmiges Dach hat als Grundfläche ein Quadrat. Der Umfang der Grundfläche beträgt 36,00 m. Die Seitenhöhe einer dreieckigen Dachfläche ist 5,30 m lang.
Das Dach soll eingedeckt werden. Für einen Quadratmeter Dachfläche werden 12 Ziegel (1,78 €/1 Stück, inkl. 19 % MwSt.) benötigt.

7 Ein neuer zylinderförmiger Silo soll ein Fassungsvermögen von 17 241 m^3 erhalten. An seinem zukünftigen Standort steht eine 616 m^2 große Grundfläche zur Verfügung. Berechne den Durchmesser und die Höhe des Silos.

8 Wie viele Quadratkilometer (km^2) der Erde werden von Wasserflächen bedeckt, wie viele Quadratkilometer sind Festland?

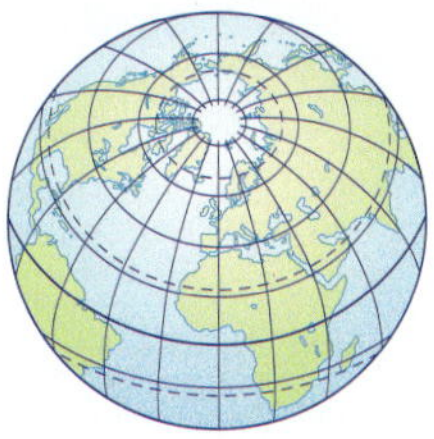

Der blaue Planet

Oberfläche der Erde:
70,8% Wasser
29,2% Land

Erddurchmesser:
12756 km

9 Durch einen Berg soll ein 7,2 km langer zylinderförmiger Tunnel getrieben werden. Der Durchmesser dieser Röhre beträgt 6 m. Die Leistung der eingesetzten Tunnelbohrmaschine wird mit 30 m Vortrieb pro Tag angenommen. Formuliere dazu verschiedene Aufgaben und bearbeite sie.

Hinweise zur Gruppenarbeit findest du auf Seite 227.

10 a) In dem Beispiel wird die Masse eines Werkstücks aus Stahl berechnet.

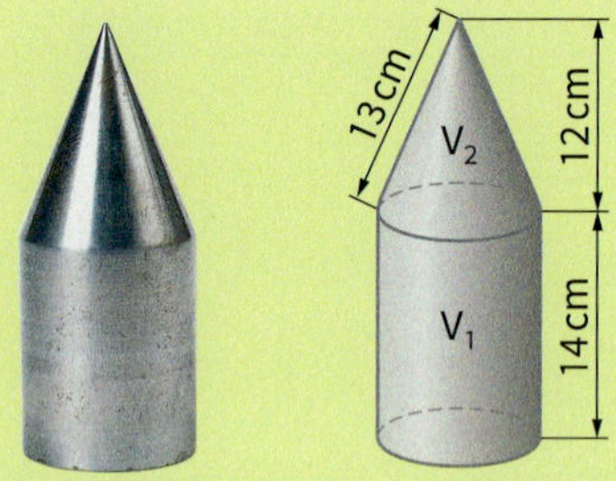

1. $13^2 = 12^2 + r^2$
   $r^2 = 13^2 - 12^2$
   $r = \sqrt{13^2 - 12^2} = 5$
   $r = 5\text{ cm}$

2. $V = V_1 + V_2$
   $V = \pi \cdot 5^2 \cdot 14 + \frac{1}{3} \cdot \pi \cdot 5^2 \cdot 12 \approx 1\,414$
   $V \approx 1\,414\text{ cm}^3$

3. $m = \rho \cdot V$
   $m \approx 7{,}85 \cdot 1\,414 \approx 11\,100$
   $m \approx 11\,100\text{ g}$

a) Erläutere die Rechnung.
b) Berechne die Masse des zusammengesetzten Körpers in Gramm.

I Zink: $\rho = 7{,}1\,\frac{g}{cm^3}$

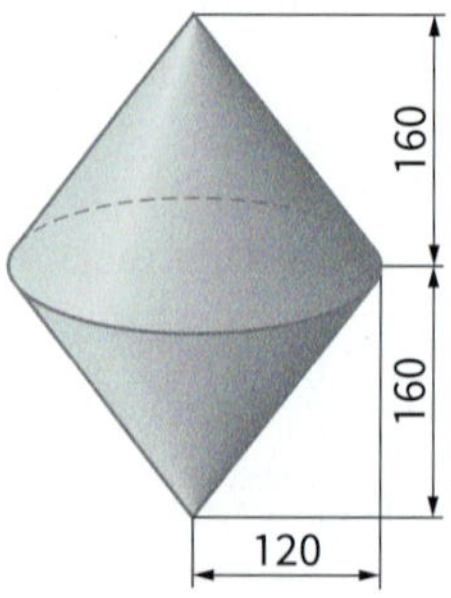

II Eisen: $\rho = 7{,}8\,\frac{g}{cm^3}$

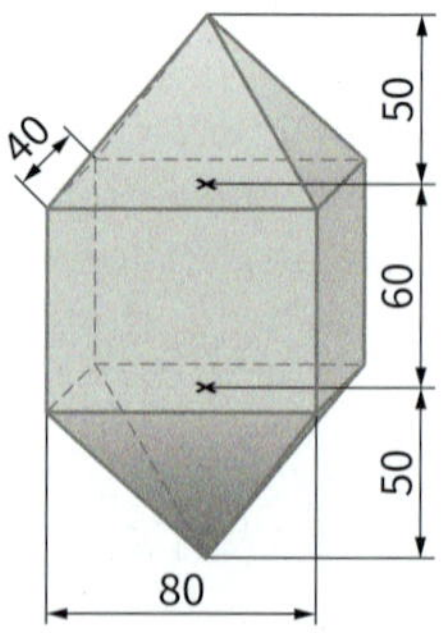

Maße in mm

III Kupfer: $\rho = 8{,}9\,\frac{g}{cm^3}$

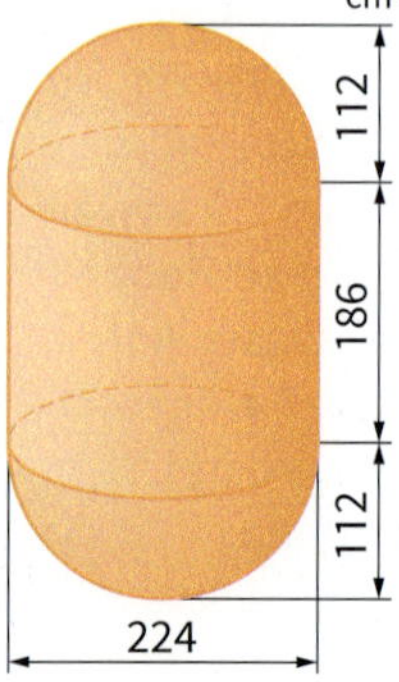

IV Messing: $\rho = 8{,}3\,\frac{g}{cm^3}$

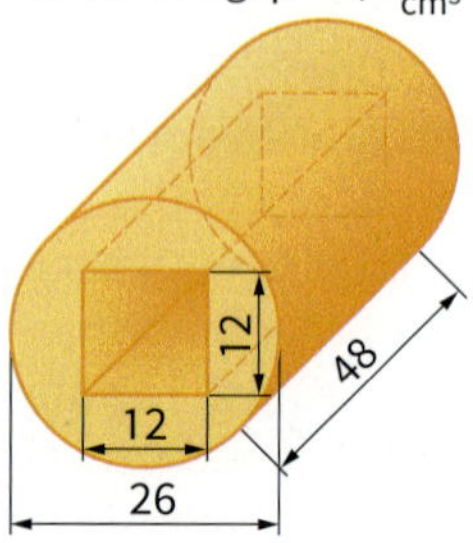

11 Wie viele Quadratzentimeter Blech werden für die Herstellung des Behälters – einschließlich des kreisförmigen Deckels – benötigt? Für Falze und Überlappung werden 6 % hinzugerechnet.

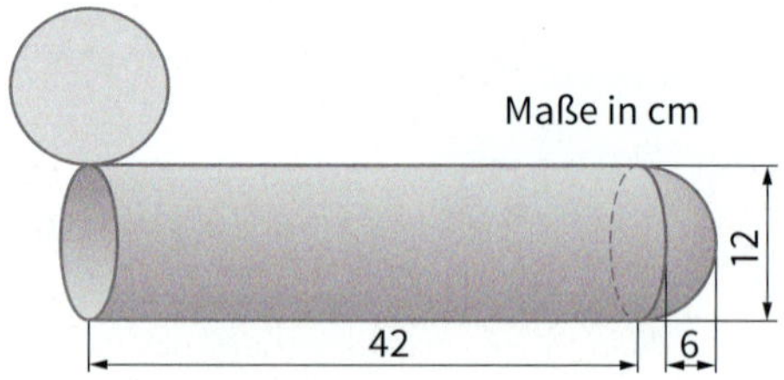

12 Ein kugelförmiger Gasbehälter hat einen Innendurchmesser von 23 m. Seine Wandstärke beträgt 25 mm.

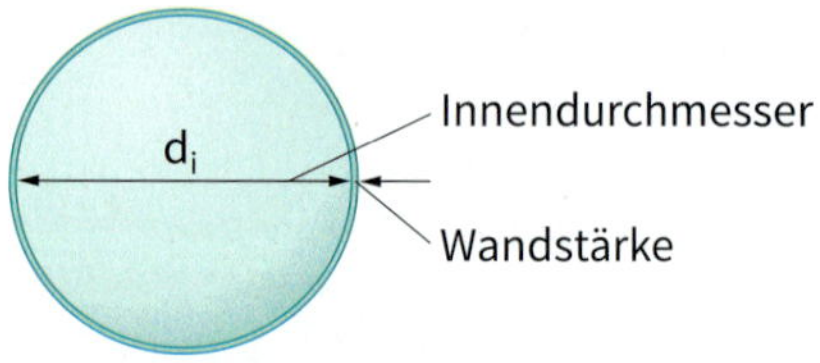

Der Behälter erhält einen neuen Außenanstrich. Wie viel Quadratmeter Fläche müssen gestrichen werden?

13 Berechne die Masse der Hohlkugel.

Material	Messing	Aluminium
$\rho\,(\frac{g}{cm^3})$	8,5	2,7
r_a	30 mm	170 mm
r_i	10 mm	165 mm

14 Das abgebildete Betonrohr hat die Form eines Hohlzylinders.

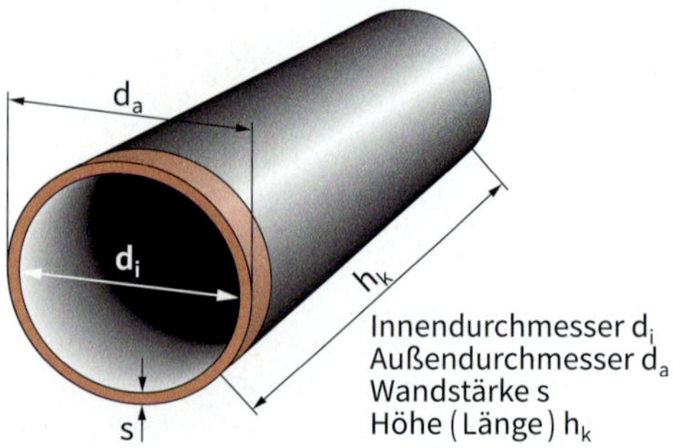

Die Wandstärke eines 3 500 mm langen Betonrohres beträgt 300 mm, sein Außendurchmesser 3 000 mm.
Bestimme die Masse des Rohres in Tonnen (Beton: $\rho = 2{,}7\,\frac{t}{m^3}$).

1 Schätze das Volumen des Wohncontainers.

2 Schätze die Größe der Werbefläche, die auf dieser Litfaßsäule zur Verfügung stand.

3

Kann die Aussage über das Gewicht zutreffen?

4 Das Transportunternehmen gibt die Ladelänge des abgebildeten Fahrzeugs mit bis zu 30 m an.

Schätze zunächst den Durchmesser und die Länge (Höhe) des Hohlzylinders. Bestimme anschließend sein Volumen.

5 Das Gebäude erhält ein pyramidenförmiges Dach.

Schätze jeweils das Volumen des umbauten Raumes. Ermittle auch die Größe der Dachfläche.

Problemlösen – Schätzen, Messen und Überschlagen

1. Überlege, welche Angaben du für eine Überschlagsrechnung benötigst.
2. Prüfe, ob du alle Angaben den vorhandenen Informationen entnehmen kannst.
   Wenn nötig, verschaffe dir weitere Angaben, zum Beispiel durch eine Messung oder eine Schätzung.
3. Führe die Überschlagsrechnung aus. Wähle dazu ein geeignetes Rechenverfahren.
4. Überlege, ob das Ergebnis deiner Rechnung sinnvoll ist.

Ausgangstest 1

1 Bestimme das Volumen und den Oberflächeninhalt des Körpers.

a)

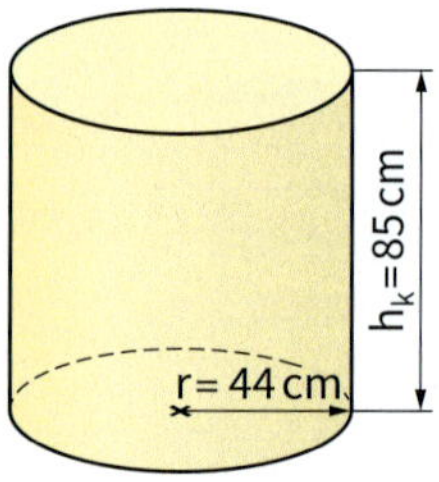

b)

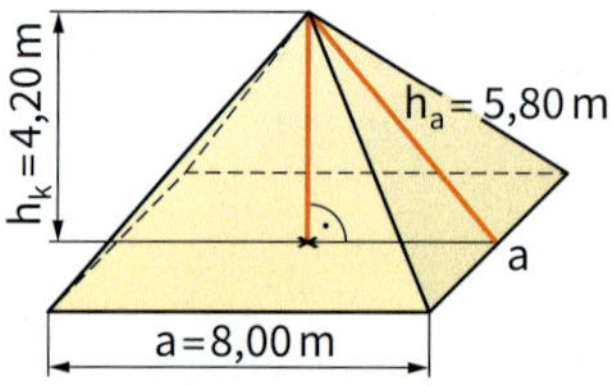

2 Berechne das Volumen und den Oberflächeninhalt des Kegels.

a)

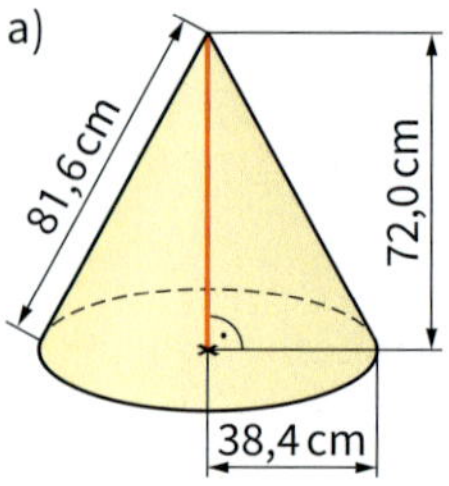

b)

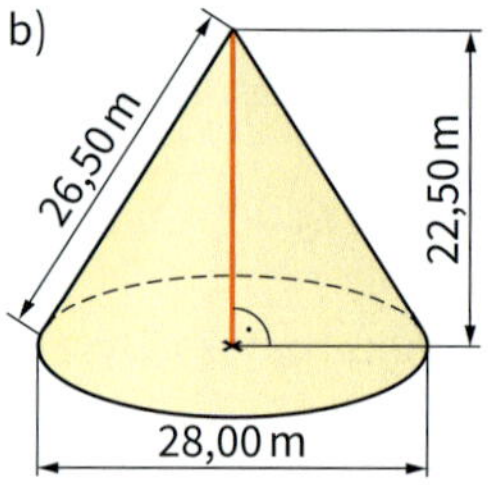

3 Bestimme das Volumen und den Oberflächeninhalt der Kugel.

a) r = 20 cm

b) d = 9 m

4 Eine Konservendose hat die in der Abbildung angegebenen Maße.

Wie groß ist ihr Fassungsvermögen? Gib dein Ergebnis in Milliliter an.

5 Ein Pyramidendach mit einem Quadrat als Grundfläche soll einen Belag aus Kupferblech erhalten. Eine Seite des Quadrats ist 4,60 m lang. Die Seitenhöhe einer Dachfläche beträgt 5,40 m.
Der Dachdeckerbetrieb verlangt für das Eindecken der Dachfläche 320 € pro Quadratmeter.

6 Der Umfang eines 2,80 m hohen kegelförmig aufgeschütteten Kieshaufens wird mit 9,40 m gemessen. Berechne sein Volumen.

7 Die abgebildete Steinkugel aus Granit hat einen Durchmesser von 1,50 m.

Berechne ihre Masse (Granit: $\rho = 2{,}5\ \frac{g}{cm^3}$).

8 Berechne das Volumen des zusammengesetzten Körpers.

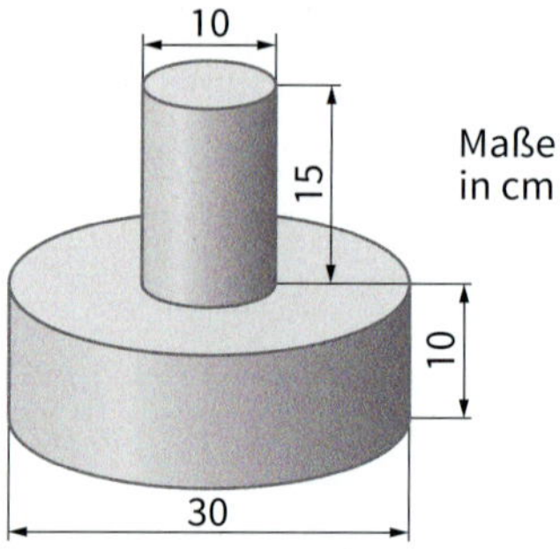

Maße in cm

Ich kann	Aufgabe	Hilfen und Aufgaben
das Volumen und den Oberflächeninhalt eines Zylinders berechnen.	1 a	Seite 133, 134
das Volumen und den Oberflächeninhalt einer quadratischen Pyramide berechnen.	1 b	Seite 135, 136
das Volumen und den Oberflächeninhalt eines Kegels berechnen.	2	Seite 137, 138
das Volumen und den Oberflächeninhalt einer Kugel berechnen.	3	Seite 139, 140
Sachaufgaben zum Volumen eines geometrischen Körpers lösen.	4, 6, 7	Seite 144, 145
Sachaufgaben zum Oberflächeninhalt eines geometrischen Körpers lösen.	5	Seite 144, 145
das Volumen eines zusammengesetzten Körpers bestimmen.	8	Seite 146

Ausgangstest 2

1 Berechne das Volumen und den Oberflächeninhalt des Körpers.
a) Zylinder: $r = 12{,}40$ m; $h_k = 35{,}50$ m
b) Rechteckige Pyramide: $a = 40$ cm; $b = 28$ cm; $h_a = 100$ cm; $h_b = 104$ cm; $h_k = 48$ cm
c) Kegel: $d = 25{,}92$ m; $s = 21{,}60$ m; $h_k = 17{,}28$ m
d) Kugel: $d = 0{,}40$ m

2 Berechne das Volumen und den Oberflächeninhalt des Zylinders mit $M = 3\,393\ \text{cm}^2$ und $r = 18$ cm.

3 Berechne das Volumen und den Oberflächeninhalt der Pyramide.

$a = 23{,}40$ m
$h_k = 15{,}60$ m

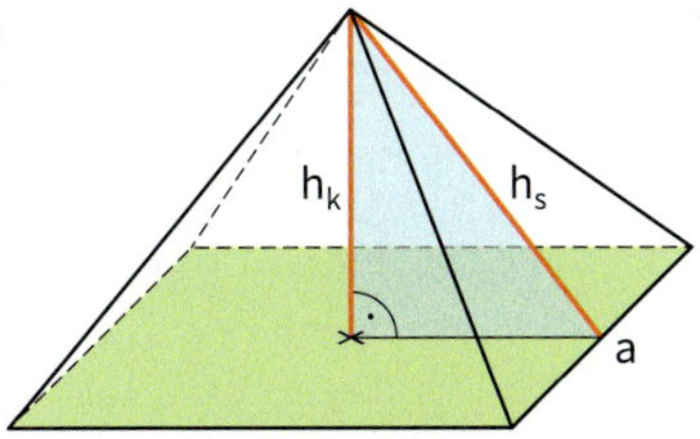

4 Bestimme das Volumen und den Oberflächeninhalt des Kegels.

a)

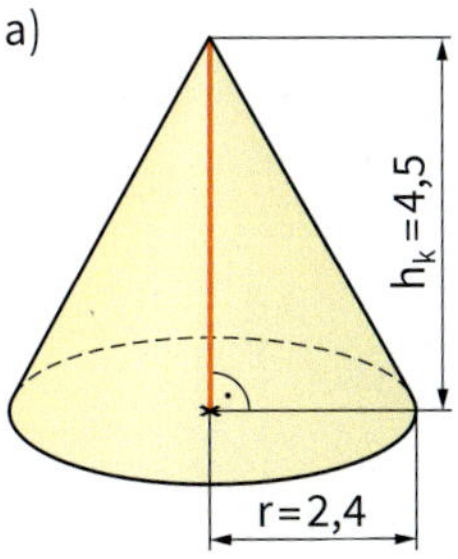

b) Maße in cm

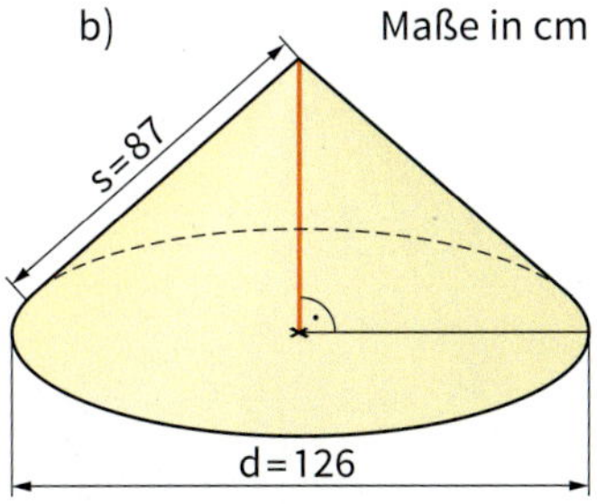

5 Berechne das Volumen und den Oberflächeninhalt des Kegels mit $G = 2{,}01\ \text{m}^2$ und $h_k = 1{,}50$ m.

6 Eine Kugel hat einen Oberflächeninhalt von $314{,}16\ \text{m}^2$. Berechne ihr Volumen.

7 Der abgebildete Metallkörper ist ein Oktaeder. Er setzt sich aus zwei gleich großen Pyramiden zusammen. Die Grundflächen der Pyramiden sind Quadrate.

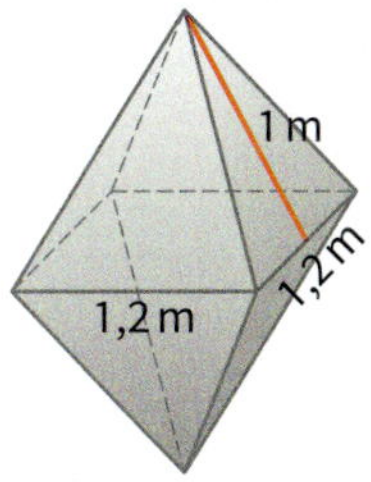

Der Metallkörper wird mit einer Rostschutzfarbe gestrichen. Für einen Quadratmeter Fläche werden 0,07 *l* Farbe benötigt.

8 Aus einem Bleizylinder mit einer Höhe von 40 cm und einem Radius von 2 cm werden Kugeln mit einem Radius von 0,6 cm gegossen. Wie viele Kugeln erhält man?

9 Ein 3 m hoher zylinderförmiger Behälter enthält $24\ \text{m}^3$ Wasser. Er ist zu drei Viertel gefüllt. Wie groß ist der Innendurchmesser des Behälters?

10 Schätze das Volumen der Milchdose.

Ich kann	Aufgabe	Hilfen und Aufgaben
das Volumen und den Oberflächeninhalt geometrischer Körper berechnen.	1	Seite 144, 145
fehlende Größen eines geometrischen Körpers durch Umstellen von Formeln bestimmen.	2, 5, 6	Seite 143
fehlende Größen eines geometrischen Körpers mithilfe des Satzes des Pythagoras lösen.	3,4	Seite 142, 143
Sachaufgaben zum Oberflächeninhalt eines zusammengesetzten Körpers lösen.	7	Seite 146
Sachaufgaben zum Volumen eines geometrischen Körpers lösen.	8, 9	Seite 144, 145
das Volumen eines Zylinders schätzen.	10	Seite 147

7 Große und kleine Zahlen

Von den acht Planeten unseres Sonnensystems waren Merkur, Venus, Mars, Jupiter und Saturn bereits im Altertum bekannt, denn diese Planeten kann man mit bloßem Auge sehen. Uranus und Neptun wurden erst 1781 bzw. 1846 entdeckt, als die Wissenschaftler über leistungsfähige Fernrohre verfügten.

*Galileo Galilei (*1564; †1642) war italienischer Philosoph, Mathematiker, Physiker und Astronom und erforschte das Sternensystem.*

Teleskop einer heutigen Sternwarte

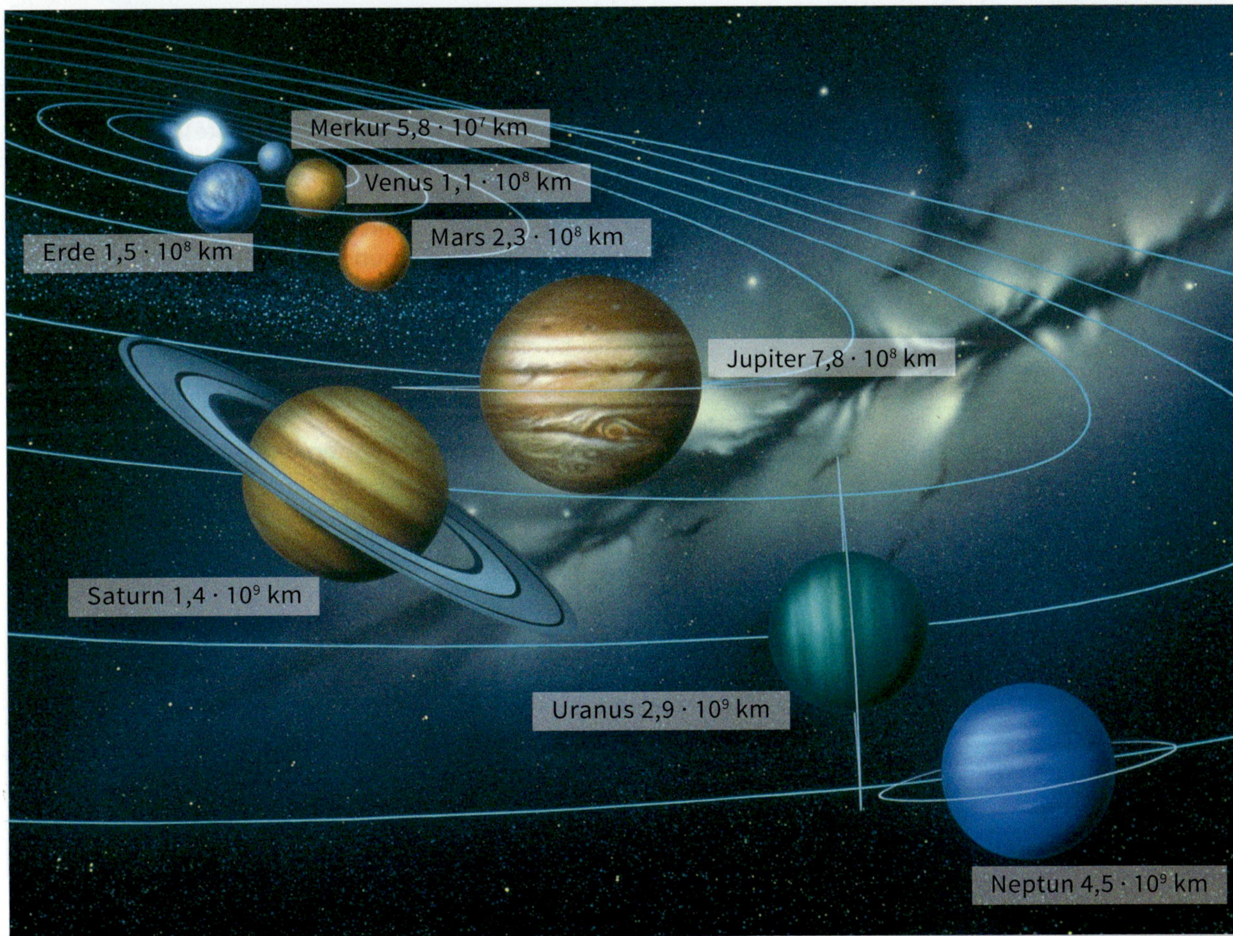

Planet	Symbol	Anzahl der Monde
Merkur	☿	–
Venus	♀	–
Erde	♁	1
Mars	♂	2
Jupiter	♃	63
Saturn	♄	61
Uranus	⛢	27
Neptun	♆	13

Welche Planeten haben viele Monde, welche gar keine?
Welcher Planet hat die größte (kleinste) Entfernung zur Sonne?
Warum ist die Entfernung der einzelnen Planeten von der Sonne mithilfe von Zehnerpotenzen angegeben?
Informiere dich über unser Sonnensystem.

Sachaufgaben

Die Aufgaben auf dieser Doppelseite kannst du in Gruppenarbeit oder als Ich-du-wir-Aufgaben bearbeiten.

1 Die Tabelle gibt den Bestand an Kraftfahrzeugen in Deutschland an.

Personenkraftwagen	$4{,}44 \cdot 10^7$
Krafträder	$4{,}45 \cdot 10^6$
Lastkraftwagen	$2{,}77 \cdot 10^6$
Omnibusse	$8 \cdot 10^4$
Zugmaschinen	$2{,}11 \cdot 10^6$
sonstige Fahrzeuge	$2{,}8 \cdot 10^5$

Stand: 1.1.2015

Wie viele Kraftfahrzeuge waren am 1.1.2015 insgesamt in Deutschland zugelassen?

2 Das Erdreich lebt. In einem Kubikmeter Erdboden befinden sich durchschnittlich 150 Tausendfüßler, 200 Regenwürmer, 100 000 Springschwänze, eine Milliarde Pilze und $6 \cdot 10^{13}$ Bakterien.
Gib die Anzahl der Tausendfüßler (Regenwürmer, Springschwänze, Pilze, Bakterien) in 1 000 m^3 Erdboden mithilfe von Zehnerpotenzen an.

3 Die Tabelle gibt die Wasservorräte der Erde an.

Weltmeere	$1{,}322 \cdot 10^{21}\ l$
Polareis, Gletscher	$2{,}919 \cdot 10^{19}\ l$
Grundwasser	$8{,}595 \cdot 10^{18}\ l$
Seen und Flüsse	$2{,}3 \cdot 10^{17}\ l$
Atmosphäre	$1{,}3 \cdot 10^{16}\ l$

a) Bestimme die Gesamtmenge aller Wasservorräte der Erde.
b) Wie viel Prozent der gesamten Wasservorräte befindet sich in den Weltmeeren?
c) Trinkwasser kann nur aus dem Grundwasser und aus Seen und Flüssen gewonnen werden.
Wie viel Prozent der gesamten Wasservorräte der Erde stehen für die Trinkwassergewinnung zur Verfügung?

4 Gib die Länge als Dezimalzahl an.
a) Milzbranderreger 10^{-5} m
b) Nukleinsäurefaden $5{,}6 \cdot 10^{-5}$ m
c) Colibakterien 10^{-6} m
d) Pockenvirus $2{,}4 \cdot 10^{-7}$ m

5 Sauberes Trinkwasser ist für die Gesundheit der Menschen unentbehrlich. Die Trinkwasserverordnung legt für zahlreiche Substanzen fest, wie viel davon höchstens in einem Liter Trinkwasser enthalten sein darf.

Substanz	Höchstwert (mg/*l*)
Arsen	0,01 mg/*l*
Nickel	0,02 mg/*l*
Quecksilber	0,001 mg/*l*
Cadmium	0,005 mg/*l*
Pestizide	0,0005 mg/*l*

Gib die Höchstwerte mithilfe von Zehnerpotenzen an.

6 Der Radius der Erde beträgt ungefähr $6{,}378 \cdot 10^6$ m.
a) Gib die Größe der Erdoberfläche in Quadratmetern an.
b) Bestimme das Volumen der Erde in Kubikmetern.

7 Die Tabelle gibt jeweils die Masse und das Volumen von Erde und Mond an.

	Masse (t)	Volumen (m^3)
Erde	$6 \cdot 10^{21}$	$1{,}1 \cdot 10^{21}$
Mond	$7{,}35 \cdot 10^{19}$	$2{,}2 \cdot 10^{19}$

a) Für die Dichte ρ eines Körpers gilt:
$$\rho = \frac{\text{Masse (t)}}{\text{Volumen (m}^3\text{)}}$$
Bestimme jeweils die durchschnittliche Dichte von Erde und Mond.
b) Die Dichte des Mondes beträgt etwa drei Fünftel der Dichte der Erde. Überprüfe diese Behauptung.

8 Bei einem Schiffsunglück sind 1 000 m^3 Öl ins Meer gelangt. Die Ölschicht ist 10 µm dick. Wie groß ist die Wasserfläche, die von Öl bedeckt ist?

9 Die Kante eines würfelförmigen Kristalls ist 3 nm lang.
a) Gib die Kantenlänge des Kristalls in Metern an.
b) Berechne das Volumen des Kristalls. Gib das Ergebnis in Kubikmetern an.
c) Wie viel Quadratmeter beträgt der Oberflächeninhalt des Kristalls?

10 a) Die Erde bewegt sich mit einer durchschnittlichen Geschwindigkeit von $29{,}79\,\frac{km}{s}$ um die Sonne.
Wie viele Kilometer legt sie an einem Tag (in einem Jahr) zurück?
b) Die mittlere Entfernung der Erde von der Sonne beträgt $1{,}496 \cdot 10^8$ km.
Welche Strecke legt die Erde bei einem Umlauf um die Sonne zurück?
c) Vergleiche die Ergebnisse von a) und b). Warum sind beide Rechnungen ungenau?

11 Schwefelwasserstoff hat einen unangenehmen Geruch. Die Nase des Menschen kann diesen Duft wahrnehmen, wenn die Konzentration mehr als vier Nanogramm je Kubikzentimeter Luft beträgt.
Der Chemieraum der Schule ist 10 m lang, 8 m breit und 3,50 m hoch. Der Geruch von Schwefelwasserstoff ist überall im Raum wahrzunehmen.
Wie viel Gramm Schwefelwasserstoff sind mindestens hergestellt worden?

12 Die Autobahnbrücke über das Moseltal ist 258 m lang. Wenn die Temperatur um 1 °C steigt, dehnt sich ein Meter Beton um 12 µm aus.
Um wie viel Zentimeter unterscheidet sich die Länge der Brücke bei 30 °C von ihrer Länge bei – 10 °C?

13 Ein Zuckerwürfel hat die Masse 2,5 g. Er wird in einer Tasse Kaffee (einer Flasche Fruchtsaft, einem Tanklastzug mit Milch, im Bodensee) gelöst.

Gib an, wie viel Gramm Zucker jeweils in einem Liter Flüssigkeit enthalten sind.

14 Die Masse eines Wassermoleküls beträgt ungefähr $3 \cdot 10^{-29}$ g. Bei 4 °C hat ein Gramm Wasser ein Volumen von einem Kubikzentimeter.
a) Wie viele Wassermoleküle befinden sich in einem Kubikzentimeter Wasser?
b) Auf der Erde gibt es etwa $1{,}36 \cdot 10^{21}$ *l* Wasser. Wie viele Moleküle sind das?

Große und kleine Zahlen

kompakt

Ein Produkt aus gleichen Faktoren kann als Potenz geschrieben werden.	$8 \cdot 8 \cdot 8 \cdot 8 \cdot 8 \cdot 8 \cdot 8 = 8^7$
Für alle $a \in \mathbb{R}$ und $n \in \mathbb{N}$ $(n > 0)$ gilt:	$x \cdot x \cdot x \cdot x \cdot x \cdot x \cdot x \cdot x \cdot x = x^9$
$\underbrace{a \cdot a \cdot a \cdot \ldots \cdot a}_{n\ \text{Faktoren}} = a^n$	$10 \cdot 10 \cdot 10 \cdot 10 \cdot 10 = 10^5$
a heißt Basis, n heißt Exponent, a^n heißt Potenz.	$10 = 10^1$

Potenzen mit der Basis 10 heißen **Zehnerpotenzen.**	$10^7 = 10 \cdot 10 \cdot 10 \cdot 10 \cdot 10 \cdot 10 \cdot 10 = 10\,000\,000$
Für alle $n \in \mathbb{N}$ gilt:	$10^{-4} = \frac{1}{10^4}$
$10^{-n} = \frac{1}{10^n} = \frac{1}{\underbrace{10 \cdot 10 \cdot \ldots \cdot 10}_{n\ \text{Faktoren}}}$	$= \frac{1}{10 \cdot 10 \cdot 10 \cdot 10} = \frac{1}{10\,000}$
$10^0 = 1$	$= 0{,}0001$

Für alle $m, n \in \mathbb{N}$ $(m > n > 0)$ gilt:	
$10^m \cdot 10^n = 10^{m+n}$	$10^5 \cdot 10^7 = 10^{5+7} = 10^{12}$
$\frac{10^m}{10^n} = 10^{m-n}$	$\frac{10^9}{10^6} = 10^{9-6} = 10^3$

In wissenschaftlicher Notation werden große und kleine Zahlen mithilfe von Zehnerpotenzen ausgedrückt.	$20\,000\,000 = 2 \cdot 10^7$ $350\,000 = 3{,}5 \cdot 10^5$
Dabei ist der Faktor vor der Zehnerpotenz immer größer als 1 und kleiner als 10.	$0{,}007 = 7 \cdot 10^{-3}$ $0{,}0000015 = 1{,}5 \cdot 10^{-6}$

Einheiten für sehr große und sehr kleine Größen werden mithilfe bestimmter Vorsilben gebildet.
Jede dieser Vorsilben gibt eine bestimmte Zehnerpotenz an.

Kilo	10^3	Milli	10^{-3}
Mega	10^6	Mikro	10^{-6}
Giga	10^9	Nano	10^{-9}
Tera	10^{12}	Pico	10^{-12}
Peta	10^{15}	Femto	10^{-15}

1 kW = 10^3 W	1 mm = 10^{-3} m
1 MW = 10^6 W	1 µm = 10^{-6} m
1 GW = 10^9 W	1 nm = 10^{-9} m
1 TW = 10^{12} W	1 pm = 10^{-12} m
1 PW = 10^{15} W	1 fm = 10^{-15} m

Üben und Vertiefen

1 Schreibe mithilfe von Zehnerpotenzen.

a) 35 000; 812 000; 2 500 000
b) 0,000067; 0,00000051; 0,000000008

c) 5 680 000 000; 17 000 000 000; 27 900 000 000
d) 0,000741; 0,00058; 0,00000444

2 Vervollständige die Tabelle in deinem Heft.

	Bruch	Dezimalzahl	Zehnerpotenz
a)	$\frac{1}{100\,000}$	■	■
b)	■	0,0000001	■
c)	■	■	10^{-8}

3 Gib die Zahl in naturwissenschaftlicher Schreibweise mithilfe von Zehnerpotenzen an.

a) Vor 65 Millionen Jahren starben die Dinosaurier aus.
b) Im Jahr 2014 wurden weltweit 1 662 Millionen Tonnen Stahl produziert.
c) Am 1. Januar 2015 lebten 7,28 Milliarden Menschen auf der Erde.
d) Die Erde ist über $4\frac{1}{2}$ Milliarden Jahre alt.
e) Experten schätzen den gesamten Schaden der Wirtschaftskrise des Jahres 2008 auf 10 Billionen Dollar.
f) Das menschliche Gehirn verfügt über 200 Milliarden Nervenzellen.

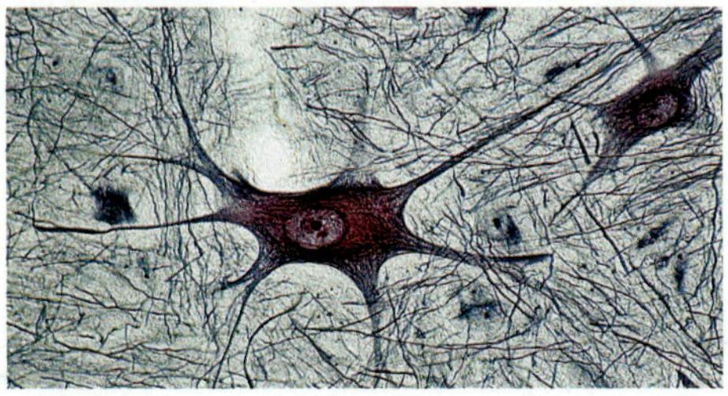

4 Gib die Zahlen mithilfe von Zehnerpotenzen an.

a) sieben Tausendstel
b) vierundzwanzig Tausendstel
c) siebenundfünfzig Millionstel
d) dreiundsechzig Millionstel
e) achthundertzwölf Millionstel

5 Gib in der Einheit an, die in Klammern steht.

a) 23 mm (µm); 7,1 nm (mm)
b) 8,5 mg (µg); 45 mg (ng)

c) 57 µm (mm); 123 nm (mm)
d) 5 µg (mg); 12 µg (kg)

e) 230 000 W (MW); 67 000 kW (MW)
f) 4,5 Gt (Mt); 220 Mt (Gt)

6 Druck wird in der Einheit Bar (bar) und der Einheit Pascal (Pa) gemessen.

1 bar = 100 000 Pa = 10^5 Pa
1 Pa = 0,00001 bar = 10^{-5} bar

a) Gib in Bar an: 700 000 Pa, 320 000 Pa, 3 000 000 Pa, 17 000 Pa
b) Gib in Pascal an: 5,2 bar, 0,57 bar, 11,5 bar, 19 bar

7 a) Energie wird in der Einheit Joule (J) und der Einheit Kilowattstunde (kWh) gemessen.

1 kWh = $3{,}6 \cdot 10^6$ J
1 J ≈ $2{,}78 \cdot 10^{-7}$ kWh

b) Gib in Joule an: 187,5 kWh, 3,61 kWh, 78,51 kWh, 265,7 kWh
c) Gib in Kilowattstunden an: 800 000 J, 3 456 J, 1 200 000 J, 12 400 J

8 Berechne wie in den Beispielen.

$10^4 \cdot 10^{-8} = 10^{4-8} = 10^{-4}$
$10^{-2} : 10^6 = 10^{-2-6} = 10^{-8}$
$10^5 \cdot 10^6 \cdot 10^{-2} = 10^{5+6-2} = 10^9$
$10^2 \cdot 10^4 : 10^8 = 10^{2+4-8} = 10^{-2}$

a) $10^5 \cdot 10^{-7}$; $10^{-4} \cdot 10^6$
b) $10^{-2} \cdot 10^{-6}$; $10^{-1} \cdot 10^{-4}$
c) $10^5 : 10^{-3}$; $10^{-11} : 10^8$

d) $10^9 : 10^{-4}$; $10^{-4} : 10^9$
e) $10^{-8} \cdot 10^6$; $10^7 \cdot 10^{-4}$
f) $10^{13} : 10^{-3}$; $10^{-12} : 10^8$

g) $10^4 \cdot 10^7 \cdot 10^{-6}$; $10^9 \cdot 10^6 \cdot 10^{-10}$
h) $10^5 \cdot 10^{-3} \cdot 10^2$; $10^{11} \cdot 10^{-4} \cdot 10^{-5}$

i) $10^5 \cdot 10^2 : 10^3$; $10^8 \cdot 10^{-3} : 10^2$
k) $10^7 \cdot 10^{-5} : 10^{-2}$; $10^4 \cdot 10^{-1} : 10^{-7}$

l) $\frac{10^{-6}}{10^2}$; $\frac{10^3}{10^{-1}}$
m) $\frac{10^5 \cdot 10^{-3}}{10^7}$; $\frac{10^{-2} \cdot 10^{-5}}{10^4}$
n) $\frac{10^9}{10^{-4} \cdot 10^{-2}}$; $\frac{10^{-4}}{10^5 \cdot 10^4}$

Jahr	CO_2-Ausstoß in Deutschland (Mt)
1990	1 051
1995	938
2000	899
2005	866
2010	833
2011	813
2012	816
2013	841
2014	800*

*geschätzt

Beim Verbrennen von Öl, Benzin, Erdgas oder Kohle wird Kohlenstoffdioxid (CO_2) in die Atmosphäre der Erde abgegeben.
Durch die höhere Konzentration von Kohlenstoffdioxid in der Atmosphäre erwärmt sich die Erdoberfläche immer mehr. Die Gletscher an den Polen schmelzen ab, die Trockenheit in Afrika nimmt zu, der Meeresspiegel steigt und Flutkatastrophen häufen sich. Das Klima auf der Erde ist ernsthaft gefährdet.

Informiere dich dazu auch im Internet.

1 a) Deutschland hat sich durch internationale Verträge dazu verpflichtet, dass sein CO_2-Ausstoß im Jahr 2012 um 21 % geringer als 1990 ist. Prüfe, ob diese Verpflichtung eingehalten wurde.
b) Nach der Planung der Bundesregierung soll der CO_2-Ausstoß im Jahr 2020 nur noch 750 Mt betragen.
Um wie viel Prozent muss der CO_2-Ausstoß im Zeitraum von 2014 bis 2020 verringert werden, um dieses Ziel zu erreichen?

2 Der CO_2-Ausstoß wird zum Teil durch den Straßenverkehr verursacht.

a) Berechne den gesamten CO_2-Ausstoß eines Personenwagens bei einer Laufleistung von 200 000 km.
b) Ein Lastkraftwagen wird zwölf Jahre lang genutzt und fährt durchschnittlich 60 000 km pro Jahr. Gib den gesamten CO_2-Ausstoß dieses Fahrzeugs an.

3 Die ursprüngliche Form, in der Energie vorkommt, heißt **Primärenergie.** Im Jahr 2014 wurden in Deutschland 13 PJ Primärenergie genutzt.
(1 Petajoule (PJ) = 1 015 Joule)

Verteilung der genutzten Primärenergie auf die einzelnen Energieträger 2014

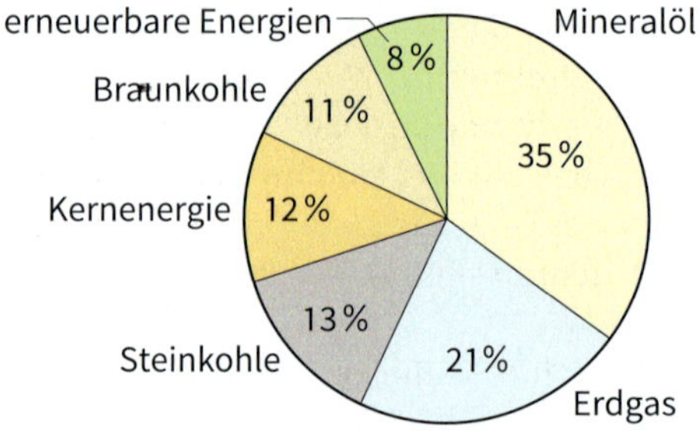

Gib den Anteil der einzelnen Energieträger an der gesamten genutzten Primärenergie in Petajoule an.

Große Zahlen

Bezeichnungen für große Zahlen

ntausend	10^3
ne Million	10^6
ne Milliarde	10^9
ne Billion	10^{12}
ne Billiarde	10^{15}
ne Trillion	10^{18}
ne Trilliarde	10^{21}
ne Quadrillion	10^{24}
ne Quadrilliarde	10^{27}
ne Quintillion	10^{30}

Zehntausend war die größte Zahl, für die die altgriechische Sprache ein eigenes Zahlwort kannte: *myrioi.* Größere Zahlen mussten mithilfe zusammengesetzter Zahlwörter ausgedrückt werden.
Erst im späten Mittelalter entstand die Bezeichnung Million aus dem lateinischen Wort *mille* für tausend und der Endung *-one* für groß. Million bedeutet also „große Tausend“.
Im Jahr 1484 schlug der französische Mathematiker Nicolas Chuquet die Wörter Billion, Trillion, Quadrillion usw. zur Bezeichnung noch größerer Zahlen vor.
Einige Jahrzehnte später fügte Jacques Peletier, ein anderer französischer Mathematiker, dem System Chuquets die Bezeichnungen Milliarde, Billiarde, Trilliarde usw. hinzu.
Dieses System zur Bezeichnung großer Zahlen verwenden wir heute noch. Wissenschaftler benutzen die Zahlwörter allerdings selten, sie verständigen sich, indem sie die Zehnerpotenzen angeben.

1 Stelle die Zahl in wissenschaftlicher Schreibweise mithilfe einer Zehnerpotenz dar.
a) fünf Trillionen
b) achtundfünfzig Trillionen
c) vierhundertdreizehn Trilliarden
d) zwei Trilliarden fünfhundert Trillionen
e) vier Quadrillionen vierzig Trilliarden
f) achthundertelf Quadrillionen

2 Schreibe die Zahlen in Worten.

a) $3 \cdot 10^{18}$	b) $8 \cdot 10^{21}$
c) $7 \cdot 10^{30}$	d) $4 \cdot 10^{27}$
e) $1{,}2 \cdot 10^{16}$	f) $6{,}5 \cdot 10^{19}$

1938 beschäftigte sich der amerikanische Mathematiker Edward Kasner mit großen Zahlen. Er suchte eine Bezeichnung für die Zahl 10^{100}.
Bei einem Spaziergang fragte er seinen neunjährigen Neffen. Dieser erfand das Wort **Googol.** Seitdem wird die Zahl, die aus einer Eins und hundert Nullen besteht, so bezeichnet.
Die Zahl Googol ist unvorstellbar groß. Astronomen schätzen, dass die Anzahl aller Elementarteilchen des sichtbaren Universums kleiner als Googol ist.

3 Gib mithilfe von Zehnerpotenzen an:
a) das Doppelte von Googol
b) das Zehnfache von Googol
c) ein Zehntel Googol
d) ein Tausendstel Googol
e) die Hälfte von Googol
f) ein Viertel von Googol

4 a) Begründe, dass Googol gleich $(10^{10})^{10}$ ist.
b) Begründe, dass Googol gleich $10^{(10^2)}$ ist.

Noch viel größer als Googol ist die Zahl **Googolplex,** das ist eine Eins mit Googol Nullen, also 10^{Googol}.
Selbst wenn man alle Materie des Universums in Tinte und Papier verwandelte, reichte das nicht aus, um die Zahl Googolplex aufzuschreiben.

8 Statistische Erhebungen

Die Schülerinnen und Schüler wollen in Gruppen statistische Erhebungen durchführen. Die zugehörigen Daten sollen mithilfe von Fragebögen gesammelt werden.

Nenne weitere mögliche Themen für statistische Erhebungen. Entwerft in Gruppen zu einem Thema einen Fragebogen. Hinweise zur Planung einer statistischen Erhebung findet ihr auf Seite 170.

Eine statistische Erhebung planen

Eine statistische Erhebung durchführen

Hinweise zur Auswertung einer statistischen Erhebung und zur Darstellung ihrer Ergebnisse findet ihr auf der Seite 171.

Eine statistische Erhebung auswerten

Das Ergebnis einer statistischen Erhebung präsentieren

Eine Umfrage planen

1. Wer soll gefragt werden?

Schüler des 9. Jahrgangs

Jugendliche von 10 bis 16 Jahren

Erwachsene

beliebige Personen

2. Wie werden die Personen für die Befragung ausgewählt?

Alle Schülerinnen und Schüler einer Klasse (eines Jahrgangs) werden gefragt.
Eine zufällige Auswahl von Schülerinnen und Schülern wird gefragt.
Zufällig ausgewählte, beliebige Personen werden gefragt.

3. Worauf ist beim Entwurf des Fragebogens zu achten?

Stelle keine Fragen, deren Antworten du nicht auswerten kannst.

~~Was muss bei dem Freizeitangebot anders werden?~~

~~Haben Schüler an anderen Schulen einen kürzeren Schulweg?~~

Wenn mehr als eine Antwort gegeben werden kann, muss das deutlich gemacht werden.

Was machst du in deiner Freizeit?
Du kannst mehrere Antworten ankreuzen.

- ☐ Sport
- ☐ Musik hören
- ☐ mit Freunden treffen

Was ist deine Lieblingssportart?

- ☐ Fußball
- ☐ Handball
- ☐ Basketball
- ☐ Schwimmen
- ☐ Leichtathletik
- ☐ Tennis

Bei vorgegebenen Antworten muss es zu jedem möglichen Befragungsergebnis auch eine Ankreuzmöglichkeit geben.

Wie viele Geschwister hast du?

Bitte kreuze die richtige Anwort an.

0 ☐ 1 ☐
2 ☐ 3 ☐
4 ☐ 5 ☐
mehr als 5 ☐

Wie lang ist dein Schulweg (in km)?

Bitte kreuze die richtige Anwort an.

0 bis 5 km ☐
über 5 bis 10 km ☐
über 10 bis 15 km ☐
über 15 bis 20 km ☐
über 20 km ☐

Eine Umfrage auswerten und die Ergebnisse darstellen

1. Worauf ist bei der Auswertung der Fragebögen zu achten?

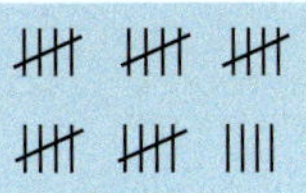

Bei der Auswertung sollte zunächst mit Strichlisten gearbeitet werden.

relative Häufigkeit

Bruch: $\frac{7}{25}$

Dezimalzahl: 0,28

Prozent: 28 %

Müssen auch relative Häufigkeiten berechnet werden?
Wie sollen sie angegeben werden?

arithmetisches Mittel $\bar{x}$

Median $\tilde{x}$

Spannweite = Maximum – Minimum

Können Mittelwerte, Maximum, Minimum und die Spannweite bestimmt werden?

Zeit (s)

15 16 25 23 17 12
18 45 10 48 67 22
32 19 18 34

Müssen Daten in Klassen zusammengefasst werden?

2. Kann ein Tabellenkalkulationsprogramm eingesetzt werden?

3. Worauf ist bei der Darstellung der Ergebnisse zu achten?

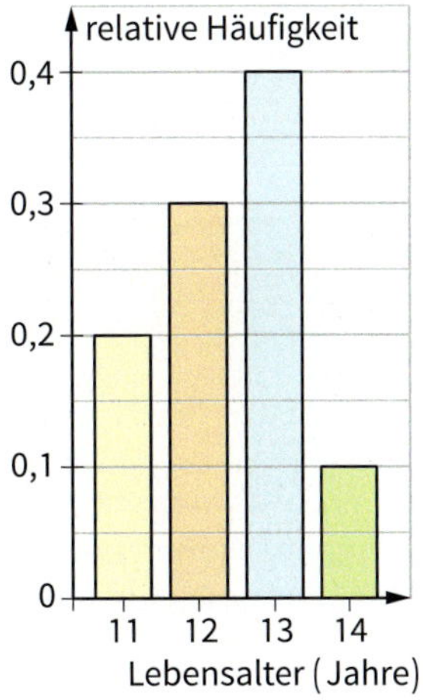

Die Achsen müssen eine Einteilung haben und beschriftet sein.

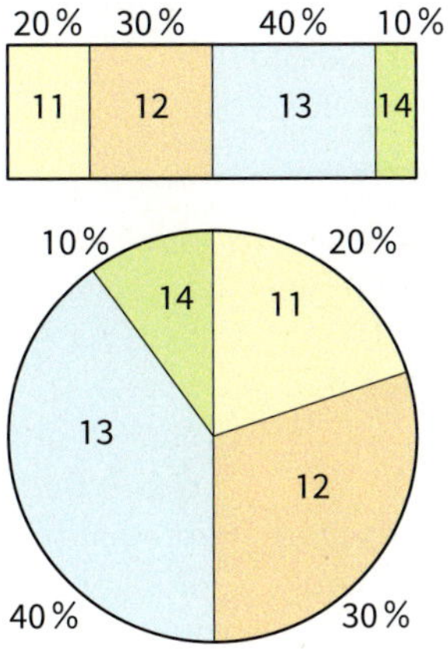

Kreis- und Streifendiagramm eignen sich nicht bei Mehrfachantworten.

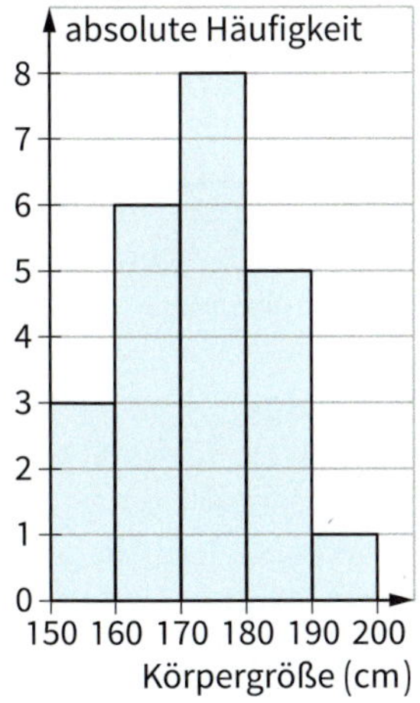

Bei Daten, die in Klassen zusammengefasst werden, ist das Histogramm die richtige Diagrammform.

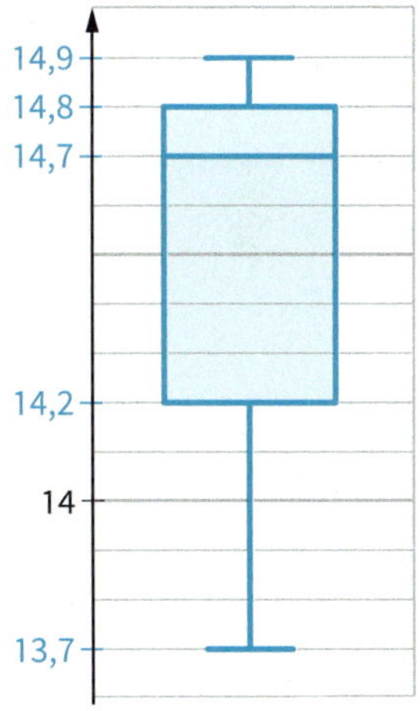

Median, Maximum, Minimum und die Spannweite lassen sich in einem Boxplot veranschaulichen.

Bist du fit für dieses Kapitel?
Eingangstest S. 207

Mittelwerte

arithmetisches Mittel
Modalwert

Sportliche Aktivitäten in einer Woche:

16 Mädchen insgesamt 108 h

13 Jungen insgesamt 100 h

1 Eine statistische Untersuchung in der Klasse 9a ergab das links abgebildete Ergebnis.

Ist die Behauptung richtig? Begründe.

Handelt es sich bei Daten um reelle Zahlen, kannst du das arithmetische Mittel $\bar{x}$ (*lies:* x quer) berechnen.

Sprungweiten (cm): 324, 332, 318, 320

$$\bar{x} = \frac{324 + 332 + 318 + 320}{4} = 323{,}5$$

$$\bar{x} = \frac{\textbf{Summe aller Daten}}{\textbf{Anzahl der Daten}}$$

2 In der Häufigkeitstabelle findest du die von den Jungen der Klasse 9a und den Jungen der Klasse 9c erzielten Sprunghöhen.
a) Gib für beide Klassen jeweils den häufigsten Wert (Modalwert) an.
b) Berechne jeweils das arithmetische Mittel und vergleiche die arithmetischen Mittel miteinander. Es gibt unterschiedliche Rechenwege.

übersprungene Höhe (cm)	9a: absolute Häufigkeit	9c: absolute Häufigkeit
120	5	3
125	3	4
130	3	3
135	2	2
140	2	1
145	0	1
Summe	■	■

In der Häufigkeitstabelle siehst du die Hochsprungergebnisse der Mädchen.

übersprungene Höhe (cm)	absolute Häufigkeit	Produkt
110	12	$12 \cdot 110$
115	10	$10 \cdot 115$
120	8	$8 \cdot 120$
125	6	$6 \cdot 125$
130	4	$4 \cdot 130$
Summe	40	4700

So kannst du mithilfe der absoluten Häufigkeiten das arithmetische Mittel berechnen:

1. Multipliziere jede Höhe mit der zugehörigen absoluten Häufigkeit.
2. Addiere alle so berechneten Produkte.
3. Dividiere die Summe durch die Anzahl der Daten.

$$\bar{x} = \frac{12 \cdot 110 + 10 \cdot 115 + 8 \cdot 120 + 6 \cdot 125 + 4 \cdot 130}{40}$$

$$= \frac{4700}{40}$$

$$\bar{x} = 117{,}5$$

Das arithmetische Mittel $\bar{x}$ beträgt 117,5 cm.

3 a) Berechne das arithmetische Mittel der übersprungenen Höhen bei den Jungen des 9. Jahrgangs. Runde auf zwei Nachkommastellen.

Höhe (cm)	abs. Häufigkeit	Produkt
120	11	■
125	14	■
130	10	■
135	9	■
140	6	■
145	2	■
Summe	■	■

b) Gib den Modalwert an.

4 Marie nimmt an einem Wettbewerb im Kugelstoßen teil. Von fünf Versuchen ist einer ungültig.

erzielte Weiten (cm)				
945	0	912	895	907

a) Berechne das arithmetische Mittel.
b) Ordne die erzielten Weiten der Größe nach. Beginne mit der kleinsten Weite. Bestimme die Weite, die genau in der Mitte steht.
c) Vergleiche diese Weite mit dem arithmetischen Mittel. Welcher Wert beschreibt die Leistungen von Marie im Kugelstoßen besser?

5 Beim Weitsprung hat Jana insgesamt sechs Versuche. Zwei davon sind ungültig.

erzielte Weiten (cm)					
446	0	487	468	485	0

a) Ordne die erzielten Weiten der Größe nach. Bestimme das arithmetische Mittel der beiden Weiten, die in der Mitte stehen.
b) Vergleiche diesen Wert mit dem arithmetischen Mittel. Welcher Wert beschreibt die Leistungen von Jana besser?

Insbesondere bei stark abweichenden Werten (Ausreißern) ist es sinnvoll, als Mittelwert den Median (Zentralwert) zu wählen.

Ungerade Anzahl von Daten:

erzielte Weiten (cm)				
935	912	634	895	903

Geordnete Urliste:
634 895 903 912 935

Bei einer ungeraden Anzahl von Daten ist der Median $\tilde{x}$ (lies: x Schlange) der mittlere Wert in der geordneten Urliste.
Median (Zentralwert): $\tilde{x} = 903$

Gerade Anzahl von Daten:

erzielte Weiten (cm)					
896	908	801	921	884	906

Geordnete Urliste:
801 884 896 906 908 921

Bei einer geraden Anzahl von Daten liegt der Median $\tilde{x}$ zwischen den beiden mittleren Werten in der geordneten Urliste.
Median (Zentralwert):

$$\tilde{x} = \frac{896 + 906}{2} = 901$$

6 In den Urlisten findest du die Weiten, die Christian und Felix beim Kugelstoßen erzielt haben.

Christian: erzielte Weiten (cm)						
877	835	867	899	839	869	564

Felix: erzielte Weiten (cm)							
846	885	834	862	854	681	809	844

a) Bestimme jeweils den Median.
b) Wer hat im Durchschnitt die besseren Ergebnisse erzielt?

Median (Zentralwert)

1 Emil oder Tim sollen die Schule bei einem Sportwettkampf im Kugelstoßen vertreten. Vor dem Wettkampf machen beide noch einmal sieben Probestöße. Wer von beiden soll am Wettkampf teilnehmen?

Von Emil erzielte Weiten (cm):
912 945 899 936 1012 1005 941

Von Tim erzielte Weiten (cm):
1052 1027 938 979 941 837 876

2 In den Urlisten findest du die von Andre und Jan beim Kugelstoßen erzielten Weiten.

Von Andre erzielte Weiten (m):
8,39 7,87 8,12 8,40 8,16

Von Jan erzielte Weiten (m):
8,45 7,64 8,03 8,68 8,14

a) Bei welchem Schüler ist die Differenz zwischen der größten erzielten Weite (Maximum) und der kleinsten erzielten Weite (Minimum) am größten?
b) Berechne für beide Schüler jeweils das arithmetische Mittel der erzielten Weiten. Vergleiche jeweils das arithmetische Mittel mit den erzielten Weiten. Was fällt dir auf?
c) Wer von beiden erbringt die konstanteren Leistungen? Begründe.

Bei statistischen Untersuchungen ist es oft sinnvoll, auch die Streuung der einzelnen Werte zu berücksichtigen. Die Spannweite gibt die Differenz zwischen dem größten Wert **(Maximum)** und dem kleinsten Wert **(Minimum)** an.

100-Meter-Zeiten (s)
14,1 14,3 14,6 14,7 14,8

Maximum: 14,8
Minimum: 14,1
Spannweite: 14,8 – 14,1 = 0,7
arithmetisches Mittel: $\overline{x} = 14{,}5$

Die **mittlere lineare Abweichung** $\overline{s}$ ist das arithmetische Mittel der Abweichungen von $\overline{x}$.

Zeiten (s)	Abweichung von $\overline{x} = 14{,}5$
14,1	14,5 – 14,1 = 0,4
14,3	14,5 – 14,3 = 0,2
14,6	14,6 – 14,5 = 0,1
14,7	14,7 – 14,5 = 0,2
14,8	14,8 – 14,5 = 0,3

$$\overline{s} = \frac{0{,}4 + 0{,}2 + 0{,}1 + 0{,}2 + 0{,}3}{5} = 0{,}24$$

Mittlere lineare Abweichung $\overline{s}$:

$$\overline{s} = \frac{\textbf{Summe der Abweichungen von } \overline{x}}{\textbf{Anzahl der Daten}}$$

3 Vergleiche die von Birthe und Janina beim Kugelstoßen erzielten Weiten. Berechne dazu jeweils die Spannweite, das arithmetische Mittel $\overline{x}$ und die mittlere lineare Abweichung $\overline{s}$. Was stellst du fest?

Von Birthe erzielte Weiten (m):
5,35 5,20 5,15 5,40 5,60

Von Janina erzielte Weiten (m):
5,25 5,45 5,05 5,55 5,30 5,50

Mittlere quadratische Abweichung und Standardabweichung

1 Bei der Berechnung der mittleren linearen Abweichung hat Julian immer Schwierigkeiten, weil er bei der Berechnung der Abweichung erst überlegen muss, ob der einzelne Wert oder das arithmetische Mittel größer ist. Wenn Julian aber jede Differenz quadriert, spielt die Reihenfolge keine Rolle, denn das Quadrat der Differenz ist immer positiv. Julian erhält ein weiteres Maß für die Streuung, die **mittlere quadratische Abweichung s^2 (Varianz).**

100-Meter-Zeiten (s)
13,8 14,5 14,3 14,0 14,4

$\overline{x} = 14{,}2$

Zeiten (s)	quadratische Abweichung von $\overline{x}$
13,8	$(13{,}8 - 14{,}2)^2 = 0{,}16$
14,5	$(14{,}5 - 14{,}2)^2 = 0{,}09$
14,3	$(14{,}3 - 14{,}2)^2 = 0{,}01$
14,0	$(14{,}0 - 14{,}2)^2 = 0{,}04$
14,4	$(14{,}4 - 14{,}2)^2 = 0{,}04$

$$s^2 = \frac{0{,}16 + 0{,}09 + 0{,}01 + 0{,}04 + 0{,}04}{5}$$

$s^2 = 0{,}068$

a) Berechne für die Daten in der unten angegebenen Urliste die mittlere quadratische Abweichung s^2.

100-Meter-Zeiten (s)
14,6 14,4 13,8 14,2 14,5

b) Vergleiche die mittlere quadratische Abweichung s^2 mit der mittleren linearen Abweichung s.

2 In der Urliste findest du die Weiten, die Jana beim Kugelstoßen erzielt hat.

Weite (m)
5,70 5,80 5,95 6,15 5,75 5,40 5,85

a) Berechne das arithmetische Mittel $\overline{x}$ und die mittlere lineare Abweichung $\overline{s}$.
b) Berechne die mittlere quadratische Abweichung s^2. Ziehe die Wurzel aus s^2. Vergleiche mit s.

Neben der Spannweite und der mittleren linearen Abweichung s ist auch die **mittlere quadratische Abweichung s^2 (Varianz)** ein Maß für die Streuung der einzelnen Werte.

100-Meter-Zeiten (s)
14,1 14,3 14,6 14,7 14,8

Zeiten (s)	quadratische Abweichung von $\overline{x} = 14{,}5$
14,1	$(14{,}1 - 14{,}5)^2 = 0{,}16$
14,3	$(14{,}3 - 14{,}5)^2 = 0{,}04$
14,6	$(14{,}6 - 14{,}5)^2 = 0{,}01$
14,7	$(14{,}7 - 14{,}5)^2 = 0{,}04$
14,8	$(14{,}8 - 14{,}5)^2 = 0{,}09$

$$s^2 = \frac{0{,}16 + 0{,}04 + 0{,}01 + 0{,}04 + 0{,}09}{5}$$

$s^2 = 0{,}068$

Die **Standardabweichung s** ist die Wurzel aus der mittleren quadratischen Abweichung s^2.

$s = \sqrt{0{,}068} \approx 0{,}26$

3 In der Urliste findest du die von Leon und Max beim Kugelstoßen erzielten Weiten.

Weite (m)
Leon: 8,39 7,87 8,12 8,40 8,16
Max: 8,45 7,64 8,03 8,68 8,14

a) Berechne jeweils das arithmetische Mittel $\overline{x}$, die mittlere quadratische Abweichung s^2 und die Standardabweichung s.
b) Wer von beiden erbringt die konstanteren Leistungen?

4 Die Urliste enthält die Weiten, die von Amelie und Jasmin beim Weitspringen erzielt worden sind.

Sprungweite (m)
Amelie: 4,75 4,34 4,08 4,55
Jasmin: 3,98 4,88 4,30 4,76 4,23

Berechne jeweils die Standardabweichung s und vergleiche.

Boxplots

1 Lena und Jonas möchten die Weitsprungergebnisse der Mädchen der 9 a in einem **Boxplot (Kastenschaubild)** veranschaulichen.

Mädchen 9a
Weitsprungergebnisse (cm)

335 281 338 371 306 366 358 331
342 347 403 368 296 395 365

Dazu haben sie die Daten zunächst der Größe nach geordnet.

Weitsprungergebnisse (cm)
Geordnete Urliste

281 296 306 331 335 338 342 347
358 365 366 368 371 395 403

Anhand der geordneten Urliste haben sie dann das Minimum, den Median und das Maximum bestimmt.

Minimum:	281
Median:	347
Maximum:	403

Danach haben sie als Wert in der Mitte zwischen Median und Maximum $\frac{366 + 368}{2} = 367$ bestimmt. Dieser Wert wird **das obere Quartil** genannt.
Als Wert in der Mitte zwischen Median und Minimum ergibt sich $\frac{331 + 335}{2} = 333$. Dieser Wert wird **das untere Quartil** genannt.

403 — Maximum
395
371
368
oberes Quartil $\frac{366 + 368}{2} = 367$
366
365
358
347 — Median
342
338
335
unteres Quartil $\frac{331 + 335}{2} = 333$
331
306
296
281 — Minimum

Danach konnte der Boxplot gezeichnet werden. Die Breite des Kastens ist dabei frei wählbar.

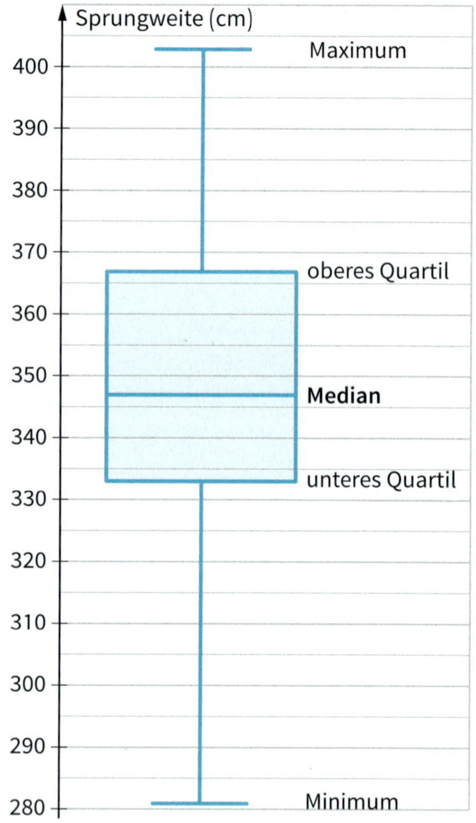

a) Wie viel Prozent der Daten liegen ungefähr innerhalb des Kastens?
b) Wie viel Prozent der Daten liegen ungefähr zwischen oberem Quartil und Maximum (unterem Quartil und Minimum)?
c) Wo kannst du im Boxplot die Spannweite ablesen?
d) Übertrage den Boxplot für die Sprungweiten der Mädchen in dein Heft.
e) Veranschauliche auch die Weitsprungergebnisse der Jungen der 9 a in einem Boxplot. Bestimme zunächst Minimum, Median, Maximum, unteres und oberes Quartil.

Jungen 9a
Weitsprungergebnisse (cm)

423 447 417 429 415 455 357
346 454 450 468 373 352 425

f) Vergleiche die Boxplots miteinander.

1 Lena und Jonas möchten die Hochsprungergebnisse der Mädchen des 9. Jahrgangs mithilfe eines Tabellenkalkulationsprogramms auswerten.
Sie haben dazu die absoluten Häufigkeiten in ein Tabellenblatt eingetragen.

Start | Layout | Tabellen | Diagramme | SmartA

B11 =SUMME(B4:B10)

	A	B	C
1	Hochsprungergebnisse Mädchen (cm)		
2	9. Jahrgang		
3	überspr. Höhe (cm)	absolute Häufigkeit	
4	110	9	
5	115	16	
6	120	19	
7	125	11	
8	130	8	
9	135	5	
10	140	2	
11	Summe	70	

a) Gib die Daten wie Lena und Jonas in das Tabellenkalkulationsprogramm ein. Beschreibe, wie sie mithilfe des Programms die Summe der absoluten Häufigkeiten bestimmt haben.
b) Bestimme mithilfe einer Formel auch die relativen Häufigkeiten. Gib die Ergebnisse auf drei Nachkommastellen gerundet an. Benutze dazu die Schaltfläche **„Dezimalstelle löschen"**.

Start | Layout | Tabellen | Diagramme | SmartA

C10 =B10/B$11

	A	B	C
1	Hochsprungergebnisse Mädchen (cm)		
2	9. Jahrgang		
3	überspr. Höhe (cm)	absolute Häufigkeit	relative Häufigkeit
4	110	9	0,129
5	115	16	0,229
6	120	19	0,271
7	125	11	0,157
8	130	8	0,114
9	135	5	0,071
10	140	2	0,029
11	Summe	70	

c) Gib die relativen Häufigkeiten auch in Prozent an und bestimme jeweils die Summe der relativen Häufigkeiten in Prozent.

Hochsprungergebnisse Mädchen 9. Jg

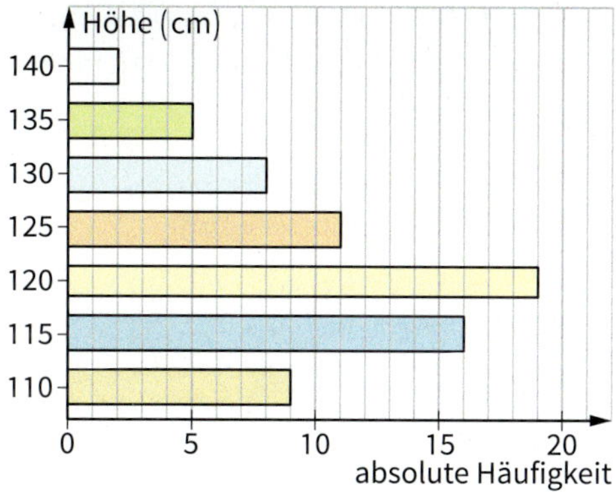

d) Markiere die Zellen B 4 bis B 10 und erstelle das abgebildete Balkendiagramm.
e) Stelle die absoluten (relativen) Häufigkeiten auch in anderen Diagrammformen dar. Markiere zuvor die zugehörigen Zellbereiche.

Hochsprungergebnisse Mädchen 9. Jg

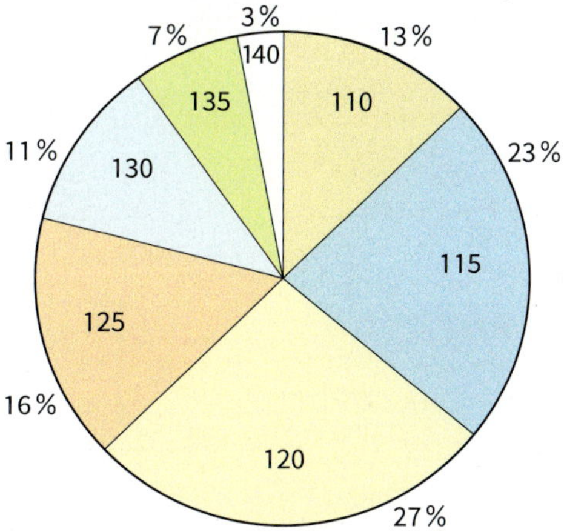

f) Werte wie Lena und Jonas auch die Hochsprungergebnisse der Jungen des 9. Jahrgangs aus und stelle sie in verschiedenen Diagrammformen grafisch dar.

Höhe (cm)	absolute Häufigkeit
120	6
125	13
130	17
135	15
140	11
145	7
150	3

2 Lena und Jonas haben auch die Weitsprungergebnisse der Mädchen des 9. Jahrgangs in ein Tabellenblatt eingetragen.

Mädchen 9. Jahrgang
Weitsprungergebnisse (cm)

326	287	343	367	309	355	322	335
375	300	410	388	268	367	330	395
368	332	318	376	389	354	331	287
296	376	345	361	360	345	344	320
336	348	367	402	415	285	290	328
365	374	376	335	383	361	370	389
275	347	338	390	326	347	352	386
375	345	365	349	338	385	374	363
342	381	283	294	318	355		

Dann haben sie eine Klasseneinteilung vorgenommen und die oberen Grenzen in die Zellen **D6** bis **D14** geschrieben. Sie haben dann die Zellen **E6** bis **E14** markiert und unter dem Menüpunkt **„Funktion einfügen (f_x)“** die Funktion **„Häufigkeit“** gewählt. In die angezeigten Felder wurden dann die Zellen mit den **Daten A2:A71** und die Zellen mit den **Klassengrenzen D6:D14** eingegeben. Die Eingabe wurde dann mit **Strg + Shift + Enter** abgeschlossen.

Klasseneinteilung zu den Weitsprungergebnissen

von 0 cm bis 260 cm
von 260 cm bis 280 cm
von 280 cm bis 300 cm
von 300 cm bis 320 cm
von 320 cm bis 340 cm
von 340 cm bis 360 cm
von 360 cm bis 380 cm
von 380 cm bis 400 cm
von 400 cm bis 420 cm

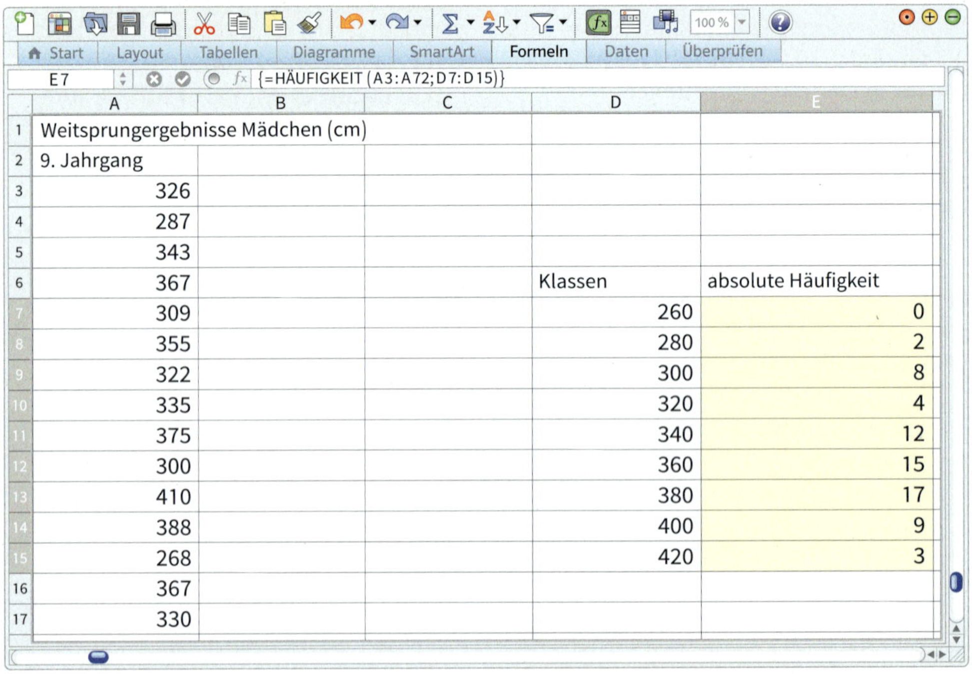

E7 {=HÄUFIGKEIT(A3:A72;D7:D15)}

	A	B	C	D	E
1	Weitsprungergebnisse Mädchen (cm)				
2	9. Jahrgang				
3	326				
4	287				
5	343				
6	367			Klassen	absolute Häufigkeit
7	309			260	0
8	355			280	2
9	322			300	8
10	335			320	4
11	375			340	12
12	300			360	15
13	410			380	17
14	388			400	9
15	268			420	3
16	367				
17	330				

Achtung!
Dieses Verfahren funktioniert nur bei gleich breiten Klassen.

a) Gib die Daten und die Klasseneinteilung wie Anna und Julian in das Tabellenkalkulationsprogramm ein. Bestimme mithilfe der Funktion **„Häufigkeit“** wie abgebildet die absoluten Häufigkeiten der gewählten Klassen.
b) Erzeuge zu der Klasseneinteilung ein Histogramm. Gehe dazu wie folgt vor:

Erzeuge zunächst ein Säulendiagramm.
Durch einen Doppelklick auf eine Säule öffnet sich das Menü „ Datenreihen formatieren“.
Setze hier unter „Optionen“ den Säulenabstand auf 0.

c) Wähle andere Klasseneinteilungen und erzeuge die zugehörigen Histogramme.

3 In den Urlisten findest du die Ergebnisse im Kugelstoßen von Mädchen und Jungen im 9. Jahrgang.
Die Daten für die Mädchen wurden direkt in ein Tabellenkalkulationsprogramm eingegeben.
Mit Hilfe des Menüpunktes **„Funktion einfügen (f_x)“** wurden dann die zugehörigen Mittelwerte und Streumaße bestimmt.

a) Gib die Ergebnisse im Kugelstoßen der Mädchen in ein Tabellenkalkulationsprogramm ein. Bestimme mithilfe des Menüpunktes **„Funktion einfügen (f_x)“** das arithmetische Mittel $\bar{x}$ und den Median $\tilde{x}$.

b) Bestimme das Maximum und das Minimum, berechne die Spannweite und die mittlere lineare Abweichung.

c) Verfahre genauso mit den Ergebnissen im Kugelstoßen der Jungen.

d) Vergleiche Mittelwerte und Streumaße miteinander.

Kugelstoßen 9. Jahrgang Mädchen
erzielte Weiten (cm)

514 524 536 486 455 480 476 410
488 526 614 624 587 605 574 538
674 745 594 601 597 556 573 524
537 588 504 588 541 508 500 497
451 552 546

Kugelstoßen 9. Jahrgang Jungen
erzielte Weiten (cm)

614 724 636 586 755 680 576 710
688 826 714 624 787 905 774 838
774 845 694 601 797 656 773 824
737 788 804 688 741 808 900 797
651 752 746
684 764 696 786 775 690 676 810
678 856 774 634 757 901 754 868
754 835 664 671 707 756 713 832
757 778 824 678 761 818 890 777
681 732 766

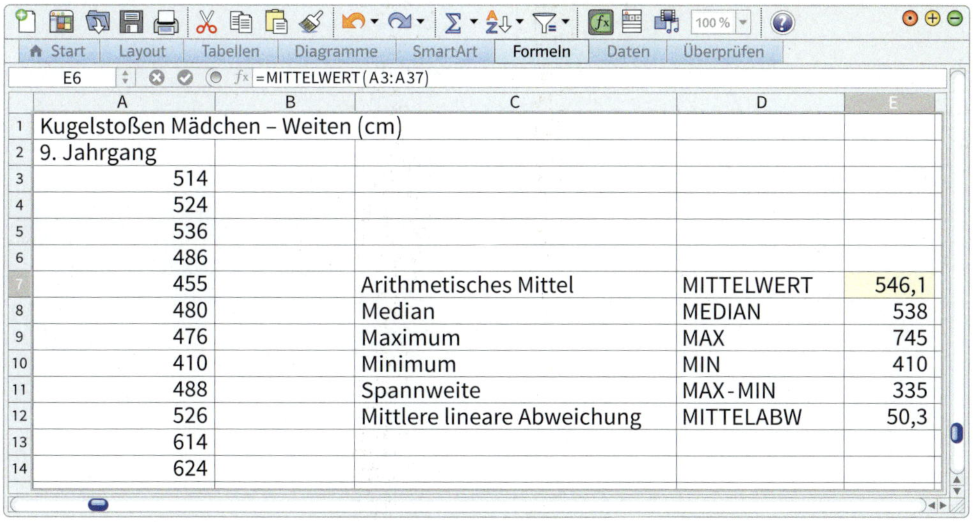

	A	B	C	D	E
1	Kugelstoßen Mädchen – Weiten (cm)				
2	9. Jahrgang				
3	514				
4	524				
5	536				
6	486				
7	455		Arithmetisches Mittel	MITTELWERT	546,1
8	480		Median	MEDIAN	538
9	476		Maximum	MAX	745
10	410		Minimum	MIN	410
11	488		Spannweite	MAX-MIN	335
12	526		Mittlere lineare Abweichung	MITTELABW	50,3
13	614				
14	624				

Die Spannweite lässt sich mit dem Programm nicht direkt berechnen.

e) Werte auch die Ergebnisse der Jungen des 9. Jahrgangs im 100-m-Lauf mithilfe eines Tabellenkalkulationsprogrammes aus.

100-m-Lauf Jungen 9. Jahrgang
Zeit (s)

13,4 13,7 14,7 14,2 14,3 15,4 15,5
14,0 13,5 16,2 17,1 16,1 16,4 15,5
14,7 13,4 13,7 14,7 14,2 14,3 15,4
15,5 14,0 13,5 16,2 16,8 16,3 16,5
15,6 14,6 13,7 13,8 14,4 14,7 14,8
15,2 15,1 14,8 13,6 16,1 17,1 16,2

1 Eine neue Jugendzeitschrift lässt in einer Untersuchung erfragen, wie bekannt die Zeitschrift bei den Jugendlichen ist. Das Ergebnis wird mithilfe von Piktogrammen (bildliche Zeichen) dargestellt.

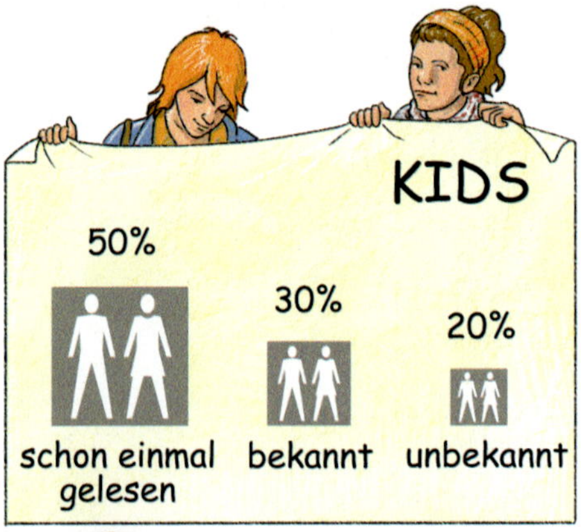

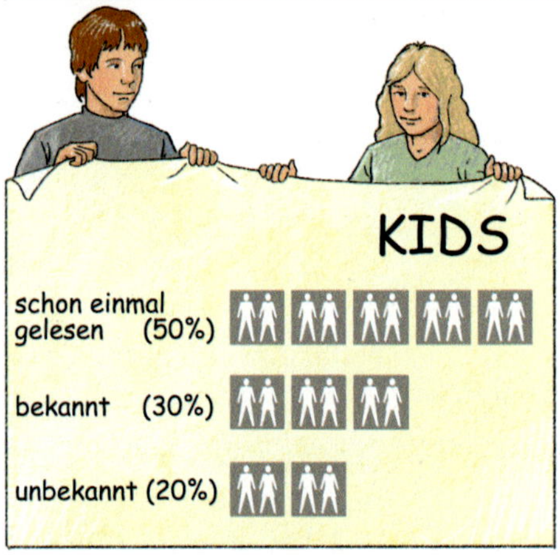

Vergleiche die beiden Darstellungen miteinander. Wo wird hier manipuliert?

2 In einer Kleinstadt läuft seit mehreren Jahren die Aktion „Öfter mit dem Fahrrad unterwegs!".
Die Darstellung zeigt, wie viele städtische Angestellte mit dem Fahrrad zur Arbeit kommen.

a) Was fällt dir an der Darstellung auf?
b) Stelle die relativen Häufigkeiten in einem Säulendiagramm dar und vergleiche. Was stellst du fest?

3 Ist die Darstellungsform hier richtig? Begründe deine Meinung. Zeichne das zugehörige Balkendiagramm.

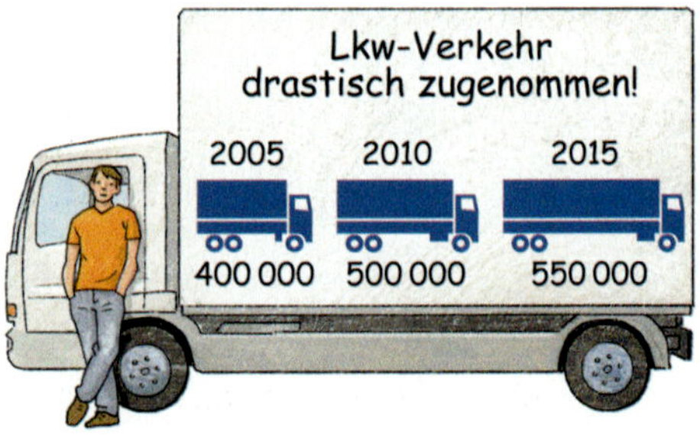

Bei der Verwendung von Piktogrammen in statistischen Darstellungen ist zu beachten:

Es wirkt die Fläche der Figur. Die Häufigkeit muss deshalb dem Flächeninhalt entsprechen, nicht der Höhe.

Werden die Figuren hintereinander angeordnet, ensteht ein räumlicher Eindruck. Kleinere Figuren im Hintergrund wirken dabei so groß wie größere Figuren im Vordergrund.

4 In einer hausinternen Mitteilung weist ein Unternehmen auf die deutliche Umsatzsteigerung hin.

a) Was fällt dir an der Darstellung auf?
b) Zeichne ein vollständiges Säulendiagramm und vergleiche.

5 Eine Zeitung in einer mittleren Großstadt veröffentlicht den folgenden Artikel mit der abgebildeten Grafik.

Weniger Verkehrsunfälle mit Personenschaden

(ewu) Wie aus einer heute veröffentlichten Statistik hervorgeht, ist die Anzahl der Unfälle mit Personenschaden deutlich zurückgegangen.
2006: 7384 Verkehrsunfälle insgesamt
2015: 11 076 Verkehrsunfälle insgesamt

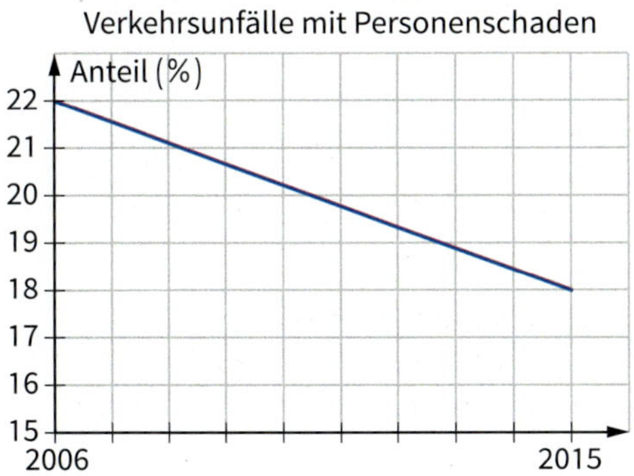

a) Welche Fehler werden hier bei der grafischen Darstellung gemacht?
b) Ist die Behauptung der Zeitung so richtig? Berechne dazu die absoluten Häufigkeiten der Unfälle mit Personenschaden für die Jahre 2006 und 2015.

6 a) Welche Fehler werden bei dieser grafischen Darstellung gemacht?
b) Zeichne das zugehörige Säulendiagramm und vergleiche.

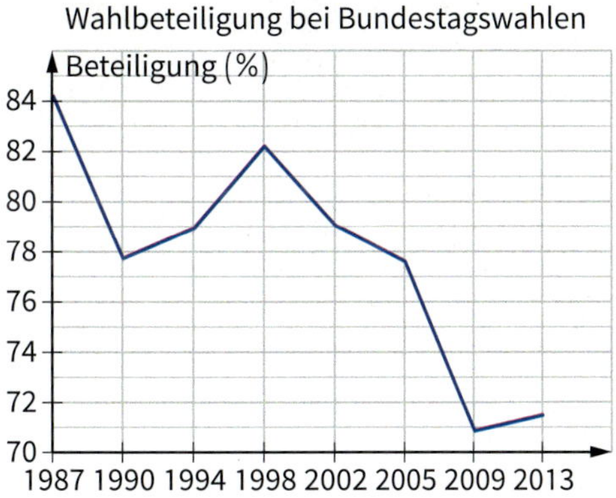

7 Die Jungen der 9a haben ihre Ergebnisse im Kugelstoßen grafisch dargestellt.

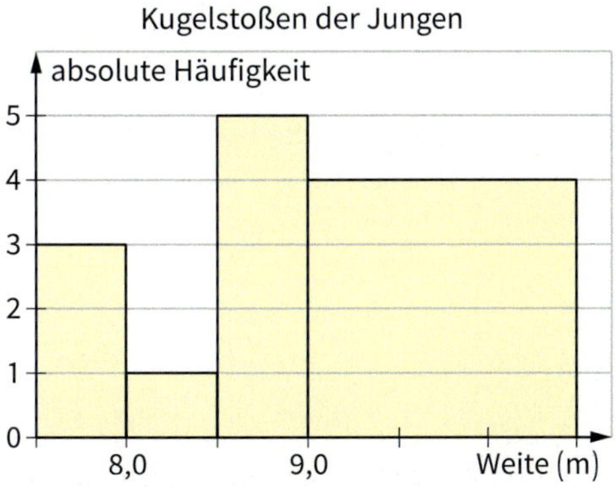

a) Was fällt dir an der Darstellung auf?
b) Die Messwerte der Klasse „von 9,00 m bis unter 10,50 m“ sind: 9,35 m, 9,12 m, 9,76 m und 10,33 m. Teile die Klasse in drei gleich breite Klassen ein. Zeichne ein neues Histogramm.
c) Vergleiche beide Darstellungen.

Werden Sockelbeträge weggelassen, wirken kleine Unterschiede viel größer.

Verbindet man einzelne Punkte, entsteht der Eindruck, als ob auch Zwischenwerte möglich sind.

Bei Histogrammen wirkt immer die Fläche des Rechtecks über der Klasse.

Statistische Erhebungen

kompakt

Bei **statistischen Untersuchungen** werden Daten durch Befragung, Beobachtung oder Experiment gesammelt.
Die in einer **Urliste** gesammelten Daten können mithilfe einer **Strichliste** geordnet und dann in einer **Häufigkeitstabelle** dargestellt werden.

Häufigkeitstabelle

Lebensalter (Jahre)	absolute Häufigk.	relative Häufigkeit	
14	15	0,15	15 %
15	75	0,75	75 %
16	10	0,10	10 %
Summe	100	1,00	100 %

Die **relative Häufigkeit** jedes Ergebnisses gibt den Anteil der Versuche mit diesem Ergebnis an.
Die relative Häufigkeit kann als Bruch, Dezimalzahl oder in Prozent angegeben werden.

$$\textbf{relative Häufigkeit} = \frac{\textbf{absolute Häufigkeit}}{\textbf{Anzahl der Daten}}$$

Die in der Häufigkeitstabelle aufbereiteten Daten können in verschiedenen Diagrammformen grafisch dargestellt werden. Dabei kann man sich von statistischen Darstellungen leicht täuschen lassen.

Werden Sockelbeträge weggelassen, wirken kleine Unterschiede viel größer.

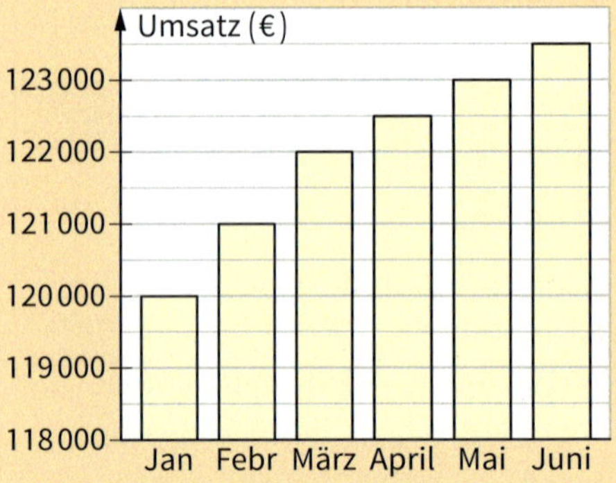

Es wirkt die Fläche der Figur. Die Häufigkeit muss deshalb dem Flächeninhalt entsprechen, nicht der Höhe.

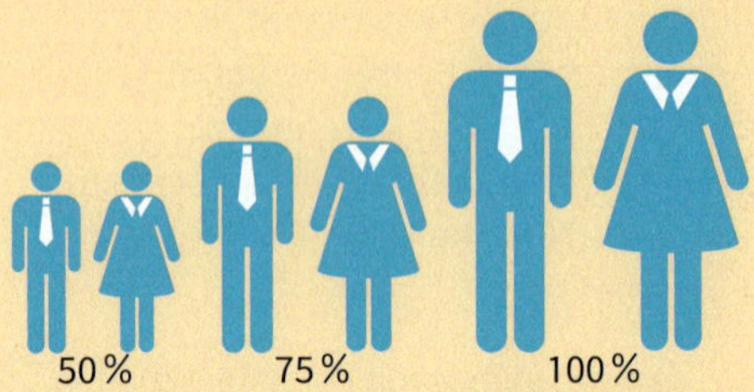

Werden Figuren hintereinander angeordnet, wirken kleinere Figuren im Hintergrund wie größere Figuren im Vordergrund.

Verbindet man in einer statistischen Darstellung einzelne Punkte, entsteht der Eindruck, als ob auch Zwischenwerte möglich sind.

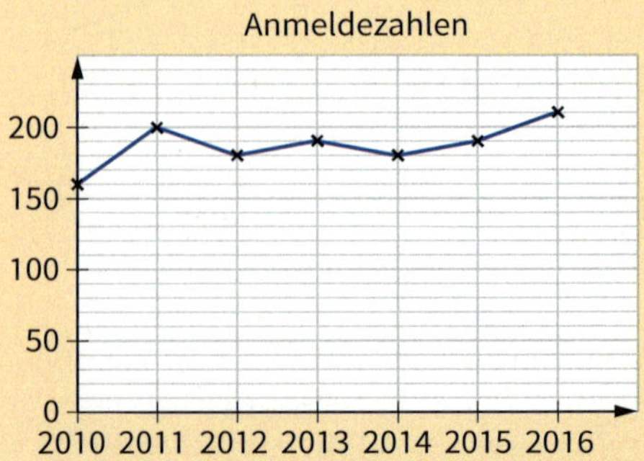

Handelt es sich bei den Daten um Zahlen, kannst du Mittelwerte und Streumaße berechnen.

100-m-Zeiten (s)
13,7 14,6 14,8 14,8 14,7 14,9
14,1 14,2 14,7

Mittelwerte

Der **Modalwert** ist der häufigste Wert: Modalwert: 14,8

Das **arithmetische Mittel** $\bar{x}$ wird oft auch als Durchschnitt bezeichnet.

$$\bar{x} = \frac{\textbf{Summe alle Daten}}{\textbf{Anzahl der Daten}}$$

$$\bar{x} = \frac{13{,}7 + 14{,}6 + 14{,}8 + 14{,}8 + 14{,}7 + 14{,}9 + 14{,}1 + 14{,}2 + 14{,}7}{9} = 14{,}5$$

Insbesondere bei stark abweichenden Werten (Ausreißern) ist es sinnvoll, als Mittelwert den **Median** $\tilde{x}$ zu bestimmen. Bei einer ungeraden Anzahl von Daten ist der Median der mittlere Wert in der **geordneten Urliste,** bei einer geraden Anzahl ist er das arithmetische Mittel der beiden mittleren Werte.

Geordnete Urliste 13,7 14,1 14,2 14,6 14,7 14,7 14,8 14,8 14,9 $\tilde{x} = 14{,}7$

Streumaße

Die **Spannweite** gibt die Differenz zwischen dem **Maximum** (größter Wert) und dem **Minimum** (kleinster Wert) an.

Maximum: 14,9 Minimum: 13,7 Spannweite: 14,9 – 13,7 = 1,2

Die **mittlere lineare Abweichung** $\bar{s}$ ist das arithmetische Mittel der Abweichungen von $\bar{x}$.

$$\bar{s} = \frac{0{,}8 + 0{,}1 + 0{,}3 + 0{,}3 + 0{,}2 + 0{,}4 + 0{,}4 + 0{,}3 + 0{,}2}{9} \approx 0{,}33$$

Die **mittlere quadratische Abweichung (Varianz)** s^2 ist das arithmetische Mittel der quadratischen Abweichungen von $\bar{x}$.

$$s^2 = \frac{0{,}8^2 + 0{,}1^2 + 0{,}3^2 + 0{,}3^2 + 0{,}2^2 + 0{,}4^2 + 0{,}4^2 + 0{,}3^2 + 0{,}2^2}{9} \approx 0{,}15$$

Die **Standardabweichung** s ist die Quadratwurzel aus der Varianz s^2.

$s = \sqrt{0{,}15} \approx 0{,}39$

Boxplot

Maximum, Minimum, Spannweite und Median lassen sich in einem **Boxplot (Kastenschaubild)** veranschaulichen.

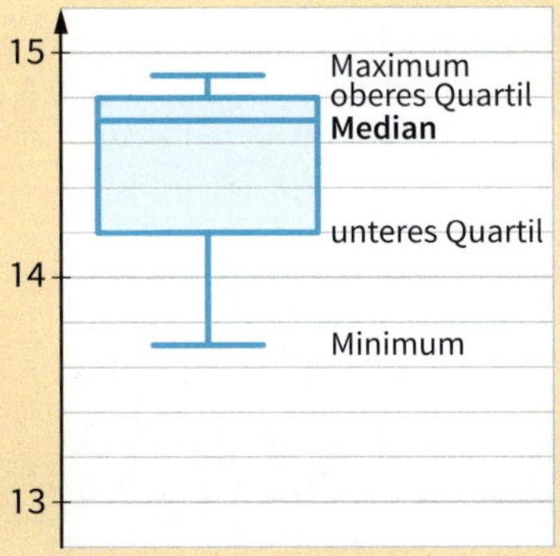

Der Wert in der Mitte zwischen Median und Maximum wird **oberes Quartil** genannt. oberes Quartil: 14,8

Der Wert in der Mitte zwischen Median und Minimum wird **unteres Quartil** genannt. unteres Quartil: 14,2

Üben und Vertiefen

Diese Aufgaben kannst du gut in arbeitsteiliger Gruppenarbeit bearbeiten. Beachte dazu die Hinweise auf der Seite 227.

1 In den Tabellen findest du Daten zu den Mädchen und Jungen der 9 c und 9 d und ihren sportlichen Leistungen.
a) Berechne für beide Klassen die relativen Häufigkeiten der einzelnen Geburtsjahrgänge als Dezimalzahl und in Prozent und trage sie in eine Häufigkeitstabelle ein. Stelle die relativen Häufigkeiten in einem geeigneten Diagramm dar.
b) Vergleiche die erreichten Sprunghöhen der Jungen und Mädchen. Berechne dazu die relativen Häufigkeiten und stelle sie in einem Diagramm dar.

2 Vergleiche die Ergebnisse der Mädchen (Jungen) beider Klassen in einer Sportart. Berechne dazu jeweils das arithmetische Mittel, den Median, die Spannweite und die mittlere lineare Abweichung.

3 Berechne bei einer Sportart für die Mädchen (Jungen) einer Klasse die mittlere quadratische Abweichung und die Standardabweichung.

9 c Mädchen				
Geburtsjahrgang	Hochsprung (cm)	100-m-Zeit (s)	Sprungweite (m)	Kugelstoßen (m)
2001	125	16,3	3,33	6,75
2000	125	17,1	3,55	5,40
1999	130	16,2	3,52	5,40
2001	120	16,9	2,87	4,25
2001	120	18,4	3,01	4,80
2002	130	16,4	3,61	5,00
2000	125	17,3	3,47	4,45
2000	135	16,0	3,69	6,00
2001	130	16,7	3,58	5,20
2001	125	16,8	3,51	6,15
2001	130	16,4	3,71	5,30
2002	120	17,0	3,11	4,30

9 d Mädchen				
Geburtsjahrgang	Hochsprung (cm)	100-m-Zeit (s)	Sprungweite (m)	Kugelstoßen (m)
2000	130	16,5	3,63	5,75
2001	120	17,2	3,15	6,40
2001	135	16,3	3,42	6,40
2001	125	16,7	3,17	5,25
2000	130	16,9	3,28	5,40
2001	120	17,7	2,91	4,95
2000	130	16,5	3,41	5,20
1999	120	17,5	3,37	5,00
2000	135	16,1	3,79	6,15
2001	130	16,7	3,61	5,75
1999	125	16,6	3,64	5,25
2001	120	17,5	3,22	5,05

9 c Jungen				
Geburtsjahrgang	Hochsprung (cm)	100-m-Zeit (s)	Sprungweite (m)	Kugelstoßen (m)
2000	120	16,4	4,33	9,20
2001	145	13,4	4,67	10,51
2001	140	13,9	4,07	10,22
2001	135	14,7	4,29	7,50
2000	140	14,0	4,25	6,80
2001	135	14,3	4,65	8,39
2001	125	15,7	3,67	7,90
2000	125	15,6	3,43	7,70
2001	135	14,0	4,51	7,90
1999	145	13,2	4,57	7,80
2000	145	13,2	4,67	9,20
2001	120	17,0	3,59	6,50

9 d Jungen				
Geburtsjahrgang	Hochsprung (cm)	100-m-Zeit (s)	Sprungweite (m)	Kugelstoßen (m)
2001	135	14,1	4,19	8,75
2001	125	15,5	3,83	8,95
2001	125	15,3	3,89	7,90
2001	130	14,9	4,01	8,95
1999	120	16,4	3,73	9,50
1999	125	16,2	3,61	8,20
2000	145	13,5	4,43	9,95
2001	140	13,7	4,39	9,15
2000	125	15,6	3,65	7,95
2000	130	15,2	3,70	8,50
2001	140	14,9	4,00	8,70
2001	125	15,8	3,48	7,90

4 a) Die von den Jungen der 9 b im 100-m-Lauf erzielten Zeiten sind in einem Boxplot grafisch dargestellt worden.

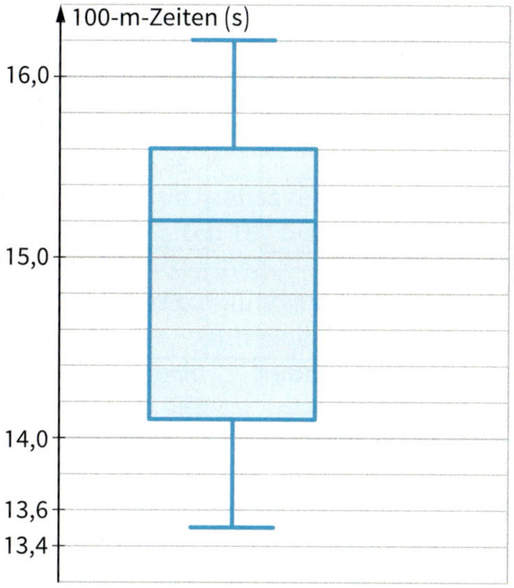

Bestimme anhand des Boxplots Maximum, Minimum, Spannweite, Median, oberes und unteres Quartil.
b) Die von den Jungen der 9 a im 100-m-Lauf erzielten Zeiten sollen ebenfalls in einem Boxplot grafisch dargestellt werden.

100-m-Zeiten (s)

14,2	15,7	15,5	14,9	16,2	16,4	13,6
13,7	15,4	15,3	14,8	16,0	14,1	

Ordne dazu zunächst die Daten in der Urliste und bestimme Minimum, Maximum und die Spannweite.
Bestimme dann Zentralwert, oberes und unteres Quartil. Zeichne den Boxplot.
c) Vergleiche die Ergebnisse beider Klassen anhand der Boxplots.

5 a) Stelle für die Jungen der 9 a und 9 b die Ergebnisse im Kugelstoßen jeweils in einem Boxplot grafisch dar.
b) Vergleiche anhand der Boxplots die Ergebnisse beider Klassen.

Kugelstoßen 9 a Jungen
Weite (m)

9,20	10,50	10,20	7,50	6,80	8,40	7,90
7,70	7,90	7,80	9,20	6,50	8,70	8,50

Kugelstoßen 9 b Jungen
Weite (m)

8,80	8,90	7,90	8,90	9,50	8,20	9,90
9,20	8,00	8,50	8,70	7,90	8,40	8,50

6 Jana und Lisa betreiben beide im gleichen Sportverein Leichtathletik. Vor einem Weitsprungwettbewerb haben sie ihre Trainingsergebnisse jeweils in einem Boxplot dargestellt.

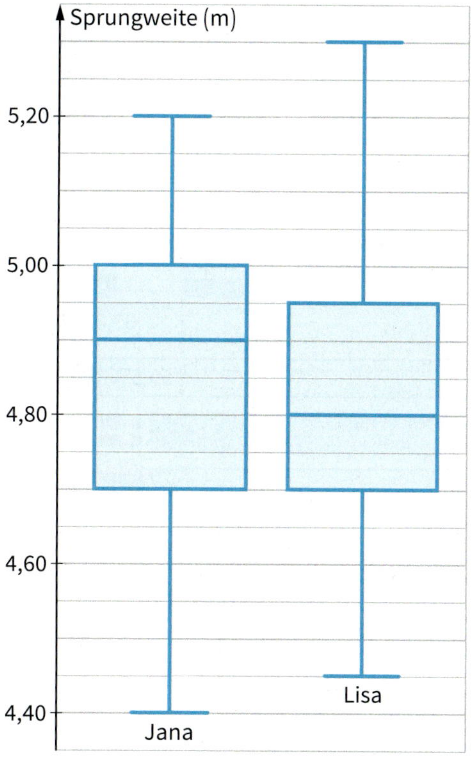

Der Verein darf für den Wettbewerb nur eine Teilnehmerin melden. Welches Mädchen soll der Trainer nominieren? Begründe deine Meinung.

Statistische Darstellungen

3 Kriminelle Kinder und Jugendliche — *Quelle:* BKA

Tatverdächtige Jugendliche bei Rohheitsdelikten und Straftaten gegen die persönliche Freiheit* in Deutschland

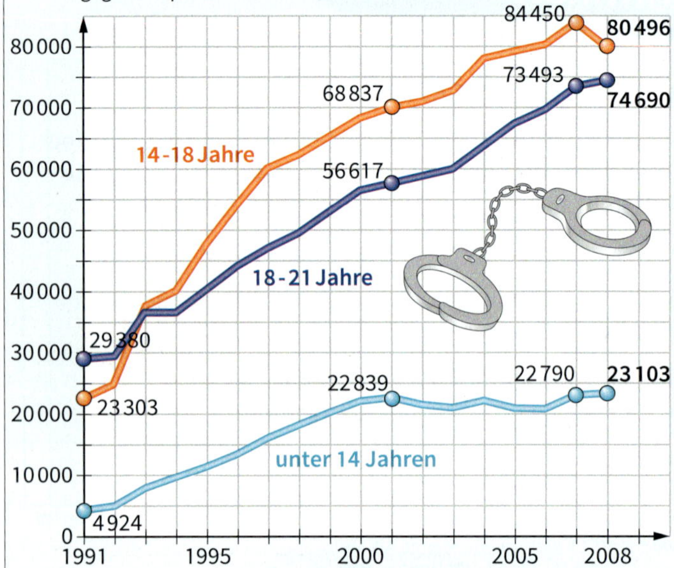

*Raub, Erpressung, Körperverletzung, Misshandlung, Freiheitsberaubung, Nötigung, Bedrohung etc.

5 Jugendliche, die Computerspiele spielen, für die sie eigentlich zu jung sind.

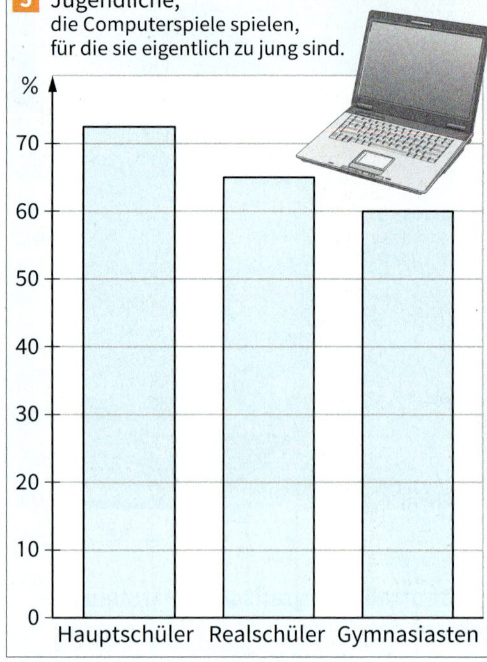

4 Kommunikation via Internet

So viel Prozent der Bundesbürger sind Mitglied in einer Online-Community

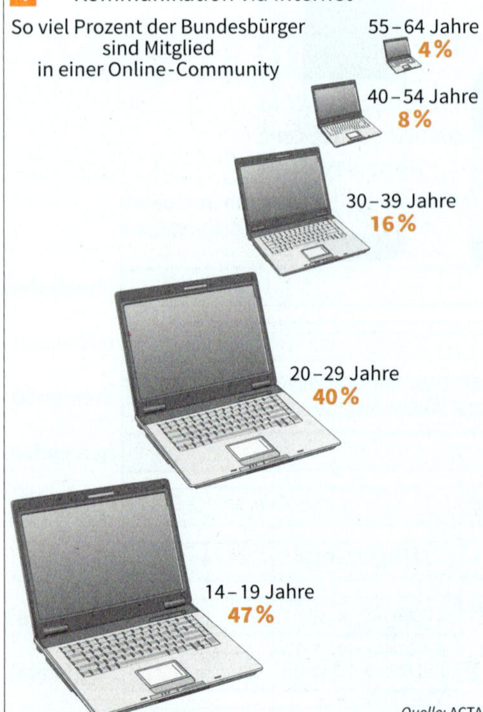

Quelle: ACTA

6 Der ideale Lehrling

Was sich Betriebe von Auszubildenden wünschen (%).

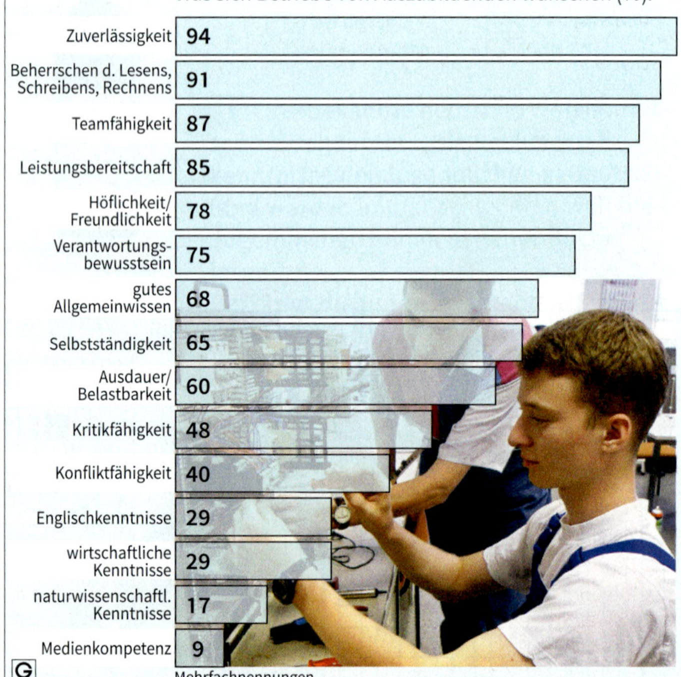

Mehrfachnennungen

© Globus 8975 — *Quelle:* BIBB, DIHK

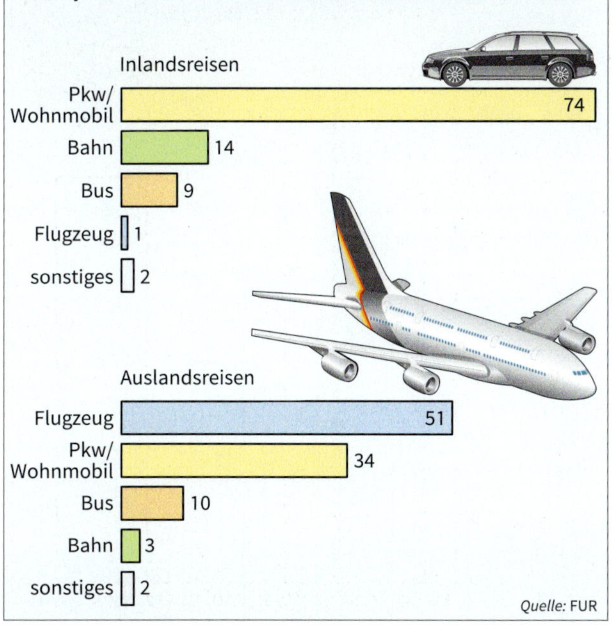

7 In den Urlaub fahren
von je 100 Urlaubsreisenden benutzen dieses Verkehrsmittel
Quelle: FUR

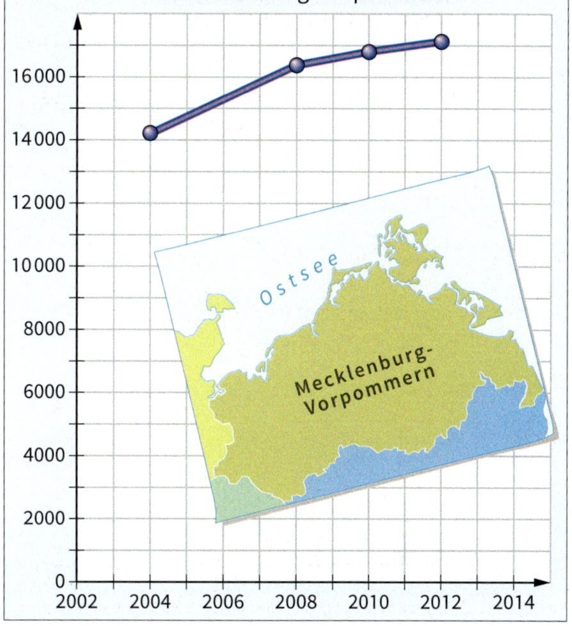

9 Übernachtungen je 1000 Einwohner in Mecklenburg-Vorpommern

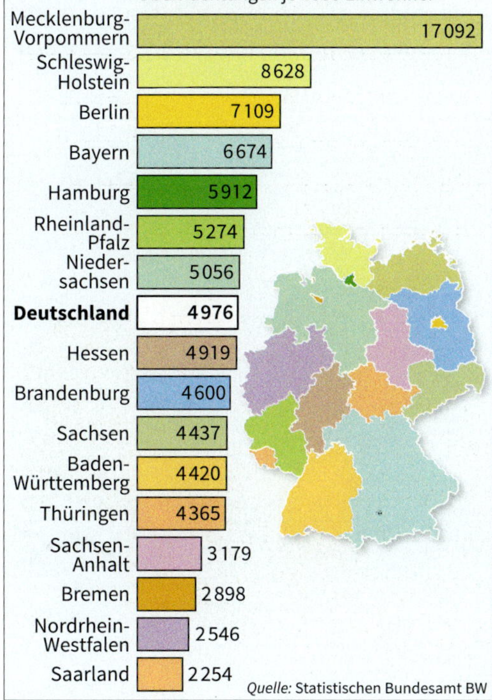

8 Urlaubsland Deutschland
Übernachtungen je 1000 Einwohner
Quelle: Statistischen Bundesamt BW

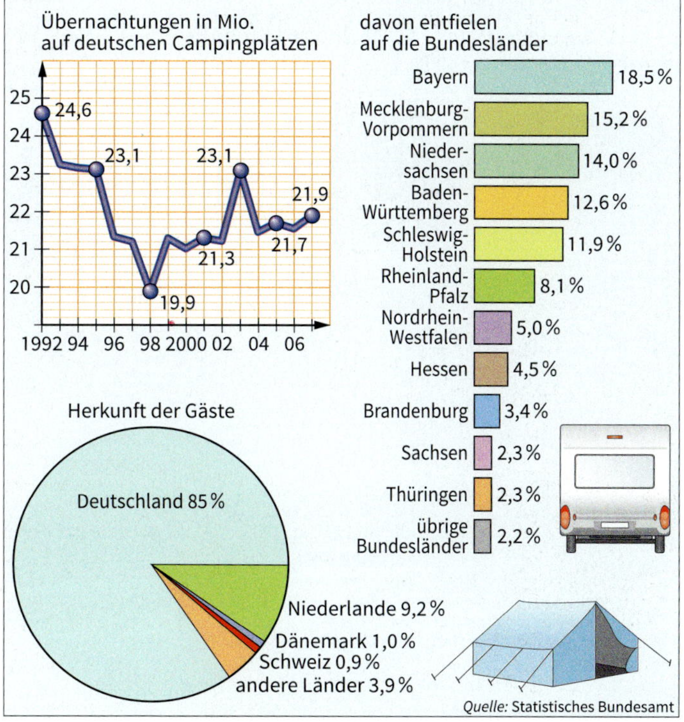

10 Urlaub mit dem Zelt und Wohnmobil
Quelle: Statistisches Bundesamt

Ausgangstest 1

1 In der Urliste findest du die Mathematiknoten einer Klasse des 9. Jahrgangs.

Zeugnisnoten in Mathematik
2 3 3 4 2 3 4 4 5 5 3 3 2 6 3 3 4 4 4 4 4 4 3 1 3 2 2

a) Lege eine Strichliste und eine Häufigkeitstabelle an. Berechne auch die relativen Häufigkeiten.
b) Bestimme Modalwert und arithmetisches Mittel.

2 Die Urliste gibt die Weiten an, die von den Jungen der Klasse 9a im Weitsprung erzielt wurden.

Sprungweiten (cm)
431 465 405 429 425 465 386 351 450 455 402 403 358 495

a) Berechne das arithmetische Mittel.
b) Bestimme den Median.
c) Vergleiche arithmetisches Mittel und Median miteinander.

3 a) Berechne das arithmetische Mittel $\overline{x}$ und bestimme den Median $\tilde{x}$.
b) Welchen Mittelwert hältst du für sinnvoller? Begründe deine Antwort.

beim Kugelstoßen erzielte Weiten (m)
7,89 8,56 8,05 8,73 5,32 7,95

4 Bestimme die Spannweite und die mittlere lineare Abweichung $\overline{s}$ der in der Urliste angegebenen Werte.

Stromstärke (mA)
414 418 406 403 421 413 415 418

5 Die grafische Darstellung zeigt das Ergebnis einer Umfrage zum monatlichen Taschengeld.

Monatliches Taschengeld (€)

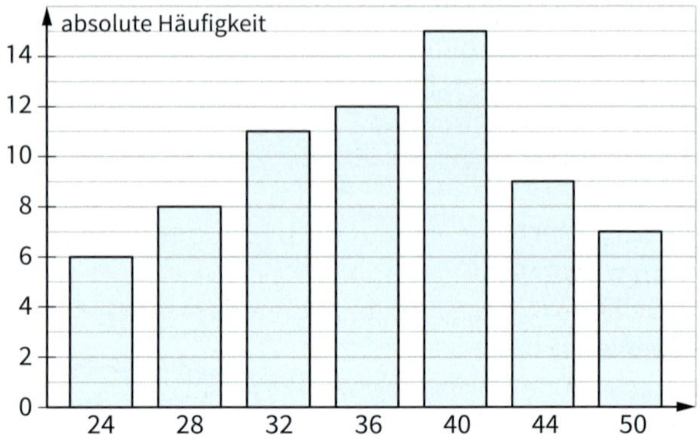

a) Berechne die relativen Häufigkeiten und trage sie in eine Tabelle ein.
b) Bestimme mithilfe der relativen Häufigkeiten das arithmetische Mittel und den Median.

Ich kann	Aufgabe	Hilfen und Aufgaben
Strichlisten und Häufigkeitstabellen erstellen.	1	Seite 225
relative Häufigkeiten berechnen.	1, 2, 5	Seite 225
das arithmetische Mittel und den Median berechnen.	3, 4, 5	Seite 172, 173
entscheiden, ob das arithmetische Mittel oder der Median als Mittelwert geeigneter ist.	3	Seite 173
Spannweite und mittlere lineare Abweichung berechnen.	4	Seite 174
das arithmetische Mittel und den Median mithilfe der relativen Häufigkeiten bestimmen.	5	Seite 173

Ausgangstest 2

1 In der Urliste findest du Zeiten, die Schülerinnen und Schüler des 9. Jahrgangs täglich vor dem Computer verbringen.

Zeiten (h)
1,0 1,5 2,0 2,5 2,0 0,5 0,0 1,5 1,0 3,0 3,5 2,5 4,5 4,0 5,5 6,0 5,0 4,5 4,0 3,0 2,0 0,5 1,5 0,5 0,0 0,5 0,5 3,5

a) Wähle eine Klasseneinteilung und lege dazu eine Häufigkeitstabelle an.
b) Berechne auch die relativen Häufigkeiten der einzelnen Klassen. Runde sinnvoll.
c) Zeichne das zugehörige Histogramm.
d) Bestimme den Median $\tilde{x}$ und berechne das arithmetische Mittel $\bar{x}$.

2 a) Welcher Fehler wird bei dieser grafischen Darstellung gemacht?
b) Zeichne das zugehörige Säulendiagramm und vergleiche.

Flugbewegungen (pro Tag)

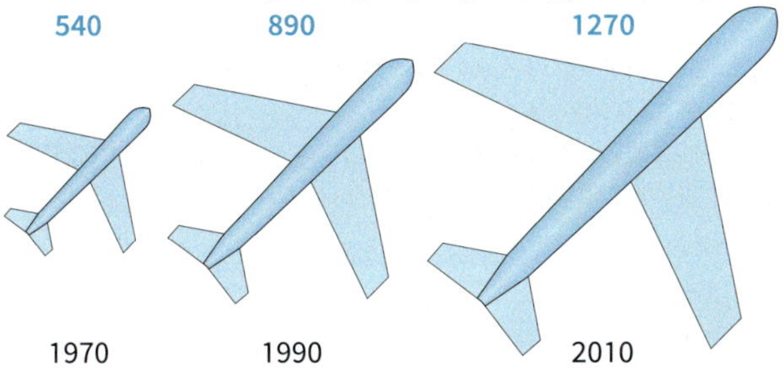

3 In dem Stängel-und-Blätter-Diagramm wird das Ergebnis einer Untersuchung zum Körpergewicht von Jungen und Mädchen dargestellt.

Körpergewicht (kg)

Mädchen		Jungen
9	3	
7 7 8 9	4	5 8 9
3 4 5 6 6 8	5	3 4 6 6 8 9
0 1 2 3 4 4 5 7 7 8	6	0 0 1 1 3 5 7 8 9
0 1 2 4	7	0 3 3 4 7 9
	8	1

a) Wähle für Jungen und Mädchen die gleiche Klasseneinteilung und lege jeweils eine Häufigkeitstabelle an.
b) Zeichne die zugehörigen Histogramme und vergleiche sie miteinander.
c) Hängt dein Ergebnis von der gewählten Klasseneinteilung ab? Begründe.
d) Berechne jeweils das arithmetische Mittel $\bar{x}$ und den Median $\tilde{x}$.
e) Bestimme das Maximum und das Minimum und berechne Spannweite und mittlere lineare Abweichung $\bar{s}$.
f) Zeichne die zugehörigen Boxplots und vergleiche sie miteinander.
g) Berechne die mittlere quadratische Abweichung und die Standardabweichung.

Ich kann	Aufgabe	Hilfen und Aufgaben
zu gegebenen Daten eine Klasseneinteilung anlegen und das zugehörige Histogramm zeichnen.	1, 3	Seite 178, 181
relative Häufigkeiten, das arithmetische Mittel und den Median berechnen.	1, 3	Seite 172, 173
Fehler bei grafischen Darstellungen entdecken.	2	Seite 180, 181
das Minimum, das Maximum und die Spannweite berechnen.	3	Seite 174
die mittlere lineare Abweichung, die mittlere quadratische Abweichung und die Standardabweichung berechnen.	3	Seite 174, 175
das untere und obere Quartil berechnen und Boxplots zeichnen.	3	Seite 183

Füllvorgänge

1 In das abgebildete Becken fließen pro Minute 225 *l* Wasser. Zu Beginn des Füllvorgangs ist das Becken leer.

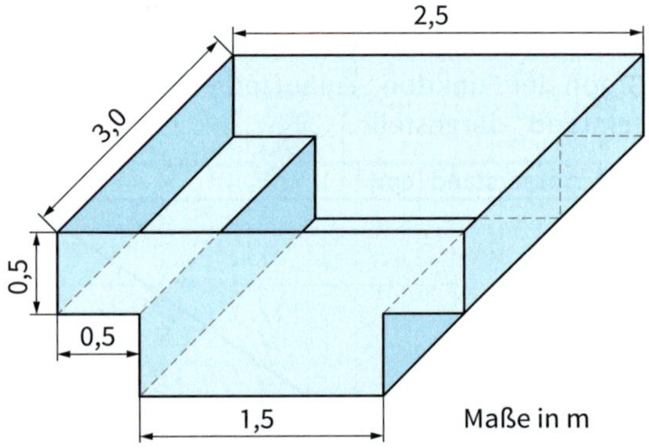

a) Bis zu einem Wasserstand von 0,5 m läuft das Wasser in den unteren, kleineren Teil des Beckens.
Berechne die Grundfläche für diesen Teil und vervollständige die Tabelle in deinem Heft.

Zulaufzeit (min)	0	1	2	4	5	6	8	10
Wasserstand (cm)	0	■	■	■	■	■	■	■

b) Nach 10 Minuten ist der untere Teil des Beckens voll Wasser und das Wasser läuft nun in den größeren, oberen Teil des Beckens.
Berechne auch dafür die Grundfläche und vervollständige die Tabelle in deinem Heft.

Zulaufzeit (min)	10	13	16	18	21	24
Wasserstand (cm)	50	■	■	■	■	■

c) Zeichne den Graphen der Funktion „Zulaufzeit → Wasserstand" in ein Koordinatensystem (x-Achse: 1 min ≙ 0,5 cm; y-Achse: 5 cm Wasserstand ≙ 1 cm).
d) Nach welcher Zeit ist das Becken so voll, dass das Wasser 2 cm unterhalb des Randes steht?

2 Ein Wasserbecken besteht aus einem unteren Teil mit einer kleineren Grundfläche und einem oberen Teil mit einer größeren Grundfläche. In das Becken fließen pro Minute 600 *l* Wasser. Nach 100 Minuten ist das Wasserbecken gefüllt.
Im Koordinatensystem siehst du den Graphen der Funktion „Zulaufzeit → Wasserstand".

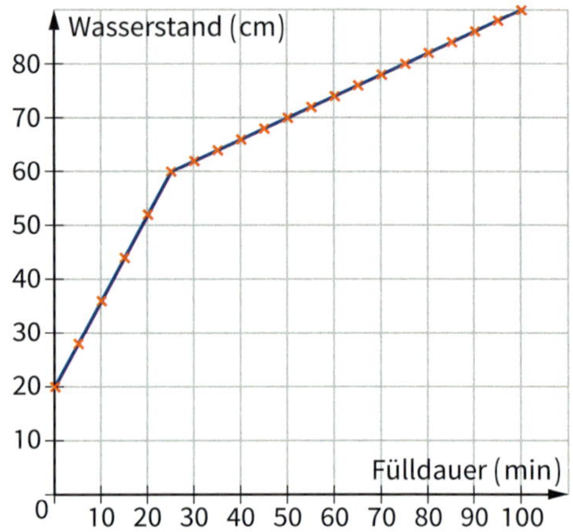

a) Beschreibe den Verlauf des Graphen. Wie hoch ist der Wasserstand zu Beginn des Füllvorgangs? Wie groß ist die Höhe des unteren Beckenteils?
b) Berechne für jeden Beckenteil die Größe der Grundfläche.
c) Bestimme das Volumen des kleineren und des größeren Beckenteils.

3 In das unten abgebildete Becken fließen pro Minute 40 *l* Wasser. Zu Beginn des Füllvorgangs ist das Becken leer.
Lege eine Wertetabelle an und zeichne den Graphen der Funktion „Zulaufzeit → Wasserstand".

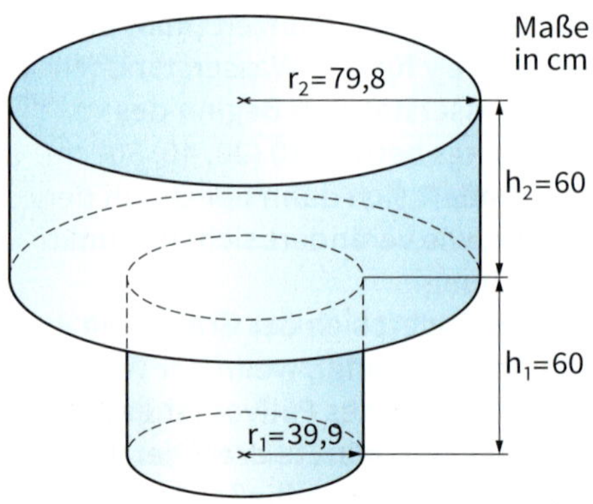

Brenndauer einer Kerze

1 Die abgebildete Kerze ist 18 cm lang und hat einen Durchmesser von 2 cm.

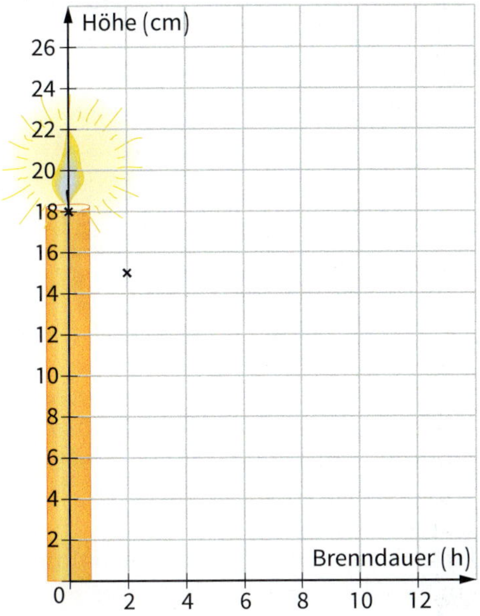

In einer Stunde brennt die Kerze 1,5 cm herunter.

a) Vervollständige die Wertetabelle in deinem Heft.

Brenndauer (h)	0	1	2	3	4	5
Höhe (cm)	18	■	■	■	■	■

Brenndauer (h)	6	7	8	9	10	11
Höhe (cm)	■	■	■	■	■	■

b) Zeichne den Graphen der Funktion „Brenndauer → Höhe der Kerze“ in ein Koordinatensystem. Ist ein Verbinden der Punkte sinnvoll?

c) Nach wie viel Stunden ist die Kerze abgebrannt?

2 Eine Kerze ist 12 cm hoch und hat einen Durchmesser von 5 cm. Pro Stunde Brenndauer brennt sie um 0,8 cm ab.

a) Zeichne den Graphen der Funktion „Brenndauer → Höhe der Kerze“ in ein Koordinatensystem. Lege dazu vorher eine Wertetabelle an.

b) Gib die zugehörige Funktionsgleichung an.

c) Bestimme, nach wie viel Stunden die Kerze abgebrannt ist. Es gibt mehrere Lösungswege.

3 Im Koordinatensystem wird der Graph der Funktion „Brenndauer → Höhe der Kerze“ dargestellt.

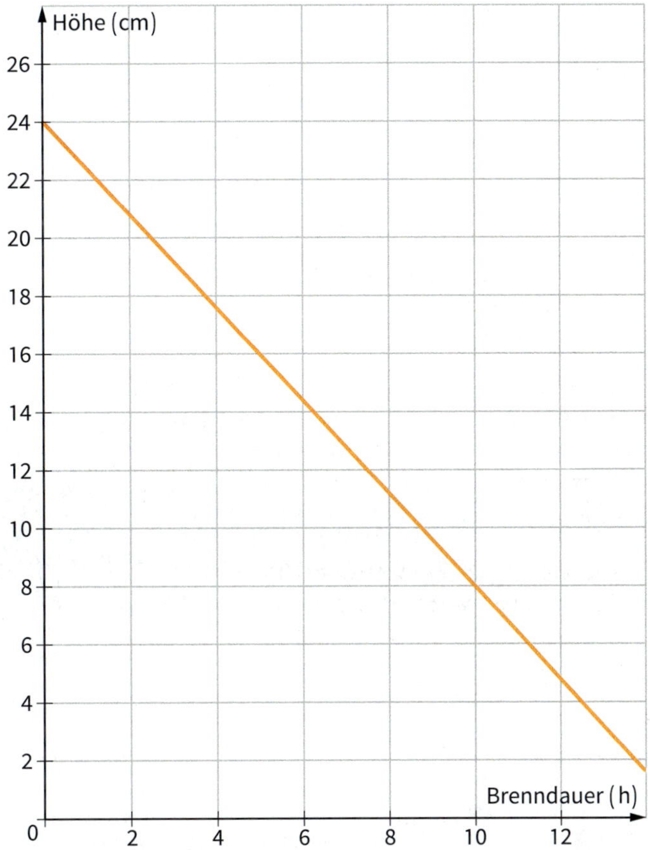

a) Bestimme anhand des Graphen die Höhe der Kerze zu Beginn des Brennvorgangs.

b) Wie viel Zentimeter brennt die Kerze pro Stunde ab?

c) Gib die Gleichung der Funktion an.

d) Nach wie viel Stunden ist die Kerze abgebrannt?

4 Eine Kerze ist 25 cm hoch und brennt pro Stunde um 2 cm herunter.
Eine dickere Kerze ist 17 cm hoch und brennt pro Stunde nur um 1,2 cm ab.
Beide Kerzen werden gleichzeitig angezündet.

a) Welche Kerze brennt länger?

b) Gibt es einen Zeitpunkt, zu dem beide Kerzen die gleiche Höhe haben?

Wie kannst du die beiden Fragen mithilfe einer Zeichnung, wie mithilfe von Gleichungen beantworten?

1 Der Preis für eine Taxifahrt in einer mittleren Großstadt ist von der Grundgebühr und dem Preis für einen zurückgelegten Kilometer (ohne Haltezeiten) abhängig.
Der Graph der linearen Funktion, die der zurückgelegten Strecke die Gesamtkosten zuordnet, wird im Koordinatensystem dargestellt.

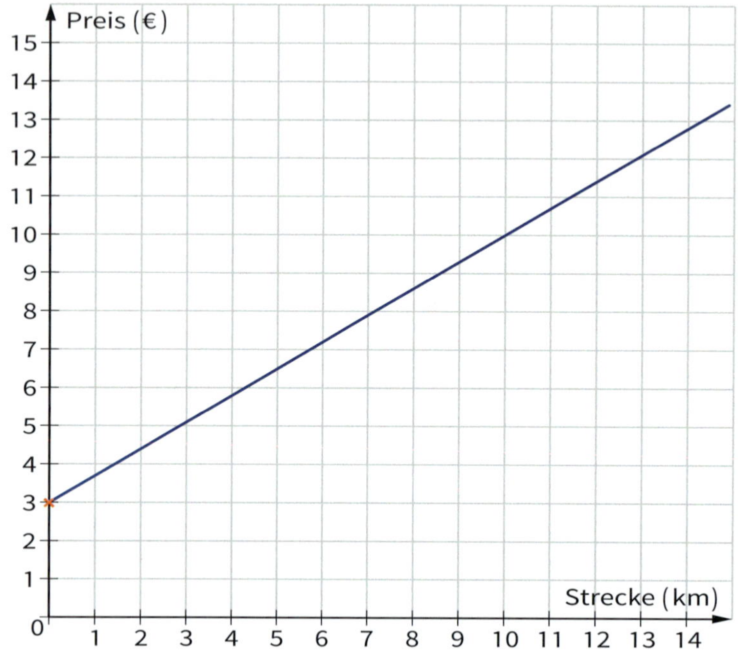

a) Bestimme anhand des Graphen die Grundgebühr und den Preis für einen zurückgelegten Kilometer.
b) Gib die Funktionsgleichung an.

2 In einer Gemeinde beträgt der Preis für einen Kubikmeter Frischwasser einschließlich Umsatzsteuer und Schmutzwassergebühr 5,00 €, die jährliche Grundgebühr 70,00 €.
a) Begründe, dass man die Gesamtkosten y (€) in Abhängigkeit vom Verbrauch x (m^3) mithilfe der folgenden Funktionsgleichung berechnen kann:
$y = 5x + 70$.
b) Zeichne den Graphen der Funktion in ein Koordinatensystem (x-Achse: 1 cm ≙ 10 m^3; y-Achse: 1 cm ≙ 10 €).
c) Wie verändert sich der Graph der Funktion, wenn die Grundgebühr auf 80 € erhöht wird ?

3 Der abgebildete Dieselgenerator verbraucht bei voller Belastung pro Stunde 4 Liter Kraftstoff. Im Tank befinden sich noch 60 *l* Kraftstoff.

a) Begründe, dass man den Tankinhalt y (*l*) in Abhängigkeit von der Betriebsdauer x (h) mithilfe der folgenden Funktionsgleichung berechnen kann:
$y = -4x + 60$.
b) Zeichne den Graphen der Funktion in ein Koordinatensystem (x-Achse: 1 cm ≙ 1 h, y-Achse: 1 cm ≙ 5 *l*).
c) Ermittle anhand des Graphen, wie viele Stunden der Generator mit diesem Tankinhalt betrieben werden kann.
d) Wie verändert sich der Graph der Funktion, wenn der Tankinhalt auf 100 *l* erhöht wird (der Verbrauch pro Betriebsstunde auf 3 *l* gesenkt wird)?

4 Ein Getreidesilo ist mit 800 m^3 Getreide gefüllt. Pro Tag werden 50 m^3 Getreide zur Mühle transportiert.
a) Die Zuordnung „Zeit (d) → Getreidemenge (m^3)" ist eine lineare Funktion. Gib die Funktionsgleichung an (Zeit: x, Getreidemenge: y).
b) Zeichne den Funktionsgraphen.

Vorbereitung auf den Einstellungstest

Wenn du die Absicht hast, nach dem 10. Schuljahr eine berufliche Ausbildung zu beginnen, musst du dich bei einer oder mehreren Firmen bewerben. Dort werden deine Bewerbungsunterlagen geprüft und du wirst von manchen Firmen zu einem Einstellungs- oder Eignungstest eingeladen.

In diesem Test möchte der Arbeitgeber deine Fähigkeiten auf verschiedenen Gebieten überprüfen und feststellen, ob du für den Beruf geeignet bist.
Es werden meistens mehrere Bereiche getestet:
- Teamfähigkeit, Konzentrationsfähigkeit …
- räumliches Vorstellungsvermögen, logisches Schlussfolgern …
- Sprachverständnis, Ausdruck, Allgemeinwissen, Kenntnisse in Fremdsprachen, mathematische Kenntnisse …

Finden Sie die Figur, die aus der Reihe tanzt.

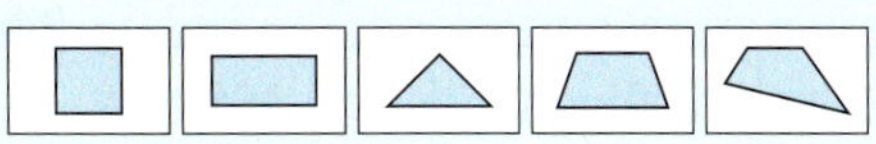

a b c d e

Ein Kaufmann kauft für 1200 € Tee. Diesen verkauft er für 1500 €. An jedem Sack Tee verdient er 50 €.

Wie viele Säcke Tee hatte er? ☐

Frage 1: Wann endete der Zweite Weltkrieg?
- ○ 1943
- ○ 1945
- ○ 1949
- ○ 1944

Auf den folgenden Seiten findest du jeweils den mathematischen Teil **zweier Einstellungstests.**
Zu jeder Testaufgabe gibt es vier mögliche Lösungen, von denen nur eine richtig ist. Löse die Aufgaben zügig und sorgfältig.
Eine Zeitvorgabe gibt es nicht.
Notiere die Aufgabennummer und den Lösungsbuchstaben auf einem Zettel. Auf Seite 202 findest du die richtigen Lösungen.
Die Benutzung des Taschenrechners ist nur für den zweiten Test erlaubt.

Den Wiederholungsteil im Anschluss an die Tests kannst du nutzen, um dich auf die Einstellungstests vorzubereiten.

2 Reelle Zahlen

1 Berechne.

a) $5 \cdot 5$ b) $0{,}2 \cdot 0{,}2$ c) 7^2 d) 4^3

$11 \cdot 11$ $0{,}1 \cdot 0{,}1 \cdot 0{,}1$ 12^2 8^3

2 Gib fünf rationale Zahlen an,
a) die zwischen 4 und 5 liegen.
b) die zwischen 7,11 und 7,12 liegen.

3 Ordne die Zahlen der Größe nach.
2,24 2,42 2,22 2,44 2,242 2,424

4 Runde auf Hundertstel (Tausendstel).
a) 0,5632 b) 2,4867 c) 11,9755

5 a) Die Seitenlänge eines Quadrats beträgt 12 cm (23 cm). Berechne den Flächeninhalt.
b) Ein Rechteck ist 9 cm lang und 4 cm breit. Gib die Seitenlänge des Quadrats an, das denselben Flächeninhalt wie das Rechteck hat.

6 a) Welche der angegebenen rationalen Zahlen sind natürliche Zahlen?
b) Welche der angegebenen rationalen Zahlen sind keine ganzen Zahlen?

6 -7 $12{,}5$ 101 $\frac{3}{4}$ $2\frac{1}{2}$
$-\frac{1}{5}$ $0{,}3$ 9 -11 $-3{,}5$

Ich kann	Aufgabe	Hilfen und Aufgaben
Produkte mit zwei und drei gleichen Faktoren berechnen.	1	Seite 211
rationale Zahlen ordnen.	2, 3	Seite 212
rationale Zahlen runden.	4	Seite 209
mithilfe der Seitenlänge eines Quadrats den Flächeninhalt berechnen.	5	Seite 222
bei einfachen Aufgaben mithilfe des Flächeninhalts eines Quadrats die Seitenlänge bestimmen.	5	Seite 222
natürliche, ganze und rationale Zahlen unterscheiden.	6	Seite 212

3 Kreis und Kreisteile

1 Wandle in die Einheit um, die in Klammern steht.
a) 450 cm (m) b) 0,37 m (cm) c) 2300 mm (cm)
d) 6400 mm² (cm²) e) 32 m² (dm²) f) 5,6 cm² (mm²)

2 Runde auf Zehntel (Hundertstel).
a) 4,567 b) 0,6436 c) 6,9582

3 Berechne.
a) $0{,}6^2$ b) $1{,}2^2$ c) $1{,}5^2$

4 Bestimme den Umfang und den Flächeninhalt der abgebildeten Figur.

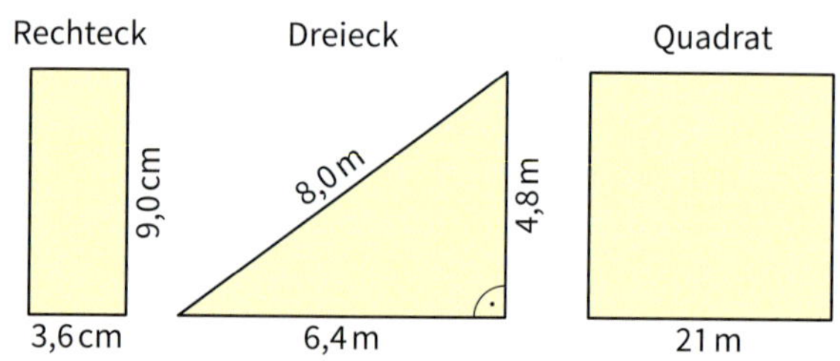

Ich kann	Aufgabe	Hilfen und Aufgaben
Längen und Flächeninhalte in anderen Einheiten angeben.	1	Seite 221
Dezimalzahlen auf Zehntel (Hundertstel) runden.	2	Seite 209
Dezimalzahlen quadrieren.	3	Seite 211
den Umfang und den Flächeninhalt eines Rechtecks, eines Quadrats und eines Dreiecks berechnen.	4	Seite 222

4 Lineare Gleichungssysteme

1 Forme die Gleichungen um und bestimme x.

a) $3x + 10 = 22$
$4{,}8 - 3x = -6$

b) $15 - x = 2x - 18$
$2{,}8 - 5x = 17{,}2 + 3x$

c) $3x + 7{,}6 - 5x = 13x + 20 - 9x - 13$
$-2{,}4x + 16{,}5 + 3{,}8x - 12{,}8 = 4x + 11{,}2 - 2{,}5x$

2 Zeichne die Graphen folgender Funktionen in ein Koordinatensystem und bestimme die Koordinaten des Schnittpunktes.
f: $y = 0{,}5x + 2{,}5$ g: $y = -x + 7$

3 Überprüfe, ob der Punkt auf dem Graphen der Funktion f mit der angegebenen Funktionsgleichung liegt.
P(12|27); f: $y = 3x - 8$ Q(–5|17); f: $y = -4x + 3$

Ich kann	Aufgabe	Hilfen und Aufgaben
Gleichungen mit x auf beiden Seiten lösen.	1	Seite 220
Graphen linearer Funktionen in ein Koordinatensystem zeichnen.	2	Seite 224
die Koordinaten eines Punktes im Koordinatensystem bestimmen.	2	Seite 224
durch eine Rechnung überprüfen, ob ein Punkt auf dem Graphen einer Funktion liegt.	3	Seite 224

5 Die Satzgruppe des Pythagoras

1 Berechne.
a) 8^2 b) 13^2 c) $1{,}5^2$ d) 300^2 e) $0{,}6^2$ f) $0{,}04^2$

2 Bestimme die Wurzel.
a) $\sqrt{49}$ b) $\sqrt{81}$ c) $\sqrt{121}$ d) $\sqrt{1{,}44}$ e) $\sqrt{0{,}25}$

3 Forme die Gleichung um und bestimme die Lösung.
a) $12x + 28 = 64$ b) $7x - 4 = 17$ c) $15x - 30 = 10$

4 Bestimme den Flächeninhalt der ebenen Figur.

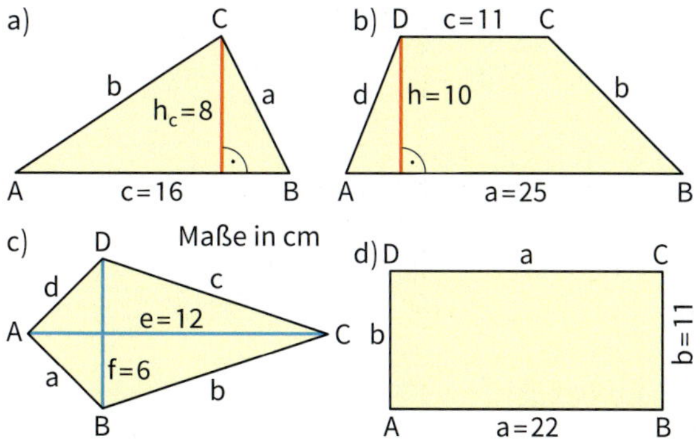

Ich kann	Aufgabe	Hilfen und Aufgaben
das Quadrat einer Zahl berechnen.	1	Seite 211
die Quadratwurzel einer Zahl bestimmen.	2	Seite 39
Gleichungen mit x auf einer Seite lösen.	3	Seite 220
den Flächeninhalt ebener Figuren berechnen.	4	Seite 222

6 Körper berechnen

1 Bestimme den Flächeninhalt der Figur.
a) Rechteck: a = 12 m; b = 5 m b) Quadrat: a = 25 cm
c) Dreieck: g = 24 cm; h = 8 cm

2 Berechne den Flächeninhalt und Umfang des Kreises.
a) r = 2,50 m b) d = 6,40 m

3 Gib für die Quadratwurzel einen Näherungswert an. Runde auf drei Stellen nach dem Komma.
a) $\sqrt{17}$ b) $\sqrt{132}$ c) $\sqrt{2{,}567}$

4 Löse die Gleichung.
a) $\frac{1}{3}x + 9 = 13$ b) $\frac{2}{5}x - 7 = 5$

5 Berechne die Masse des abgebildeten Quaders aus Stahl. 1 cm^2 Stahl wiegt 7,9 g.

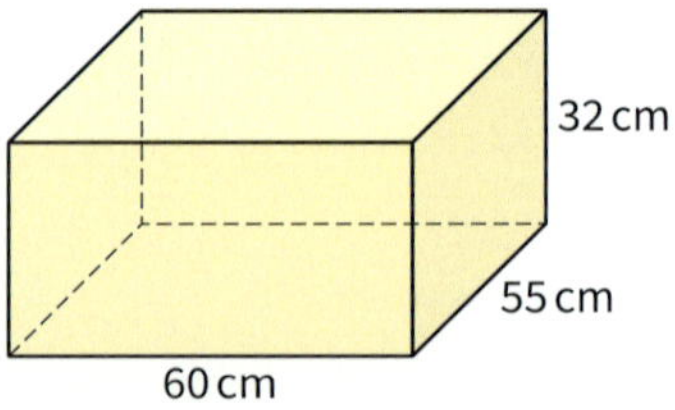

Ich kann	Aufgabe	Hilfen und Aufgaben
den Flächeninhalt von einem Rechteck, einem Quadrat und einem Dreieck bestimmen.	1	Seite 222
den Flächeninhalt und den Umfang eines Kreises berechnen.	2	Seite 222
einen Näherungswert für eine Quadratwurzel bestimmen.	3	Seite 41
Gleichungen mit x auf einer Seite lösen.	4	Seite 220
die Masse eines Quaders bestimmen.	5	Seite 223

7 Große und kleine Zahlen

1 Berechne.
a) 4^2 b) 11^2 c) 5^3 d) 9^3

2 Schreibe als Bruch.
a) 0,01 b) 0,001 c) 0,000003

3 Schreibe als Dezimalzahl.
a) $\frac{1}{10000}$ b) $\frac{1}{100000}$ c) $\frac{7}{1000}$

4 Berechne.
a) $\frac{3 \cdot 0{,}5}{5}$ b) $\frac{110}{4 \cdot 2{,}5}$ c) $\frac{6 \cdot 7{,}25}{1{,}5 \cdot 8}$

5 Gib die Größe in der Einheit an, die in Klammern steht.
a) 50 km (m)
9000 km (m)
b) 7 t (kg)
4000 t (kg)
c) 6 km (cm)
3 km (mm)
d) 2 t (g)
1 t (mg)

6 Berechne.
a) $10 \cdot 10 \cdot 10$
$10 \cdot 10 \cdot 10 \cdot 10$
b) $2 \cdot 2 \cdot 2$
$2 \cdot 2 \cdot 2 \cdot 2$
c) $0{,}1 \cdot 0{,}1 \cdot 0{,}1$
$0{,}1 \cdot 0{,}1 \cdot 0{,}1 \cdot 0{,}1$
d) $0{,}2 \cdot 0{,}2 \cdot 0{,}2$
$0{,}2 \cdot 0{,}2 \cdot 0{,}2 \cdot 0{,}2$
e) $\frac{1}{2} \cdot \frac{1}{2} \cdot \frac{1}{2}$
$\frac{1}{2} \cdot \frac{1}{2} \cdot \frac{1}{2} \cdot \frac{1}{2}$
f) $\frac{3}{10} \cdot \frac{3}{10} \cdot \frac{3}{10}$
$\frac{3}{10} \cdot \frac{3}{10} \cdot \frac{3}{10} \cdot \frac{3}{10}$

7 Der Mond ist ungefähr 385 000 km von der Erde entfernt. Die Entfernung der Sonne von der Erde ist etwa 400 Mal so groß.
Gib diese Entfernung in Kilometern an.

8 Neun Gramm Kochsalz werden in 1500 cm^3 Wasser gelöst. Wie viel Gramm Salz befinden sich in einem Kubikzentimeter Wasser?

7 Große und kleine Zahlen

Ich kann	Aufgabe	Hilfen und Aufgaben
Quadrate und dritte Potenzen berechnen.	1	Seite 211
eine Dezimalzahl als Bruch schreiben und umgekehrt.	2, 3	Seite 208
den Wert von einfachen Bruchtermen berechnen.	4	Seite 211
Größen in anderen Einheiten angeben.	5	Seite 221
Produkte mit gleichen Faktoren berechnen.	6	Seite 211
Sachaufgaben zu proportionalen Zuordnungen lösen.	7, 8	Seite 213

8 Statistische Erhebungen

1 In der Urliste findest du das Lebensalter befragter Schülerinnen und Schüler.

Lebensalter
15 15 16 16 15 15 16 17 15 15 15 16 17 15
16 15 16 15 14 15 14 15 16 16 15

a) Bestimme zu den in der Urliste angegebenen Daten die absoluten Häufigkeiten und die relativen Häufigkeiten.
b) Gib die relativen Häufigkeiten auch als Dezimalzahl und in Prozent an.

2 In dem Diagramm wird das Ergebnis einer Befragung in mehreren Haushalten dargestellt.

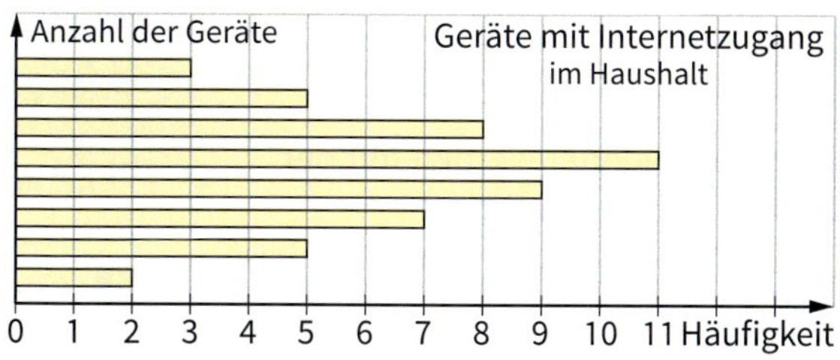

Berechne die relativen Häufigkeiten und trage sie in eine Tabelle ein.

Ich kann	Aufgabe	Hilfen und Aufgaben
absolute und relative Häufigkeiten bestimmen.	1, 2	Seite 225
relative Häufigkeiten auch als Dezimalzahl und in Prozent angeben.	1	Seite 225
Häufigkeiten aus Diagrammen ablesen.	2	Seite 225

Brüche und Dezimalzahlen addieren und subtrahieren

Addition (Subtraktion) von Brüchen

$\frac{3}{11} + \frac{7}{11} = \frac{10}{11}$

$\frac{5}{8} + \frac{1}{3} = \frac{15}{24} + \frac{8}{24} = \frac{23}{24}$

$\frac{7}{11} - \frac{3}{11} = \frac{4}{11}$

$\frac{5}{8} - \frac{1}{3} = \frac{15}{24} - \frac{8}{24} = \frac{7}{24}$

Die Brüche müssen vor dem Addieren (Subtrahieren) so erweitert werden, dass sie den gleichen Nenner haben. Dann werden die Zähler addiert (subtrahiert). Der Nenner ändert sich nicht.

Addition (Subtraktion) von Dezimalzahlen

Beim schriftlichen Addieren (Subtrahieren) gilt:
Komma unter Komma.

46,3 − 12,4 + 8,09 − 0,461 + 5 = ▢

```
  46,3 − 12,4 + 8,09 − 0,461 + 5
= 46,3 + 8,09 + 5    − 12,4 − 0,461
=        59,39          − 12,861
= 46,529
```

46,3 − 12,4 + 8,09 − 0,461 + 5 = 46,592

Nebenrechnungen:

```
   46,3                12,4
 +  8,09            +   0,461
 + ₁5               ---------
 -------               12,861
   59,39

        59,390
      − 12,861
           ₁  ₁
      --------
        46,529
```

1 Bestimme den gemeinsamen Nenner und addiere. Kürze das Ergebnis, wenn möglich.

a) $\frac{8}{15} + \frac{2}{15}$ $\quad \frac{3}{20} + \frac{7}{20}$ $\quad \frac{1}{2} + \frac{1}{3}$

b) $\frac{2}{3} + \frac{1}{4}$ $\quad \frac{3}{16} + \frac{1}{4}$ $\quad \frac{3}{8} + \frac{5}{12}$

c) $2\frac{5}{8} + 3\frac{1}{6}$ $\quad 4\frac{7}{12} + \frac{2}{3}$ $\quad 5\frac{5}{6} + 2\frac{7}{9}$

2 Bestimme den gemeinsamen Nenner und subtrahiere. Kürze das Ergebnis, wenn möglich.

a) $\frac{8}{15} - \frac{2}{15}$ $\quad \frac{7}{20} - \frac{3}{20}$ $\quad \frac{1}{2} - \frac{1}{3}$

b) $\frac{2}{3} - \frac{1}{4}$ $\quad \frac{7}{8} - \frac{5}{12}$ $\quad \frac{7}{9} - \frac{5}{8}$

c) $3\frac{1}{3} - 2\frac{1}{3}$ $\quad 12\frac{3}{5} - 4\frac{1}{10}$ $\quad 4\frac{1}{4} - 2\frac{2}{3}$

3 Schreibe richtig untereinander und addiere.

a) 8,35 + 4,09 + 1,74
2,47 + 3,35 + 4,84
3,88 + 4,51 + 3,87

b) 3,77 + 6,4 + 0,561
0,753 + 1,76 + 2,6
2,8 + 0,786 + 4,55

4 Schreibe richtig untereinander und subtrahiere.

a) 12,7 − 7,3
27,5 − 8,9
47,8 − 18,8

b) 6,46 − 2,89
3,52 − 2,39
5,36 − 4,59

c) 5,3 − 3,18
6,8 − 4,94
10,3 − 6,28

5 Berechne. Ordne zunächst nach positiven und negativen Zahlen und fasse dann zusammen.

a) 38,6 − 6,095 + 0,07 − 5,469 + 6
b) 120 − 13,8 + 22,04 − 0,3258 + 5
c) 19,45 − 13,67 + 4,306 − 7,435 + 1,04
d) 653 − 8,45 − 94,7 − 0,648 + 30
e) 357,07 − 5,077 − 61,08 + 0,6735
f) 5,09 + 53,795 + 0,061 − 43,009 − 9,040

6 Bestimme den Platzhalter.

a) ▢ + 2,3 = 10,34
b) ▢ − 1,71 = 9,23
c) 231,1 − ▢ = 1,9
d) 12,8 − ▢ + 56,2 − 6,3 = 45
e) 140,8 − 12,589 + ▢ = 150,17
f) 0,0001 + ▢ − 1 = 0

Brüche und Dezimalzahlen multiplizieren, dividieren und potenzieren

1 Berechne. Kürze vor dem Ausrechnen.

a) $\frac{4}{9} \cdot \frac{1}{4}$ $\quad \frac{5}{9} \cdot \frac{3}{10}$ $\quad \frac{7}{8} \cdot \frac{4}{21}$ $\quad \frac{4}{9} \cdot \frac{18}{19}$ $\quad \frac{1}{4} \cdot 12$

b) $\frac{5}{11} \cdot \frac{11}{20}$ $\quad \frac{6}{13} \cdot \frac{26}{33}$ $\quad \frac{7}{12} \cdot \frac{9}{14}$ $\quad \frac{8}{9} \cdot \frac{7}{12}$ $\quad \frac{7}{9} \cdot 6$

2 Berechne. Kürze vor dem Ausrechnen.

a) $\frac{5}{9} : \frac{5}{6}$ $\quad \frac{7}{8} : \frac{5}{12}$ $\quad \frac{4}{11} : \frac{8}{33}$ $\quad \frac{2}{9} : \frac{8}{15}$ $\quad 36 : \frac{9}{10}$

b) $\frac{7}{24} : \frac{3}{8}$ $\quad \frac{32}{35} : \frac{10}{21}$ $\quad \frac{33}{49} : \frac{11}{14}$ $\quad \frac{14}{25} : \frac{21}{40}$ $\quad 24 : \frac{12}{17}$

3 Multipliziere im Kopf.

a) 0,7 · 4
0,3 · 6
0,6 · 9

b) 2,5 · 2
1,5 · 3
4,5 · 6

c) 0,6 · 11
0,4 · 10
0,35 · 2

d) 0,6 · 0,7
0,7 · 0,8
0,5 · 0,8

e) 0,06 · 0,4
0,07 · 0,4
0,13 · 0,3

f) 0,006 · 0,3
0,002 · 0,16
0,014 · 0,5

4 Multipliziere schriftlich.

a) 5,8 · 7
6,5 · 8
7,8 · 5

b) 4,97 · 7
3,65 · 9
7,06 · 9

c) 4,65 · 28
7,38 · 35
5,89 · 97

d) 5,6 · 7,4
4,8 · 8,7
2,6 · 8,3

e) 0,86 · 7,8
3,72 · 4,5
5,4 · 0,76

f) 0,76 · 7,6
0,48 · 7,95
2,47 · 0,944

5 Berechne im Kopf.

a) 57,4 : 10
5,67 : 10
6,06 · 10
0,2 · 10

b) 334,5 : 100
4,559 : 100
55,421 · 100
0,045 · 100

c) 53,45 : 1000
6,79 : 1000
0,43 · 1000
0,097 · 1000

6 Dividiere.

a) 2,492 : 0,7
8,912 : 1,6
0,0896 : 3,2

b) 0,8675 : 0,25
13,398 : 0,29
0,0282 : 0,015

c) 0,10572 : 0,04
333,4 : 0,5
0,60214 : 0,023

7 Schreibe als Potenz.

a) 1,2 · 1,2
0,7 · 0,7 · 0,7
0,9 · 0,9 · 0,9 · 0,9

b) $\frac{1}{3} \cdot \frac{1}{3}$
$\frac{1}{7} \cdot \frac{1}{7} \cdot \frac{1}{7} \cdot \frac{1}{7}$

8 Berechne.

a) $0{,}2^4$
$0{,}3^3$
$0{,}5^5$

b) $\left(\frac{3}{10}\right)^4$
$\left(\frac{2}{100}\right)^3$

c) $\left(\frac{1}{4}\right)^2$
$\left(\frac{1}{6}\right)^3$

d) $0{,}05^2$
$0{,}02^3$
$0{,}04^4$

Multiplizieren von Brüchen

$\frac{5}{8} \cdot \frac{4}{15} = \frac{\overset{1}{\cancel{5}} \cdot \overset{1}{\cancel{4}}}{\underset{2}{\cancel{8}} \cdot \underset{3}{\cancel{15}}} = \frac{1}{6}$

Der Zähler wird mit dem Zähler und der Nenner mit dem Nenner multipliziert.

Dividieren von Brüchen

$\frac{5}{8} : \frac{7}{16} = \frac{5 \cdot \overset{2}{\cancel{16}}}{\underset{1}{\cancel{8}} \cdot 7} = \frac{10}{7} = 1\frac{3}{7}$

Wir dividieren durch einen Bruch, indem wir mit seinem Kehrwert multiplizieren.

Multiplizieren von Dezimalzahlen

		3 Stellen					2 Stellen		
	0,	0	5	7	•	0,	7	9	
					3	9	9		
						5	1	3	
					1	1			
			0,	0	4	5	0	3	
					5 Stellen				

0,057 · 0,79 = 0,04503

Dividieren von Dezimalzahlen

Bei beiden Zahlen wird das Komma um so viele Stellen nach rechts verschoben, dass die zweite Zahl eine ganze Zahl wird.

1,932 : 0,14 = ▒

193,2 : 14 = 13,8
<u>14</u>
 53
 <u>42</u>
 112
 <u>112</u>
   0

Beim Überschreiten des Kommas wird im Ergebnis das Komma gesetzt.

Potenzieren von Dezimalzahlen und Brüchen

0,53 = 0,5 · 0,5 · 0,5 = 0,125

$\left(\frac{1}{6}\right)^2 = \frac{1}{6} \cdot \frac{1}{6} = \frac{1 \cdot 1}{6 \cdot 6} = \frac{1}{36}$

Rationale Zahlen

Auf der **Zahlengeraden** lassen sich **ganze** und **rationale Zahlen** darstellen.

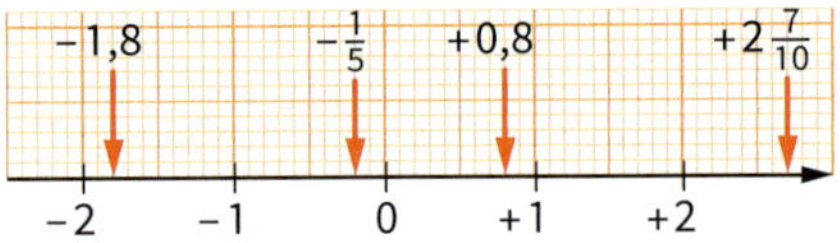

Zahlen wie +5; −3; +2; −44; 0; −19 sind **ganze Zahlen**.

Der **Abstand** einer Zahl **von Null** heißt **Betrag.**
|−5| = 5 *Lies:* Der Betrag von −5 ist 5.

Zu der Menge der **rationalen Zahlen Q** gehören die **positiven rationalen Zahlen**, die **negativen rationalen Zahlen** und die **Null**.

Die ganzen Zahlen (ℤ) sind eine **Teilmenge** der rationalen Zahlen (ℚ).

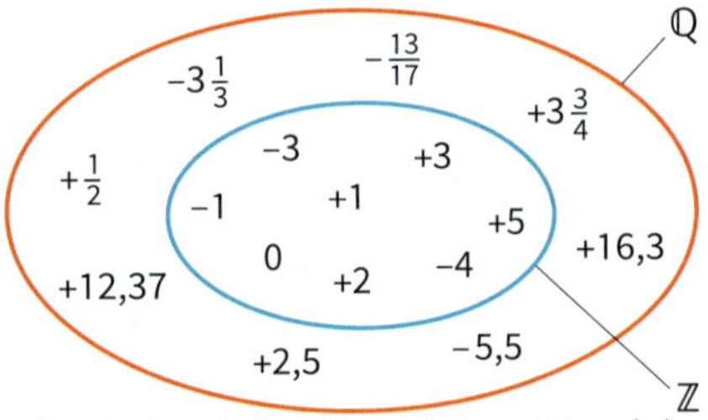

Oft wird auf das **Vorzeichen** Plus (+) verzichtet und statt z. B. +4 nur 4 geschrieben.

Koordinatensystem
Die waagerechte x-Achse und die senkrechte y-Achse bilden ein Koordinatensystem.

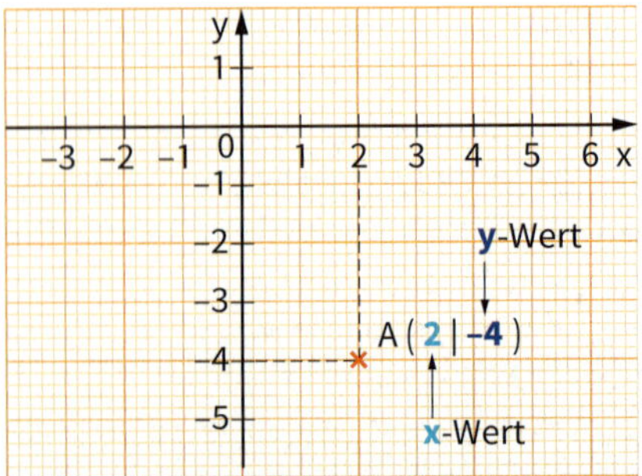

Der Punkt A hat die Koordinaten 2 und −4.

1 Lies die markierten Zahlen ab.

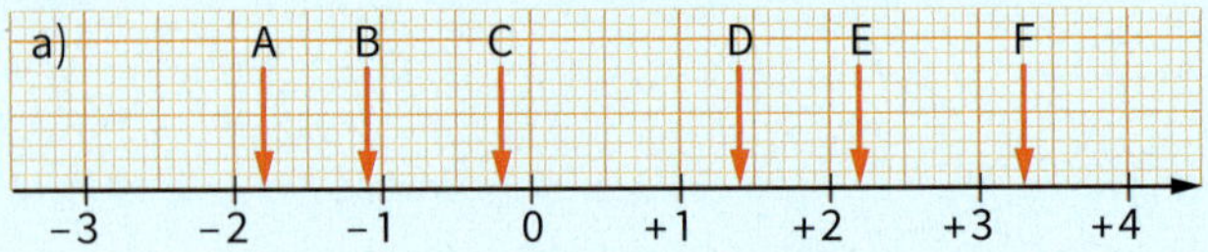

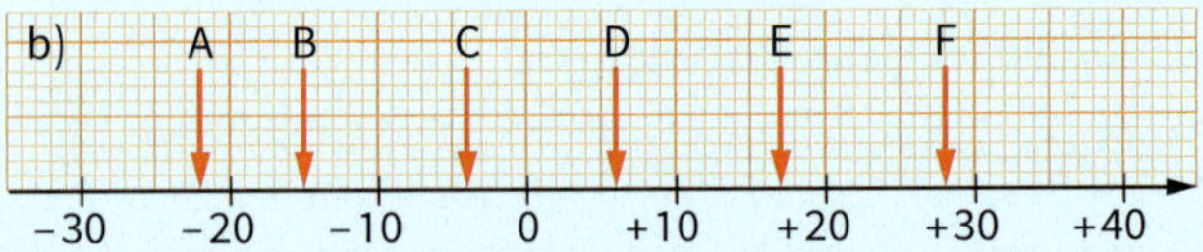

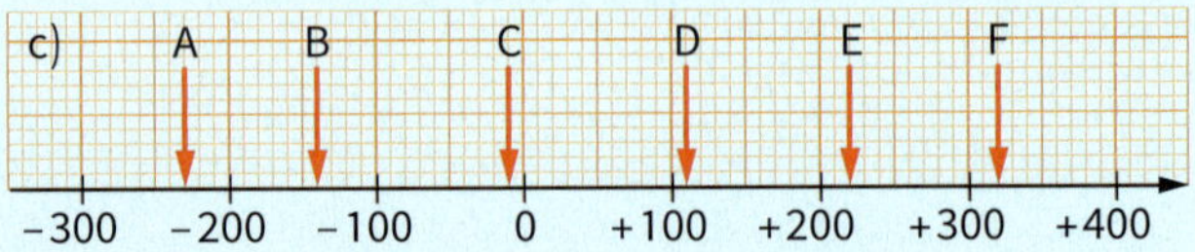

2 Trage die Zahlen auf einer Zahlengeraden ein.
a) +4,5; −3; −2,5; +4; −0,5; −4; −3,5; −5,5
b) −14; +5; +12; −7; −10; +4,5; +9,5; −12,5
c) +0,6; −1,8; +1,7; −0,9; −1,6; +0,3; −2,5

3 a) Nenne alle ganzen Zahlen zwischen 2 und 9 (−4 und 2, 11 und −2).
b) Nenne fünf rationale Zahlen zwischen 0 und −7 (−8 und 6, −3,5 und −3,4).
c) Nenne alle negativen ganzen Zahlen, die größer als −6 sind.
d) Nenne fünf rationale Zahlen, die negativ sind und nicht zu den ganzen Zahlen gehören.

4 Kleiner, größer oder gleich (<, >, =)?

a) +6 ☐ +4 +7 ☐ −4	b) +11 ☐ −23 −5 ☐ −6	c) −3 ☐ +3 −7 ☐ −9
d) −3,5 ☐ −3,6 −0,8 ☐ −0,08	e) +5,7 ☐ +5,5 +2,1 ☐ +1,2	f) +8,1 ☐ +8,01 −2 ☐ −2,0
g) −2,01 ☐ −1,9 −0,7 ☐ −0,07	h) 1,89 ☐ 1,889 −1,1 ☐ −1,09	i) 2,303 ☐ 2,033 2,010 ☐ 2,01

5 Ordne die Zahlen in einer Ungleichheitskette mithilfe des <-Zeichens.

a) −11; +25; 0; −8; +4; +18; −14; +2; −16

b) −5,8; 6,9; −6,9; −6,09; 7,1; 7,01; 7,001

c) $2\frac{2}{3}$; $-3\frac{1}{5}$; 2,5; −3,6; $1\frac{1}{2}$; 1,1; $1\frac{1}{4}$

6 Zeichne die Punkte in ein Koordinatensystem (Einheit 1 cm).
A(3|4), B(0|5), C(6,5|0), D(−2,5|1), E(−4|−6,5), F(5,5|−3)

1 Die folgenden Zuordnungen sind proportional. Berechne die fehlenden Werte.

a)

kg	€
4	34,72
2	
8	

b)

kg	€
3	17,97
6	
9	

c)

l	km
2	45
4	
6	
1	

d)

l	km
8	156
4	
2	
1	

e)

kg	€
2,5	21,5
1	
3,5	
7,6	

f)

l	km
46,8	1053
1	
12,8	
33,7	

2 Eine Mauer von 15 m Länge kann in 10 Tagen errichtet werden. Wie viele Tage werden für eine gleich starke Mauer von 21 m Länge benötigt?

3 Torben legt mit seinem Fahrrad eine Strecke von 8,5 km in 34 Minuten zurück. Wie weit fährt er bei gleicher Durchschnittsgeschwindigkeit in 42 (50, 8, 120) Minuten?

4 Anna möchte für den Urlaub in der Schweiz 45 Euro in Franken einwechseln. Ihre Mutter erhielt für 600 Euro auf der Bank 924 Franken. Wie viele Franken bekommt Anna?

5 500 g Schinken kosten beim Schlachter 8,50 €. Frau Hechler kauft für 3,74 Euro Schinken. Wie viel Gramm Schinken hat sie erhalten?

6 Ein Dachdecker bestellt für ein 150 m^2 großes Dach 2700 Dachziegel. Wie viele Dachziegel benötigt er für ein Dach von 240 m^2?

7 18 Kiwis kosten 3,60 €. Trage das Zahlenpaar als Punkt in ein Koordinatensystem ein und zeichne durch den Punkt die zugehörige Ursprungsgerade.
Bestimme anhand der Geraden den Preis für 10 (5, 2) Kiwis).

8 Ein Flachbildfernseher mit einer Bilddiagonale von 55 Zoll hat einen Jahresstromverbrauch von 108 kWh bei einer durchschnittlichen täglichen Nutzung von 4 Stunden.
a) Berechne den Stromverbrauch pro Tag (Monat, Stunde).
b) Eine kWh kostet 28 Cent. Berechne die Kosten pro Tag (Monat, Stunde)
c) Berechne die Jahreskosten bei einer täglichen Nutzung von durchschnittlich 3 Stunden.

12 Hefte kosten 7,80 €.

Anzahl ⟶ **Preis**

	Anzahl	Preis (€)	
	12	7,80	
·2	24	15,60	·2
·3	36	23,40	·3
	12	7,80	
:2	6	3,90	:2
:3	4	2,60	:3

doppelte Anzahl → **doppelter** Preis
dreifache Anzahl → **dreifacher** Preis

Hälfte d. Anzahl → **Hälfte** d. Preises
Drittel d. Anzahl → **Drittel** d. Preises

Diese Zuordnung ist **proportional**.

Dreisatz

12 Hefte kosten 7,80 €.
Wie viel kosten 7 Hefte?

	Anzahl	Preis (€)	
	12	7,80	
:12	1	0,65	:12
·7	7	4,55	·7

12 Hefte kosten 7,80 €.
1 Heft kostet 7,80 € : 12 = 0,65 €.
7 Hefte kosten 0,65 € · 7 = 4,55 €.

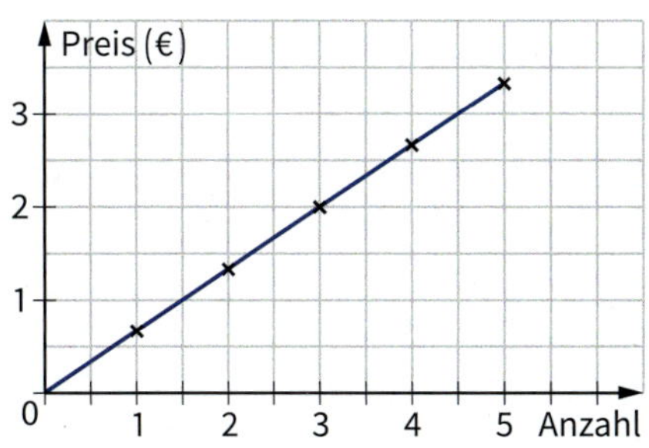

Bei einer proportionalen Zuordnung liegen die Punkte im Koordinatensystem auf einer Geraden durch den Ursprung.

Antiproportionale Zuordnungen

Eine Leiste lässt sich in sechs jeweils 0,30 m lange Stücke zersägen.

Anzahl ⟶ Länge pro Stück

	Anzahl	Länge (m)	
	6	0,30	
:2	3	0,60	·2
:3	2	0,90	·3
	6	0,30	
·2	12	0,15	:2
·3	18	0,10	:3

Hälfte d. Anzahl ⟶ **doppelte** Länge
Drittel d. Anzahl ⟶ **dreifache** Länge

doppelte Anzahl ⟶ **Hälfte** d. Länge
dreifache Anzahl ⟶ **Drittel** d. Länge

Diese Zuordnung ist **antiproportional**.

Eine Leiste lässt sich in sechs jeweils 0,30 m lange Stücke zersägen.
Wie lang ist jedes Stück bei fünf gleich langen Stücken?

	Anzahl	Länge (m)	
	6	0,30	
:6	1	1,80	·6
·5	5	0,36	:5

Bei sechs Stücken hat jedes eine Länge von 0,30 m.
Die ganze Leiste hat eine Länge von $6 \cdot 0{,}30\text{ m} = 1{,}80\text{ m}$.
Bei fünf Stücken hat jedes eine Länge von $1{,}80\text{ m} : 5 = 0{,}36\text{ m}$.

Graph einer antiprop. Zuordnung

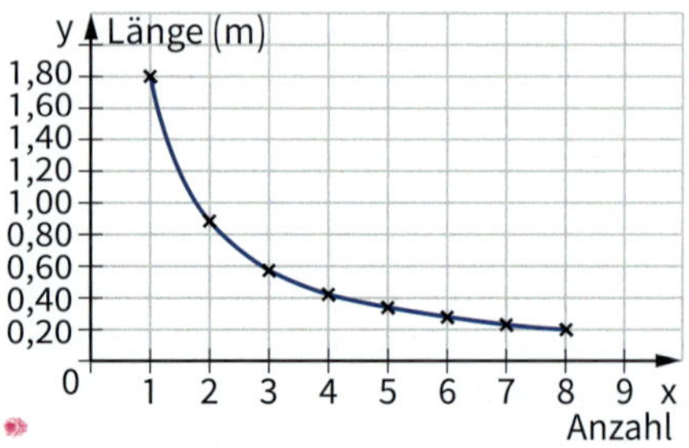

1 Die folgenden Zuordnungen sind antiproportional. Berechne die fehlenden Werte.

a)

Anzahl	Tage
3	180
6	
12	
15	

b)

Anzahl	Tage
18	7
6	
9	
2	

c)

Anzahl	Tage
16	13
8	
2	
1	

d)

cm	cm
12	36
24	
60	
1	

e)

cm	cm
33,6	17,5
1	
60	

f)

cm	cm
126,4	90,0
1	
80,0	

2 Eine Busreise kostet für eine Gruppe von 50 Personen 12 Euro pro Person. Zwei Personen fallen am Abreisetag wegen Krankheit aus. Wie viel Euro muss nun jeder Teilnehmer zahlen?

3 Eine Rolle Schnur lässt sich in sechs jeweils 1,80 m lange Stücke zerschneiden.
Wie viele Stücke erhältst du, wenn jedes Stück 1,20 m lang sein soll?

4 Familie Kurz plant ihren Sommerurlaub. Wenn die täglichen Kosten 120 Euro betragen, reicht das gesparte Urlaubsgeld für 14 Tage. Wie viel Euro darf Familie Kurz täglich ausgeben, wenn sie drei Wochen in Urlaub fahren will?

5 Bei einer Durchschnittsgeschwindigkeit von 80 $\frac{km}{h}$ braucht ein Fahrzeug für eine Autobahnstrecke eine Zeit von 3 h 30 min. Wie lange braucht es für die gleiche Strecke bei einer Durchschnittsgeschwindigkeit von 100 $\frac{km}{h}$?

6 Bei einem Benzinverbrauch von 3,5 Liter auf 100 km kann Frederic mit seinem Motorrad 360 km weit fahren. Fährt eine zweite Person mit, beträgt der Benzinverbrauch 4,5 Liter auf 100 km. Wie weit kommt Frederic mit einer Tankfüllung?

7 Zu einem Rechteck von 40 cm Länge und 80 cm Breite sollen flächengleiche Rechtecke bestimmt werden.
Lege eine Tabelle an. Trage die Zahlenpaare als Punkte in ein Koordinatensystem ein und zeichne durch die eingezeichneten Punkte eine Kurve.
x-Achse: 1 cm ≙ 20 cm; y-Achse: 1 cm ≙ 50 cm

1 Grundwert, Prozentwert, Prozentsatz: Was ist gegeben? Was ist gesucht?
a) 25 % der 28 Schüler einer Klasse haben die Grippe.
b) Im Fußballstadion sind nur 65 % der Plätze belegt. Insgesamt sind 8125 Zuschauer gekommen.
c) 6 von 80 Lehrern kommen mit dem Fahrrad zur Schule.

2 Berechne jeweils den Prozentwert.

a)	b)	c)
20 % von 150 kg	1 % von 50 kg	0,2 % von 200 kg
15 % von 230 €	96 % von 2,50 €	2,5 % von 350 €
86 % von 2350 g	6 % von 50,5 kg	9,4 % von 8000 g

3 Berechne jeweils den Grundwert.

a)	b)	c)
20 % sind 15 kg	2 % sind 5 kg	0,2 % sind 2 kg
25 % sind 30 €	4 % sind 2,50 €	2,5 % sind 3,5 €
8 % sind 50 g	12 % sind 3,6 kg	0,4 % sind 6 g

4 Berechne jeweils den Prozentsatz.

a)	b)	c)
3 kg von 15 kg	2,8 kg von 5 kg	56 kg von 200 kg
25 kg von 40 kg	1,2 € von 25 €	37 € von 400 €
12 g von 50 g	8 kg von 12,5 kg	45 g von 5000 g

5 Frau Kandner verkauft ihr vier Jahre altes Auto für 9000 €. Das sind 45% des ursprünglichen Kaufpreises. Wie teuer war der Neuwagen?

6 Der Reinerlös eines Schulfestes betrug 2350 €. Für Sportgeräte auf dem Schulhof sind 45 % des Betrages vorgesehen.

7 Von 24 Schülerinnen und Schülern einer Klasse haben 18 eine gute Note für ein Referat erhalten.

8 Peer hat eine Taschengelderhöhung von 15 % erhalten. Er bekommt jetzt 7,50 € mehr. Berechne sein ursprüngliches Taschengeld.

9 Von den 150 Schülerinnen und Schülern eines Jahrgangs nutzen täglich 86 % das Internet.

10 Bei den Bundesjugendspielen erhalten 36 Teilnehmer eine Ehrenurkunde, das sind 3 % aller teilnehmenden Schülerinnen und Schüler.
a) Wie viele Schülerinnen und Schüler haben insgesamt teilgenommen?
b) 56 % aller Teilnehmer haben eine Siegerurkunde erhalten.
c) Wie viele Teilnehmer haben keine Urkunde erhalten?

11 Berechne:

a)	b)
5 ‰ von 2,5 l	0,5 ‰ von 4 l
5,6 ‰ von 25 kg	9,9 ‰ von 20 kg
0,4 ‰ von 5 hl	2,1 ‰ von 600 hl

In der Prozentrechnung werden folgende Begriffe verwendet:
Grundwert (G): das Ganze
Prozentwert (W): der Anteil vom Ganzen
Prozentsatz (p %): der Anteil in %
Der Grundwert entspricht immer 100 %.

Prozentwert gesucht

35 % von 320 kg = ■ kg

	%	Masse (kg)	
: 100	100	320	: 100
· 35	1	3,20	· 35
	35	112	

$W = \frac{G \cdot p}{100}$

$W = \frac{320 \cdot 35}{100}$

$W = 112$

Der Prozentwert beträgt 112 kg.

Grundwert gesucht

40 % ≙ 80 €   100 % ≙ ■ €

	%	Betrag (€)	
: 40	40	80	: 40
· 100	1	2	· 100
	100	200	

$G = \frac{W \cdot 100}{p}$

$G = \frac{80 \cdot 100}{40}$

$G = 200$

Der Grundwert beträgt 200 €.

Prozentsatz gesucht

16 m sind ■ von 25 m

	Strecke (m)	%	
: 25	25	100	: 25
· 16	1	4	· 16
	16	64	

$p\% = \frac{W \cdot 100}{G}\,\%$

$p\% = \frac{16 \cdot 100}{25}\,\%$

$p\% = 64\,\%$

Der Prozentsatz beträgt 64 %.

Ein Tausendstel einer Gesamtgröße wird **Promille** genannt.

$\frac{1}{1000} = 1$ ‰

0,001 = 1 ‰

Prozentuale Zu- und Abnahme

Prozentuale Abnahme

Der Preis für ein 60 € teures Kleid wird um 30 % reduziert. Wie teuer ist das Kleid nach der Reduzierung?

60 €
≙ 100 %

alter Preis

42 €	18 €
≙ 70 %	≙ 30 %
reduzierter Preis	Ermäßigung

1. Lösungsweg:
30 % von 60 € sind 18 €.
60 € – 18 € = 42 €

2. Lösungsweg:
Prozentsatz: 100 % – 30 % = 70 %
70 % von 60 € sind 42 €

Nach der Reduzierung kostet das Kleid 42 €.

Prozentuale Zunahme

Herr Diekmann ist in einem Jahr 15 % schwerer geworden. Sein altes Gewicht betrug 80 kg. Wie schwer ist er jetzt?

80 kg	12 kg
≙ 100 %	≙ 15 %
altes Gewicht	Zunahme

92 kg
≙ 115 %

erhöhtes Gewicht

1. Lösungsweg:
15 % von 80 kg sind 12 kg.
80 kg + 12 kg = 92 kg

2. Lösungsweg:
Prozentsatz: 100 % + 15 % = 115 %
115 % von 80 kg sind 92 kg

Jetzt wiegt Herr Diekmann 92 kg.

1 Berechne den ermäßigten Preis.

	alter Preis	Ermäßigung		alter Preis	Ermäßigung
a)	23 €	15 %	d)	24 €	15 %
b)	89,90 €	10 %	e)	99,90 €	10 %
c)	4500 €	4,8 %	f)	4300 €	2,3 %

2 Frau Dickmann wog 110 kg. Sie konnte ihr Gewicht um 10 % reduzieren.

3 Bens Taschengeld ist um 12 % erhöht worden. Vor der Erhöhung bekam er 40 €.

4 Holzhändler Kaiser gibt bei sofortiger Bezahlung 2 % Rabatt (Skonto). Berechne den Rechnungsbetrag bei sofortiger Bezahlung.
a) 230,50 € b) 4900 € c) 12,30 €

5 Nach 10 Jahren erhöht Herr Meier zum ersten Mal die Miete um 5 %. Bisher mussten seine Mieter 420 € bezahlen.

6 Familie Alsdorf konnte ihren Stromverbrauch in diesem Jahr um 14 % reduzieren. Im vergangenen Jahr verbrauchte die Familie 5560 Kilowattstunden.

7 Berechne den erhöhten Preis.

	alter Preis	Erhöhung		alter Preis	Erhöhung
a)	400 €	8 %	e)	450 €	6 %
b)	80 €	15 %	f)	302 €	3 %
c)	300 €	9 %	g)	134 €	20 %
d)	125 €	8 %	h)	212 €	3 %

8 Frau Petersdorf kann die Waren für ihr Geschäft im Großhandel einkaufen. Zu den Angaben auf den Preisschildern muss sie noch 19 % Mehrwertsteuer hinzurechnen. Wie viel Euro muss sie an der Kasse des Großhandels bezahlen, wenn 15 Hosen für je 40 € und 10 Pullover für je 30 € im Einkaufswagen liegen?

9 Philipp erhält monatlich 40 € Taschengeld. Sein Vater fragt ihn: „Soll ich dein Taschengeld um 10% erhöhen oder dir pro Jahr 50 € mehr geben?"

10 Ein Einzelhändler kauft ein Paar Schuhe für 20,94 € ein. Für die Geschäftskosten und den Gewinn veranschlagt er zusätzlich 120 %.
Anschließend muss er noch 19 % Mehrwertsteuer dazurechnen. Berechne den Ladenpreis für die Schuhe. Runde auf Cent.

Prozentuale Veränderungen

1 Frau Bader muss für ihr Wohnmobil 28 704 € bezahlen. Der Händler hat ihr einen Rabatt von 8 % gewährt. Wie hoch ist der Listenpreis des Wohnmobils?

2 Berechne den alten Preis.

	neuer Preis	Erhöhung		neuer Preis	Ermäßigung
a)	136,50 €	5 %	e)	564 €	6 %
b)	562,50 €	25 %	f)	11 520 €	4 %
c)	69 €	15 %	g)	56 €	30 %
d)	2,40 €	20 %	h)	4 825 €	3,5 %

3 Herr Kurtz verkauft sein 4 Jahre altes Auto für 10 270 €. Das sind 65 % des Neupreises.
a) Wie teuer war der Neuwagen?
b) Wie hoch ist der Wertverlust?

4 Ein Handballverein konnte die Zahl der Mitglieder um 5 % steigern und hat jetzt 126 Mitglieder. Wie viele waren es vorher?

5 Berechne die fehlenden Werte.

	alter Preis	Erhöhung in %	Erhöhung in Euro	neuer Preis
a)	■	5 %	■	178,50 €
b)	40 €	■	■	42,40 €
c)	80 €	15 %	■	■
d)	■	■	50 €	300 €
e)	■	8 %	5,60 €	■

6 Nach einer Mieterhöhung um 5 % muss Herr Schewe insgesamt 504 € bezahlen. Wie hoch war die Miete vorher?

7 Die Rechnung eines Malers weist einen Mehrwertsteuerbetrag von 85,50 € aus.
a) Wie hoch ist der Rechnungsbetrag ohne Mehrwertsteuer?
b) Was muss der Kunde insgesamt bezahlen?

8 Ein Fahrrad kostet einschließlich Mehrwertsteuer (19 %) 546,21 €. Berechne die Mehrwertsteuer.

9 Ein Fernsehgerät kostet nach einer Preisermäßigung von 15 % noch 1190 €. Bestimme den alten Preis des Gerätes.

10 Ein Händler macht einen Bruttoumsatz von 10 591 €. Wie viel Euro Mehrwertsteuer muss er an das Finanzamt abführen?

Prozentuale Veränderungen

Ein Paar Schuhe kostet nach einer Preisreduzierung um 30 % noch 63 €. Wie teuer waren die Schuhe vorher?

Ermäßigung ≙ 30 %
Preis vorher ≙ 100 %
Preis nachher ≙ 70 %

$70\,\% \longrightarrow 63\,€$

$1\,\% \longrightarrow \frac{63}{70}\,€$

$100\,\% \longrightarrow \frac{63 \cdot 100}{70}\,€$

$100\,\% \longrightarrow 90\,€$

Die Schuhe kosteten vorher 90 €.

Frau Kappel erhält eine Lohnerhöhung von 4 %. Jetzt verdient sie 3172 € im Monat. Wie viel verdiente sie vor der Erhöhung?

Erhöhung ≙ 4 %
Verdienst vorher ≙ 100 %
Verdienst nachher ≙ 104 %

$104\,\% \longrightarrow 3172\,€$

$1\,\% \longrightarrow \frac{3172}{104}\,€$

$100\,\% \longrightarrow \frac{3172 \cdot 100}{104}\,€$

$100\,\% \longrightarrow 3050\,€$

Sie hat vorher 3050 € verdient.

Ein Stuhl kostet im Geschäft 77,35 €. Berechne die Mehrwertsteuer (19 %).

77,35 €
≙ 119 %

65 €	12,35 €
≙ 100 %	≙ 19 %

$119\,\% \longrightarrow 77{,}35\,€$

$1\,\% \longrightarrow \frac{77{,}35}{119}\,€$

$19\,\% \longrightarrow \frac{77{,}35 \cdot 19}{119}\,€$

$19\,\% \longrightarrow 12{,}35\,€$

Die Mehrwertsteuer (19 %) beträgt 12,35 €.

Zinsrechnung

Zinsen gesucht

K = 4500 €, p % = 4 %, Z = ■
100 % → 4 500 €

1 % → $\frac{4500}{100}$ € $\qquad Z = \frac{K \cdot p}{100}$

4 % → $\frac{4500 \cdot 4}{100}$ € $\qquad Z = \frac{4500 \cdot 4}{100}$ €

4 % → 180 € $\qquad$ Z = 180 €

Die Zinsen betragen 180 €.

Zinssatz gesucht

K = 4000 €, Z = 180 €, p % = ■
4000 € → 100 %

1 € → $\frac{100}{4000}$ % $\qquad p\,\% = \frac{Z \cdot 100}{K}$ %

180 € → $\frac{100 \cdot 180}{4000}$ % $\qquad p\,\% = \frac{180 \cdot 100}{4000}$ %

180 € → 4,5 % $\qquad$ p % = 4,5 %

Der Zinssatz beträgt 4,5 %.

Kapital gesucht

Z = 540 €, p % = 3 %, K = ■
3 % → 540 €

1 % → $\frac{540}{3}$ € $\qquad K = \frac{Z \cdot 100}{p}$

100 % → $\frac{540 \cdot 100}{3}$ € $\qquad K = \frac{540 \cdot 100}{3}$ €

100 % → 18 000 € $\qquad$ K = 18 000 €

Das Kapital beträgt 18 000 €.

Tageszinsen

K = 3500 €, p % = 12 %, n = 15, Z = ■
Zinsen für n Tage:

$Z = \frac{K \cdot p}{100} \cdot \frac{n}{360}$

$Z = \frac{3500 \cdot 12}{100} \cdot \frac{15}{360}$ €

Z = 17,50 €

n gibt hier die Anzahl der Zinstage an. Ein Jahr hat 360 Zinstage.

Die Zinsen für 15 Tage betragen 17,50 €.

Zinseszinsen

K = 200 €, p % = 5 %
Kapital nach 1 Jahr: $K_1 = 200 \cdot 1{,}05$ €
Kapital nach 2 Jahren: $K_2 = 200 \cdot 1{,}05^2$ €
Kapital nach 3 Jahren: $K_3 = 200 \cdot 1{,}05^3$ €

1 Berechne die Zinsen für ein Jahr. Runde auf zwei Stellen nach dem Komma.
a) 400 € (450 €, 1100 €) zu 3,5 %
b) 720 € (86,50 €, 390 €) zu 4,5 %
c) 1240 € (2365 €, 745 €) zu 6,25 %
d) 268 € (346,20 €, 894,10 €) zu 3,2 %

2 Berechne den Zinssatz.

	a)	b)	c)	d)	e)
Kapital (€)	1200	245	1680	740	1580
Zinsen (€)	48	7,35	100,80	37	50,56

	f)	g)	h)	i)	k)
Kapital (€)	280	650	2170	235	45,80
Zinsen (€)	9,80	16,25	97,65	6,11	2,52

3 Berechne das Kapital.
a) 145 € (28 €, 7,56 €) Zinsen bei 4 %
b) 75 € (43,50 €, 7,74 €) Zinsen bei 3 %
c) 9,80 € (16,10 €, 7 €) Zinsen bei 3,5 %
d) 25,56 € (565,65 €) Zinsen bei 4,5 %

4 Finn hat 300 € auf einem Sparbuch angelegt. Er erhält nach einem Jahr 3 € Zinsen. Berechne den Zinssatz.

5 Frau Kempker erhält für ihr Guthaben 3% Zinsen. Welches Kapital hat sie angelegt, wenn sie nach einem Jahr 375 € Zinsen bekommt?

6 Herr Dabisch hat 15 000 € zu einem Zinssatz von 2,5 % angelegt. Nach einem Jahr werden ihm die Zinsen gutgeschrieben. Welches Guthaben hat er jetzt auf seinem Konto?

7 Herr Vahle hat eine Hypothek von 60 000 Euro zu einem Zinssatz von 5,5 %. Wie viel Euro Zinsen muss er monatlich bezahlen?

8 Larissa leiht ihrer Freundin Lisa 30 €. Lisa gibt ihr das Geld erst nach 30 Tagen zurück. Wie viel Euro Zinsen müsste Lisa bei einem Zinssatz von 4 % bezahlen?

9 Frau Lamm überzieht 21 Tage lang ihr Konto um 3200 Euro. Wie viel Euro Zinsen muss sie bei einem Zinssatz von 12,75 % dafür bezahlen?

10 Ein Kapital von 3500 € wird zu einem Zinssatz von 3 % (4,5 %) fest angelegt. Berechne, auf welchen Wert das Kapital nach 3 (8; 10) Jahren angestiegen ist.

1 Fasse gleichartige Summanden (Terme) zusammen.

a) $2x - 8 + 7x + 3$
$4x + 14 + 3x + 16$
$43 + 3x - 30 + x$
$3x + 21 + 5x - 15$

b) $7x + 4 - 2x + 1$
$8x + 9 - 5x + 7$
$6x - 12 + 4x - 22$
$11x - 7 - 11 + x$

2 In den Term wird für die Variable jeweils eine Zahl eingesetzt. Bestimme den Wert des Terms.

Term	Einsetzung	Wert des Terms
$3x$	$x = 5$	15
$2a+3$	$a = -1$	■
$-4y + 11$	$y = 3$	■
$z^2 - 3z$	$z = 6$	■

3 Multipliziere aus. Das Malzeichen vor und hinter einer Klammer darfst du weglassen

a) $4 \cdot (a + b)$
$6 \cdot (x + y)$
$13 \cdot (c - d)$
$19 \cdot (x - y)$

b) $y\,(9 - z)$
$z\,(4 + q)$
$5\,(4 - r)$
$7\,(x - 9)$

c) $6\,(x - y + z)$
$5\,(n - 11 + p)$
$-2\,(x + y + 7)$
$-4\,(a - b - 8)$

4 Wandle um in eine Summe.

a) $b\,(2a + 4c)$
$-x\,(3b + x)$
$-y\,(z + 3x)$

b) $3x\,(b + 11y)$
$-2b\,(4 + 2d)$
$-3a\,(2b - 3x)$

c) $4\,(3x + 2y - z)$
$-7\,(2r - 3p + q)$
$(4y - z + 5) \cdot 6$

5 Verwandle in ein Produkt, indem du ausklammerst.

a) $7a + 7c$
$11r + 11p$
$19x - 19y$
$1{,}5s + 1{,}5t$

b) $-12q + 12r$
$-17a - 17c$
$-0{,}2p - 0{,}2q$
$-1{,}4x + 1{,}4y$

c) $8a + 12b$
$12b - 8c$
$63a - 27b$
$16m + 20n$

6 Multipliziere aus und fasse zusammen.

a) $(x - 3)\,(x + 4)$
$(3 - a)\,(a + 7)$
$(z - 7)\,(z - 4)$

b) $(2a + 3)\,(3a - 6)$
$(3c - 4d)\,(5c + 2d)$
$(7q + 11)\,(5 - 9q)$

7 Multipliziere aus, indem du die binomischen Formeln anwendest.

a) $(a + d)^2$
$(n + p)^2$
$(q - z)^2$
$(x - v)^2$

b) $(c - d)\,(c + d)$
$(u + w)\,(u - w)$
$(2x - y)\,(2x + y)$
$(v - 7w)\,(v + 7w)$

c) $(n + 4m)^2$
$(3x + y)^2$
$(4a - b)^2$
$(a - 7b)^2$

Zahlen und Variablen sind Terme. Summen, Differenzen, Produkte, Quotienten von Termen sind auch Terme.

a $2x - 4$ 45 b^2 $2a + 2$

Wenn du bei einem Term für die Variable eine Zahl einsetzt, erhältst du den Wert des Terms.

Term: $3x + 1$

Wert des Terms für $x = 5$:
$3 \cdot 5 + 1 = 16$

Gleichartige Summanden (Terme) kannst du zusammenfassen.

$5x + 3y - 2x - 5 + y$
$= 5x - 2x + 3y + y - 5$
$= 3x + 4y - 5$

Einen Term kannst du mit einer **Summe multiplizieren,** indem du **jeden Summanden mit dem Term** multiplizierst.

$5 \cdot (a + b) = 5a + 5b$
$a \cdot (b - 8) = ab - 8a$
$3 \cdot (x + 4) = 3 \cdot x + 3 \cdot 4 = 3x + 12$

$\mathbf{a \cdot (b + c) = ab + ac}$

Eine Summe wird mit **einer Summe multipliziert,** indem **jeder Summand der ersten Summe** mit **jedem Summanden der zweiten Summe** multipliziert wird.

$\mathbf{(a + b)\,(c + d) = ac + ad + bc + bd}$
$\mathbf{(a + b)\,(c - d) = ac - ad + bc - bd}$

Binomische Formeln

1. binomische Formel
$\mathbf{(a + b)^2 = a^2 + 2ab + b^2}$

2. binomische Formel
$\mathbf{(a - b)^2 = a^2 - 2ab + b^2}$

3. binomische Formel
$\mathbf{(a + b)\,(a - b) = a^2 - b^2}$

Gleichungen

Die Lösung einer Gleichung ändert sich nicht, wenn du auf beiden Seiten dieselbe Zahl (denselben Term) addierst oder auf beiden Seiten dieselbe Zahl (denselben Term) subtrahierst.

$$3x + 4 = 2x - 5 \quad | -2x$$
$$x + 4 = -5 \quad | -4$$
$$x = -9$$

Die Lösung einer Gleichung ändert sich nicht, wenn du beide Seiten mit derselben Zahl (ungleich Null) multiplizierst oder beide Seiten durch dieselbe Zahl (ungleich Null) dividierst.

$$\tfrac{2}{3}x = 5 \quad | : \tfrac{2}{3}$$
$$x = \frac{5 \cdot 3}{2}$$
$$x = 7{,}5$$

Gleichungen mit Klammern

$$3(x + 1) + 2x = 18$$
$$3x + 3 + 2x = 18$$
$$5x + 3 = 18 \quad | -3$$
$$5x = 15 \quad | : 5$$
$$x = 3$$

Gleichungen mit Brüchen

$$\frac{x}{4} = \frac{3}{5} \quad | \cdot 4$$
$$x = \frac{3 \cdot 4}{5}$$
$$x = \frac{12}{5} = 2{,}4$$

Eine Seite eines Rechtecks ist 9 cm länger als die andere. Der Umfang beträgt 42 cm.

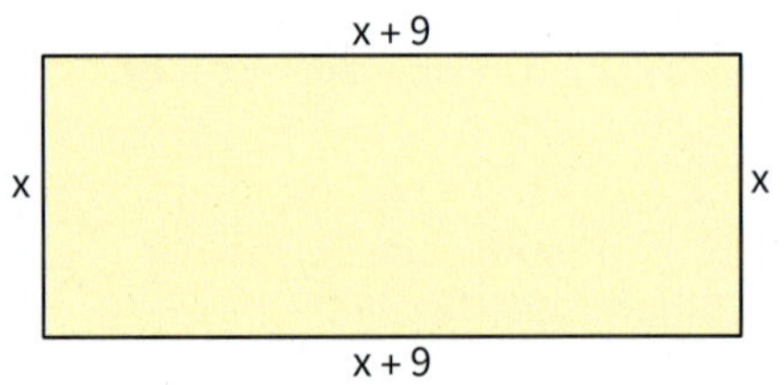

$$x + x + x + 9 + x + 9 = 42$$
$$x = 6$$

Die kürzere Seite des Rechtecks ist 6 cm lang. Die längere Seite ist 15 cm lang.

1 Bestimme jeweils die Lösung.

a) $x - 7 = 23$
$x - 11 = 13$
$34 = x - 22$

b) $x + 3 = 12$
$x + 7 = 4$
$13 = x - 14$

c) $3x = 2x + 5$
$6x = 5x - 11$
$-8x = 9x + 8$

d) $6x = 144$
$13x = 143$
$0{,}4x = 20$

e) $-3x = -102$
$-12x = 96$
$-1{,}4x = -70$

f) $\frac{1}{3}x = 19$
$-\frac{1}{4}x = -15$
$32 = \frac{1}{5}x$

2 Löse die Gleichung.

a) $8x + 4 = 5x + 16$
$9x + 3 = 2x + 24$
$4x + 7 = 2x + 25$

b) $4x - 11 = 37 - 8x$
$8x - 12 = 18 - 7x$
$7x - 25 = 55 - 3x$

c) $17x - 41 = 2x - 11$
$-3x + 7 = -7x + 15$
$13x + 34 = 6x - 15$

d) $15 - 6x = 27 - 8x$
$66 - 9x = 78 - 15x$
$11x + 17 = 15x + 29$

3 Fasse gleichartige Summanden zusammen und bestimme die Lösung.

a) $4x - 16 + 14x + 6 = 62$
$8x + 28 + 6x + 32 = 102$
$86 + 6x - 60 + 2x = 50$
$6x + 42 + 10x - 30 = 44$

b) $14x + 8 - 4x + 2 = 0$
$16x + 18 - 10x + 14 = 80$
$3x - 6 + 2x - 11 = 2$
$11x - 18 + 2x - x = 42$

4 Bestimme x.

a) $6(x + 4) = 4x - 14$
$7(2x + 3) = 9x - 4$
$6x - 14 = 7(3x + 8)$
$-7x - 27 = -5(3x - 1)$

b) $5(x - 3) = 3(x + 7)$
$6(x - 7) = 9(x - 5)$
$-2(x + 6) = 4(x + 8)$
$-(3x - 6) = -7(x - 2)$

5 Löse die Gleichung.

a) $\frac{x}{3} = 17$
$\frac{x}{3} = 24$

b) $\frac{x}{10} = \frac{3}{4}$
$\frac{x}{20} = \frac{6}{5}$

c) $\frac{7}{5} = \frac{x}{50}$
$\frac{5}{4} = \frac{x}{8}$

d) $\frac{x-3}{4} = \frac{4}{5}$
$\frac{7}{8} = \frac{x+2}{28}$

6 Die Schenkel eines gleichschenkligen Dreiecks ABC sind 6 cm länger als die Grundseite. Der Umfang des Dreiecks beträgt 60 cm. Wie lang ist die Grundseite, wie lang sind die Schenkel des Dreiecks?

7 Eine Seite eines Rechtecks ist 7,5 cm kürzer als die benachbarte Seite. Das Rechteck hat einen Umfang von 74,2 cm. Wie lang sind die Seiten des Rechtecks?

8 Der Großvater möchte 60 € so auf seine drei Enkel verteilen, dass Celine ein Viertel, Emily ein Drittel und Ben den Rest bekommt. Wie viel Euro erhält jeder?

9 Das Fünffache einer Zahl, vermindert um 70, ist gleich dem Dreifachen der Zahl, vermehrt um 10.

1 Schreibe in der in Klammern angegebenen Einheit.

a) 13 kg (g)
43 g (mg)
11 t (kg)

b) 26 g (mg)
65 t (kg)
3 kg (g)

c) 7000 g (kg)
33 000 mg (g)
87 000 kg (t)

d) 2,4 kg (g)
3,5 t (kg)
13,2 g (mg)

e) 3,87 t (kg)
4,06 g (mg)
4,75 kg (g)

f) 0,123 kg (g)
0,0465 t (kg)
0,0034 t (kg)

g) 1245 g (kg)
7632 kg (t)
4310 g (kg)

h) 255 g (kg)
200 kg (t)
340 mg (g)

i) 46 kg (t)
77 g (kg)
8 g (kg)

2 Berechne.

a) 12 kg + 870 g + 540 g
1450 g + 17 kg + 6 kg
4 t + 3500 kg + 870 kg

b) 33 kg – 2480 g
7 t – 580 kg
1 t – 45 kg

3 Schreibe in der in Klammern angegebenen Einheit.

a) 27 cm (mm)
2,35 m (cm)
5,30 m (cm)
73 cm (m)

b) 61 dm (cm)
230 mm (cm)
18 mm (cm)
5,34 m (dm)

c) 5 m (cm)
3,4 km (m)
450 m (km)
5,4 cm (mm)

4 Berechne.

a) 6,3 m + 45 cm
4,9 cm + 22 mm
3,67 m + 8 cm

b) 12 km + 1256 m + 2,1 km
4,72 m + 99 cm + 1 m
7,89 km + 563 m + 0,6 km

5 Schreibe in der in Klammern angegebenen Einheit.

a) 132 dm^2 (cm^2)
5 ha (a)
7 km^2 (ha)

b) 4 cm^2 (mm^2)
3,82 m^2 (dm^2)
3,67 m^2 (cm^2)

c) 6,5 a (m^2)
3,94 ha (a)
5,6 ha (m^2)

6 Schreibe in der nächst größeren Einheit.

a) 20 000 cm^2
12 438 mm^2
6,853 dm^2

b) 3467 dm^2
45,9 a
156,89 ha

c) 23,8 ha
7,5 mm^2
31,8 cm^2

7 Schreibe in der in Klammern angegebenen Einheit.

a) 5 dm^3 (cm^3)
13 cm^3 (mm^3)
5,3 m^3 (cm^3)

b) 3 cm^3 (mm^3)
1,8 m^3 (dm^3)
0,453 m^3 (dm^3)

c) 1100 dm^3 (m^3)
3000 cm^3 (dm^3)
800 mm^3 (cm^3)

d) 4,1 cm^3 (mm^3)
0,04 km^3 (m^3)
0,013 m^3 (dm^3)

e) 1,02 dm^3 (m^3)
0,2 dm^3 (mm^3)
0,0031 m^3 (dm^3)

f) 0,03 m^3 (dm^3)
0,01 m^3 (cm^3)
0,071 m^3 (cm^3)

8 Schreibe in der in Klammern angegebenen Einheit.

a) 3 dm^3 (l)
2 l (ml)
5 l (cl)

b) 31 cm^3 (ml)
0,5 l (ml)
0,02 l (cl)

c) 400 ml (l)
2000 ml (l)
5 cl (ml)

Masseeinheiten

1 t = 1000 kg	1 kg = 0,001 t
1 kg = 1000 g	1 g = 0,001 kg
1 g = 1000 mg	1 mg = 0,001 g

Im Alltag ist der Begriff „Gewicht“ an Stelle von Masse gebräuchlich.

15 kg + 560 g + 480 mg
= 15 000 g + 560 g + 0,48 g
= 15 560,48 g

8,2 t + 360 kg + 4 t
= 8,2 t + 0,36 t + 4 t
= 12,56 t

Längeneinheiten

1 km = 1000 m	1 m = 0,001 km
1 m = 10 dm	1 dm = 0,1 m
1 dm = 10 cm	1 cm = 0,1 dm
1 cm = 10 mm	1 mm = 0,1 cm

13,86 km + 34 m
= 13 860 m + 34 m
= 13 894 m

18 km + 1450 m + 125 dm
= 18 km + 1,450 km + 0,0125 km
= 19,4625 km

Flächeneinheiten

1 km^2 = 100 ha	1 ha = 0,01 km^2
1 ha = 100 a	1 a = 0,01 ha
1 a = 100 m^2	1 m^2 = 0,01 a
1 m^2 = 100 dm^2	1 dm^2 = 0,01 m^2
1 dm^2 = 100 cm^2	1 cm^2 = 0,01 dm^2
1 cm^2 = 100 mm^2	1 mm^2 = 0,01 cm^2

Hektar (ha), Ar (a)

Raumeinheiten (Volumeneinheiten)

1 m^3 = 1000 dm^3	1 dm^3 = 0,001 m^3
1 dm^3 = 1000 cm^3	1 cm^3 = 0,001 dm^3
1 cm^3 = 1000 mm^3	1 mm^3 = 0,001 cm^3

Liter 1 l = 1 dm^3 = 1000 ml = 100 cl

Milliliter 1 ml = $\frac{1}{1000}$ l = 1 cm^3

Zentiliter 1 cl = $\frac{1}{100}$ l

Ebene Figuren

Rechteck

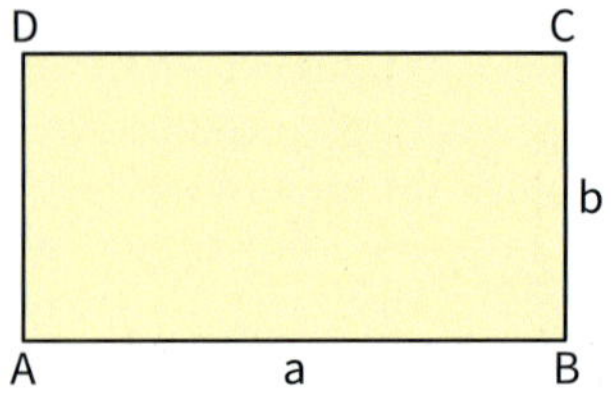

$A = a \cdot b$

$u = 2a + 2b$

Parallelogramm

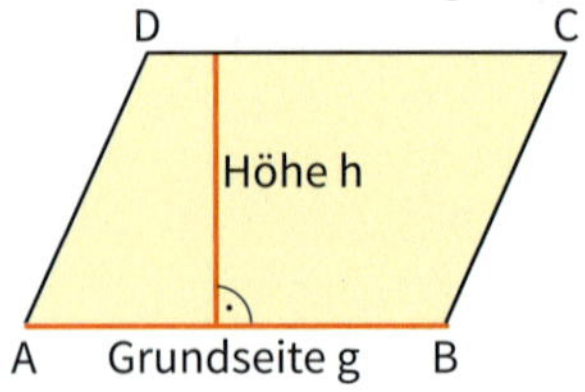

$A = g \cdot h$

Dreieck

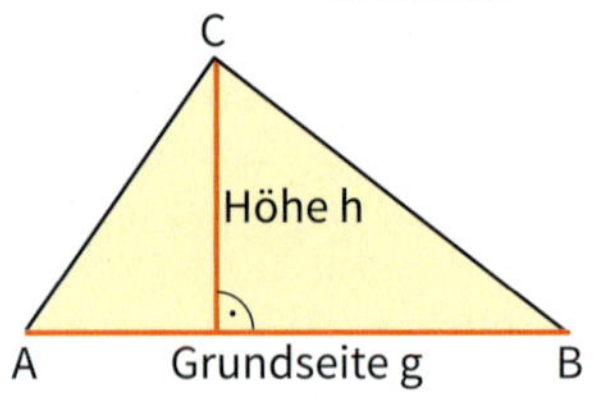

$A = \frac{g \cdot h}{2}$

Trapez

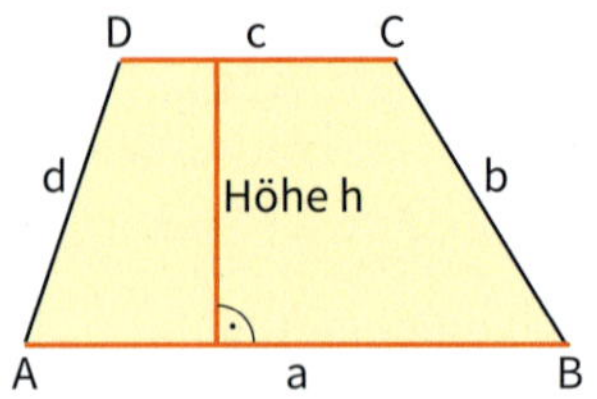

$A = \frac{(a + c) \cdot h}{2}$

Drachen

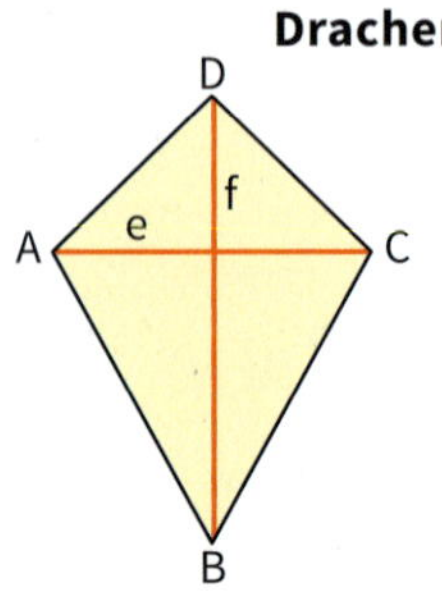

$A = \frac{e \cdot f}{2}$

Kreis

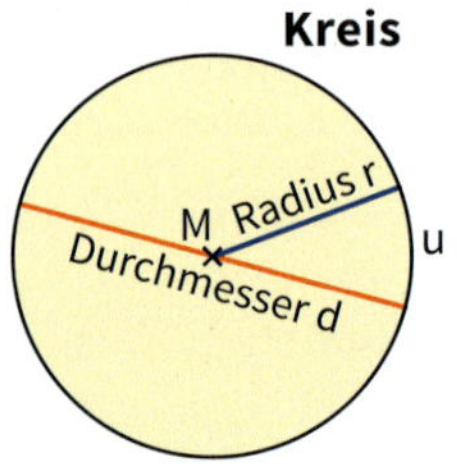

$A = \pi \cdot r^2$

$A = \pi \cdot (\frac{d}{2})^2$

$u = \pi \cdot d$

$u = 2 \cdot \pi \cdot r$

1 Berechne Flächeninhalt und Umfang des abgebildeten Rechtecks.

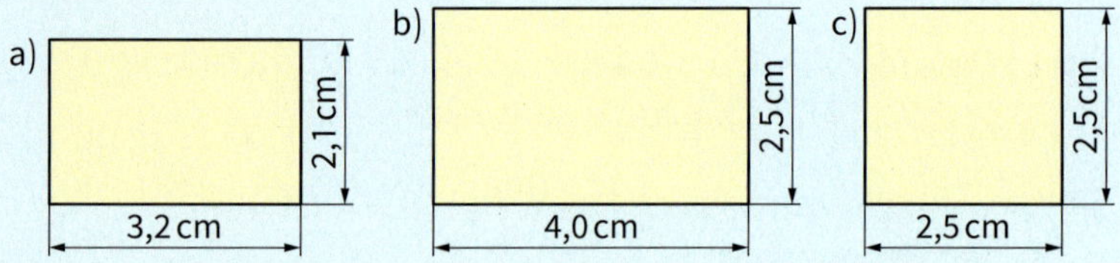

2 Berechne den Flächeninhalt der abgebildeten Figur.

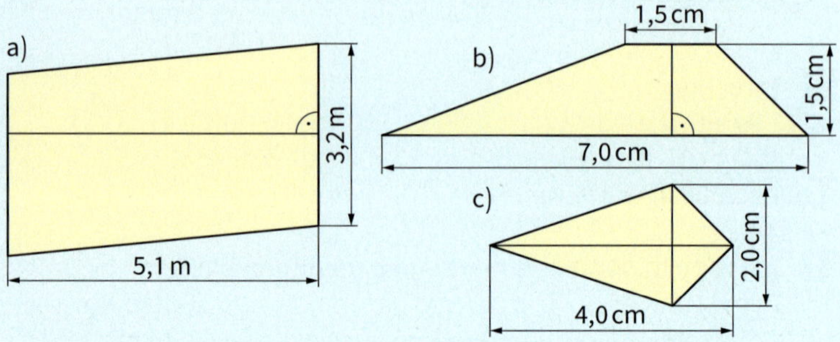

3 Berechne den Flächeninhalt des abgebildeten Dreiecks. Entnimm die dafür notwendigen Längen der Zeichnung.

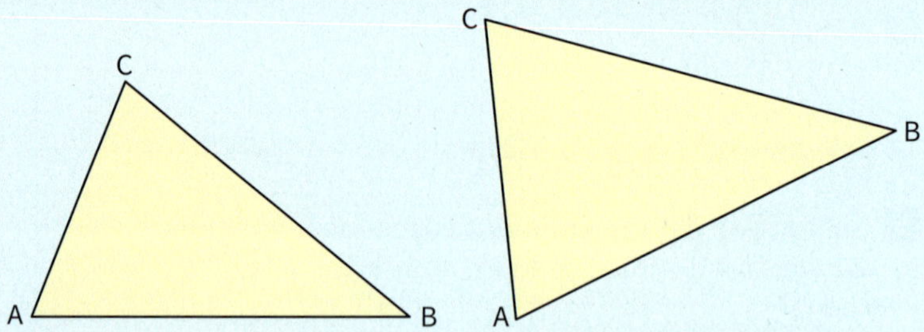

4 Berechne den Umfang und den Flächeninhalt des Kreises.

a) r = 3 cm b) r = 5,2 cm c) r = 15 mm d) r = 2,50 m

e) d = 2 m f) d = 2,4 cm g) d = 2,3 km h) r = 0,1 mm

5 Ein Kreis hat einen Umfang von 20 cm. Berechne seinen Durchmesser.

6 Aus einer quadratischen Holzplatte mit 1 m Seitenlänge soll eine möglichst große kreisförmige Platte geschnitten werden. Berechne den Flächeninhalt des Kreises.

7 Das Rotorblatt einer Windkraftanlage hat eine Länge von 47 m.

a) Berechne den Inhalt der Kreisfläche, der von den Rotorblättern überstrichen wird.

b) Welchen Weg legt der Punkt des Rotorblattes, der vom Drehpunkt am weitesten entfernt ist, bei einer vollen Rotordrehung zurück?

1 Berechne das Volumen und den Oberflächeninhalt eines Würfels mit der Kantenlänge 2,5 m (4,8 dm; 12,6 cm).

2 Ein Würfel hat einen Oberflächeninhalt von 37,5 dm^2 (1176 cm^2; 34,56 mm^2). Gib die Kantenlänge an.

3 Zeichne das Netz des Quaders. Berechne das Volumen und den Oberflächeninhalt.

a)

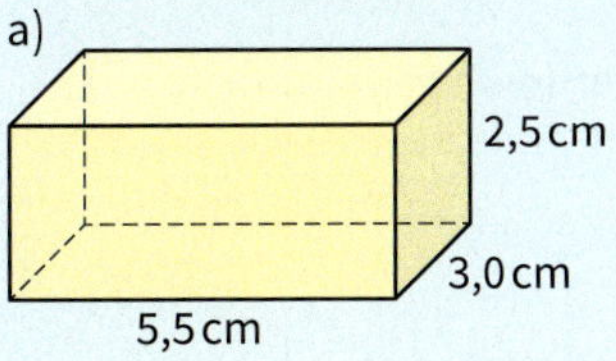

b)

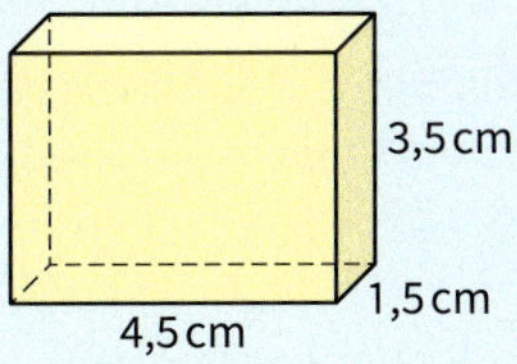

4 Bestimme das Volumen und den Oberflächeninhalt des Prismas.

a)

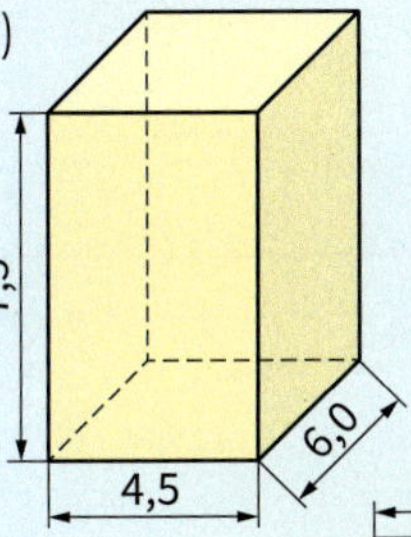

b)

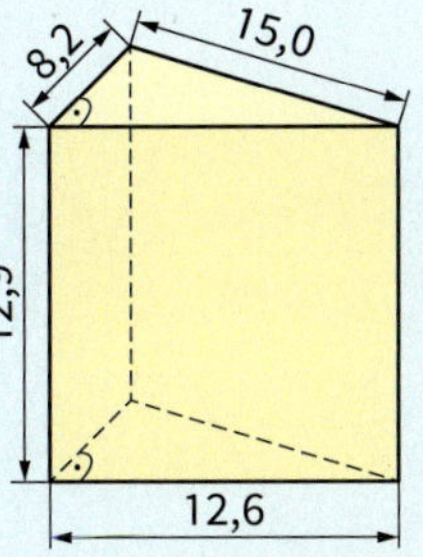

Maße in cm

c)

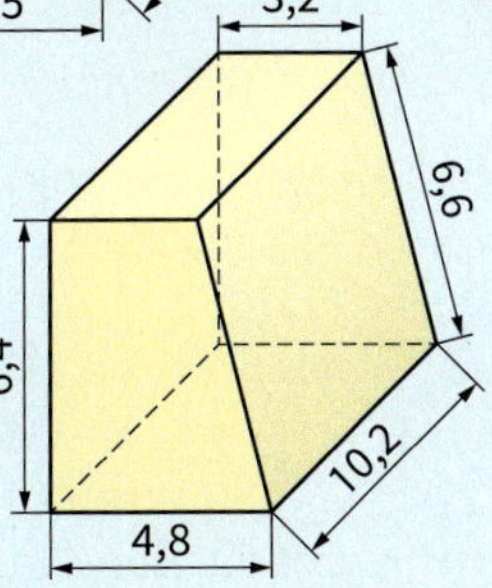

d)

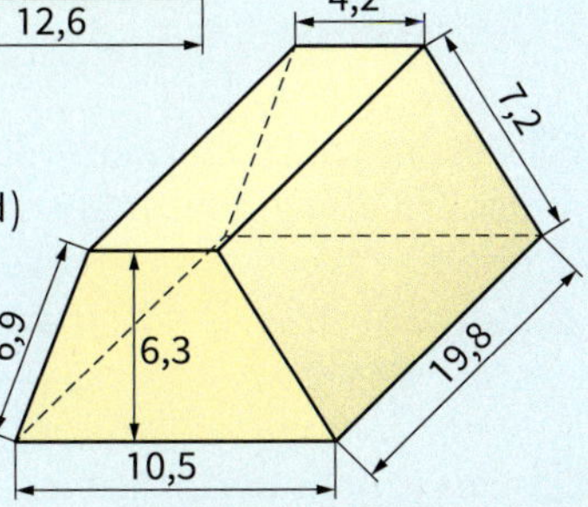

5 Ein Holzwürfel (Dichte $\rho = 0{,}7\ \frac{g}{cm^3}$) hat eine Kantenlänge von 12 cm. Berechne die Masse des Würfels. Multipliziere dazu das Volumen mit der Dichte.

6 Ein Aluminiumquader (Dichte $\rho = 2{,}7\ \frac{g}{cm^3}$) hat die Kantenlängen a = 6 cm, b = 8 cm und c = 24 cm. Berechne die Masse des Quaders.

7 Richard möchte das Kantenmodell eines Quaders aus Draht löten. Der Quader soll 4,5 cm lang, 3 cm breit und 2 cm hoch werden. Wie viel Zentimeter Draht braucht er mindestens für sein Modell?

8 Die Grundfläche eines quaderförmigen Aquariums ist innen 60 cm lang und 40 cm breit. Yasmin gießt zwölf Liter Wasser in das Aquarium. Wie hoch steht das Wasser im Becken?

Würfel

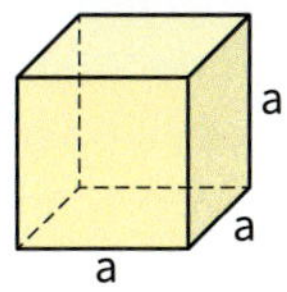

$V = a \cdot a \cdot a = a^3$ $O = 6a^2$

Quader

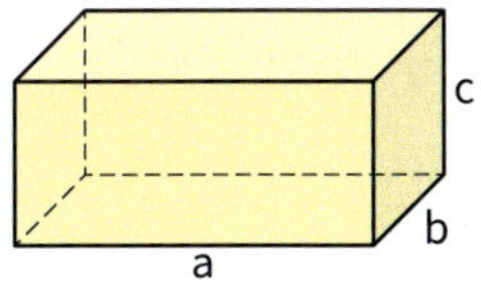

$V = a \cdot b \cdot c$

$O = 2 \cdot a \cdot b + 2 \cdot b \cdot c + 2 \cdot a \cdot c$

Prisma

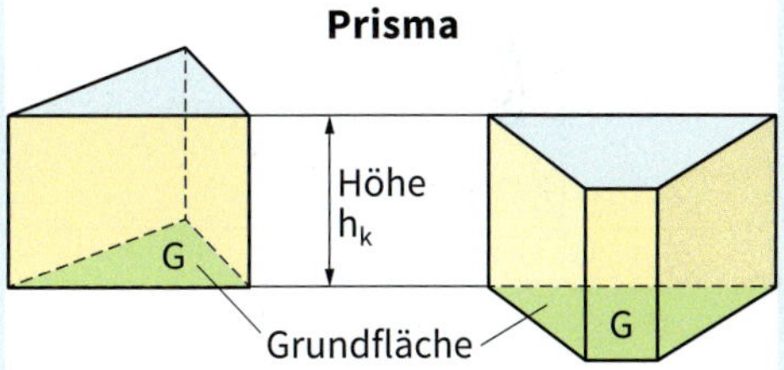

Volumen: $V = G \cdot h_k$

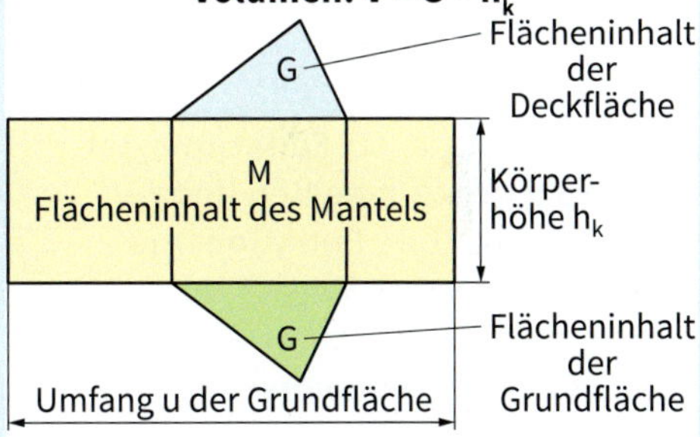

Flächeninhalt des Mantels:
$M = u \cdot h_k$

Oberflächeninhalt des Prismas:
$O = 2 \cdot G + M$

Dichte

Jeder Stoff hat eine bestimmte Dichte.

$\text{Dichte} = \frac{\text{Masse}}{\text{Volumen}}$

Dichte von Stahl: $\rho = 7{,}9\ \frac{g}{cm^3}$

1 cm^3 Stahl hat eine Masse von 7,9 g.
1 dm^3 Stahl hat eine Masse von 7,9 kg.
1 m^3 Stahl hat eine Masse von 7,9 t.

Lineare Funktionen

Lineare Funktionen

Funktionen mit der **Funktionsgleichung y = mx** sind besondere lineare Funktionen. Die **Funktionsgraphen** sind **Geraden** durch den **Ursprung.**
m gibt die **Steigung** der Geraden an.

Funktionsgleichung: y = 2x

Steigung: m = 2

Wertetabelle

x	–2	–1	0	1	2
y	–4	–2	0	2	4

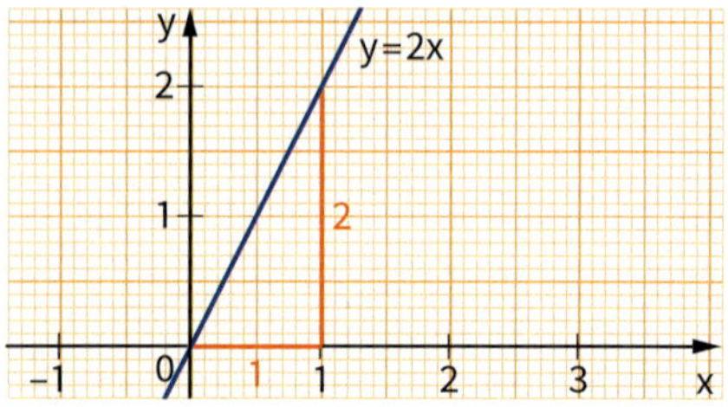

Überlege, wie viele Punkte du brauchst, um den Graphen zeichnen zu können.

Funktionen mit der **Funktionsgleichung y = mx + n** heißen **lineare Funktionen.** Ihre **Funktionsgraphen** sind **Geraden.**
m gibt die **Steigung** der Geraden und **n** den **y-Achsenabschnitt** an.

Funktionsgleichung: y = –0,75x + 1,5

Steigung: m = –0,75

y-Achsenabschnitt: n = 1,5

Wertetabelle

x	–2	–1	0	1	2
y	3	2,25	1,5	0,75	0

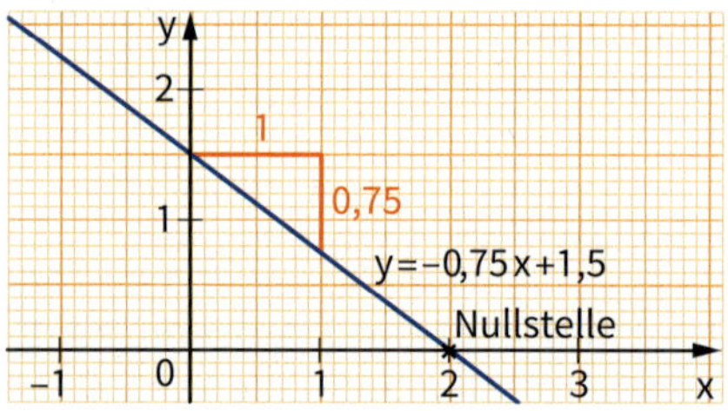

1 Die Funktion f hat die Funktionsgleichung y = 2,5x (y = 2x + 1). Lege eine Wertetabelle an. Zeichne den Graphen der Funktion.

2 Berechne die Funktionswerte.
a) f(x) = 2x – 3 ; f(4), f(– 3), f(0,5), f(– 4,5)
b) g(x) = – x +3; g(5), g(– 3), g(1,5), g(– 4)
c) f(x) = – 0,5x – 1; f(2), f(– 2), f(0), f(– 4)

3 Zeichne die Funktionsgraphen mithilfe von Steigungsdreiecken in ein Koordinatensystem (Einheit 1 cm).
a) f(x) = 2x; g(x) = – 3x
b) f(x) = 0,5x; g(x) = – 2x
c) f(x) = 0,4x; g(x) = – 0,5x

4 Lies aus dem Koordinatensystem jeweils die Steigung m der Geraden ab. Gib die Funktionsgleichung an.

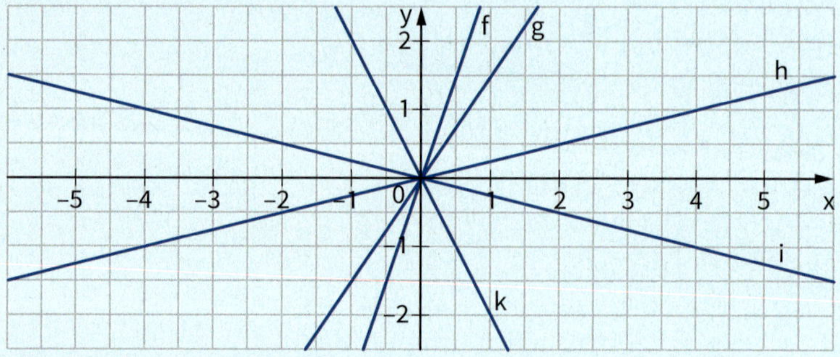

5 Zeichne die Funktionsgraphen mithilfe von Steigungsdreiecken und y-Achsenabschnitt in ein Koordinatensystem (Einheit 1 cm).
a) f(x) = 2x – 4; g(x) = 3x + 0,5
b) f(x) = 1,5x – 2; g(x) = – 2,5x + 3
c) f(x) = 0,2x + 3; g(x) = – 0,5x – 4

6 Lies jeweils den y-Achsenabschnitt n und die Steigung m der Geraden ab. Gib die Funktionsgleichung an.

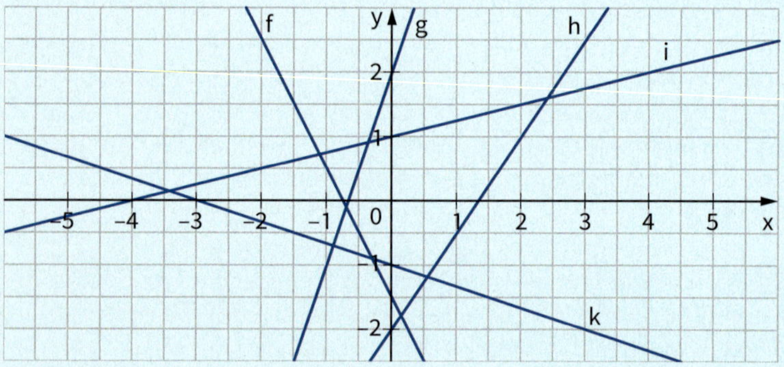

7 Überprüfe durch eine Rechnung, ob der Punkt auf dem Funktionsgraphen von f liegt.
a) f(x) = 3x – 4; P(1|– 1)
b) f(x) = – 0,5x – 2; (P(– 2|– 1,5)

1 Bei einer Befragung wurde das Lebensalter der befragten Personen in einer Strichliste festgehalten.

Strichliste

Lebensalter (Jahre)	
11	𝍸 ||
12	𝍸 ||
13	𝍸 𝍸 |
14	𝍸 ||||
15	𝍸 𝍸
16	𝍸 |

Häufigkeitstabelle

Lebensalter (Jahre)	absolute Häufigkeit	relative Häufigkeit
11	7	$\frac{7}{50} = 0{,}14$
12	■	■
13	■	■
14	■	■
15	■	■

a) Wie viele Personen sind befragt worden?
b) Vervollständige die Häufigkeitstabelle in deinem Heft.

2 In der Urliste findest du das Lebensalter der befragten Schülerinnen und Schüler aus einer anderen Klasse.

Lebensalter (Jahre)
10 10 11 13 11 10 12 12 10
11 12 11 11 10 10 13 12 10
10 11 10 10 11 12 11

a) Lege eine Strichliste an.
b) Trage die absoluten und relativen Häufigkeiten in eine Häufigkeitstabelle ein.
c) Stelle die absoluten Häufigkeiten in einem Säulendiagramm und in einem Streifendiagramm dar.

3 Schülerinnen und Schüler sind gefragt worden, wie häufig sie E-Mails austauschen. Das Ergebnis wurde in einem Säulendiagramm dargestellt.

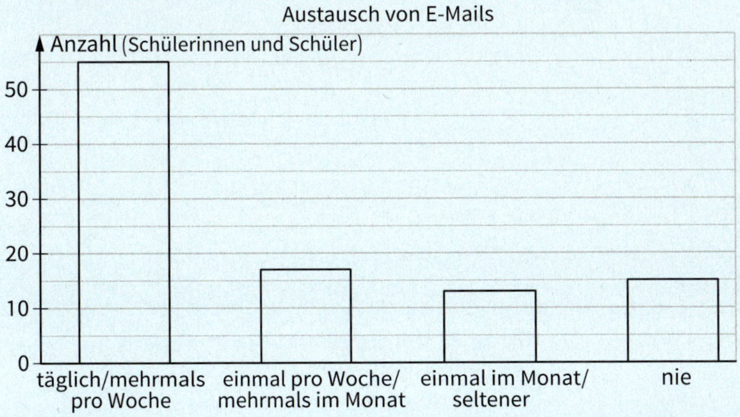

a) Wie viele Schüler nutzen E-Mail nur einmal im Monat oder seltener?
b) Berechne die relativen Häufigkeiten und trage sie in eine Tabelle ein.
c) Erstelle ein Kreisdiagramm.

In statistischen Erhebungen werden **Daten** durch Befragung, Beobachtung oder Experiment gesammelt. Die in einer **Urliste** gesammelten Daten können mithilfe einer **Strichliste** geordnet und dann in einer **Häufigkeitstabelle** dargestellt werden.

Lebensalter (Jahre)	absolute Häufigk.	relative Häufigkeit	
12	23	0,23	23 %
13	26	0,26	26 %
14	19	0,19	19 %
15	18	0,18	18 %
16	14	0,14	14 %
Summe	100	1,00	100 %

Die relative Häufigkeit jedes Ergebnisses gibt den Anteil der Versuche mit diesem Ergebnis an. Sie kann als Bruch, Dezimalzahl oder in Prozent angegeben werden.

$$\text{relative Häufigkeit} = \frac{\text{abs. Häufigkeit}}{\text{Anzahl der Daten}}$$

Die in der Häufigkeitstabelle aufbereiteten Daten können in verschiedenen Diagrammformen grafisch dargestellt werden.

Säulendiagramm

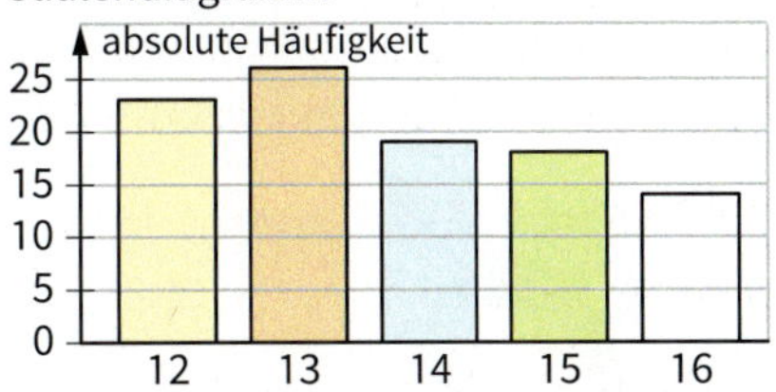

Streifendiagramm

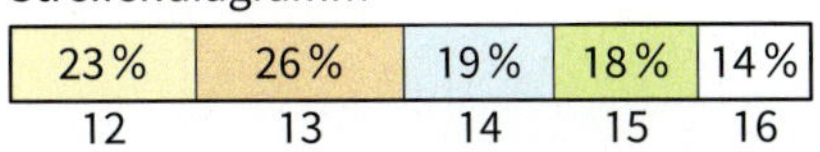

Das Streifendiagramm sollte eine Breite von 100 mm haben.

Kreisdiagramm

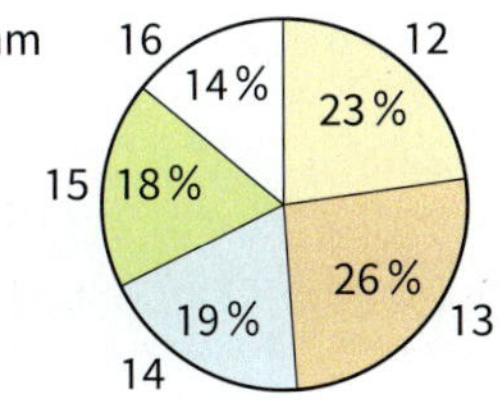

Ich-Du-Wir-Aufgaben

Ich: Höre dir die Aufgabenstellung genau an und lies die Aufgabenstellung sorgfältig durch. Überlege, in welchen Schritten du die Aufgabe lösen kannst. Notiere, was du dir überlegt hast.

Du: Sprich mit deinem Partner über die Aufgabe. Stelle ihm deinen Lösungsweg vor. Höre dir seinen Lösungsweg an. Erarbeitet eine gemeinsame Lösung.

Wir: Informiert eure Klasse in einem kurzen Vortrag über die Aufgabe und euren Lösungsweg. Aus allen Beiträgen kann dann ein gemeinsames Ergebnis erarbeitet werden.

Arbeitsteilige Gruppenarbeit

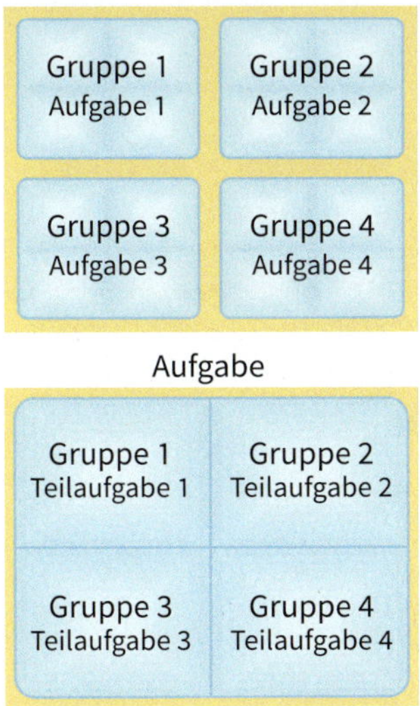

1. In arbeitsteiliger Gruppenarbeit können unterschiedliche Aufgaben behandelt werden, die zu einem gemeinsamen Themenbereich gehören. Es ist aber auch möglich, eine Aufgabe in unterschiedliche Teilaufgaben zu zerlegen.

   Jede Gruppe beschäftigt sich mit einer **anderen Aufgabe** oder **Teilaufgabe.**

2. Je nach Thema kann es vorteilhaft sein, freiwillige Interessengruppen zu bilden. Dabei ordnen sich Schülerinnen und Schüler selbst einer Gruppe zu.
   Die Einteilung der Gruppen kann aber auch nach anderen Gesichtspunkten erfolgen.
   Jede Gruppe bearbeitet Ihre Aufgabe und beachtet dabei die Regeln, die für die Gruppenarbeit gelten.
   Die Gruppe bereitet nach einer fest vereinbarten Zeit die Präsentation ihrer Ergebnisse vor.

3. Bei der Präsentation der Ergebnisse hört das Publikum aufmerksam zu.
   Da die Gruppen unterschiedliche Aufgaben bearbeitet haben, sind Notizen zu folgenden Punkten besonders wichtig:
   – Welche Fragen habe ich noch?
   – Welche Ergebnisse muss ich notieren?

   Das Publikum nimmt in der Nachbesprechung zur Präsentation Stellung. Dabei sollte Kritik immer positiv formuliert werden.

Probleme erkunden und erfassen

1. Stelle fest, welche Informationen im Text, im Bild oder Diagramm enthalten sind.
2. Überlege, welche mathematischen Aufgabenstellungen in diesem Zusammenhang sinnvoll sind.
3. Formuliere eine Aufgabe.
4. Stelle alle Informationen zusammen, die du zur Lösung der Aufgabe brauchst.

Die Cheopspyramide ist die höchste Pyramide der Welt. Sie wurde vor etwa 4600 Jahren als Grabmal des ägyptischen Pharaos Cheops errichtet.
Die Seitenlänge ihrer quadratischen Grundfläche betrug ursprünglich 230 m, sie war 147 m hoch.
Die Pyramide besteht aus ungefähr 2,3 Millionen quaderförmigen Steinblöcken mit einem durchschnittlichen Gewicht von 2,5 t.

Mögliche mathematische Aufgabenstellungen:

- Wie viel Quadratmeter beträgt die Grundfläche der Pyramide?
- Wie viel Quadratmeter beträgt eine ihrer Seitenflächen?
- Gib das Volumen der Pyramide an.
- Schätze die gesamte Masse der Pyramide.

Schätzen, Messen und Überschlagen

Schätze den Flächeninhalt der farbigen Fläche.

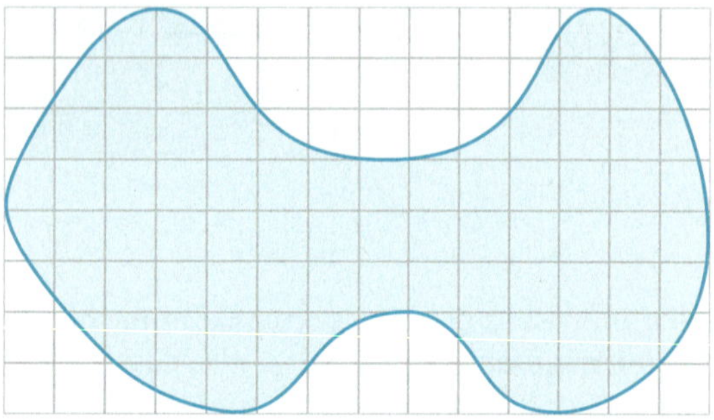

Lösung:

Bestimme die Anzahl der Kästchen, die von der farbigen Fläche überdeckt werden. Kästchen, die die farbige Fläche nur zum Teil überdeckt, zählen als halbe Kästchen.
Ergebnis: 72 Kästchen
Miss die Seitenlänge eines Kästchens und berechne den Flächeninhalt eines Kästchens.
Ergebnis: $A = 0{,}5 \cdot 0{,}5 = 0{,}25$
$A = 0{,}25\ \text{cm}^2$

1. Überlege, welche Angaben du für eine Überschlagsrechnung benötigst.
2. Prüfe, welche Angaben du den vorhandenen Informationen entnehmen kannst.
   Wenn nötig, verschaffe dir weitere Angaben, zum Beispiel durch eine Messung.
3. Führe die Überschlagsrechnung aus. Wähle dazu ein geeignetes Rechenverfahren.
4. Überlege, ob das Ergebnis deiner Rechnung sinnvoll ist.

Überschlagsrechnung: $72 \cdot 0{,}25\ \text{cm}^2 = 18\ \text{cm}^2$
Der Flächeninhalt der farbigen Fläche beträgt ungefähr $18\ \text{cm}^2$.

Rückwärtsarbeiten

1. Wenn du zum Endergebnis einer Rechnung den Anfangswert bestimmen sollst, kannst du Rückwärtsarbeiten.
Überlege dazu, welche Rechenoperationen zum Endergebnis geführt haben.

2. Gehe vom Endergebnis aus und führe in umgekehrter Reihenfolge die Umkehroperationen durch.

3. Bestimme die gesuchte Größe und prüfe, ob du mit dieser Größe das angegebene Endergebnis ermitteln kannst.

Sophie besucht ihre Freundin Melanie, die in einem anderen Stadtteil wohnt. Für den Weg zur Bushaltestelle benötigt sie drei Minuten. Dort muss sie zwei Minuten auf den Bus warten. Die Busfahrt dauert 34 Minuten. Anschließend geht Sophie noch sieben Minuten zu Fuß, bis sie Melanies Wohnung erreicht. Sie kommt dort um 17.53 Uhr an.
Um wie viel Uhr ist Sophie losgegangen?

Lösung:

	□	17.07 Uhr		
+ 3 min	↓		↑	− 3 min
	□	17.10 Uhr		
+ 2 min	↓		↑	− 2 min
	□	17.12 Uhr		
+ 34 min	↓		↑	− 34 min
	□	17.46 Uhr		
+ 7 min	↓		↑	− 7 min
	17.53 Uhr	17.53 Uhr		

Sophie ist um 17.07 Uhr zu Hause losgegangen.

Systematisches Probieren

Wähle aus den angegebenen Zahlen die aus, deren Summe 50 ist. Wie viele Möglichkeiten gibt es?

37	34	29	21	16	13

Lösung:

~~37 + 34 = 71~~	~~34 + 29 = 63~~	~~21 + 16 = 38~~
~~37 + 29 = 66~~	~~34 + 21 = 55~~	
~~37 + 21 = 58~~	34 + 16 = 50	~~29 + 16 + 13 = 68~~
~~37 + 16 = 53~~		21 + 16 + 13 = 50
37 + 13 = 50	29 + 21 = 50	

Es gibt vier Möglichkeiten.

1. Notiere alle Möglichkeiten, die als Lösung des Problems grundsätzlich in Frage kommen. Häufig hilft dir dabei eine Tabelle.
2. Streiche alle Möglichkeiten, bei denen die besonderen Bedingungen des Problems nicht erfüllt sind.
3. Prüfe, ob die übrigen Möglichkeiten das Problem lösen.

Lösungen zu den Eingangstests

Ähnlichkeit Seite 203

1 A (2 | 1), B (0 | 1,5), C (−2 | 1), D (−3,5 | 0), E (−2,5 | −2,5), F (3 | −4)

2 Flächeninhalt: 12 cm^2

3 a) $x = \frac{12}{5}$ b) $x = \frac{24}{5}$ c) $x = 2$

4 a) 400 cm, 5000 mm, 345 cm, 8000 m, 2050 m, 3 500 000 m
b) 3,5 m; 0,45 m; 750 m; 5,6 km; 340 km; 6,7 km

Reelle Zahlen Seite 204

1 a) $\frac{25}{121}$ b) $\frac{0{,}04}{0{,}001}$ c) $\frac{49}{144}$ d) $\frac{64}{512}$

2 a) z. B. 4,1 4,2 4,3 4,4 4,5
b) z. B. 7,111 7,112 7,113 7,114 7,115

3 2,22 < 2,24 < 2,242 < 2,42 < 2,424 < 2,44

4 a) 0,56 0,563 b) 2,49 2,487 c) 11,98 11,976

5 a) 144 cm^2 529 cm^2 b) 6 cm

6 natürliche Zahlen: 6 9 101
keine ganzen Zahlen: 12,5 $\frac{3}{4}$ $2\frac{1}{2}$ $-\frac{1}{5}$ 0,3 −3,5

Kreis und Kreisteile Seite 204

1 a) 4,5 m b) 37 cm c) 230 cm
d) 64 cm^2 e) 3200 dm^2 f) 560 mm^2

2 a) 4,6 (4,57) b) 0,6 (0,64) c) 7,0 (6,96)

3 a) 0,36 b) 1,44 c) 2,25

4 Rechteck: u = 25,2 cm; A = 32,4 cm^2
Quadrat: u = 84 m; A = 441 m^2
Dreieck: u = 19,20 m; A = 15,36 m^2

Lineare Gleichungssysteme Seite 205

1 a) x = 4 x = 3,6 b) x = 11 x = −1,8
c) x = 0,1 x = −75

2 Schnittpunkt S (3 | 4)

3 P liegt nicht auf dem Graphen
Q liegt nicht auf dem Graphen

Satzgruppe des Pythagoras Seite 205

1 a) 64 b) 169 c) 2,25 d) 0,36 e) 0,0016

2 a) 7 b) 9 c) 11 d) 1,2 e) 0,5

3 a) x = 3 b) x = 3 c) x = 9

4 a) 64 cm^2 b) 180 cm^2 c) 36 cm^2 d) 242 cm^2

Körper berechnen Seite 206

1 a) 60 m^2 b) 625 cm^2 c) 96 cm^2

2 $A \approx 19{,}63\ m^2$; $u \approx 15{,}71$ m b) $A \approx 32{,}17\ m^2$; $u \approx 20{,}11$ m

3 a) 4,123 b) 11,487 c) 1,602

4 a) x = 12 b) x = 30

5 V = 105 600 cm^3; m = 834 240 g

Lösungen zu den Eingangstests

Große und kleine Zahlen Seite 206

1 a) 16 b) 121 c) 125 d) 729

2 a) $\frac{1}{100}$ b) $\frac{1}{1000}$ c) $\frac{3}{1\,000\,000}$

3 a) 0,0001 b) 0,00001 c) 0,007

4 a) 0,3 b) 11 c) 3,625

5 a) 50 000 m
9 000 000 m
b) 7000 kg
4 000 000 kg
c) 600 000 cm
3 000 000 mm
d) 2 000 000 g
1 000 000 000 mg

6 a) 1000
10 000
b) 8
16
c) 0,001
0,0001
d) 0,008
0,0016
e) $\frac{1}{8}$
$\frac{1}{16}$
f) $\frac{27}{1000}$
$\frac{81}{10\,000}$

7 154 000 000 km

8 0,006 g

Statistische Erhebungen Seite 207

1

Lebensalter (Jahre)	absolute Häufigkeit	relative Häufigkeit	relative Häufigkeit (%)
14	2	$\frac{2}{25} = 0{,}08$	8 %
15	13	$\frac{13}{25} = 0{,}52$	52 %
16	8	$\frac{8}{25} = 0{,}32$	32 %
17	2	$\frac{2}{25} = 0{,}08$	8 %
Summe	25	1	100 %

2

Anzahl Geräte	relative Häufigkeit
2	$\frac{2}{50} = 0{,}04$
5	$\frac{5}{50} = 0{,}10$
7	$\frac{7}{50} = 0{,}14$
9	$\frac{9}{50} = 0{,}18$
11	$\frac{11}{50} = 0{,}22$
8	$\frac{8}{50} = 0{,}16$
5	$\frac{5}{50} = 0{,}10$
3	$\frac{3}{50} = 0{,}06$
Summe 50	Summe 1

Lösungen zu den Ausgangstests

zu Seite 32

1

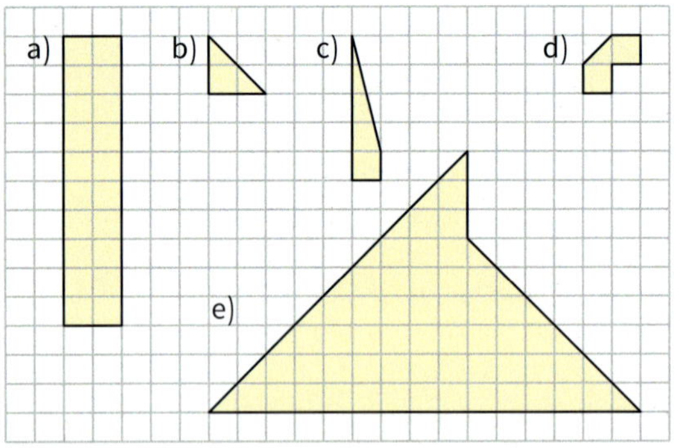

2

	Maßstab	Bild	Original
a)	2 : 1	6 cm	3 cm
b)	1 : 3	0,5 cm	1,5 cm
c)	10 : 1	34 cm	3,4 cm
d)	1 : 5	0,2 m	1 m
e)	1 : 100	23 cm	23 m

3 18,25 km

4

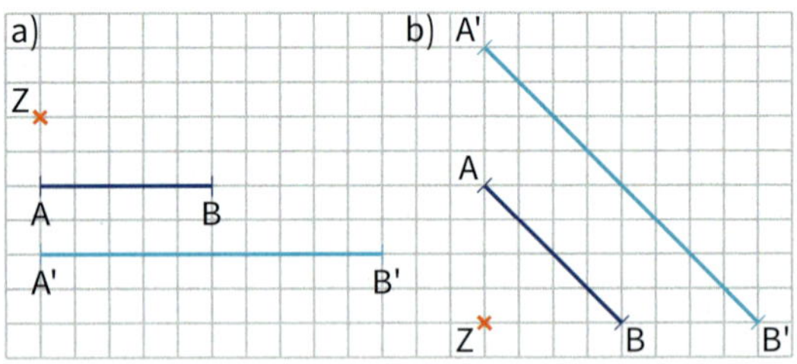

5

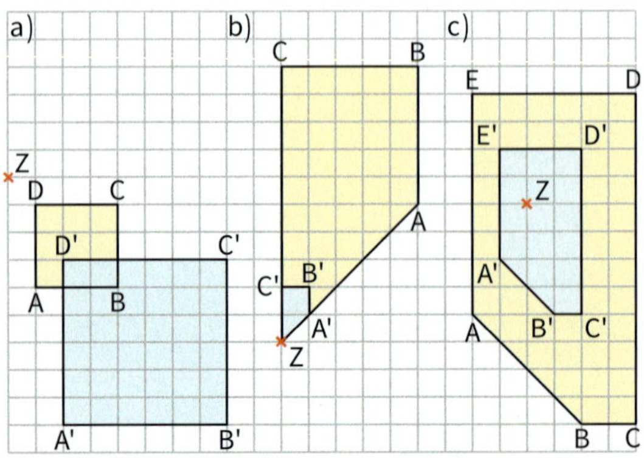

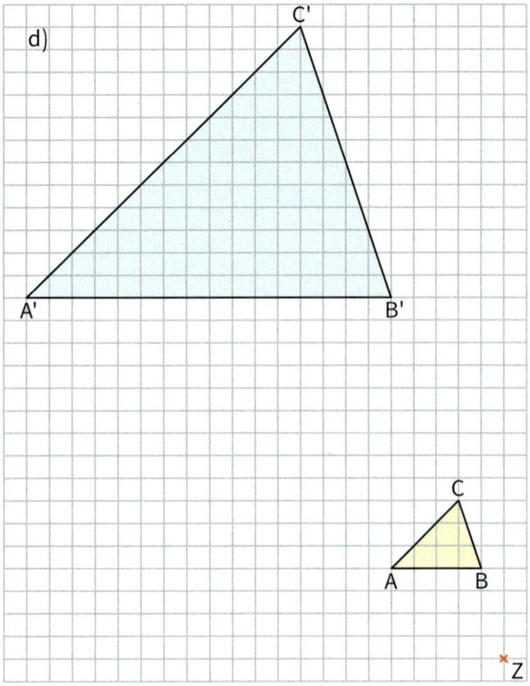

6 $A = 20\ cm^2$; $A' = 125\ cm^2$

zu Seite 33

1 1 : 16

2

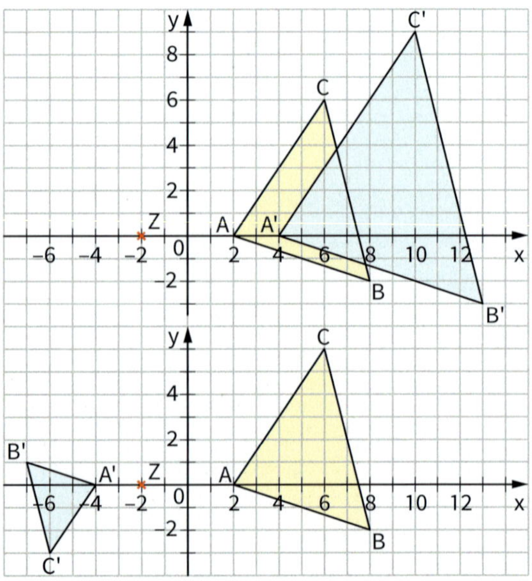

3 a) 9,8 cm b) 2,4 cm
c) 6,25 cm d) 2,4 cm

4

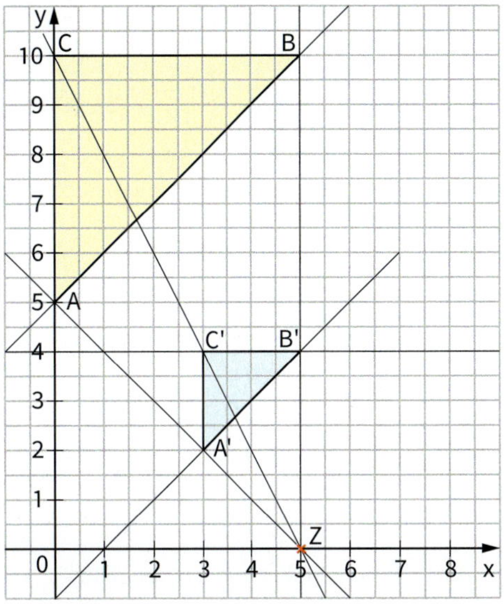

$k = 0{,}4$
$A'(3\,|\,2)$; $C'(3\,|\,4)$

5 $12\ cm^2$

6 2,4 cm

7 $a = 1{,}8$ m; $b = 7{,}5$ m

zu Seite 56

1 a) 7 b) 14 c) 20 d) 80 e) 0,5 f) 1,3
5 15 90 300 0,02 0,12

2 a) 3 b) 20 c) 0,2
5 40 0,1

3 a) $\frac{1}{2}$ b) $\frac{3}{5}$ c) $\frac{9}{11}$ d) $2\frac{1}{2}$ e) $\frac{1}{6}$ f) $\frac{2}{3}$

4 a) 3 cm b) 10 ist keine Quadratzahl.
c) Ein Quadrat mit dem Flächeninhalt $9\ cm^2$ hat eine Seitenlänge von 3 cm, ein Quadrat mit dem Flächeninhalt $16\ cm^2$ hat eine Seitenlänge von 4 cm.
Also muss die Seitenlänge von Quadrat B zwischen 3 cm und 4 cm liegen.

5 a) $\sqrt{9}$ ist eine rationale Zahl.
$\sqrt{11}$ ist eine irrationale Zahl.

b) $\sqrt{100}$ ist eine rationale Zahl.
$\sqrt{120}$ ist eine irrationale Zahl.

c) $\sqrt{2{,}25}$ ist eine rationale Zahl.
$\sqrt{3{,}75}$ ist eine irrationale Zahl.

6 a) $6 < \sqrt{39} < 7$, denn $6^2 < 39 < 7^2$
b) $7 < \sqrt{55} < 8$, denn $7^2 < 55 < 8^2$

7 a) 6 b) 3 c) 3
9 7 12

8 a) $15\sqrt{2} + 14\sqrt{7}$ b) $14\sqrt{5} - 14\sqrt{3}$

9 a) 40 b) 6
12 16

10 30 cm

11 30 cm

zu Seite 57

1 a) 17 b) 0,7 c) 0,08 d) 8
27 2,5 0,011 30

2 a) [2,236; 2,237] b) $\sqrt{5} = 2{,}23606\ ...$

3 a) 42 b) 71

4 Wenn der vom Taschenrechner angegebene Wert quadriert wird, ist das Ergebnis eine Dezimalzahl mit 18 Stellen nach dem Komma. An der letzten Stelle nach dem Komma steht die Ziffer 6. Diese Zahl kann nicht 17 sein.

5 rationale Zahlen: $\sqrt{9}$, $\sqrt[3]{8}$, $\sqrt{2{,}25}$, $\sqrt{0{,}04}$, $\sqrt[3]{512}$, $\sqrt{1{,}21}$, $\sqrt{\frac{4}{25}}$, $\sqrt[3]{\frac{1}{27}}$, $2 + \sqrt{1}$

irrationale Zahlen: $\sqrt{8}$, $\sqrt{2{,}5}$, $\sqrt{0{,}4}$, $\sqrt{\frac{1}{2}}$, $7 \cdot \sqrt{7}$, $1 + \sqrt{2}$, $2 \cdot \sqrt[3]{32}$

6 a) 21 b) 15
30 5

7 a) wahr b) falsch c) falsch d) wahr e) wahr

8 $D = \{x \in \mathbb{R} \mid x \geq -4\}$ $x = 4$

9 b) $\overline{AC} = \sqrt{32}$ cm c) $\sqrt{32} \approx 5{,}656854$

zu Seite 76

1 a) $u \approx 87{,}96$ cm b) $u \approx 28{,}27$ cm c) $u \approx 26{,}39$ m

2 a) $A \approx 1809{,}56\ m^2$ b) $A \approx 31\,415{,}93\ dm^2$ c) $A \approx 30{,}19\ m^2$

3 $u \approx 62{,}83$ cm

4 $A \approx 530{,}14\ cm^2$

5 $\approx 2{,}042$ km

6 $A \approx 12\,867{,}96\ m^2$

7 $\approx 85{,}84\ cm^2$

8 $A \approx 1{,}77\ m^2$; $m \approx 44{,}179$ kg

9 a) ≈ 1375 Steine ($A \approx 19{,}63\ m^2$)
b) ≈ 1056 Pflanzen ($A \approx 95{,}03\ m^2$)

zu Seite 77

1 a) $u \approx 33{,}93$ cm; $A \approx 91{,}61\ cm^2$
b) $u \approx 47{,}12$ m; $A \approx 176{,}71\ m^2$
c) $u \approx 56{,}55$ m; $A \approx 254{,}47\ m^2$

2 $u \approx 29{,}69$ m; $A \approx 65{,}62\ m^2$

3 Restfläche: $A \approx 386{,}28\ cm^2$ ($d = 30$ cm; Kreis: $A \approx 1413{,}72\ cm^2$; Rechteck: $A = 1800\ cm^2$)

4 ≈ 8070 Umdrehungen

5 $\approx 81{,}17\ cm^2$ (Quadrat: $A = 144\ cm^2$; Kreisring: $A \approx 62{,}83\ cm^2$)

6 a) 5,1 kg Samen b) 92 Steine

7 a) $A_s \approx 190{,}07\ cm^2$; $b \approx 17{,}3$ cm
b) $A_s \approx 1{,}42\ m^2$; $b \approx 3{,}51$ m

8 a) $r \approx 7{,}8$ cm; $d \approx 15{,}6$ cm; $A \approx 191\ cm^2$
b) $r \approx 4{,}98$ m; $d \approx 9{,}96$ m; $u \approx 31{,}29$ m

zu Seite 104

1 a) $S(-1 \mid 2{,}5)$ b) $S(4 \mid -2{,}5)$
c) $S(-3 \mid -3{,}5)$ d) $S(-2 \mid -3)$

2 a) $L = \{(4 \mid 23)\}$ b) $L = \{(12{,}5 \mid 11)\}$
c) $L = \{(-11{,}5 \mid 8{,}5)\}$ d) $L = \{(-13{,}4 \mid 17{,}6)\}$

3 a) $L = \{(-11 \mid 14)\}$ b) unendlich viele Lösungen
c) $L = \{(-5{,}5 \mid 6{,}5)\}$ d) $L = \{\ \}$

4 a) Die erste Zahl ist 15, die zweite 14.
b) Die erste Zahl ist 25, die zweite – 10.
c) Die erste Zahl ist 12, die zweite 10.

5 Die Länge beträgt 52,5 cm, die Breite 37,5 cm.

6 Die Grundseite ist 25 cm lang, ein Schenkel 21 cm lang.

7 Ein Joghurt kostet 0,40 €, ein Brötchen 0,50 €.

zu Seite 105

1 a) $L = \{(-22 \mid 26)\}$ b) $L = \{(12{,}4 \mid -6{,}8)\}$
c) $L = \{(-3{,}4 \mid -4{,}6)\}$ d) $L = \{(-15{,}2 \mid 9{,}4)\}$
e) $L = \{(-3{,}5 \mid -2{,}5)\}$ f) $L = \{(1{,}5 \mid -1{,}5)\}$

2 a) $L = \{\ \}$ b) $L = \{(-19 \mid 26)\}$
c) unendlich viele Lösungen d) $L = \left\{\left(\frac{2}{3} \mid -\frac{1}{3}\right)\right\}$

3 Die längere Seite ist 13,5 cm lang, die kürzere 10,5 cm.

4 Die ursprüngliche Länge beträgt 36 m, die ursprüngliche Breite 20 m.

5 Für 100 BRL werden 31,50 € berechnet, für 100 ARS 9,50 €.

6 Der Preis für 1 m^3 Wasser beträgt 4,74 €, die Zählergebühr 65 €.

7 Die Zählergebühr beträgt 39,60 €, der Preis für 1 m^3 Erdgas 0,616 €.

Lösungen zu den Ausgangstests

zu Seite 124

1 a) $t^2 = r^2 + s^2$ b) $z^2 = x^2 + y^2$
c) $m^2 = n^2 + o^2$ d) $w^2 = u^2 + v^2$

2 a) a = 53 cm b) c = 120 m c) a = 44,4 m d) c = 52 m

3 a) b = 8,1 m b) a = 90 cm c) a = 76,8 m d) c = 36 dm

4 a) a = 19,5 cm b) b = 71,5 cm
c) b = 8,0 cm d) c = 21,6 m

5 h = 7,2 m

6 a = 12,0 cm; A = 75,6 cm^2

7 b = 216 m; u = 1008 m

zu Seite 125

1 a) a = 13,0 cm b) c = 120 m c) b = 4,4 cm

2 $h_c = 0{,}70$ m; A = 1,68 m^2

3 b = d = 17 cm; u = 115 cm; A = 607,5 cm^2

4 u = 129,60 m; A = 967,68 m^2 (e = 50,40 m; f = 38,40 m)

5 h = 90 m

6 Breite: 6,50 m; A = 54,60 m^2 + 5,46 m^2 = 60,06 m^2; 6006 €

7 s = 6,80 m; M ≈ 68,36 m^2

8 a) p = 8 cm; q = 10 cm; $h_c \approx 8{,}9$ cm; b ≈ 13,4 cm
b) c = 100 cm; a ≈ 83,7 cm; b ≈ 54,7 cm; $h_c \approx 45{,}8$ cm

zu Seite 148

1 a) V ≈ 516980 cm^3; O ≈ 35663 cm^2
b) V = 89,6 m^3; O = 156,8 m^2

2 a) V ≈ 111179 cm^3; O ≈ 14476 cm^2
b) V ≈ 4618 m^3; O ≈ 1781 m^2

3 a) V ≈ 33510 cm^3; O ≈ 5027 cm^2
b) V ≈ 382 m^3; O ≈ 254 m^2

4 V ≈ 460 ml

5 M = 49,68 m^2; Kosten: 15 897,60 €

6 r ≈ 1,50 m; V ≈ 6,60 m^3

7 V ≈ 1,77 m^3; m ≈ 4,4 t

8 V ≈ 8247 cm^3 (7069 cm^3 + 1178 cm^3)

zu Seite 149

1 a) V ≈ 17148 m^3; O ≈ 3732 m^2
b) V = 17920 cm^3; O = 8032 cm^2
c) V ≈ 3039 m^3; O ≈ 1407 m^2
d) V ≈ 1,44 m^3; O ≈ 6,16 m^2

2 $h_k \approx 30$ cm; V ≈ 30 536 cm^3; O ≈ 5429 cm^2

3 $h_s = 19{,}50$ m; V = 2847,312 m^3; O = 1460,16 m^2

4 a) s = 5,1 cm; V ≈ 27,14 cm^3; O ≈ 56,55 cm
b) r = 63 cm; $h_k = 60$ cm; V ≈ 249 380 cm^3; O ≈ 29 688 cm^2

5 r ≈ 0,80 m; V ≈ 1,01 m^3; s ≈ 1,7 m; O ≈ 6,28 m^2

6 r ≈ 5,00 m; V ≈ 523,60 m^3

7 M = 4,8 m^2; 0, 336 *l*

8 ≈ 555 Kugeln

9 r ≈ 1,84 cm

10 V ≈ 200 cm^3 (geschätzt)

zu Seite 166

1

a)	b)	c)	d)
100 000	3000	2 400 000	31 100
10 000 000	80 000	550 000	1050

e)	f)	g)	h)
0,01	0,00002	0,025	0,00000155
0,00001	0,005	0,000072	0,0000000485

2

a)	b)	c)	d)
10^5	$3 \cdot 10^5$	$4{,}5 \cdot 10^7$	$1{,}44 \cdot 10^6$
10^7	$4 \cdot 10^6$	$1{,}5 \cdot 10^8$	$5{,}89 \cdot 10^7$

e)	f)	g)	h)
10^{-2}	$2 \cdot 10^{-4}$	$3{,}5 \cdot 10^{-3}$	$5{,}71 \cdot 10^{-3}$
10^{-7}	$7 \cdot 10^{-6}$	$1{,}1 \cdot 10^{-5}$	$6{,}39 \cdot 10^{-2}$

3 $5{,}5 \frac{t}{m^3}$

4 $2{,}781 \cdot 10^9$ t

5 a) $8{,}36 \cdot 10^{13}$ km b) $5{,}7 \cdot 10^{15}$ km

6 0,000003 m

7 0,0000004 m

zu Seite 167

1 N $7 \cdot 10^{-11}$ Ag $1{,}44 \cdot 10^{-10}$ S $1{,}04 \cdot 10^{-10}$
Cl $9{,}9 \cdot 10^{-11}$ Ca $1{,}97 \cdot 10^{-10}$

2

Castor	$4{,}75 \cdot 10^{14}$	Regulus	$7{,}41 \cdot 10^{14}$
Alioth	$7{,}695 \cdot 10^{14}$	Antares	$5{,}738 \cdot 10^{15}$
Arcturus	$3{,}4865 \cdot 10^{14}$		

3 a) 0,000034 m b) 0,0005 g c) 4 510 000 W
0,00000056 m 0,00001 g 500 MW
0,00012 0,8 mg 56 000 kW

d) 8 860 000 t
0,181 Mt
3 000 000 000 kg

4 800 m^3

5 a) 405 200 Pa b) 151 950 Pa c) 75 975 Pa

6 a) 10^{11} b) 10^{-10} c) 10^5 d) 10^3 e) 10^{12} f) 10^4
10^2 10^{-6} 10^{-8} 10^2 10^{-5} 10^{-15}

7 a) Erde: $\rho \approx 5{,}45 \frac{t}{m^3}$ Mars: $\rho \approx 3{,}94 \frac{t}{m^3}$

b) $\frac{3{,}94}{5{,}45} \approx 0{,}72 = 72\,\%$

zu Seite 190

1 a)

Note	absolute H.	relative H.
1	1	0,04
2	5	0,19
3	9	0,33
4	9	0,33
5	2	0,07
6	1	0,04
Summe	27	1,00

b)

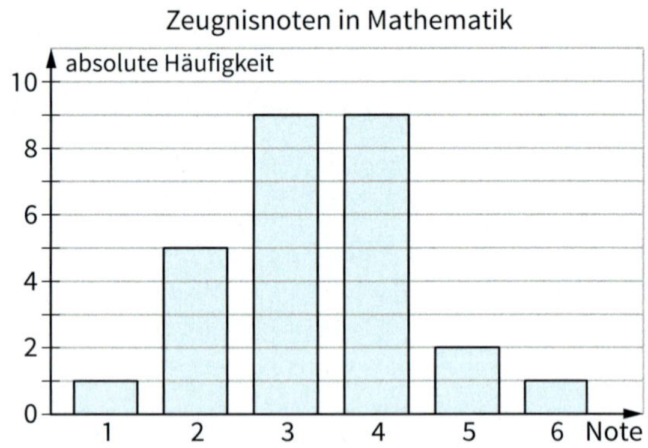

Die Modalwerte sind 3 und 4.
$\overline{x} \approx 3{,}33$

2 a)

Klasse	absolute H.
von 350 cm bis unter 380 cm	2
von 380 cm bis unter 410 cm	4
von 410 cm bis unter 440 cm	3
von 440 cm bis unter 470 cm	4
von 470 cm bis unter 500 cm	1
Summe	14

b)

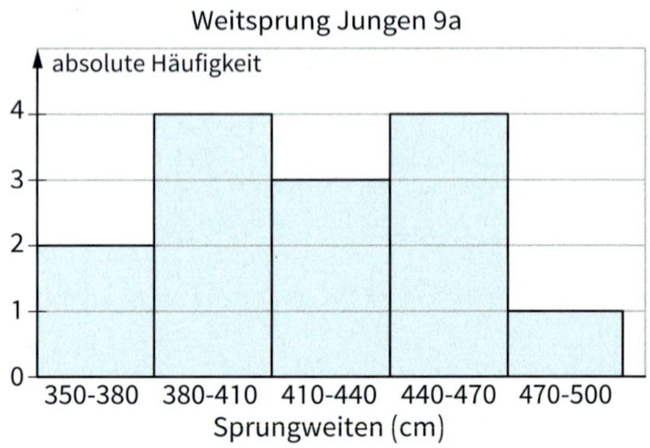

3 a) $\overline{x} = 7{,}75$ cm; $\tilde{x} = 8{,}00$ cm
b) Der Median ist sinnvoller, er berücksichtigt den Ausreißer nicht.

4 Spannweite: 18 mA, $\bar{x} = 413{,}5$ mA, $\bar{s} = 4{,}625$ mA

5 a)

Taschengeld (€)	absolute H.	relative H.	Winkelgröße
24	6	0,09	32°
28	8	0,12	42°
32	11	0,16	58°
36	12	0,18	64°
40	15	0,22	79°
44	9	0,13	48°
50	7	0,10	37°
Summe	68	1,00	360°

b) $\bar{x} = 36{,}64$ €, $\tilde{x} = 36$ €

c) Monatliches Taschengeld (€)

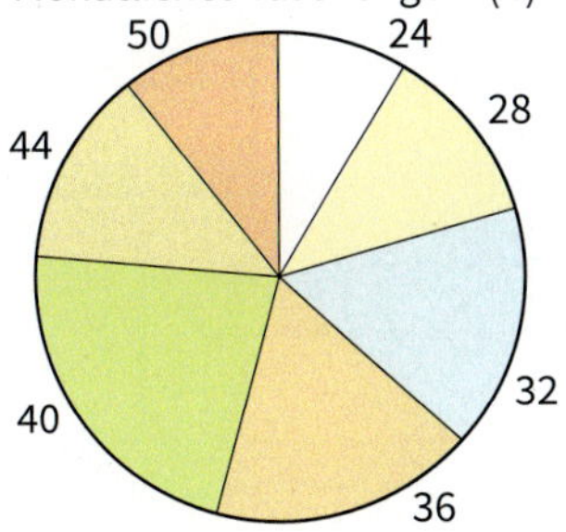

zu Seite 191

1 a) b)

Klasse	absolute H.	relative H.
von 0 h bis unter 1 h	7	0,25
von 1 h bis unter 2 h	5	0,18
von 2 h bis unter 3 h	5	0,18
von 3 h bis unter 4 h	4	0,14
von 4 h bis unter 5 h	4	0,14
von 5 h bis unter 6 h	2	0,07
von 6 h bis unter 7 h	1	0,04
Summe	28	1,00

c)

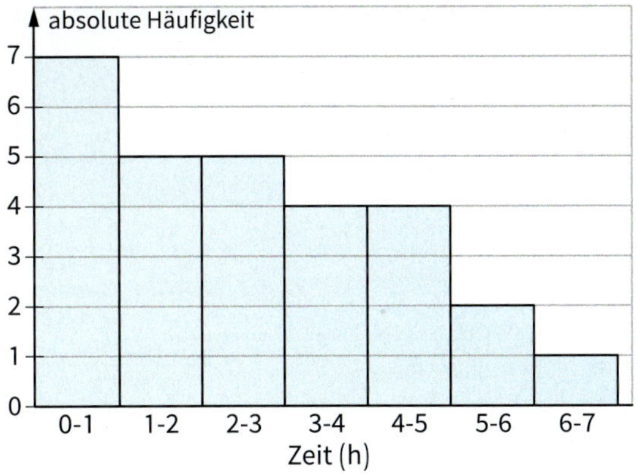

d) Median: $\tilde{x} = 2{,}0$ h
arithmetisches Mittel: $\bar{x} = 2{,}375$ h

2 a) Es wirkt die Fläche der Figur, nicht die Höhe. Die Figur zu 2010 ist etwas mehr als doppelt so hoch wie die zu 1970, aber vom Flächeninhalt mehr als viermal so groß.

b)

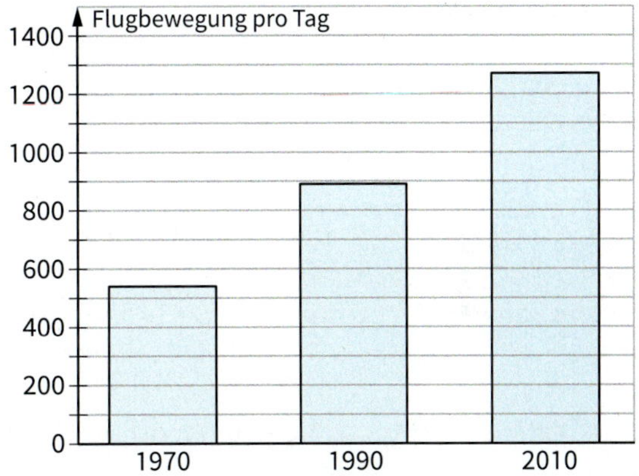

Hier sind die Säulen gleich breit, d. h. es wirkt nur die Höhe jeder Säule. Die Säule zu 2010 ist mehr als doppelt so hoch wie die Säule zu 1970.

3 a) Mädchen

Klasse	absolute H.
von 30 kg bis unter 40 kg	1
von 40 kg bis unter 50 kg	4
von 50 kg bis unter 60 kg	6
von 60 kg bis unter 70 kg	10
von 70 kg bis unter 80 kg	4
Summe	25

Jungen

Klasse	absolute H.
von 40 kg bis unter 50 kg	3
von 50 kg bis unter 60 kg	6
von 60 kg bis unter 70 kg	9
von 70 kg bis unter 80 kg	6
von 80 kg bis unter 90 kg	1
Summe	25

b)

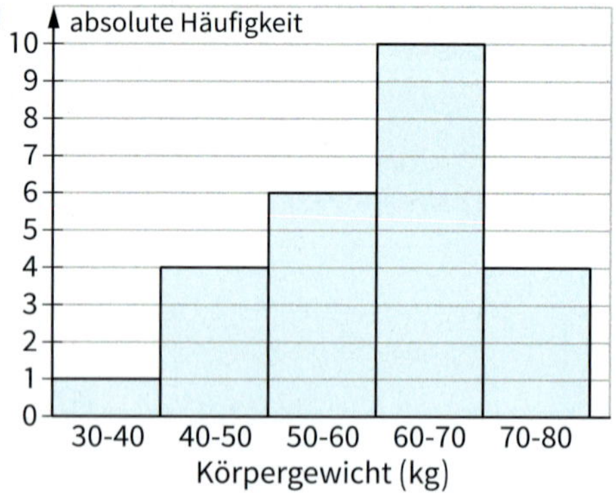

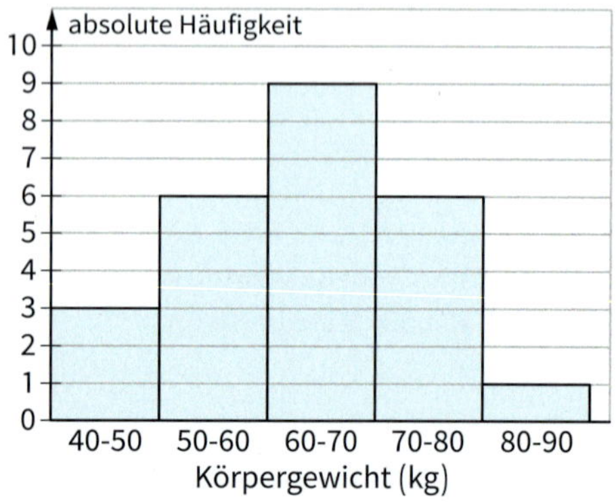

Beide Histogramme haben die höchste absolute Häufigkeit bei 60 kg bis unter 70 kg. Bei den Mädchen liegen dann noch vier in der nächsthöheren Klasse, während bei den Jungen insgesamt sieben in höheren Klassen liegen.

c) Bei einer feineren Klasseneinteilung können Unterschiede deutlicher gemacht werden, bei einer gröberen Klasseneinteilung fallen Unterschiede weniger auf.

d) Mädchen: Median: $\tilde{x} = 61$ kg
arithmetisches Mittel: $\overline{x} = 59{,}6$ kg
Jungen: Median: $\tilde{x} = 61$ kg
arithmetisches Mittel: $\overline{x} = 63{,}16$ kg

e) Maximum: 74 kg — Maximum: 81 kg
Minimum: 39 kg — Minimum: 45 kg
Spannweite: 35 kg — Spannweite: 36 kg

f)

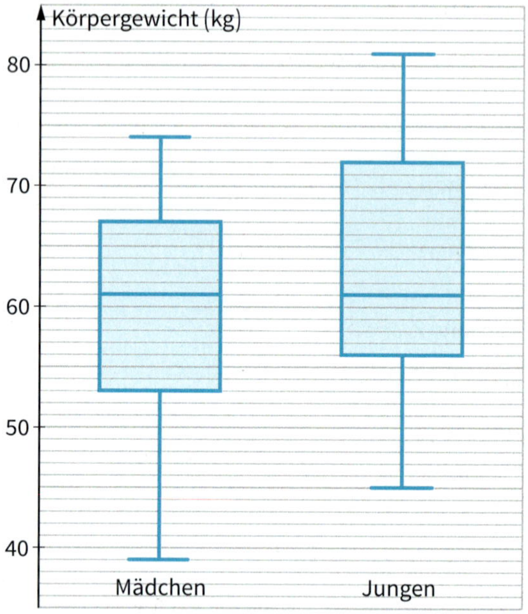

g) Mädchen: $s^2 \approx 79{,}2$; $s \approx 8{,}9$ Jungen: $s^2 \approx 92{,}7$; $s \approx 9{,}6$

Formeln und Gesetze

Prozentrechnung

Berechnen des Prozentsatzes	$p\,\% = \frac{W \cdot 100}{G}\,\%$
Berechnen des Prozentwertes	$W = \frac{G \cdot p}{100}$
Berechnen des Grundwertes	$G = \frac{W \cdot 100}{p}$

Zinsrechnung

Berechnen des Zinssatzes	$p\,\% = \frac{Z \cdot 100}{K}\,\%$
Berechnen der Jahreszinsen	$Z = \frac{K \cdot p}{100}$
Berechnen des Kapitals	$K = \frac{Z \cdot 100}{p}$
Berechnen der Tageszinsen	$Z = \frac{K \cdot p}{100} \cdot \frac{n}{360}$

Rationale Zahlen

Kommutativgesetz	$a + b = b + a$	$a \cdot b = b \cdot a$
Assoziativgesetz	$a + (b + c) = (a + b) + c$	$a \cdot (b \cdot c) = (a \cdot b) \cdot c$
Distributivgesetz	$a \cdot (b + c) = a \cdot b + a \cdot c$	$a \cdot (b - c) = a \cdot b - a \cdot c$

Beschreibende Statistik

relative Häufigkeit $= \frac{\text{absolute Häufigkeit}}{\text{Anzahl der Daten}}$

arithmetisches Mittel $\bar{x} = \frac{\text{Summe aller Daten}}{\text{Anzahl der Daten}}$

mittlere lineare Abweichung $\bar{s} = \frac{\text{Summe der Abweichung von } \bar{x}}{\text{Anzahl der Daten}}$

Maximum: größter Wert der geordneten Urliste

Minimum: kleinster Wert der geordneten Urliste

Spannweite: Differenz zwischen dem größten und kleinsten Wert der geordneten Urliste

Geometrie

Satz des Pythagoras

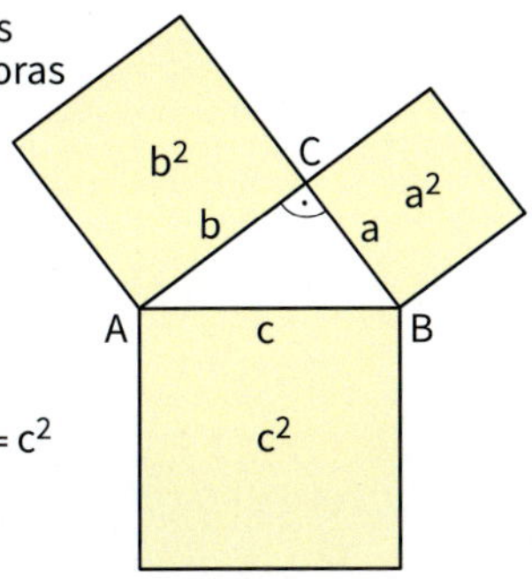

$a^2 + b^2 = c^2$

Höhensatz

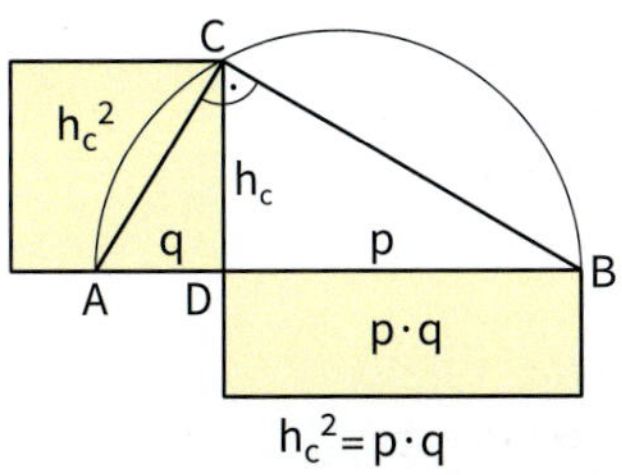

Kathetensatz

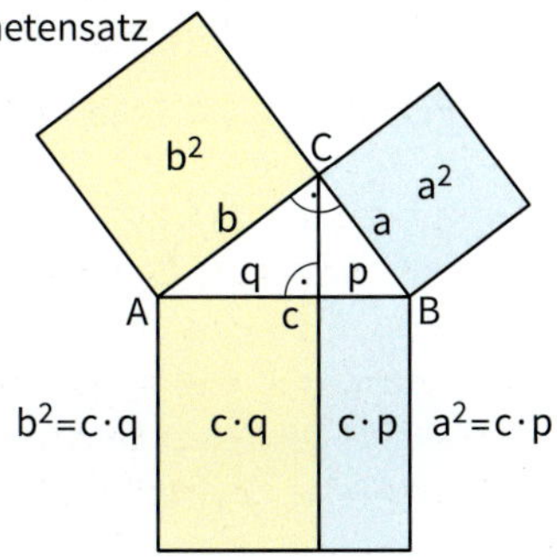

Rechteck

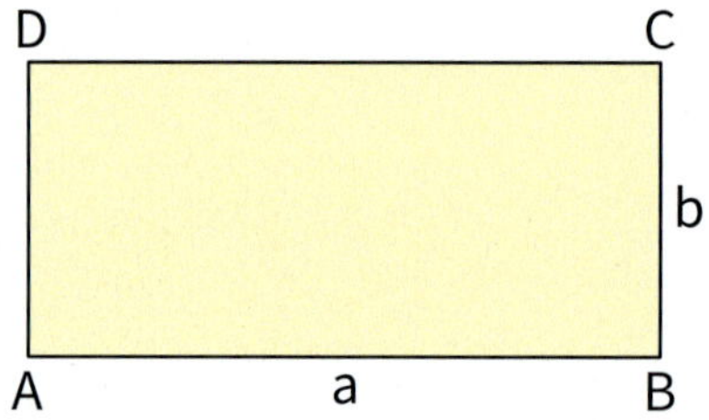

Flächeninhalt: $A = a \cdot b$

Umfang: $u = 2a + 2b$
$u = 2(a + b)$

Quadrat

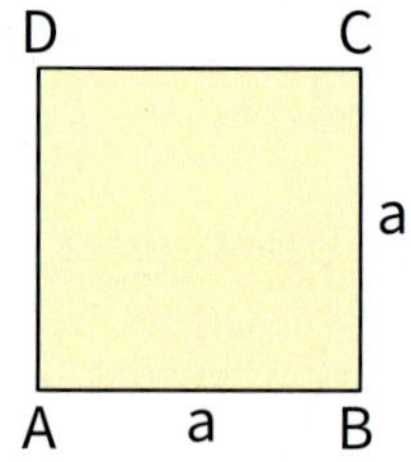

$A = a^2$

$u = 4a$

Parallelogramm

$A = g \cdot h$

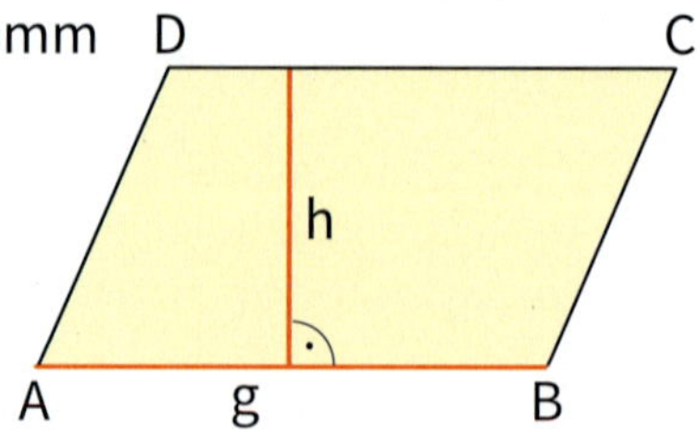

Dreieck

$A = \frac{g \cdot h}{2}$

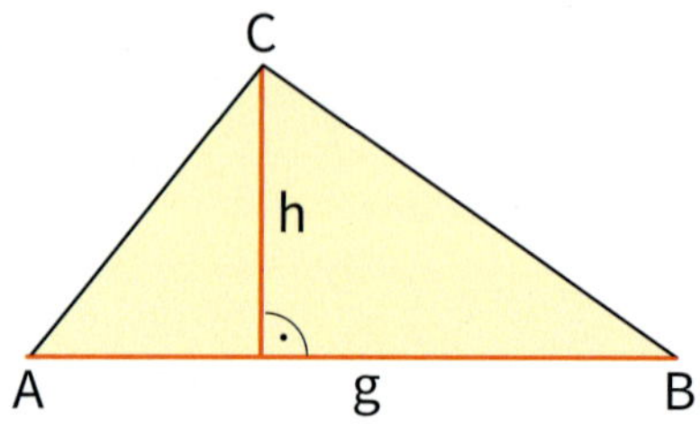

Trapez

$A = \frac{(a + c) \cdot h}{2}$

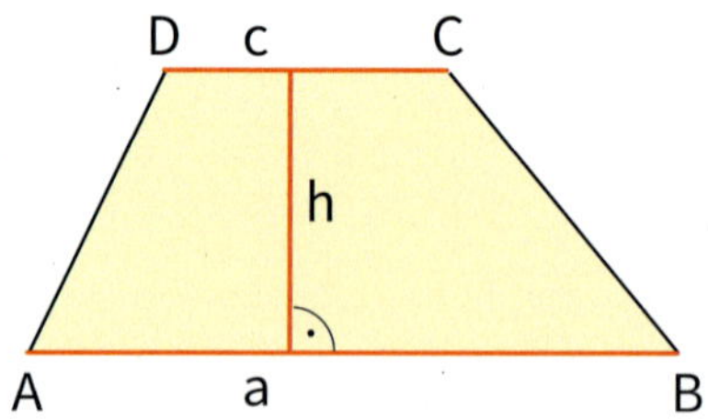

Drachen

$A = \frac{e \cdot f}{2}$

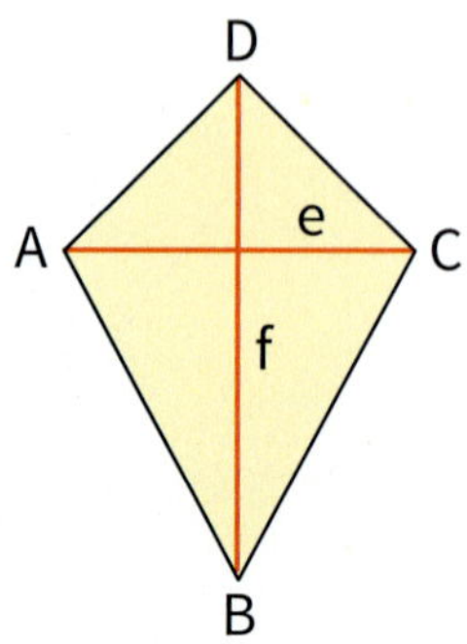

Raute

$A = \frac{e \cdot f}{2}$

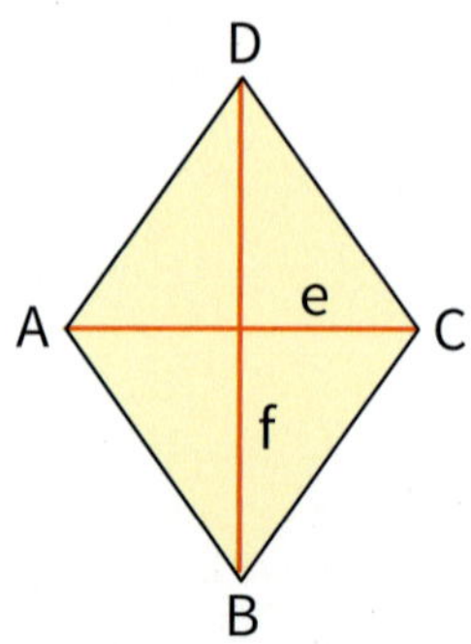

Kreis

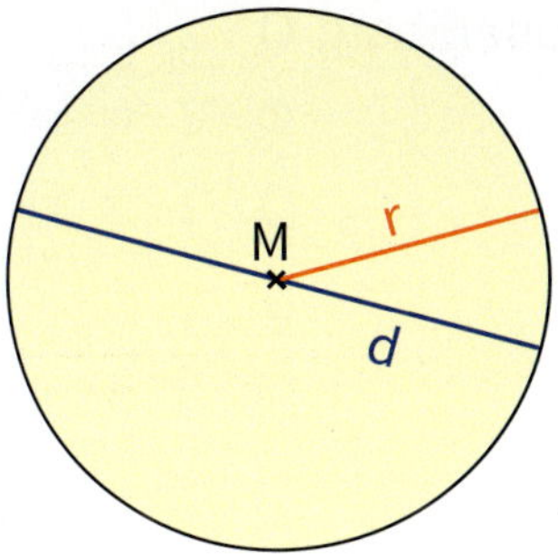

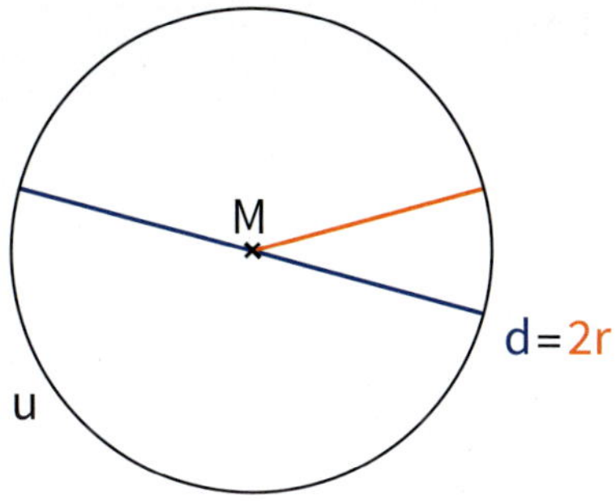

Flächeninhalt: $A = \pi \cdot r^2$

$A = \pi \cdot \left(\frac{d}{2}\right)^2$

Umfang: $u = \pi \cdot d$

$u = 2 \cdot \pi \cdot r$

Quader

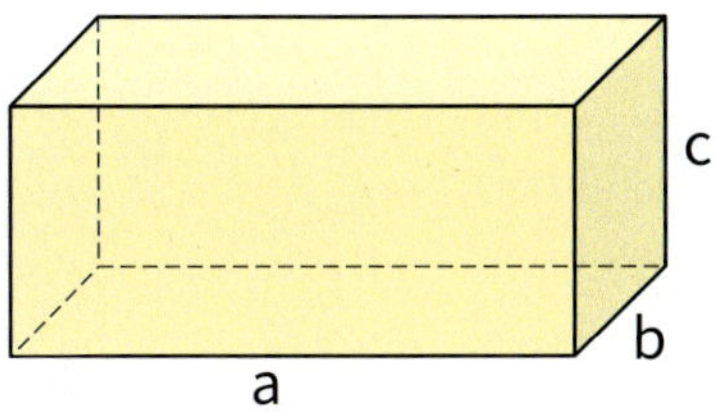

Würfel

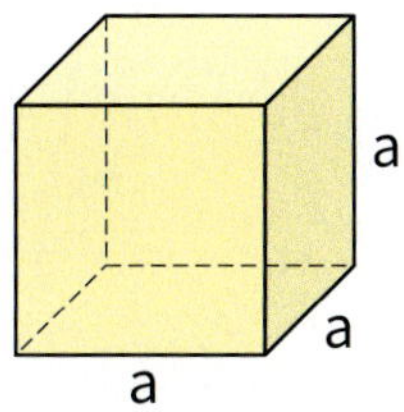

Quader:

Oberflächeninhalt: $O = 2ab + 2bc + 2ac$

$O = 2\,(ab + bc + ac)$

Volumen: $V = a \cdot b \cdot c$

Würfel:

$O = 6a^2$

$V = a^3$

Prismen

$O = 2 \cdot G + M$

$V = G \cdot h_k$

$M = u \cdot h_k$

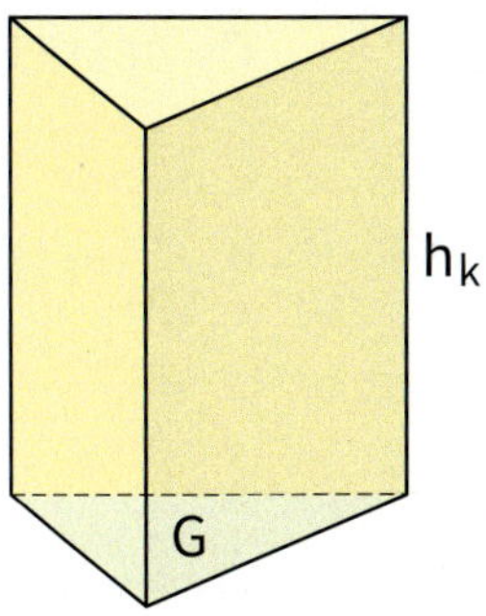

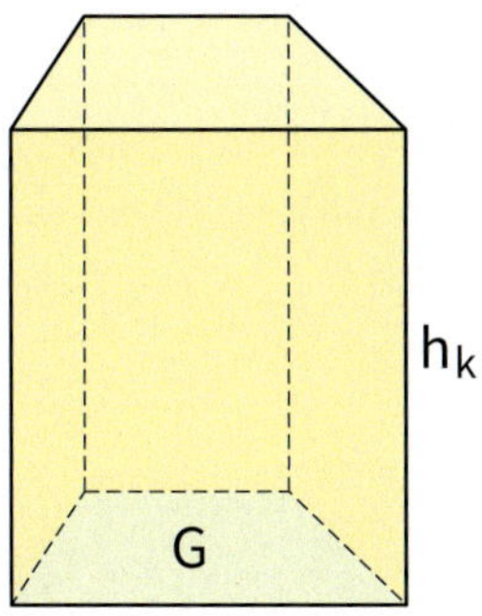

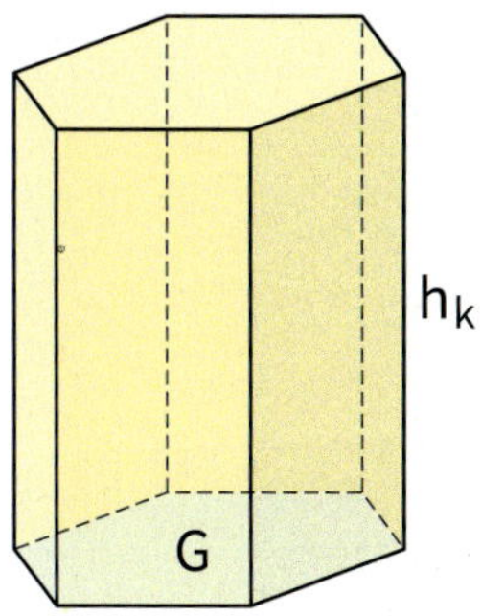

Zylinder

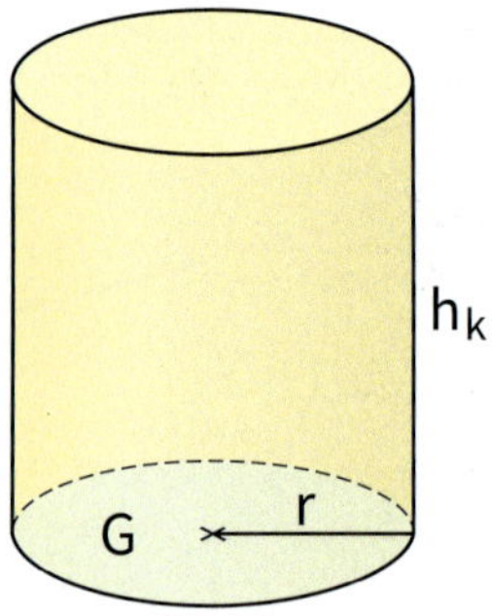

Oberflächeninhalt: $O = 2 \cdot G + M$

$O = 2 \cdot \pi \cdot r^2 + 2 \cdot \pi \cdot r \cdot h_k$

$O = 2 \cdot \pi \cdot r \cdot (r + h_k)$

Volumen: $V = G \cdot h_k$

$V = \pi \cdot r^2 \cdot h_k$

Pyramide

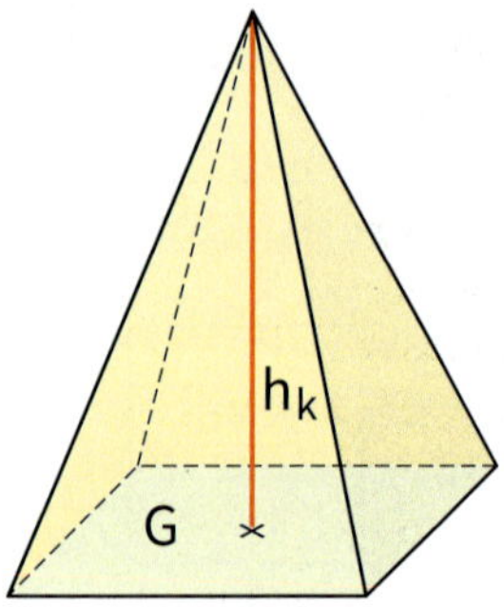

Oberflächeninhalt: $O = G + M$

Volumen: $V = \frac{1}{3} \cdot G \cdot h_k$

Kegel

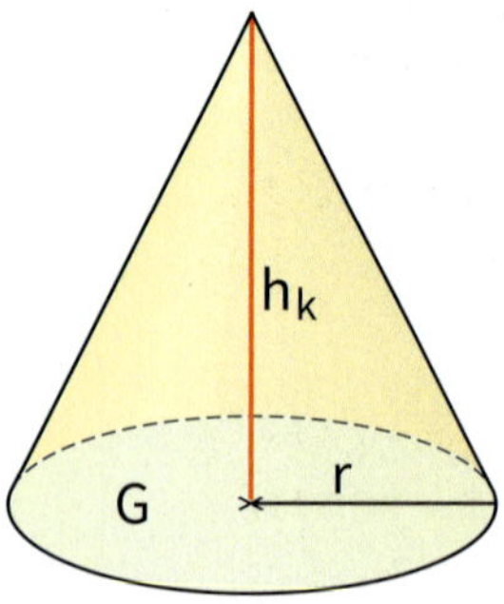

Kegelmantel: $M = \pi \cdot r \cdot s$

Oberflächeninhalt: $O = G + M$

$O = \pi \cdot r^2 + \pi \cdot r \cdot s$

$O = \pi \cdot r \cdot (r + s)$

Volumen: $V = \frac{1}{3} \cdot G \cdot h_k$

$V = \frac{1}{3} \cdot \pi \cdot r^2 \cdot h_k$

Kugel

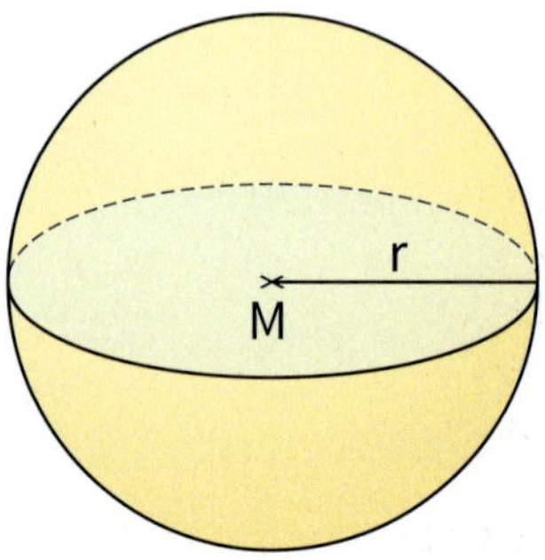

Oberflächeninhalt: $O = 4 \cdot \pi \cdot r^2$

Volumen: $V = \frac{4}{3} \cdot \pi \cdot r^3$

Register

Bildquellennachweis

|Adam Opel AG, Rüsselsheim: Axel Wierdemann 83. |akg-images GmbH, Berlin: 8, 68, 107, 150. |alamy images, Abingdon/Oxfordshire: Selivanov, Fedor 126. |Astrofoto, Sörth: NASA 152, 160; Shibuya, Yuji 151; van Ravenswaay, Detlev 153. |Bildagentur Schapowalow, Hamburg: Pratt-Pries 71. |BilderBox Bildagentur GmbH, Breitbrunn/Hörsching: 103. |Bombardier, Berlin: 13. |Boyn, Günther, Bad Iburg: 101. |bpk-Bildagentur, Berlin: Anders, Jörg P. 30. |Bridgeman Images, Berlin: Ancient Art and Architecture Collection 75. |Burligh Instruments GmbH, Pfungstadt: 155. |Caro Fotoagentur, Berlin: Baertels 34; Giesen 128; Preuss 139; Ruffer 5, 128. |CASIO Europe GmbH, Norderstedt: 63, 158. |CHROMORANGE, Berlin: 129. |Colourbox.com, Odense: Christensen, Knud Erik 198; Suphatthra China 160. |Deutsches Museum, München: 34, 34, 74, 74. |dreamstime.com, Brentwood: Vladikpod 150. |Druwe & Polastri, Cremlingen/Weddel: 12, 12, 14, 14, 16, 35, 46, 51, 51, 54, 54, 60, 61, 61, 62, 62, 62, 62, 71, 71, 73, 74, 74, 80, 102, 108, 108, 108, 108, 108, 111, 112, 113, 119, 120, 121, 127, 130, 132, 132, 132, 133, 133, 133, 145, 146, 147, 149, 153, 168, 168, 169, 169, 169, 170, 170, 170, 170, 173, 174, 187, 192, 199, 203, 226, 226, 226, 227, 227. |F1online, Frankfurt/M.: Novastock 153. |Firma Vogt, Porta Westfalica: 64. |Fotodesign Matthias Stolt, Hamburg: 35. |fotolia.com, New York: Arrlxx 164; Didier, Brandelet 228; Hermes Furian, Peter 159; Kaesler Media 229; kilukilu 145; lester120 199; Lubnevskiy, Igor 217; magicworld 198; meryll 164; nikonomad 5, 167; pic3d 71; pyty 128; stefan1179 198; Visions-AD 159. |Getty Images, München: Miller, Francis 68. |Hensel, Manfred, Wolfsburg: 147. |Imago, Berlin: Segerer, Manfred 147; UPI Photo 147. |iStockphoto.com, Calgary: ArtHdesign 148; cinoby 81, 164; ilbusca 150; Leung, Teddy 80; Sjo 83; Smith, Trevor 83; spanteldotru 154; Tramino 83; van de Water, Dennis 161; van der Wal, Sjoerd 33; Wavebreakmedia 199. |Jochen Tack Fotografie, Essen: 65, 129. |Johannes Lieder GmbH & Co. KG, Ludwigsburg: 163. |KAGE Mikrofotografie GbR, Lauterstein: 161. |Kuhlmann, Karl-Heinz, Bielefeld: 10, 10, 10, 10, 10, 10. |Kunz, Wolfgang, Berlin: 106. |Lantelmé, Jörg, Kassel: 139. |mauritius images GmbH, Mittenwald: Garden World Images / GWI/Jonathan Need 71; imagebroker/bilwissedition.com 68; Layer 166. |OKAPIA KG - Michael Grzimek & Co., Frankfurt/M.: imageBROKER/Spremberg, Karl-Heinz 73; Morell, Eberhard 4, 71. |Picture-Alliance GmbH, Frankfurt/M.: Agencia Estado/Auler, Alexandro 164; akg-images 68; chromorange 113; dpa-Infografik 187; dpa/dpaweb 80; dpa/von Heydenaber, Heinz 27; Globus Kartendienst/BIBB, DIHK 188; Weihrauch, R. 6, 199; ZB 147. |Pitopia, Karlsruhe: Medjed, Anita 76. |Science & Society Picture Library, Berlin: 8; National Media Museum 35. |Science Photo Library, München: 154; DENNIS KUNKEL MICROSCOPY 154; Syred, Andrew 154. |Shutterstock.com, New York: Kuvaev, Denis 5, 185; sportpoint 173. |Steinke, Karsten, Sickte: 147. |The Art Archive, Berlin: 107. |ullstein bild, Berlin: Cocozza Titel. |vario images, Bonn: imageBROKER/FHR 6, 193; imageBROKER/Knol 129; imageBROKER/Riedo, Meinrad 192; Kerpa, Ralph 101; Kiefer, Stefan 199. |Visum Foto GmbH, München: Rudhart, Werner 193. |Wefringhaus, Klaus, Braunschweig: Titel. |Wilke, Wilhelm, Stadthagen: 66.
Alle Illustrationen: Matthias Berghahn, Bielefeld
Technische Zeichnungen: Technische Grafik Westermann (Hannelore Wohlt), Braunschweig